冶金职业技能鉴定理论知识培训教材

# 高炉炼铁工培训教程

时彦林　曹淑敏　主编

北　京
冶金工业出版社
2014

## 内 容 提 要

本书参照冶金行业职业技能标准和职业技能鉴定规范，根据冶金企业的生产实际和岗位群的技能要求编写而成。

本书介绍了高炉炼铁工所必须掌握的基本知识和技能，其主要内容包括高炉炼铁生产概况，高炉炼铁原燃料，高炉炼铁基本原理，高炉操作制度的选择与调整，高炉炉况判断，高炉冶炼过程失常和处理，高炉休风、送风、开炉、停炉、封炉操作，炼铁简易计算，高炉本体设备，供料设备，上料设备，炉顶设备，铁、渣处理设备，煤气除尘设备，送风系统设备。

本书可作为冶金企业和相关院校高炉炼铁工职业技能鉴定培训教材以及冶金技术专业学生教材，也可作为冶金技术人员、企业员工学习专业知识的参考书。

**图书在版编目（CIP）数据**

高炉炼铁工培训教程/时彦林，曹淑敏主编. —北京：冶金工业出版社，2014.7

冶金职业技能鉴定理论知识培训教材

ISBN 978-7-5024-6281-9

Ⅰ.①高…　Ⅱ.①时…　②曹…　Ⅲ.①高炉炼铁—技术培训—教材　Ⅳ.①TF53

中国版本图书馆 CIP 数据核字（2014）第 149714 号

出 版 人　谭学余
地　　址　北京市东城区嵩祝院北巷 39 号　邮编　100009　电话　(010)64027926
网　　址　www.cnmip.com.cn　电子信箱　yjcbs@cnmip.com.cn
策　　划　俞跃春　责任编辑　俞跃春　贾怡雯　美术编辑　彭子赫
版式设计　孙跃红　责任校对　郑　娟　责任印制　李玉山
ISBN 978-7-5024-6281-9
冶金工业出版社出版发行；各地新华书店经销；北京印刷一厂印刷
2014 年 7 月第 1 版，2014 年 7 月第 1 次印刷
787mm×1092mm　1/16；20.5 印张；491 千字；312 页
**46.00** 元

**冶金工业出版社　投稿电话　(010)64027932　投稿信箱　tougao@cnmip.com.cn**
**冶金工业出版社营销中心　电话　(010)64044283　传真　(010)64027893**
**冶金书店　地址　北京市东四西大街46号(100010)　电话　(010)65289081(兼传真)**
**冶金工业出版社天猫旗舰店　yjgy.tmall.com**
（本书如有印装质量问题，本社营销中心负责退换）

# 前　　言

推行职业技能鉴定和职业资格证书制度不仅可以促进社会主义市场经济的发展和完善，促进企业持续发展，而且可以提高劳动者素质、增强就业竞争能力。实施职业资格证书制度是保持先进生产力和社会发展的必然要求，取得了职业技能鉴定证书，就取得了进入劳动市场的“通行证”。

本书参照冶金行业职业技能标准和职业技能鉴定规范，根据冶金企业的生产实际和岗位群的技能要求，介绍了高炉炼铁工所必须掌握的基本知识和技能；在具体内容的安排上注意融入新技术，考虑了岗位工学习的特点，深入浅出，通俗易懂，理论联系实际，强调知识的运用；将相关知识要点进行了科学的总结提炼，形成了独有的特色，易学、易懂、易记，便于职工掌握高炉炼铁的专业知识和技能。

本书由时彦林、曹淑敏担任主编，贾艳、刘燕霞、潘晓东任副主编。参加编写还有李鹏飞、刘杰、李秀娜、何红华、郝宏伟、王丽芬、齐素慈、张士宪。

本书由北京科技大学包燕平担任主审，包燕平教授在百忙中审阅了全文，提出了许多宝贵的意见，在此谨致谢意。本书在编写过程中参考了相关书籍、资料，在此对其作者表示衷心的感谢。

由于编者水平所限，书中不妥之处，敬请读者批评指正。

编　者

2014年3月

# 目　　录

## 第1篇　高炉炼铁工艺与操作

# 第2篇　高炉炼铁设备操作与维护

# 第1篇　高炉炼铁工艺与操作

## 高炉炼铁生产概况

### 1.1　高炉炼铁生产的工艺流程

炼铁就是通过冶炼铁矿石，从中得到金属铁的过程。现代炼铁法包括高炉炼铁法和非高炉炼铁法。高炉炼铁法，即传统的以焦炭为能源的炼铁法。高炉炼铁是目前获得大量生铁的主要手段。

高炉生产时，铁矿石、燃料（焦炭）、熔剂（石灰石等）由炉顶装入，热风从高炉下部的风口鼓入炉内。燃料中的炭素和热风中氧发生燃烧反应后，产生大量的热和还原性气体，将炉料加热并还原。铁水从铁口放出，铁矿石中的脉石和熔剂结合成炉渣从渣口排出。

要实现高炉冶炼，除了需要高炉本体系统外，还要有与之相匹配的供料系统、上料系统、装料系统、渣铁处理系统、煤气除尘系统、送风系统和喷吹系统。图1-1为高炉生产流程简图。

（1）高炉本体系统。高炉本体是冶炼生铁的主体设备，它是由耐火材料砌筑的竖立式圆筒形炉体。包括炉基、炉衬、炉壳、冷却设备、支柱及炉顶框架。其中炉基为钢筋混凝土和耐热混凝土结构，炉衬用耐火材料砌筑，其余设备均为金属构件。高炉内部的空间称为炉型，从上至下可分为五段，即炉喉、炉身、炉腰、炉腹和炉缸。炉缸部分设有风口、铁口、渣口。

（2）供料系统。包括贮矿槽、贮焦槽、振动筛、给料机、称量等设备，主要任务是保证连续、均衡地供应高炉冶炼所需的原料，及时、准确、稳定地将合格原料送入高炉炉顶装料系统。

（3）上料系统。包括料车、斜桥和卷扬机（或皮带上料机）等设备。主要任务是把料仓输出的原料、燃料和熔剂经筛分、称量后按一定比例一批一批有程序地送到高炉炉顶，并卸入炉顶装料设备。

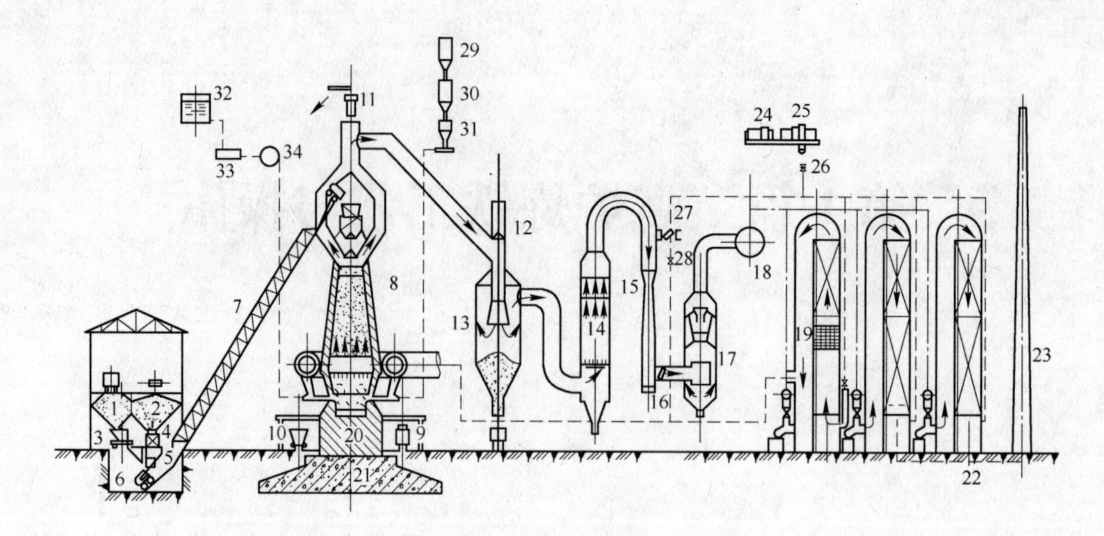


图1-1 高炉生产流程简图

1—贮矿槽；2—焦仓；3—称量车；4—焦炭筛；5—焦炭称量漏斗；6—料车；7—斜桥；8—高炉；9—铁水罐；10—渣罐；11—放散阀；12—切断阀；13—除尘器；14—洗涤塔；15—文氏管；16—高压调节阀组；17—灰泥捕集器（脱水器）；18—净煤气总管；19—热风炉；20—基墩；21—基座；22—热风炉烟道；23—烟囱；24—蒸汽透平；25—鼓风机；26—放风阀；27—混风调节阀；28—混风大闸；29—收集罐；30—贮煤罐；31—喷吹罐；32—贮油罐；33—过滤器；34—油加压泵

（4）装料系统。钟式炉顶包括受料漏斗、旋转布料器、大小料钟和大小料斗等一系列设备；无料钟炉顶有料罐、密封阀与旋转溜槽等一系列设备。主要任务是将炉料装入高炉并使之合理分布，同时防止炉顶煤气外逸。

（5）渣铁处理系统。包括出铁场、开铁口机、泥炮、堵渣口机、炉前吊车、铁水罐车及水冲渣设备等。主要任务是及时处理高炉排放出的渣、铁，保证高炉生产正常进行。

（6）煤气除尘系统。包括煤气管道、重力除尘器、洗涤塔、文氏管、脱水器、布袋除尘器等设备。主要任务是回收高炉煤气，使其含尘量降至10mg/m$^3$以下，以满足用户对煤气质量的要求。

（7）送风系统。包括鼓风机、热风炉及一系列管道和阀门等设备。主要任务是连续可靠地供给高炉冶炼所需的热风。

（8）喷吹系统。包括原煤的储存、运输、煤粉的制备、收集及煤粉喷吹等设备。主要任务是均匀稳定地向高炉喷吹大量煤粉，以煤代焦，降低焦炭消耗。

图1-2为高炉生产工艺流程和主要设备方框图。

炉料装入高炉内，上半部是固相区，也称块状带。下降过程中温度不断升高，达到矿石软化温度时，出现软熔带。焦炭则仍保持固体状态作为透气窗。软熔带的下部是液体滴下带，这时只有焦炭仍是固体，矿石则以液态渣铁的形态沿焦炭表面向下滴落，风口前端为近似球形的焦炭循环区，称作燃烧带，入炉的焦炭一部分以固体状态直接参加对矿石的还原，大部分在这里燃烧生成CO。高炉的底部为渣铁积聚层，称作渣铁带。五带分布如图1-3所示。高炉各区功能见表1-1。

为使高炉冶炼过程正常进行，必须及时、准确、迅速地纠正外部条件变化引起的炉况

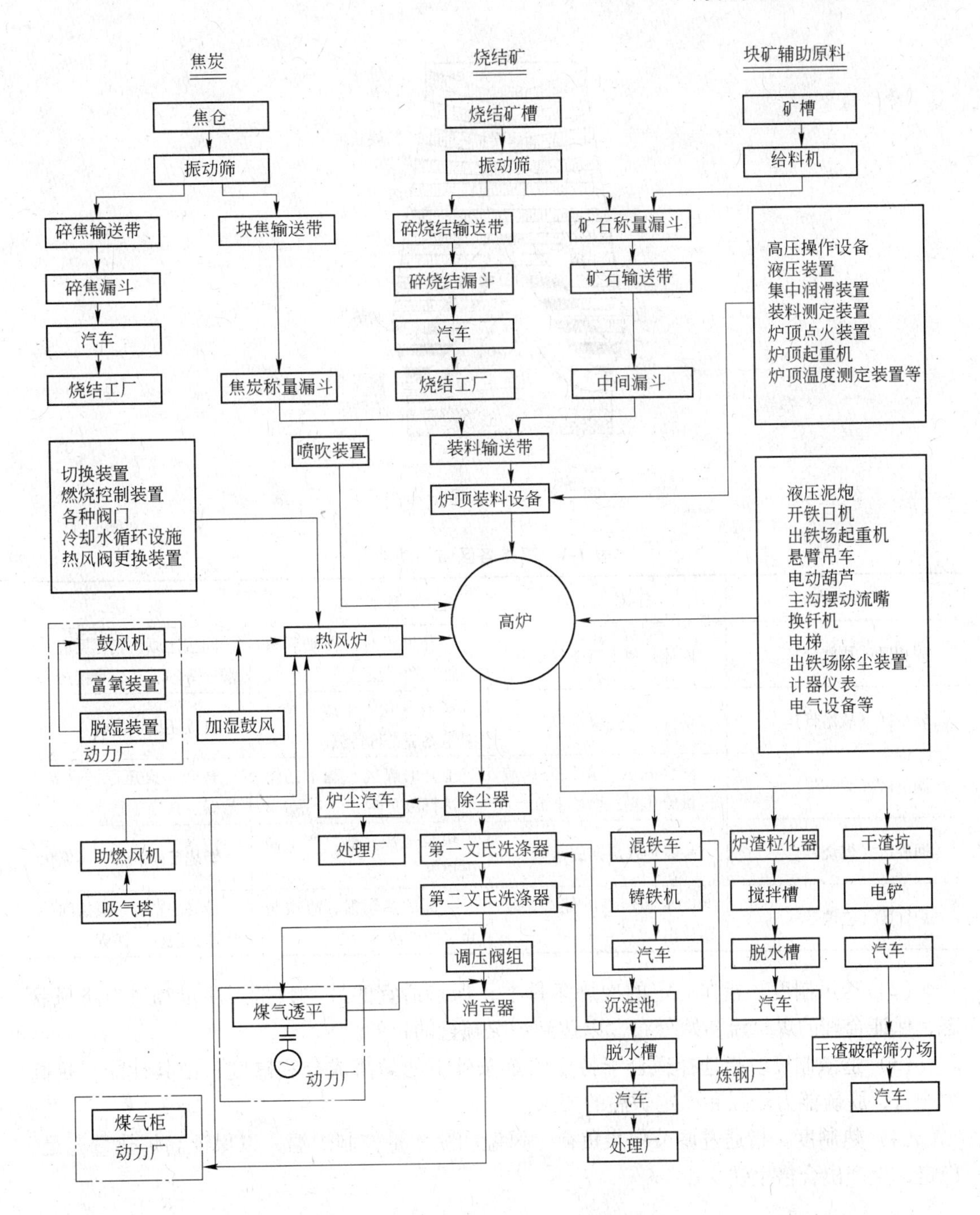


图 1-2　高炉生产工艺流程（湿法）和主要设备方框图

波动、渣碱度变化和炉内煤气流分布失常等现象，从而就形成了一系列的高炉操作制度。基本操作制度有：

（1）装料制度。指炉料装入炉内的方法，具体指通过改变装料方法来改变炉料在炉喉断面上的分布，以达到控制炉内煤气流分布的目的。

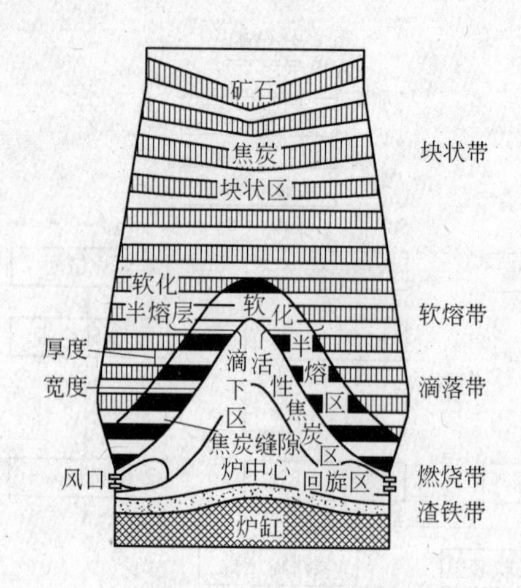


图 1-3 炉内五带分布图

**表 1-1 高炉各区域的功能**

| 区 域 | 相对运动 | 热交换 | 反 应 |
|---|---|---|---|
| 固相区（块状带） | 固体炉料下降煤气上升 | 上升煤气对固体炉料进行加热和干燥 | 间接还原、气化反应碳酸盐分解、部分直接还原 |
| 软熔区（软熔带） | 煤气通过焦炭夹层 | 矿石软化、半熔、煤气对半熔层进行传热 | 直接还原、渗碳 |
| 滴下区（滴落带） | 固体焦炭下降，向回旋区供给焦炭，熔铁下流 | 上升的煤气与滴下的熔渣进行热交换 | 合金元素还原、脱硫、渗碳、直接还原 |
| 回旋区（燃烧带） | 鼓风使焦炭回旋运动 | 焦炭燃烧放热，产生高温煤气 | 燃烧反应、部分再氧化 |
| 炉缸区（渣铁带） | 铁水和熔渣的储存，定期放出 | 上部的热辐射、渣铁与焦炭的换热 | 最终的精炼、渣铁间的还原、脱硫、渗碳 |

（2）送风制度。指在一定的冶炼条件下，保持适宜的鼓风数量，质量和风口进风状态，保证合理的煤气流初始分布，以达到炉况顺行的目的。

（3）造渣制度。指选择适合于特定冶炼条件下的炉渣成分和碱度，使其性能满足高炉顺行、脱硫能力较强和稳定炉温的要求。

（4）热制度。指通过调节焦炭负荷、风温和喷吹量控制炉温，以保证高炉热量充足、稳定，生产出合格生铁。

## 1.2 高炉冶炼产品

高炉冶炼的主要产品是生铁，炉渣和高炉煤气为副产品。

### 1.2.1 生铁

生铁的最终成分是在炉缸内确定完成的。矿石中的铁几乎全部被还原（99.5%），生铁中含铁约为92%~94%，$SiO_2$和 MnO 部分被还原，生铁中硅和锰的含量视铁的标号而异。此外生铁中还含有一定数量的碳，一般为4%左右，以及微量的磷、硫等有害元素。

简而言之，生铁就是以铁为基础，含有一定量碳和少量硅（Si）、锰（Mn）、磷（P）、硫（S）等元素的合金。

生铁可分为炼钢生铁、铸造生铁。炼钢生铁供转炉、电炉炼钢使用，约占生铁产量的80%~90%。铸造生铁又称为翻砂铁或灰口铁，主要用于生产耐压铸件，约占生铁产量的10%左右。铸造生铁的主要特点是含硅较高，在1.25%~4.25%之间。

炼钢生铁和铸造生铁成分的国家标准见表1-2、表1-3。

**表1-2 炼钢用生铁铁号及化学成分**

| 铁种 | | | 炼钢用生铁 | | |
|---|---|---|---|---|---|
| 铁号 | 牌号 | | 炼04 | 炼08 | 炼10 |
| | 代号 | | L04 | L08 | L10 |
| 化学成分（质量分数）/% | 硅 | | ≤0.45 | 0.45~0.85 | 0.85~1.25 |
| | 硫 | 特类 | ≤0.02 | | |
| | | 一类 | 0.02~0.03 | | |
| | | 二类 | 0.03~0.05 | | |
| | | 三类 | 0.05~0.07 | | |
| | 锰 | 一组 | ≤0.03 | | |
| | | 二组 | 0.03~0.05 | | |
| | | 三组 | ≥0.05 | | |
| | 磷 | 一级 | ≤0.15 | | |
| | | 二级 | 0.15~0.25 | | |
| | | 三级 | 0.25~0.4 | | |

**表1-3 铸造用生铁铁号及化学成分**

| 铁种 | | | 铸造用生铁 | | | | | |
|---|---|---|---|---|---|---|---|---|
| 铁号 | 牌号 | | 铸34 | 铸30 | 铸26 | 铸22 | 铸18 | 铸14 |
| | 代号 | | Z34 | Z30 | Z26 | Z22 | Z18 | Z14 |
| 化学成分（质量分数）/% | 碳 | | >3.3 | | | | | |
| | 硅 | | 3.2~3.6 | 2.8~3.2 | 2.4~2.8 | 2.0~2.4 | 1.6~2.0 | 1.25~1.6 |
| | 硫 | 一类 | ≤0.03 | | | | | ≤0.04 |
| | | 二类 | ≤0.04 | | | | | ≤0.05 |
| | | 三类 | ≤0.05 | | | | | ≤0.06 |
| | 锰 | 一组 | ≤0.50 | | | | | |
| | | 二组 | 0.50~0.90 | | | | | |
| | | 三组 | 0.90~1.20 | | | | | |
| | 磷 | 一级 | ≤0.06 | | | | | |
| | | 二级 | 0.06~0.10 | | | | | |
| | | 三级 | 0.10~0.20 | | | | | |
| | | 四级 | 0.20~0.40 | | | | | |
| | | 五级 | 0.40~0.90 | | | | | |

### 1.2.2 高炉炉渣

高炉冶炼过程中，炉渣和生铁是同时形成的。凡是冶炼过程中未被还原的氧化物都称为炉渣，如 CaO、MgO、$Al_2O_3$等全部进入炉渣，$SiO_2$大部分进入炉渣，MnO 约有一半进入炉渣，一半被还原。此外，炉渣中还含有 CaS、$CaF_2$，特殊情况下还含有 $K_2O$、$Na_2O$、$TiO_2$等成分。总之，常规渣主要成分是 CaO、MgO、$SiO_2$、$Al_2O_3$、FeO、CaS、MnO 等几种化合物，其中 $w(CaO)/w(SiO_2)$被称为碱度，是决定炉渣性能的特征指标。

高炉炉渣的工业用途广泛。如在炉前急冷粒化成水渣，制成水泥和建筑材料；酸性渣还可在炉前用蒸汽吹成渣棉，作为绝热材料；炉渣还可代替天然碎石作为路基材料；冶炼多元素共生的复合矿时，炉渣中常富集有多种元素（如稀土、钛等），这类炉渣可进一步利用。

高炉炉渣出炉温度通常为1400~1450℃，热含量1680~1900kJ/kg，对于这部分显热，目前尚无很好的利用方法。

### 1.2.3 高炉煤气

冶炼每吨生铁可产生1600~3000m³的高炉煤气，其中 $\varphi(CO)=20\%\sim30\%$、$\varphi(CO_2)=15\%\sim20\%$、$\varphi(N_2)=56\%\sim58\%$、$\varphi(H_2)=1\%\sim3\%$，还有少量甲烷（$CH_4$）等可燃性气体。从高炉排出的煤气中含有大量的炉料粉尘，经过除尘处理可使含尘量降到10~20mg/m³。除尘处理后的高炉煤气发热值约为3350~3770kJ/m³，是良好的气体燃料。但高炉冶炼产生的煤气量、成分及发热值与高炉操作参数及产品种类有关。如高炉冶炼铁合金时，煤气中几乎没有 $CO_2$。

高炉煤气是钢铁联合企业的重要二次能源，主要用作热风炉燃料，还可供动力、炼焦、烧结、炼钢、轧钢等部门使用。

### 1.2.4 高炉炉尘

炉尘是随高速上升的煤气带出高炉外的细颗粒炉料，在除尘系统与煤气分离。炉尘中含铁量为30%~45%（质量分数），含碳量为8%~20%（质量分数），每冶炼1t生铁产生10~150 kg 的炉尘。炉尘回收后可作为烧结原料加以利用。

## 1.3 高炉生产技术经济指标

高炉生产的技术水平和经济效果可用技术经济指标来衡量。这些指标不但在高炉生产操作中十分重要，而且与设备的设计、维护和管理工作也有密切的关系。

### 1.3.1 高炉生产的主要经济技术指标

（1）高炉有效容积利用系数 $\eta_v$。高炉有效容积利用系数是指1m³高炉有效容积一昼夜生产生铁的吨数，即高炉每昼夜产铁量（$P$）与高炉有效容积（$V_n$）的比值，单位为t/(m³·d)。

$$\eta_v = \frac{P}{V_n} \tag{1-1}$$

$\eta_v$ 愈高，说明高炉的生产率愈高。高炉的利用系数与高炉的有效容积有关，目前，一般大型高炉的 $\eta_v$ 超过 2.0t/(m$^3$·d)，一些先进高炉可达 2.2~2.3t/(m$^3$·d)，小型高炉的 $\eta_v$ 更高，为 2.8~3.2t/(m$^3$·d)。

（2）焦比 $K$。焦比是生产 1t 生铁所消耗的焦炭量。即高炉昼夜消耗的干焦量 $Q_K$ 和昼夜产铁量 $P$ 之比，单位为 kg/t。

$$K = \frac{Q_k}{P} \tag{1-2}$$

焦炭的消耗量约占生铁成本的 30%~40%，欲降低生铁成本必须力求降低焦比。焦比大小与冶炼条件密切相关，一般情况下焦比为 450~500kg/t 时，喷吹煤粉可以有效降低焦比。

（3）油比、煤比。生产 1t 生铁喷吹的重油量为油比，喷吹的煤粉量为煤比。

喷吹单位质量或单位体积的燃料所能代替的冶金焦炭量为置换比。重油的置换比为 1~1.35kg/kg，煤粉置换比为 0.7~0.9kg/kg，天然气置换比为 0.7~0.8kg/m$^3$，焦炉煤气置换比为 0.4~0.5kg/m$^3$。

（4）燃料比。燃料比是指生产 1t 生铁消耗的焦炭和喷吹煤粉的总和，这是国际上通用的概念。特别注意燃料比和传统综合焦比的区别：

燃料比=焦比+煤比

综合焦比=焦比+煤比×置换比

（5）冶炼强度 $I$ 和燃烧强度 $J_A$。冶炼强度是指每昼夜、1m$^3$高炉有效容积消耗的焦炭量，即高炉一昼夜内消耗的焦炭量 $Q_k$ 与有效容积 $V_n$ 的比值，单位为 t/(m$^3$·d)。

$$I = \frac{Q_K}{V_n} \tag{1-3}$$

冶炼强度表示高炉的作业强度。它与鼓入高炉的风量成正比。在焦比不变或增加不多情况下，冶炼强度越高，高炉利用系数也就愈高，高炉产量越大。目前国内外大型高炉的冶炼强度为 1.05 左右。

高炉利用系数、焦比和冶炼强度有如下关系：

$$\eta_v = \frac{I}{K} \tag{1-4}$$

燃烧强度是指 1m$^2$炉缸截面积每昼夜消耗的燃料重量，即高炉一昼夜内消耗的焦炭量 $Q_k$ 与炉缸截面积 $A$ 的比值，单位为 t/(m$^2$·d)。

$$J_A = \frac{Q_K}{A} \tag{1-5}$$

（6）焦炭负荷 $H$。焦炭负荷是每昼夜装入高炉的矿石量 $P_0$ 和焦炭消耗量 $Q_k$ 的比值，单位为 t/t。

$$H = \frac{P_0}{Q_K} \tag{1-6}$$

（7）冶炼周期 $t$。冶炼周期是炉料在高炉内停留的时间，令 $t$ 表示冶炼周期，单位为 $h$，则计算公式为：

$$t = \frac{24V_n}{PV(1-\varepsilon)} = \frac{24}{\eta_v V(1-\varepsilon)} \tag{1-7}$$

式中，$V_n$ 为高炉有效容积，$m^3$；$P$ 为高炉日产铁量，t；$V$ 为每吨生铁所需炉料体积，$m^3$；$\varepsilon$ 为炉料在高炉内的体积缩减系数。

由上式可知，冶炼周期与利用系数成反比。

(8) 休风率。休风时间占规定作业时间（即日历时间减去按计划进行大、中修时间）的百分数称为休风率。休风率反映了设备维护和高炉操作的水平，通常1%的休风率至少要减产2%，一般休风率应控制在1%以下。

(9) 生铁成本。生产1t合格生铁所消耗的所有原料、燃料、材料、水电、人工等一切费用的总和，单位为元/吨。

(10) 高炉一代寿命。高炉一代寿命是从点火开炉到停炉大修之间的冶炼时间，大型高炉一代寿命为10~15年。

判断高炉一代寿命结束的准则主要是高炉生产的经济性和安全性。如果高炉的破损程度已使生产陷入效率低、质量差、成本高、故障多、安全差的境地，就应考虑停炉大修或改建。

高炉生产总的要求是高产、优质、低耗、长寿。先进的经济技术指标主要是指合适冶炼强度、高焦炭负荷、高利用系数、低焦比、低冶炼周期、低休风率。这些指标除与冶炼操作有直接关系外，还和设备是否先进，设计、维修、管理是否合理有密切的关系。因此设备工作人员对上述各项经济技术指标，必须给予足够的重视。

### 1.3.2 提高高炉生产经济技术指标的途径

(1) 精料。精料是高炉优质、高产、低耗的基础。精料的基本内容是提高矿石品位，稳定原料的化学成分，提高整粒度和熟料率等几个指标。稳定的化学成分对大型高炉的顺利操作有重要意义。而炉料的粒度不仅影响矿石的还原速度，而且影响料柱的透气性。具体措施是尽量采用烧结矿以及入炉前最后过筛等。

(2) 综合鼓风。综合鼓风包括喷吹天然气、重油、煤粉等代替焦炭，它是降低焦比的重要措施。此外还有富氧鼓风、高风温等措施。

(3) 高压操作。高压操作是改善高炉冶炼过程的有效措施，它可以延长煤气在炉内的停留时间，提高产量，降低焦比，同时可以减少炉尘吹出量。

(4) 计算机的控制。高炉实现计算机控制后可以使原料条件稳定和计量准确，热风炉实现最佳加热，有利于提高风温和减少热耗。从而达到提高产量，降低焦比和成本的目的。

(5) 高炉大型化。采用大型高炉，经济上有利，其单位产量的投资及所需劳动力都较少。

## 1.4 高炉座数和容积确定

### 1.4.1 生铁产量的确定

设计任务书中规定的生铁年产量是确定高炉车间年产量的依据。如果任务书给出多种品种生铁的年产量如炼钢铁与铸造铁，则应换算成同一品种的生铁。一般是将铸造铁乘以折算系数，换算为同一品种的炼钢铁，求出总产量。折算系数与铸造铁的硅含量有关，详见表1-4。

**表1-4 铸造铁折算成炼钢铁的折算系数表**

| 铸铁代号 | Z15 | Z20 | Z25 | Z30 | Z35 |
|---|---|---|---|---|---|
| 硅含量（质量分数）/% | 1.25~1.75 | 1.75~2.25 | 2.25~2.75 | 2.75~3.25 | 3.25~3.75 |
| 折算系数 | 1.05 | 1.10 | 1.15 | 1.20 | 1.25 |

如果任务书给出钢锭产量，则需要做出金属平衡，确定生铁年产量。首先算出钢液消耗量，这时要考虑浇注方法、喷溅损失和短锭损失等，一般单位钢锭的钢液消耗系数为1.010~1.020，再由钢液消耗量确定生铁年产量。吨钢的铁水消耗取决于炼钢方法、炼钢炉容积、废钢消耗等因素，一般为1.050~1.100t，技术水平较高、炉容较大的选低值，反之，取高值。

### 1.4.2 高炉炼铁车间总容积的确定

将计算得到的高炉炼铁车间生铁年产量除以年工作日，即得出高炉炼铁车间日产量，单位为t：

$$\text{高炉车间日产量} = \frac{\text{年产量}}{\text{年工作日}}$$

高炉年工作日一般取日历时间的95%。

根据高炉炼铁车间日产量和高炉有效容积利用系数可以计算出高炉炼铁车间总容积，单位为$m^3$：

$$\text{高炉车间总容积} = \frac{\text{日产量}}{\text{高炉有效容积利用系数}}$$

高炉有效容积利用系数一般直接选定，大高炉选低值，小高炉选高值。利用系数的选择应该既先进又留有余地，保证投产后短时间内达到设计产量。如果选择过高则达不到预定的生产量，选择过低则使生产能力得不到发挥。

### 1.4.3 高炉座数的确定

高炉炼铁车间的总容积确定之后就可以确定高炉座数和一座高炉的容积。设计时，一个车间的高炉容积最好相同。这样有利于生产管理和设备管理。

高炉座数要从两方面考虑：一方面从投资、生产效率、管理等角度考虑，数目越少越好；另一方面从铁水供应、高炉煤气供应的角度考虑，则希望数目多些。确定高炉座数的原则应保证在1座高炉停产时，铁水和煤气的供应不致间断。近年来新建企业一般只有2~4座高炉。

## 1.5 高炉炼铁车间平面布置

高炉炼铁车间平面布置的合理性，关系到相邻车间和公用设施是否合理，也关系到原料和产品的运输能否正常连续进行。设施的共用性及运输线、管网线的长短，对产品成本及单位产品投资有一定影响，因此规划车间平面布置时一定要考虑周到。

### 1.5.1 高炉炼铁车间平面布置应遵循的原则

合理的平面布置应符合下列原则：

（1）在工艺合理、操作安全、满足生产的条件下，应尽量紧凑，并合理地共用一些设备与建筑物，以求少占土地和缩短运输线、管网线的距离。

（2）有足够的运输能力，保证原料及时入厂和产品（副产品）及时运出。

（3）车间内部铁路、道路布置要畅通。

（4）要考虑扩建的可能性，在可能的条件下留一座高炉的位置，高炉大修、扩建时施工安装作业及材料设备堆放等不得影响其他高炉正常生产。

### 1.5.2 高炉炼铁车间平面布置形式

高炉炼铁车间平面布置形式根据铁路线的布置可分为一列式、并列式、岛式、半岛式。

（1）一列式布置。一列式高炉平面布置如图1-4所示。这种布置将高炉与热风炉布置在同一列线，出铁场也布置在高炉同一列线上成为一列，并且与车间铁路线平行。这种布置的优点是可以共用出铁场和炉前起重机，以及热风炉值班室和烟囱，节省投资；且热风炉距高炉近，热损失少。缺点是运输能力低，在高炉数目多，产量高时，运输不方便，特别是在一座高炉检修时车间调度复杂。

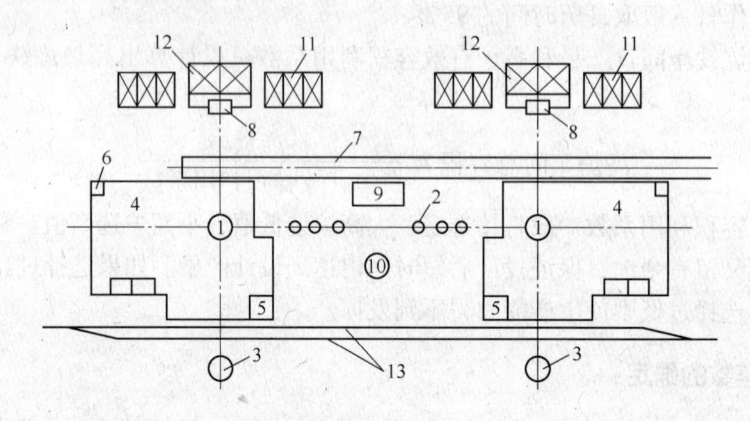


图1-4 一列式高炉平面布置图

1—高炉；2—热风炉；3—重力除尘器；4—出铁场；5—高炉计器室；6—休息室；7—水渣沟；8—卷扬机室；9—热风炉计器室；10—烟囱；11—贮矿槽；12—贮焦槽；13—铁水罐停放线

（2）并列式布置。并列式高炉平面布置如图1-5所示。这种布置将高炉与热风炉分设于两列线上，出铁场布置在高炉同一列线上，车间铁路线与高炉列线平行。这种布置的优点是可以共用一些设备和建筑物，节省投资；且高炉间距离近。缺点是热风炉距高炉远，热风炉靠近重力除尘器，劳动条件不好。

（3）岛式布置。岛式高炉平面布置如图1-6所示。岛式布置形式在20世纪50年

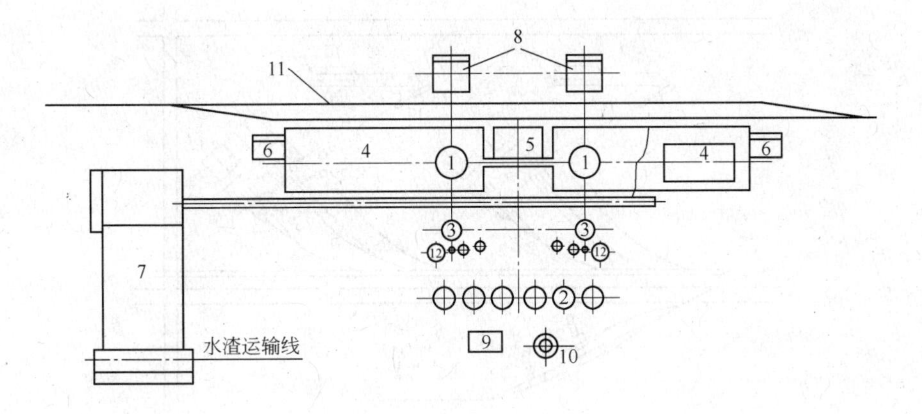


图 1-5 并列式高炉平面布置图

1—高炉；2—热风炉；3—重力除尘器；4—出铁场；5—高炉计器室；6—休息室；7—水渣沟；8—卷扬机室；9—热风炉计器室；10—烟囱；11—铁水罐车停放线；12—洗涤塔

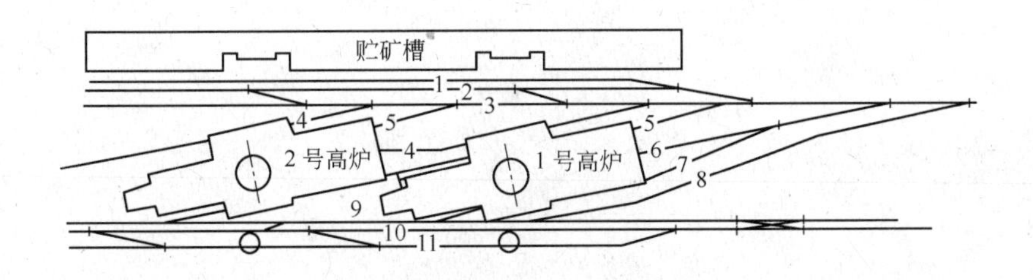


图 1-6 岛式高炉平面布置图（包钢）

1—碎焦线；2—空渣罐车走行线；3—重渣罐车走行线；4—上渣出渣线；5—下渣出渣线；6—耐火材料线；7—出铁线；8—联络线；9—重铁水罐车走行线；10—空铁水罐车走行线；11—煤气灰装车线

代初出现于前苏联。这种布置形式的特点是每座高炉和它的出铁场、热风炉、渣铁罐停放线等自成体系，不受相邻高炉的影响。高炉、热风炉的中心线与车间的铁路干线的交角一般为 11°~13°，并设有多条清灰、炉前辅助材料专用线和辅助线，独立的渣铁罐停放线可以从两个方向配罐和调车，因此可以极大地提高运输能力和灵活性。

岛式布置高炉间距较大，占地面积增加，管道线延长，而且不易实现炉前冲水渣。此种布置形式适合于高炉座数较多、容积较大、渣铁运输频繁的大型高炉车间。

（4）半岛式布置。半岛式高炉平面布置如图 1-7 所示。半岛式布置形式在美国和日本的大型高炉车间得到了广泛的应用。我国宝钢即采用这种布置形式。

半岛式布置的特点是每座高炉都设有独立的有尽头的渣铁罐停放线，高炉和热风炉的列线与车间铁路干线成一定夹角，夹角可达 45°，每个出铁口均设有两条独立的停罐线，给多出铁口和多出铁场的大型高炉车间运输带来方便。具有多出铁口和多出铁场的日产万吨的高炉多采用此种布置。

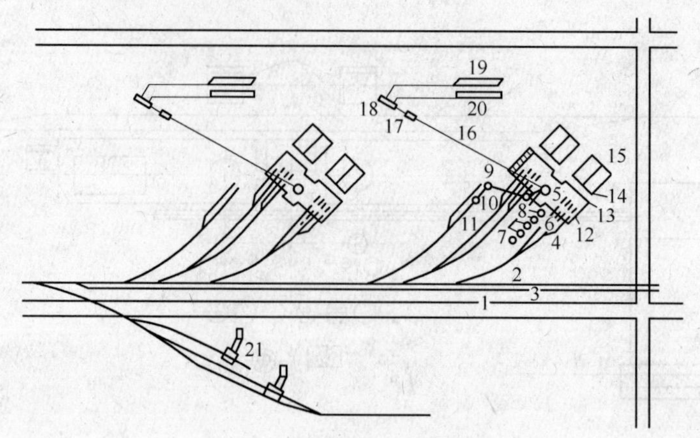


图1-7 半岛式高炉平面布置

1—公路；2，3—铁路调度线；4—铁水罐车停放线；5—高炉；6—热风炉；7—烟囱；8—重力除尘器；9—第一文氏管；10—第二文氏管；11—卸灰线；12—炉前100t吊车；13—小型吊车；14—水渣搅拌槽；15—干渣坑；16—上料胶带机；17—驱动室；18—装料漏斗库；19—焦炭仓；20—矿石、辅助原料槽；21—铸铁机

# 高炉炼铁原燃料

原燃料是炼铁的基础，其质量好坏直接影响高炉冶炼指标。高炉冶炼需要的原燃料包括铁矿石、焦炭、煤粉及部分熔剂。

## 2.1 铁矿石的种类及使用标准

随着钢铁工业的发展，天然富矿在产量和质量上已不能满足高炉冶炼的要求，而大量贫矿富选后得到的精矿粉以及天然富矿粉又不能直接入炉冶炼，必须将其制成具有一定粒度和强度的块矿。另外，冶金生产中产生的大量粉尘和烟尘，为保护环境和回收利用这些含铁粉料，也需要进行造块处理。因此，铁矿粉造块，既开辟和利用了铁矿资源，又改善了其冶金性能，为进一步发展钢铁工业开发了新的优质原料。

铁矿粉造块的方法很多，其中应用最广泛的是烧结法和球团法，获得的产品是烧结矿和球团矿，统称人造富矿，具有优于天然富矿的冶金性能。

通过造块处理，可以改进炼铁原料的物理化学性能（如粒度组成、机械强度、还原性等），从而强化高炉冶炼，实现高炉的高产、优质、低耗。

通过造块处理，可以去除炼铁原料中的部分有害元素，如硫、氟、钾、钠、铅、砷等，并回收利用。

通过造块处理，可以利用工业生产中的副产品，如高炉炉尘、转炉炉尘、轧钢皮、硫酸渣等，变废为宝，合理利用资源，扩大原料来源，降低生产成本，并可净化环境。

高炉生产实践证明，使用质量良好烧结矿和球团矿，可使高炉冶炼的各项技术经济指标得到大幅度提高，因而铁矿粉造块已成为钢铁冶金工业中不可缺少的一个重要生产工序。

目前我国高炉的炉料结构是以烧结矿为主，配以一定量的球团矿和天然块矿。烧结矿和球团矿的性能优于天然矿石，大大改善了高炉冶炼过程，使高炉生产指标有了大幅度提高。

### 2.1.1 铁矿石的种类

（1）烧结矿。根据高炉的使用要求，烧结矿为高碱度的烧结矿。

高碱度烧结矿的优点是：1）有良好的还原性，铁矿石还原性每提高10%，焦比下降8%~9%；2）较好的冷强度和低的还原粉化率；3）较高的荷重软化温度；4）良好的熔融、滴落和渣铁流性能。

（2）球团矿。目前高炉生产普遍使用的是酸性球团矿。

球团矿的优点是：1）可以用品位很高的细磨铁精矿生产，其酸性球团矿品位可以达到68%，$SiO_2$含量仅1.15%；2）矿物主要为赤铁矿，FeO含量很低（1%以下）；3）冷强度好，转鼓指数可高达95%，粒度均匀，8～16mm粒级可达90%以上；4）自然堆角比烧结矿小；5）还原性能好，低温还原粉化低，能改善高炉块状带料柱的透气性。

（3）天然块矿。目前很多高炉直接使用一些品位较高的天然块矿。

### 2.1.2 高炉冶炼对铁矿石的质量要求

优质铁矿石是使高炉生产达到优质、高产、低耗和长寿的重要条件。高炉生产对铁矿石的要求主要有以下几个方面：

（1）含铁量高。铁矿石的含铁量亦称品位。一般实际含铁量为理论含铁量的70%以上的铁矿石称为富矿，可直接入炉，不足70%的称贫矿，需经选矿和造块处理后入炉。工业上使用的铁矿石含铁量（质量分数）为23%～70%，用品位高的矿石冶炼有利于节约消耗，增加产量。

（2）脉石含量少。铁矿石中除铁矿物外的物质统称脉石。铁矿石中以酸性脉石（如$SiO_2$、$Al_2O_3$）居多。为满足高炉造渣的需要，往往要加入碱性矿物（CaO、MgO）等，故要求铁矿石中含脉石少以保证矿石品位，含酸性脉石少以减少渣量。

（3）含有害元素少。铁、钢中含有硫可造成“热脆”，含磷可造成“冷脆”，铅在冶炼中有损底，砷使钢变脆并使焊接性变坏，锌易使高炉结瘤。因此，要求铁矿石中含上述元素少，入炉矿中硫含量质量分数要小于0.3%，砷质量分数小于0.07%，锌质量分数小于0.1%～0.2%。

另外，铜、锰、铬、钛、钒等对钢、铁质量也有一定的影响。

（4）具有良好的还原性。还原性是指铁氧化物被CO或$H_2$还原的难易程度。矿石的还原性与矿物组成、致密程度及矿石颗粒度大小有关。还原性好有利于降低焦比。

（5）软化性好。矿石的软化性指其软化温度与软化区间。软化温度是矿石在一定荷重下开始变形的温度；软化区间是矿石开始软化到软化终了的温度范围。一般来说，软化区间窄且软化温度高有利于冶炼。

（6）粒度均匀、粉末少。为保证高炉有良好的透气性和矿石良好的还原性，需要矿石粒度适于冶炼，并减少粒度小于5mm的粉矿。

（7）矿石成分要稳定，以利生产稳定。

我国铁矿中贫矿和多元素共生复合矿较多，需要进行选矿和人工造块并加强综合利用。

### 2.1.3 烧结矿、球团矿国家标准

烧结矿、球团矿标准见表2-1～表2-3。

表 2-1 优质铁烧结矿技术指标（YB/T 421—2005）

| 项目名称 | 化学成分/% | | | | 物理性能/% | | | 冶金性能/% | |
|---|---|---|---|---|---|---|---|---|---|
| | $w(\mathrm{TFe})$ | $w(\mathrm{CaO})/w(\mathrm{SiO_2})$ | $w(\mathrm{FeO})$ | $w(\mathrm{S})$ | 转鼓指数（大于6.3 mm） | 筛分指数（小于5mm） | 抗磨指数（小于0.5mm） | 低温还原粉化指数(*RDI*)（+3.15mm） | 还原指数(*RI*) |
| 允许波动范围 | ±0.40 | ±0.50 | ±0.50 | | | | | | |
| 指标 | ≥57.00 | ≥1.7 | ≤9.00 | ≤0.030 | ≥72.00 | ≤6.00 | ≤7.00 | ≥72.00 | ≥78.00 |

表 2-2 普通铁烧结矿技术指标（YB/T 421—2005）

| 项目名称 | | 化学成分/% | | | | 物理性能/% | | | 冶金性能/% | |
|---|---|---|---|---|---|---|---|---|---|---|
| 碱度 | 品级 | $w(\mathrm{TFe})$ | $w(\mathrm{CaO})/w(\mathrm{SiO_2})$ | $w(\mathrm{FeO})$ | $w(\mathrm{S})$ | 转鼓指数（大于6.3 mm） | 筛分指数（小于5 mm） | 抗磨指数（小于0.5 mm） | 低温还原粉化指数（*RDI*）(+3.15mm) | 还原指数（*RI*） |
| | | 允许波动范围 | | 不大于 | | | | | | |
| 1.50~2.50 | 一级 | ±0.50 | ±0.08 | 11.00 | 0.060 | ≥68.00 | ≤7.00 | ≤7.00 | ≥72.00 | ≥78.00 |
| | 二级 | ±1.00 | ±0.12 | 12.00 | 0.080 | ≥65.00 | ≤9.00 | ≤8.00 | ≥70.00 | ≥75.00 |
| 1.00~1.50 | 一级 | ±0.50 | ±0.05 | 12.00 | 0.040 | ≥64.00 | ≤9.00 | ≤8.00 | ≥74.00 | ≥74.00 |
| | 二级 | ±1.00 | ±0.10 | 13.00 | 0.060 | ≥61.00 | ≤11.00 | ≤9.00 | ≥72.00 | ≥72.00 |

表 2-3 酸性铁球团矿的技术指标（YB/T 005—2005）

| 项目名称 | 品级 | 化学成分/% | | | | 物理性能 | | | | | 冶金性能/% | | |
|---|---|---|---|---|---|---|---|---|---|---|---|---|---|
| | | $w(\mathrm{TFe})$ | $w(\mathrm{FeO})$ | $w(\mathrm{SiO})$ | $w(\mathrm{S})$ | 抗压强度 /N·球$^{-1}$ | 转鼓指数(大于6.3mm) /% | 抗磨指数(小于0.5 mm) /% | 筛分指数(小于5mm) /% | 粒度（8~16mm) /% | 膨胀率 | 还原度指数 (*RI*) | 低温还原粉化指数 (*RDI*) (+3.15 mm) |
| 指标 | 一级 | ≥64.00 | ≤1.00 | ≤5.50 | ≤0.02 | ≥2000 | ≥90.00 | ≤6.00 | ≤3.00 | ≥85.00 | ≤15.00 | ≥70.00 | ≥70.00 |
| | 二级 | ≥62.00 | ≤2.00 | ≤7.00 | ≤0.06 | ≥1800 | ≥86.00 | ≤8.00 | ≤5.00 | ≥80.00 | ≤20.00 | ≥65.00 | ≥65.00 |
| 允许波动范围 | 一级 | ±0.40 | | | | | | | | | | | |
| | 二级 | ±0.80 | | | | | | | | | | | |

## 2.2 燃料及质量要求

### 2.2.1 焦炭的工业分析

焦炭按固定碳、挥发分、灰分和水分来测定其化学组成的过程，称为工业分析。

（1）水分。焦炭试样在一定温度下，干燥后减少的质量占焦样干燥前质量的百分比。它包括全水分（$M_t$）测定和分析试样水分（$M_{ad}$）测定两种。

（2）灰分（$A_{ad}$）。焦炭试样在（850±10）℃温度下灰化至恒重，其残留物质的质量占焦样质量的百分比。

（3）挥发分（$V_{ad}$）。是指焦炭试样在（900±10）℃温度下隔绝空气快速加热后，焦样质量失重的百分比减去该试样水分后得到的数值。

（4）固定碳。指煤经过高温干馏后残留的固态可燃性物质，其值为 $FC_{ad}=100-M_{ad}-A_{ad}-V_{ad}$，这一数值高于焦炭元素分析的碳含量。

### 2.2.2 焦炭的元素分析

焦炭按碳、氢、氧、氮、硫、磷等元素确定其化学组成的过程，称为元素分析。焦炭灰化后其固体残留物中主要是各种氧化物（$SiO_2$、$Fe_2O_3$、$Al_2O_3$、CaO、MgO、$SO_3$、$P_2O_5$、$TiO_2$、$K_2O$ 和 $Na_2O$ 等），这是焦炭灰成分。

### 2.2.3 焦炭强度

（1）焦炭落下强度。焦炭落下强度是指焦炭在常温下抗碎裂的能力，属于机械强度指标。它以块焦试样按规定高度重复落下4次后，块度大于50mm（或25mm）的焦炭量占试样总量的百分率表示。

（2）焦炭转鼓强度。焦炭转鼓强度是常温下抗碎裂能力和耐磨能力的综合机械强度指标。焦炭转鼓试验后，用大、小两个粒级的焦炭量各占入鼓焦炭量的百分率，分别表示抗碎能力（$M_{25}$、$M_{40}$）和耐磨能力（$M_{10}$）。

国际常采用的转鼓试验见表2-4。

**表2-4 焦炭常温转鼓实验方法**

| 国别 | 实验方法 | 转鼓条件 | | | 焦炭试样 | | 筛分条件 | | 强度指标 | |
|---|---|---|---|---|---|---|---|---|---|---|
| | | 直径(长度)/mm | 转速/r·min$^{-1}$ | 转数/r | 质量/kg | 粒度/mm | 孔型 | 筛孔/mm | 耐磨强度级别/mm（指标） | 抗碎强度级别/mm（指标） |
| 德国 | Micum | 1000(1000) | 25 | 100 | 50 | >60 | 圆孔 | 10,40 (20) | <10 ($M_{10}$) | >40($M_{40}$) >20($M_{20}$) |
| 法国 | 钢研所 (Irsid) | 1000(1000) | 25 | 500 | 50 | >20 | 圆孔 | 10,20 (40) | <10 ($I_{10}$) | >20($I_{20}$) >40($I_{40}$) |
| 英国 | BS | 762(457) | 18 | 1000 | 12.5 | 60~90 | 不做明确规定 | 3,17 | >3 | >17 |
| 日本 | JIS | 1500(1500) | 15 | 30,150 | 10 | >50 | 方孔 | 15,50 | >15 ($DI_{15}^{150}$) ($DI_{15}^{30}$) | >50 ($DI_{50}^{150}$) ($DI_{50}^{30}$) |
| 美国 | ASTM | 914(457) | 24 | 1400 | 10 | 50.8,76.2 | 方孔 | 6.4,25 | >6.4 ($T_6$) | >25 ($T_{25}$) |

### 2.2.4 焦炭的反应性（*CRI*）

焦炭的反应性是指焦炭与$CO_2$、$O_2$和$H_2O$等进行化学反应的能力。由于$O_2$和$H_2O$的反应有与$CO_2$反应类似的规律，因此，大多数国家都用焦炭与$CO_2$间的反应特性评定焦炭反应性。在高炉冶炼中，希望焦炭的反应性相对低一些，这样有利于提高软熔带以下高温区焦炭的强度，保持料柱的透气性良好。

### 2.2.5 焦炭的燃烧性

（1）焦炭的发热量。焦炭中的碳、氢、硫都能与氧化合，由其反应热可计算出焦炭的发热量（33.4~33.65kJ/g）。

（2）焦炭的着火点。冶金焦着火温度为650℃左右。空气中氧的浓度每增加1%，着火温度可降低6.5~8.5℃。

（3）焦炭热强度。焦炭热强度是反映焦炭热态性质的一项机械强度指标。测量方法有焦炭的$CO_2$反应后强度测定和用充有$N_2$和$CO_2$的热转鼓强度测定。但根据现有标准测定出的焦炭反应后热强度数值，其准确性、重复性较差，主要是采样、制样、检验等各环节误差较大，所以代表性差。另外，检验方法不能准确模拟焦炭在高炉内的实际状态。因此，测定出的焦炭热强度数值只能对不同厂家的产品起参照对比作用。

影响焦炭热强度的因素包括焦炭的气孔与气孔结构、气孔壁的碳微晶结构以及无机杂质含量等。近几年，国内外的学者发现焦炭中存在对溶损反应具有抑制作用的物质。因此，进行了在配煤中添加抑制溶损反应的负催化剂的研究试验，并已取得了初步成果。一般情况下，$M_{10}$指标好的焦炭，其热强度数值也好。

### 2.2.6 焦炭抗碱性

抗碱性是指在高炉冶炼过程中抵抗碱金属和盐类作用的能力。在高炉冶炼过程中，由矿石带入的钾、钠在高炉内循环并富集，因此，在焦炭中碱金属含量可达3%以上，对焦炭的反应性、焦炭的机械强度和焦炭结构均会产生不利影响，严重时还会破坏炉况顺行并降低炉衬使用寿命。

### 2.2.7 焦炭在高炉内的作用

焦炭在高炉内的作用有：（1）焦炭是高炉冶炼的主要燃料；（2）焦炭是高炉冶炼的还原剂和渗碳剂；（3）焦炭在炉内料柱中起骨架作用。

焦炭质量变差后不仅使整个料柱的透气性变差，崩料、悬料次数增加，平均风量减少、冶炼强度降低，更重要的是降低了炉缸死料柱的透气性和渗液性，导致炉缸工作恶化，风口破损增加，休风时少数风口易发生灌渣。

随着喷吹燃料的增加，焦比降低后焦炭的骨架作用越来越重要，因此，焦炭质量对高炉冶炼的影响也就更加突出。

### 2.2.8 焦炭在高炉内的变化

焦炭入炉后随着温度的逐渐升高，发生一系列的物理化学变化。温度大于200℃以后，首先是挥发分挥发，自炉身中部开始，焦炭平均粒度变小，强度变差，气孔率增大，反应性、碱金属含量和灰分都增高。

焦炭的碳含量在85%左右，除不到1%的碳随高炉煤气逸出外，其余的全部碳都消耗在高炉内，大致比例是：

（1）风口燃烧约55%~65%；

（2）料线至风口间碳溶反应25%~35%；

（3）生铁渗碳7%~10%；

（4）其他元素还原反应及损失2%~3%。

### 2.2.9 焦炭质量对高炉冶炼的影响

（1）焦炭块度。焦炭块度均匀，高炉料柱透气性好，有利于炉况顺行稳定。国外的试验结果是，烧结矿过筛后和块度为25~40 mm的焦炭入炉，透气性最好，因此，国外一些厂家进行焦炭分级入炉。

（2）焦炭强度对炉况的影响。焦炭强度差时对高炉冶炼的影响见表2-5。

表2-5 焦炭强度差时对高炉冶炼的影响

| 部位 | 后果 |
| --- | --- |
| 块状带 | 粉焦增多、炉尘增多、气流阻力增加 |
| 软熔带 | 焦炭层内某些部位粉焦增多，煤气阻力明显增加，影响煤气的合理分布，易发生管道的崩料、悬料 |
| 滴落带 | 粉焦和软熔的矿石黏结在一起，滞留熔融物增多，使煤气阻力增大，通过的煤气减少，边缘气流增强 |
| 风口区 | 回旋区深度减小、高度增加；边沿气流增加，中心气流减弱；渗透性变坏，铁水和熔渣淤积在风口下方，易烧坏风口或休风时发生风口灌渣 |
| 炉缸 | 气流吹不透中心，炉缸温度降低，铁水和熔渣的流动性变差；炉缸工作不均，时间长将造成炉缸中心堆积 |
| 炉况 | 上部气流分布紊乱，下部风压升高，热交换和间接还原都变差，炉况应变能力和顺行都差，经济技术指标明显降低 |

生产实践的经验数据为：$M_{40}$指标每升高1%，高炉利用系数增加0.04t/(m$^3$·d)，综合焦比下降5.6kg；$M_{10}$提高20%，高炉利用系数增加0.05t/(m$^3$·d)，综合焦比下降7kg/t。

（3）灰分。灰分增加，含碳量降低，高炉冶炼时消耗的熔剂量增加，熔剂量增加后渣量也必然增加。生产实践总结出的经验数据为：焦炭灰分每增加1%，高炉焦比增加1%~2%，产量减少2%~3%。

（4）硫分。焦炭中的硫含量对入炉料硫负荷的影响起决定性作用，当焦炭中的硫含量超过0.8%时，为了保证生铁的质量，必须适当提高炉渣的碱度，因而使渣量增加。生产实践表明，焦炭中硫分每增加1%，焦比增加1%~3%，产量降低2%~5%。

（5）水分。焦炭水分对高炉生产的影响表现为水分波动时，配料的焦炭负荷也随之变化，从而引起炉温的波动。采用中子测水和自动补偿技术，保持配料的焦炭负荷不变，可以消除水分波动对高炉生产的影响。

（6）焦炭的合理配置。焦炭质量对高炉冶炼影响程度的大小和炉容有关，炉容越大，焦炭质量对高炉冶炼的影响越明显。因此，必须结合企业的实际条件并根据炉容的大小合理配置焦炭。

1）如果使用非同一质量的焦炭，不同容积的高炉应该使用不同质量的焦炭，大高炉使用强度好的，小高炉使用强度相对低一点的。

2）如果高炉容积相同，则优质焦炭和质量较差的焦炭搭配使用，以避免炉况顺行恶化。

3）根据焦炭质量确定适宜的喷吹率，以确保炉况稳定顺行。

高炉使用焦炭应符合国标 GB/T 1996—2003，见表 2-6。

**表 2-6　冶金焦炭技术指标**（GB/T 1996—2003）

<table>
<tr><th colspan="3" rowspan="2">指　标</th><th rowspan="2">等级</th><th colspan="3">粒度/mm</th></tr>
<tr><th>>40</th><th>>25</th><th>25~40</th></tr>
<tr><td colspan="3" rowspan="3">灰分 $A_d$（质量分数）/%</td><td>一级</td><td colspan="3">≤12.0</td></tr>
<tr><td>二级</td><td colspan="3">≤13.5</td></tr>
<tr><td>三级</td><td colspan="3">≤15.0</td></tr>
<tr><td colspan="3" rowspan="3">硫分 $S_{t,d}$（质量分数）/%</td><td>一级</td><td colspan="3">≤0.60</td></tr>
<tr><td>二级</td><td colspan="3">≤0.80</td></tr>
<tr><td>三级</td><td colspan="3">≤1.00</td></tr>
<tr><td rowspan="9">机械强度</td><td rowspan="6">抗碎强度</td><td rowspan="3">$M_{25}$/%</td><td>一级</td><td colspan="2">≥92.0</td><td rowspan="9">按供需双方协议</td></tr>
<tr><td>二级</td><td colspan="2">≥88.0</td></tr>
<tr><td>三级</td><td colspan="2">≥83.0</td></tr>
<tr><td rowspan="3">$M_{40}$/%</td><td>一级</td><td colspan="2">≥80.0</td></tr>
<tr><td>二级</td><td colspan="2">≥76.0</td></tr>
<tr><td>三级</td><td colspan="2">≥72.0</td></tr>
<tr><td rowspan="3">耐磨强度</td><td rowspan="3">$M_{10}$/%</td><td>一级</td><td colspan="2">$M_{25}$时：≤7.0；$M_{40}$时：≤7.5</td></tr>
<tr><td>二级</td><td colspan="2">≤8.5</td></tr>
<tr><td>三级</td><td colspan="2">≤10.5</td></tr>
<tr><td colspan="3" rowspan="3">反应性 *CIR*/%</td><td>一级</td><td colspan="2">≤30</td><td rowspan="6">—</td></tr>
<tr><td>二级</td><td colspan="2">≤35</td></tr>
<tr><td>三级</td><td colspan="2">—</td></tr>
<tr><td colspan="3" rowspan="3">反应后强度 *CSR*/%</td><td>一级</td><td colspan="2">≥55</td></tr>
<tr><td>二级</td><td colspan="2">≥50</td></tr>
<tr><td>三级</td><td colspan="2">—</td></tr>
<tr><td colspan="4">挥发分 $V_{daf}$（质量分数）/%</td><td colspan="3">≤1.8</td></tr>
<tr><td colspan="4">水分含量 $M_t$（质量分数）/%</td><td>4.0±1.0</td><td>5.0±2.0</td><td>≤12.0</td></tr>
<tr><td colspan="4">焦末含量（质量分数）/%</td><td>≤4.0</td><td>≤5.0</td><td>≤12.0</td></tr>
</table>

## 2.3 熔剂的种类及使用要求

高炉冶炼中，除主要加入铁矿石和焦炭外，还要加入一定量的助熔物质，即熔剂。

### 2.3.1 熔剂的种类

根据矿石中脉石成分的不同，高炉冶炼使用的熔剂，按其性质可分为碱性、酸性和中性三类。

（1）碱性熔剂。矿石中的脉石主要为酸性氧化物时，则使用碱性熔剂。由于燃料灰分的成分和绝大多数矿石的脉石成分都是酸性的，因此，普遍使用碱性熔剂。常用的碱性熔剂有石灰石（$CaCO_3$）、白云石（$CaCO_3 \cdot MgCO_3$）、菱镁石（$MgCO_3$）。

（2）酸性熔剂。高炉使用主要含碱性脉石的矿石冶炼时，可加入酸性熔剂。酸性熔剂主要有硅石（$SiO_2$）、蛇纹石（$3MgO \cdot 2SiO_2 \cdot 2H_2O$）、均热炉渣（主要成分为 $2FeO$、$SiO_2$）及含酸性脉石的贫铁矿等。生产中用酸性熔剂的很少，只有在某些特殊情况下才考虑加入酸性熔剂。

（3）中性熔剂。亦称高铝质熔剂。当矿石和焦炭灰分中 $Al_2O_3$很少，渣中 $Al_2O_3$含量很低，炉渣流动性很差时，在炉料中加入高铝原料作熔剂，如铁钒土和黏土页岩。生产上极少遇到这种情况。

目前由于高炉普遍使用高碱度烧结矿，已很少直接加熔剂，但有时高炉加萤石，（$CaF_2$），以稀释炉渣和洗掉炉衬上的堆积物，因此常把萤石称为洗炉剂。

### 2.3.2 熔剂的使用标准

熔剂的使用标准主要有：

（1）碱性氧化物（$CaO+MgO$）含量高，酸性氧化物（$SiO_2+Al_2O_3$）愈少愈好。否则，冶炼单位生铁的熔剂消耗量增加，渣量增大，焦比升高。一般要求石灰石中 CaO 的质量分数不低于50%，$SiO_2$和 $Al_2O_3$的质量分数不超过 3.5%。

（2）有害杂质硫、磷含量要少。石灰石中一般硫的质量分数只有 0.01%~0.08%，磷的质量分数为 0.001%~0.03%。

（3）要有较高的机械强度，粒度要均匀，大小适中。适宜的石灰石入炉粒度范围是：大、中型高炉为 20~50mm，小型高炉为 10~30mm。

## 2.4 辅助原料

### 2.4.1 护炉料

护炉料主要为钛渣及含钛原料。

钛渣及含钛原料称为含钛物料，可作为高炉的护炉料。在高炉中加入适量的含钛物料，可使侵蚀严重的炉缸、炉底转危为安。含钛物料主要有钒钛磁铁块矿、钒钛球团矿、钛精矿、钛渣、钒钛铁精矿粉等。

加入方法为：

（1）当炉缸炉底侵蚀严重时，可以将钒钛块矿、钛渣从炉顶装入高炉，也可以在烧结配料中加入铁精矿粉，得到钒钛烧结矿。

（2）当对炉缸局部区域护炉时，可以从对应的风口喷入钒钛铁精粉。

（3）当对铁口区域护炉时，可以将钒钛铁精粉加入到炮泥中，打入铁口。国内外生产实践表明，一般含钛物料的用量为7~12kg/t。

含钛物料护炉原理：在含钛物料中起护炉作用的是炉料中的TiN及其连接固溶体Ti(C，N)，这些钛的碳化物和氮化物在炉缸炉底生成和集结，与铁水和铁水中析出的石墨等凝结在离冷却壁较近的被侵蚀严重的炉缸、炉底的砖缝和内衬表面，由于TiC、TiN的熔化温度很高，纯TiC为3150℃、纯TiN为2950℃，Ti（C，N）是固溶体，熔点也很高，从而对炉缸、炉底内衬起到了保护作用。

### 2.4.2 其他辅助原料

高炉其他辅助原料有两种，即金属附加物和洗炉剂。

（1）金属附加物包括车屑、废铁、轧钢皮、矿渣铁等，要求标准是：

1）一级品：含铁80%（质量分数），含硫不大于0.1%（质量分数）。

2）二级品：含铁65%（质量分数），含硫不大于0.1%（质量分数）。

3）粒度10~250mm。

（2）洗炉剂。洗炉剂能降低渣熔点，增加流动性，洗掉炉墙的黏结物，有以下几种：

1）萤石：它含有较高$CaF_2$，能降低炉渣熔点、提高渣的流动性，是最强的洗炉剂。

2）均热炉渣：大部分是$FeSiO_4$，含铁65%（质量分数）以上，难还原，亦常做洗炉剂。

3）硅锰渣：它是电炉炼钢的副产品，含锰在10%左右，是锰矿代用品，可调整生铁的含锰量或洗炉用。

# 高炉炼铁基本原理

## 3.1 炉料蒸发、分解和挥发

### 3.1.1 水分蒸发

炉料进入高炉后最先发生的反应是其吸附的水分蒸发。

目前焦炭一般含有4%~5%的水，高的可达10%。天然矿石和熔剂虽为致密块状但也会吸附一定量的水，特别是雨季。炉料中的水分在有一定温度的炉顶煤气作用下会逐渐升温直至沸腾而蒸发。蒸发耗热不多，仅仅使炉顶温度降低，对高炉冶炼过程不产生明显影响。相反，还给高炉生产带来一定好处。如吸附水蒸发时吸收热量，使煤气温度降低，体积缩小，煤气流速减小，使炉尘吹出量减少，炉顶设备的磨损相应减弱。有时（很少）为了降低炉顶温度，还有意向焦炭加水。但吸附水的波动会影响配料称量的准确，对焦炭尤其应予重视。

### 3.1.2 结晶水分解

在炉料中以化合物存在的水称为结晶水，也称为化合水。高炉料中的结晶水一般存在于褐铁矿（$n\mathrm{Fe_2O_3}\cdot m\mathrm{H_2O}$）和高岭土（$\mathrm{Al_2O_3\cdot 2SiO_2\cdot 2H_2O}$）中，即黏土的主要组成物。

褐铁矿中的结晶水在200℃左右开始分解，400~500℃时分解速度激增。高岭土在400℃时开始分解，但分解速度很慢，到500~600℃时才迅速进行，结晶水分解除与温度有关外，还与其粒度和气孔度等有关。

结晶水分解使矿石破碎而产生粉末，炉料透气性变坏，对高炉稳定顺行不利。部分在较高温度分解出的水汽还可与焦炭中的碳反应，消耗高炉下部的热量。其反应如下：

在500~1000℃时　　$\mathrm{2H_2O+C（焦）=\!=\!=CO_2+2H_2}$　　$\Delta_r H_m^\ominus=-83134\mathrm{kJ/mol}$　　(3-1)

在1000℃以上时　　$\mathrm{H_2O+C（焦）=\!=\!=CO+H_2}$　　$\Delta_r H_m^\ominus=-124450\mathrm{kJ/mol}$　　(3-2)

这些反应大量耗热并且消耗焦炭，同时减小风口前燃烧的碳量。使炉温降低，焦比增加。反应虽产生还原性气体（CO），但因在炉内部位较高，利用不充分，因而不能补偿其有害作用。

达到高温区分解参加上述反应的结晶水占全部结晶水的比例称为结晶水高温区分解率。一般结晶水高温区分解率为0.3~0.5，即有30%~50%的结晶水在高温区分解。

### 3.1.3 碳酸盐分解

高炉料中单独加入熔剂（石灰石或白云石）或炉料中尚有其他类型的碳酸盐时，随着温度的升高，当其分解压 $p_{CO_2}$ 超过炉内气氛的 $CO_2$ 分压时，碳酸盐开始分解。当 $p_{CO_2}$ 增大到超过炉内系统的总压时，发生激烈的分解——化学沸腾。

由图 3-1 可看出，$FeCO_3$、$MnCO_3$ 和 $MgCO_3$ 的分解比较容易，在炉内较高的部位即可开始。分解消耗的热量分别为：从 $MnCO_3$ 分解出 1kg $CO_2$ 耗热 2180kJ 或分解出 1kg MnO 耗热 1350kJ，从 $FeCO_3$ 分解出 1kg $CO_2$ 耗热 1995kJ 或分解出 1kgFeO 耗热 1220kJ，从 $MgCO_3$ 分解出 1kg $CO_2$ 耗热 2490kJ 或分解出 1kgMgO 耗热 2740kJ。

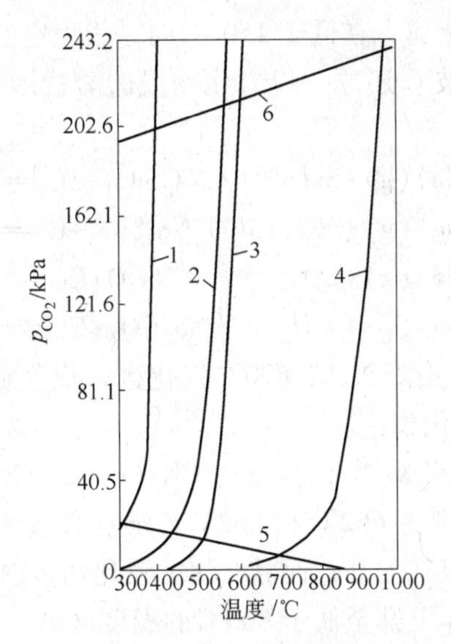


图 3-1 高炉内不同碳酸盐分解的热力学条件

1—$FeCO_3$ 分解压随温度的变化；2—$MnCO_3$ 分解压随温度的变化；3—$MgCO_3$ 分解随温度的变化；4—$CaCO_3$ 分解压随温度的变化；5—炉内 $CO_2$ 分压的变化；6—炉内总压的变化

上述三种碳酸盐的分解反应发生在低温区，对冶炼过程无大影响。但石灰石（$CaCO_3$）开始分解的温度高达 700℃，且其分解速度受料块内反应界面产生的 $CO_2$ 向外通过反应产物层而扩散的过程制约，故反应速度受熔剂粒度的影响较大。在目前石灰石粒度多为 25~40mm 的条件下，可能有相当一部分 $CaCO_3$ 进入 900℃ 以上的高温区后才发生分解。此时反应产物 $CO_2$ 会与固体碳发生碳的溶解损失反应。

$$CO_2+C = 2CO \tag{3-3}$$

此反应吸收大量高温区的热量，并消耗碳，对高炉的能量消耗十分不利。一般取石灰石在高温区分解的部分占 50%~70%，则石灰石分解消耗的热量将达到

分解出 1kg$CO_2$ 为 $Q_{分}=[966CO_2+(0.5-0.7)CO_2\times900]\times4.187$ (3-4)

分解出 1kgCaO 为 $Q_{分}=[760CaO+(0.5-0.7)CaO\times707]\times4.187$ (3-5)

### 3.1.4 碱金属挥发与危害

大量事实表明，碱金属对高炉生产危害很大，如碱金属能使焦炭强度大大降低甚至粉化，使炉墙结厚甚至结瘤，使风口大量烧坏等等，导致各项技术经济指标恶化。国内多数地区的矿石脉石和焦炭灰分中，均不同程度地含有碱金属，如白云鄂博铁矿中含 $K_2O$ 约 0.2%，含 $Na_2O$ 约 0.4%，大冶铁精矿中碱金属主要存在于黑云母（$K_2O \cdot 6H_2O \cdot Al_2O_3$

$\cdot 6SiO_2 \cdot 2H_2O$）之中，新疆“八一”钢铁公司所用雅满矿其碱金属主要以芒硝（$Na_2SO_4 \cdot 10H_2O$）的形式存在。

3.1.4.1　高炉内碱金属的循环

钾、钠等碱金属大都以各种硅酸盐的形态存在于炉料而进入高炉，比如$2K_2O \cdot SiO_2$、$2Na_2O \cdot SiO_2$、$Na_2O \cdot SiO_2$等，也有少量以$K_2O$、$Na_2O$、$K_2CO_3$、$Na_2CO_3$等形态存在于矿石脉石中。

以硅酸盐形式存在的碱金属，在低于1500℃时是很稳定的，而当温度高于1500℃时，且有碳素存在条件下，它能被C还原。以氧化物或碳酸盐形式存在的碱金属，能在较低温度下被CO还原。如：

$$K_2SiO_3+3C = 2K(Na)(g)+Si+3CO \quad Na_2SiO_3+3C = 2Na(g)+Si+3CO \tag{3-6}$$

$$K_2SiO_3+C = 2K(Na)(g)+SiO_2+3CO \quad Na_2SiO_3+C = 2Na(g)+SiO_2+3CO \tag{3-7}$$

$$K_2O+CO = 2K(Na)(g)+CO_2 \quad Na_2O+CO = 2Na(g)+CO_2 \tag{3-8}$$

$$K_2CO_3+CO = 2K(Na)(g)+CO_2 \quad Na_2CO_3+CO = 2Na(g)+CO_2 \tag{3-9}$$

还原出来的K在766℃气化，Na在890℃气化进入煤气流。部分气化的K、Na在高温下，将与$N_2$和C反应成氰化物：

$$2K(g)+2C+N_2 = 2K(Na)CN(g) \quad 2Na(g)+2C+N_2 = 2NaCN(g) \tag{3-10}$$

KCN和NaCN的熔点分别为662℃和562℃，沸点分别为1625℃和1530℃。由此可知，碱金属将以气态形式随煤气上升；而碱金属的氰化物多以物状液体的形态随煤气向上运动，而这些气态或物状液体上升至低于800℃的温度区域，就会被$CO_2$氧化而以碳酸盐形态凝结在炉料表面：

$$2K(g)+2CO_2 = K_2CO_3+CO \quad 2Na+2CO_2 = Na_2CO_3+CO \tag{3-11}$$

$$2KCN(l)+4CO_2 = K_2CO_3+N_2+5CO \quad 2NaCN(l)+4CO_2 = Na_2CO_3+N_2+5CO \tag{3-12}$$

被冷凝下来的碱金属碳酸盐，一部分（约10%）随炉料的粉末一起被带出炉外，其余的大部分则随炉料下降，降至高温区后又被还原生成碱蒸气，如同$K_2CO_3+CO = 2K(g)+CO_2$（$Na_2CO_3+CO = 2Na(g)+CO_2$）反应。

但由于动力学条件的限制，炉料中原有碱金属硅酸盐及再生的碱金属碳酸盐，都将有一部分不能被还原而直接进入炉渣，并随炉渣排出炉外。

由此可见，炉料中带入的碱金属在炉内的分配是：少量被煤气和炉渣带走，而多数在炉内往复，循环富集，有时炉内碱金属量甚至高于入炉量的10倍以上，严重影响高炉生产。

从碱金属（K、Na）在炉内的分布来看，各类矿石、焦炭所含的碱金属量，都在1000℃左右开始增多。矿石在熔化前的软熔层内含碱量出现最高值，再往下炉渣中的碱降低；焦炭在低于软熔带位置含碱量最高，在接近燃烧带时下降。

炉内物料中碱含量最高值在软熔层下部附近，其分布状态与炉内温度分布和软熔带形状相一致，即以气态上升的碱，来自燃烧带或滴落带。从1000℃左右到风口平面的区域就是碱循环区域。

3.1.4.2　碱金属对高炉冶炼的危害

（1）催化碳气化反应。实验表明，当焦炭中碱金属量增大时，焦炭气化反应速度增加，而且反应性愈低的焦炭，碱金属对加速气化反应的影响愈大。

碱金属的催化作用，必然使焦炭气化反应开始温度降低，即气化反应在高炉内开始反应的位置上移，从而使高炉内直接还原区扩大，间接还原区相应缩小，进而引起焦比升高，降低料柱特别是软熔带气窗的透气性，引起风口大量破损等。

(2)降低焦炭强度：

1)因碱金属促进焦炭气化反应发展以及氰化物的形成，其结果必然是焦炭的基质变弱，在料柱压力作用和风口回旋区高速气流的冲击下，焦炭将碎裂，碎焦增多，平均粒度减小。

2)碱金属蒸气渗入焦炭孔隙内，促进焦炭的不均匀膨胀而产生局部应力，造成焦炭的宏观龟裂和粉化。

(3)恶化原料冶金性能。球团矿含碱金属在还原过程中将产生异常膨胀，烧结矿含碱金属将加剧还原粉化，结果造成块状带透气性变差，严重时将产生上部悬料。

(4)促使炉墙结厚甚至结瘤。碱金属蒸气在低温区冷凝，除吸附于炉料外，一部分凝结在炉墙表面，若炉料粉末多，就可能一齐黏结在炉墙表面逐步结厚，严重时形成炉瘤。因钾挥发量大于钠，故钾的危害更大。

(5)碱蒸气对高炉炉衬高铝砖，黏土砖有侵蚀作用。

3.1.4.3 防止碱金属危害的措施

(1)减少和控制入炉碱金属量。如碱金属以芒硝形态存在，则可经破碎、水洗而去除大部分。

(2)借助炉渣排碱是最具有实际意义和有效的途径。具体方法是降低炉渣碱度，采用酸渣操作。据钾钠化合物的稳定性可知，在高炉低温区，$Na_2CO_3$、$K_2CO_3$最稳定，$K_2SiO_3$、$Na_2SiO_3$次之；在中温区，以$K_2SiO_3$、$Na_2SiO_3$最稳定，KCN、NaCN次之，$K_2O$、$Na_2O$最不稳定；在高温区，只有钾钠硅酸盐和钠氰化物能够存在，但不稳定。所以降低炉渣碱度，增加渣中$SiO_2$活度，以增加碱金属硅酸盐稳定存在的条件，从而提高炉渣排碱量。基于上述原因，使用含碱金属高的炉料时，采用酸性渣冶炼以促进炉渣排碱，降焦顺行，而脱硫则靠炉外进行是有意义的。

此外，大渣量也可增加炉渣的排碱能力，但在实际生产中除矿石品位低渣量大外，一般不可能人为地增大渣量，顾此失彼，不一定有利。

(3)根据前面所述碱金属的反应可知，增加压力有利于反应向左进行，减少碱金属的气化量。

(4)适当降低燃烧带温度，可以减少K、Na的还原数量。

(5)提高冶炼强度，缩短炉料在炉内的停留时间，可以减少炉内碱金属的富集量。

(6)对冶炼碱金属含量高的高炉，可定期采用酸性渣洗炉，以减少炉内碱金属的积累量。

### 3.1.5 析碳反应

高炉内进行着一定程度的析碳化学反应：

$$2CO = CO_2 + C \tag{3-13}$$

与式(3-3)对比，该反应是碳的溶解损失的逆反应。从热力学角度分析，煤气中的CO在上升过程中，当温度降到400~600℃时此反应即可发生；而从动力学条件分析，由于温度低,反应速度可能过于缓慢。但在高炉中由于存在催化剂——低温下还原生成新相的海绵铁、金属铁、催化能力稍差的FeO以及在($CO+H_2$)混合气中占20%左右的$H_2$等,故高炉内仍有一定数量的析碳反应发生。

此反应对高炉冶炼过程有不利影响,即渗入炉身砖衬中的CO若析出碳则可能因产生膨胀而破坏炉衬,渗入炉料中的CO发生反应则可能使炉料破碎、产生粉末阻碍煤气流等。但通常由于其量较少,对冶炼进程影响不大。

## 3.2　高炉内还原理论

### 3.2.1　铁氧化物的还原反应

3.2.1.1　铁的氧化物的还原顺序

炉料中铁的氧化物存在形态有$Fe_2O_3$、$Fe_3O_4$、FeO,但最后都是经FeO的形态被还原成金属Fe。各种铁氧化物的还原顺序与分解顺序相同:$Fe_2O_3 \rightarrow Fe_3O_4 \rightarrow FeO \rightarrow Fe$其各阶段的失氧量可写为:

$$3Fe_2O_3 \xrightarrow{} 2Fe_3O_4 \xrightarrow{} 6FeO \xrightarrow{} 6Fe$$

$$1/9 \qquad 2/9 \qquad 6/9$$

可见第一阶段($Fe_2O_3 \rightarrow Fe_3O_4$)失氧数量少,因而还原是容易的,越到后面,失氧量越多,还原越困难。一半以上(6/9)的氧是在最后阶段即从FeO还原到Fe的过程中夺取的,所以铁氧化物中FeO的还原具有最重要的意义。

铁氧化物FeO在低于570℃时,$p_{O_2(FeO)} > p_{O_2(Fe_3O_4)}$,不稳定,会立即按下式分解:

$$4FeO \longrightarrow Fe_3O_4+Fe$$

所以此时还原顺序是:$Fe_2O_3 \rightarrow Fe_3O_4 \rightarrow Fe$。温度高于570℃还原顺序:$Fe_2O_3 \rightarrow Fe_3O_4 \rightarrow FeO \rightarrow Fe$。

铁的高价氧化物分解压比低价氧化物的大,$Fe_3O_4$和FeO的分解压则低得多,FeO的分解压更低。故在高炉的温度条件下,除$Fe_2O_3$不需要还原剂(只靠热分解)就能得到$Fe_3O_4$外,$Fe_3O_4$、FeO必须要还原剂夺取其氧。高炉内的还原剂是固定碳及气体CO和$H_2$。

3.2.1.2　铁氧化物的间接还原

A　用CO还原铁氧化物

矿石入炉后,在加热温度未超过900~1000℃的高炉中上部,铁氧化物中的氧是被煤气中CO夺取而产生$CO_2$的。这种还原过程不是直接用焦炭中的碳作还原剂,故称为间接还原。

温度低于570℃时还原反应分两步:

$$3Fe_2O_3+CO = 2Fe_3O_4+CO_2 \quad \Delta_r H_m^{\ominus} = +27130kJ/mol \tag{3-14}$$

$$Fe_3O_4+4CO = 3Fe+4CO_2 \quad \Delta_r H_m^{\ominus} = +17160kJ/mol \tag{3-15}$$

温度高于570℃还原反应分三步:

$$3Fe_2O_3+CO = 2Fe_3O_4+CO_2 \quad \Delta_r H_m^{\ominus} = +27130kJ/mol \tag{3-16}$$

$$Fe_3O_4+CO = 3FeO+CO_2 \quad \Delta_r H_m^{\ominus} = -20888kJ/mol \tag{3-17}$$

$$FeO+CO = Fe+CO_2 \quad \Delta_r H_m^{\ominus} = +13600kJ/mol \tag{3-18}$$

上述诸反应的特点是:

(1)从 $Fe_2O_3$还原成 FeO,除反应式(3-17)为吸热反应外,其余反应均为放热反应;

(2)$Fe_2O_3$分解压力较大,可以被 CO 全部还原成 $Fe_3O_4$;

(3)除 $Fe_2O_3$还原成 $Fe_3O_4$的反应不可逆外,其余反应都是可逆的,反应进行的方向取决于气相反应物和生成物的浓度。

当 $Fe_2O_3$、$Fe_3O_4$等为纯物质时,其活度 $a_{Fe_2O_3}=a_{Fe_3O_4}=1$,因此这些反应的平衡常数 $K_p=p_{CO_2}/p_{CO}=\varphi(CO_2)/\varphi(CO)$。由于气相中 $\varphi(CO)+\varphi(CO_2)=100\%$,联解上二式可得:

$$\varphi(CO)=100/(K_p+1) \tag{3-19}$$

对不同温度和不同铁氧化物而言,$K_p$ 值不同,故可求得某温度下的平衡气相成分 $\varphi(CO)$和 $\varphi(CO_2)$,如图 3-2 所示。

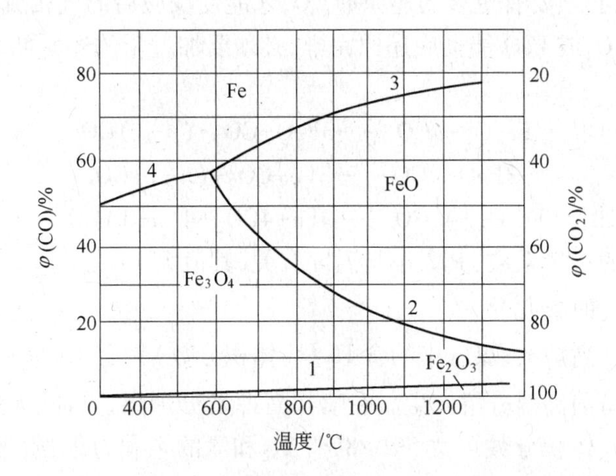


图 3-2 CO 还原铁氧化物的平衡气相成分与温度的关系

1—反应 $3Fe_2O_3+CO=2Fe_3O_4+CO_2$;2—反应 $Fe_3O_4+CO=3FeO+CO_2$;

3—反应 $FeO+CO=Fe+CO_2$;4—反应 $Fe_3O_4+4CO=3Fe+4CO_2$

图中曲线 1 为反应 $3Fe_2O_3+CO=2Fe_3O_4+CO_2$的平衡气相成分与温度的关系线。它的位置很低,说明平衡气相中 CO 浓度很低,几乎全部为 $CO_2$,换句话讲,只要少量的 CO 就能使 $Fe_2O_3$还原。这是因为 $3Fe_2O_3+CO=2Fe_3O_4+CO_2$反应的平衡常数 $K_p$ 在不同温度下的值都很大,或者说 $Fe_2O_3$的分解压很大,其反应很容易向右进行。一般把它看为不可逆反应。该反应在高炉上部低温区就可全部完成,还原成 $Fe_3O_4$。

曲线 2 是反应式 $Fe_3O_4+CO=3FeO+CO_2$的平衡气相与温度关系线。它向下倾斜,说明平衡气相中 CO 的浓度随温度的升高而降低,随温度升高,CO 的利用程度提高。也说明这个反应是吸热反应,温度升高有利反应向右进行。

当温度一定时,平衡气相成分是定值。如果气相中的 CO 含量高于这一定值,反应则向右进行,低于这一定值,反应向左进行,使 FeO 进一步被氧化而成 $Fe_3O_4$。

曲线 3 是反应式 $FeO+CO=Fe+CO_2$的平衡气相成分与温度关系线。它向上倾斜,即反应平衡气相中 CO 的浓度随温度升高而增大,说明 CO 的利用程度是随温度升高而降低,并且还是放热反应,升高温度不利该反应向右进行。

曲线 4 是反应式 $Fe_3O_4+4CO=3Fe+4CO_2$的平衡气相与温度关系线。它与曲线 3 一样是向上倾斜的,并在 570℃的位置与曲线 2、3 相交,这说明反应仅在 570℃以下才能进行。

升高温度对该反应不利。由于温度低，反应进行的速度很慢，该反应在高炉中发生的数量不多，其意义也不大。

曲线2、3、4将图3-2分为三部分，分别称为$Fe_3O_4$、FeO、Fe的稳定存在区域。稳定区的含义是该化合物在该区域条件下能够稳定存在，例如在800℃条件下，还原气相中保持$\varphi(CO)=20\%$，那么投进$Fe_2O_3$，它将被还原成$Fe_3O_4$，而投进FeO则被氧化成$Fe_3O_4$，所以稳定存在的物质是$Fe_3O_4$。若在800℃下要得到FeO或Fe，必须把CO的体积分数相应保持28.1%或65.3%以上才有可能，所以稳定区的划分取决于温度和气相成分。

由于$Fe_3O_4$和FeO的还原反应均属可逆反应，即在某温度下有固定平衡成分，$K_p=\varphi(CO_2)/\varphi(CO)$，故按以上反应式，即用1mol CO不可能把1mol $Fe_3O_4$(或FeO)还原为3mol FeO(或金属Fe)，而必须要有更多的还原剂CO，才能使反应后的气相成分满足平衡条件，或者说，为了1mol $Fe_3O_4$或FeO能彻底还原完毕，必须要加过量的还原剂CO才行。所以更正确的反应式应写为：

温度高于570℃时 $Fe_3O_4+nCO \longrightarrow 3FeO+CO_2+(n-1)CO$ (3-20)

$3FeO+nCO \longrightarrow 3Fe+CO_2+(n-1)CO$ (3-21)

温度低于570℃时 $Fe_3O_4+4nCO \longrightarrow 3Fe+4CO_2+4(n-1)CO$ (3-22)

式中$n$称为还原剂的过量系数，其大小与温度有关，其值大于1。

B 用氢还原铁的氧化物

在不喷吹燃料的高炉上，煤气中的含$H_2$量(体积分数)只有1.8%~2.5%。它主要是由鼓风中的水分在风口前高温分解产生。在喷吹高挥发分烟煤、重油、天然气等燃料时，煤气中$H_2$浓度显著增加，体积分数可达5%~8%。$H_2$和氧的亲和力很强，可夺取铁氧化物中的氧而作为还原剂。氢的还原也称间接还原。

用$H_2$还原铁氧化物，仍然遵守逐级还原规律：

当温度高于570℃时还原反应为：

$3Fe_2O_3+H_2 = 2Fe_3O_4+H_2O \quad \Delta_r H_m^\ominus=+21800kJ/mol$ (3-23)

$Fe_3O_4+H_2 = 3FeO+H_2O \quad \Delta_r H_m^\ominus=-21800kJ/mol$ (3-24)

$FeO+H_2 = Fe+H_2O \quad \Delta_r H_m^\ominus=-27700kJ/mol$ (3-25)

当温度低于570℃时还原反应为：

$3Fe_2O_3+H_2 = 2Fe_3O_4+H_2O \quad \Delta_r H_m^\ominus=+21800kJ/mol$ (3-26)

$Fe_3O_4+4H_2 = 3Fe+4H_2O \quad \Delta_r H_m^\ominus=-146650kJ/mol$ (3-27)

反应的平衡常数为：

$$K_p=\frac{p_{H_2O}}{p_{H_2}}=\frac{\varphi(H_2O)}{\varphi(H_2)}$$

因为 $\varphi(H_2O)+\varphi(H_2)=100$ (3-28)

所以 $\varphi(H_2)=100/(1+K_p)=f(T)$ (3-29)

用$H_2$还原铁氧化物的特点是：

(1)反应的气相产物都是$H_2O$。

(2)各反应中$3Fe_2O_3+H_2 = 2Fe_3O_4+H_2O$是不可逆反应，放热；其余各反应皆是可逆反应，吸热。即反应在某一温度下达到平衡时，有一定的平衡气相组成。据此可作出平衡时气相成分与温度的关系如图 3-3 所示。曲线 1、2、3、4 分别表示式(3-26)、式(3-24)、式(3-25)、式(3-27)所示的反应,曲线 1、2、3、4 向下倾斜,表示均为吸热反应,随温度升高,平衡气相中的还原剂量降低,而 $H_2O$ 的含量增加,这与 CO 的还原不同。$\varphi(H_2)$-$t$ 平衡图,也和$\varphi(CO)$-$t$ 一样,四条平衡曲线区分出不同的稳定区。高于 570℃时,平衡图也分为 $Fe_3O_4$、FeO、Fe 三个稳定存在区;低于 570℃和分为 $Fe_3O_4$和 Fe 的稳定存在区。

为了比较,将 $\varphi(H_2)$-$t$ 平衡图和 $\varphi(CO)$-$t$ 平衡图绘在一起,如图 3-4 所示。可见,用 $H_2$ 和 CO 还原 $Fe_3O_4$和 FeO 时的平衡曲线都交于 810℃。

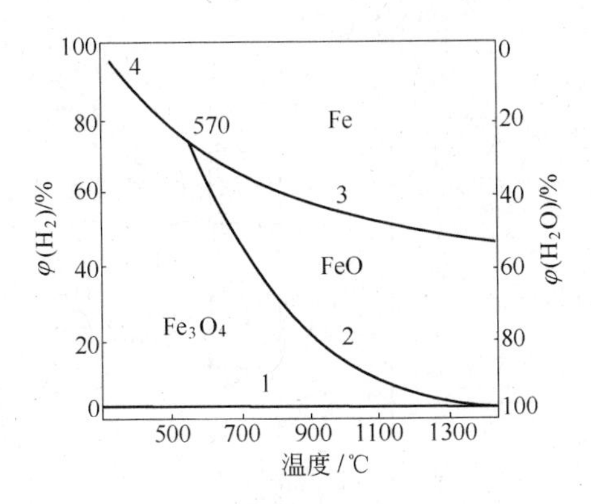


图 3-3　Fe-O-H 体系中平衡气相组成

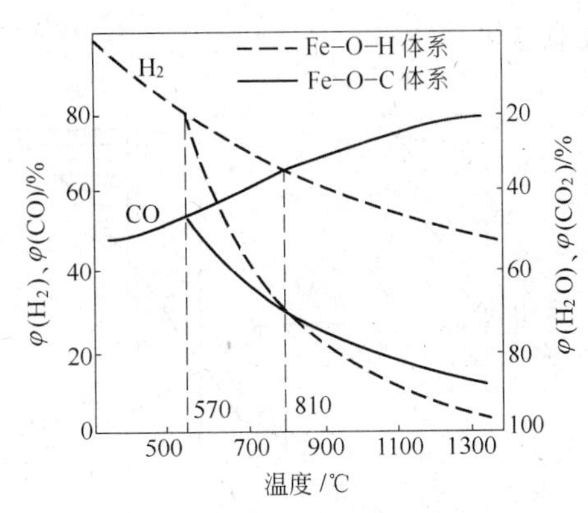


图 3-4　Fe-O-C 和 Fe-O-H 体系中平衡气相组成

从图可看出,$H_2$还原能力,随着温度的升高而不断提高。在温度等于 810℃时,$H_2$与 CO 的还原能力相同;在温度大于 810℃时,$H_2$的还原能力比 CO 强;温度小于 810℃时,CO 的还原能力则比 $H_2$强。

### 3.2.1.3　铁氧化物的直接还原

用固定碳还原铁的氧化物生成的气相产物是 CO,这种还原叫直接还原。如 FeO+C ═Fe+CO。由于矿石在下降过程中,在高炉上部的低温区已先经受了高炉煤气的间接还原,即在矿石到达高温区之前,都已受到一定程度的还原,残存下来的铁氧化物主要以 FeO 形式存在(在崩料、坐料时也可能有少量未经还原的高价铁氧化物落入高温区)。

矿石在软化和熔化之前与焦炭的接触面积很小,反应的速度则很慢,所以直接还原反应受到限制。在高温区进行的直接还原实际上是通过下述两个步骤进行的。

第一步:通过间接还原。

$$Fe_3O_4+CO \longequal 3FeO+CO_2 \tag{3-30}$$

$$FeO+CO \longequal Fe+CO_2 \tag{3-31}$$

第二步:间接还原的气相产物与固定碳发生反应(前面提到的贝波反应),直接还原是以上两个步骤的最终结果。

$$FeO+CO \Longleftarrow\!\!= Fe+CO_2 \quad \Delta_r H_m^{\ominus}=+13600\text{kJ/mol} \tag{3-32}$$

$$CO_2+C = 2CO \quad \Delta_r H_m^{\ominus}=-165800\text{kJ/mol} \tag{3-33}$$

$$FeO+C = Fe+CO \quad \Delta_r H_m^{\ominus}=-152200\text{kJ/mol} \tag{3-34}$$

以上两步反应中,起还原作用的仍然是气体 CO,但最终消耗的是固定碳,故称为直接还原。

二步式的直接还原不是在任何条件下都能进行。这是因为贝波反应是可逆反应,只有该反应在高温下向右进行,直接还原才存在。而 $CO_2+C=2CO$ 反应前后气相体积发生变化(由 1mol $CO_2$变为 2mol CO),因此反应的进行不仅与气相成分有关,亦与压力有关。提高压力有利反应向左进行,一般由于高炉正常时的压力变化不大,下面只讨论温度与平衡气相成分的影响。

图 3-5 是反应 $CO_2+C=2CO$ 在一大气压下,平衡气相成分与温度关系曲线的合成图。

图中曲线 5 分别与曲线 2、3 交于 $b$ 和 $a$,两点对应的温度分别是 $t_b=647℃$,$t_a=685℃$(注意这里总压力 $p=p_{CO}+p_{CO_2}=10^5Pa$)。

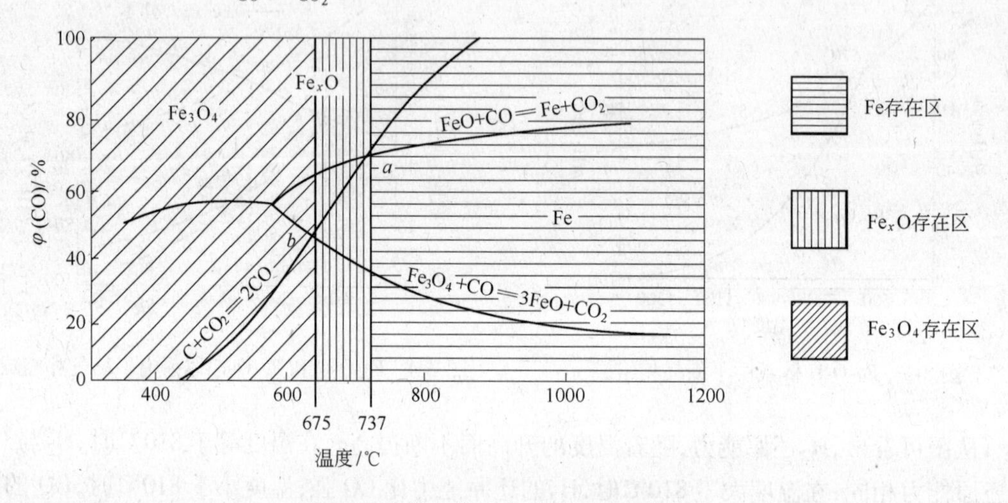


图 3-5　碳的气化反应对还原反应的影响

由于碳的气化(贝波)反应的存在,使图中的三个稳定存在区域发生了变化。在温度大于685℃的区域内,曲线 5 下面部分,CO 的浓度都低于贝波反应达到平衡时气相中 CO 的浓度,而且高炉内又有大量碳存在,所以碳的气化反应总是向右进行,直到气相成分达到曲线 5 为止。从此看,在 685℃以上区域,气相中 CO 浓度总是高于曲线 1、2、3 的平衡气相中 CO 的浓度,使反应向右进行,直到 FeO 全部还原到 Fe 为止。所以说,大于 685℃的区域是铁的稳定存在区。

温度小于 647℃区域,曲线 5 的位置很低,与前面分析情况相反,碳的气化反应向左进行,则发生 CO 的分解反应。气相中 CO 减少,$CO_2$增多,最后导致 $Fe_3O_4$与 FeO 的还原反应也都向左进行,直到全部 Fe 氧化成 $Fe_3O_4$并使反应达到平衡为止。所以在温度小于 647℃的区域为 $Fe_3O_4$的稳定存在区。

温度在 647~685℃之间,曲线 5 的位置高于曲线 2,低于曲线 3。同理可知,使曲线 2,即 $Fe_3O_4$的还原反应向右进行,使曲线 3,即 FeO 的还原反应向左进行,所以该区为 FeO 的稳定存在区。

综上所述,有碳的气化反应存在,铁氧化物稳定区域发生变化,由主要依据煤气成分划分而变为以温度界限划分。但高炉内的实际情况又与以上分析不相符,在高炉内低于685℃的低温区,已见到有 Fe 被还原出来,其主要原因有以下几方面:

(1)上述的讨论是在平衡状态下的结论,而高炉内由于煤气流速很大,煤气在炉内停留时间很短(2~6s),煤气中 CO 的浓度又很高,故使还原反应未达到平衡。

(2)碳的气化反应在低温下有利反应向左进行。但任何反应在低温下反应速度都很慢,反应达不到平衡状态,所以气相中 CO 成分在低温下远远高于其平衡气相成分。故高炉中除风口前的燃烧区域为氧化区域外,其余都是较强的还原气氛。铁的氧化物则易被还原成 Fe。

(3)685℃是在压力为 $p_{CO}+p_{CO_2}=10^5\,Pa$ 的前提下获得的,而实际高炉内的 $\varphi(CO)+\varphi(CO_2)=40\%$左右,即 $p_{CO}+p_{CO_2}=0.4\times10^5\,Pa$。外界压力降低,碳的气化反应平衡曲线应向左移动,故交点应低于 685℃。

(4)碳的气化反应不仅与温度、压力有关,还与焦炭的反应性有关。据测定,一般冶金焦炭在 800℃时开始气化反应,到 1100℃时激烈进行。此时气相中 CO 几乎达 100%,而 $CO_2$几乎为零。这样可认为高炉内低于 800℃的低温区不存在碳的气化反应,也就不存在直接还原,故称间接还原区域。大于 1100℃时气相中不存在有 $CO_2$,也可认为不存在间接还原,所以把这区域叫直接还原区。而在 800~1100℃的中温区为二者还原反应都存在的区域,如图 3-6。

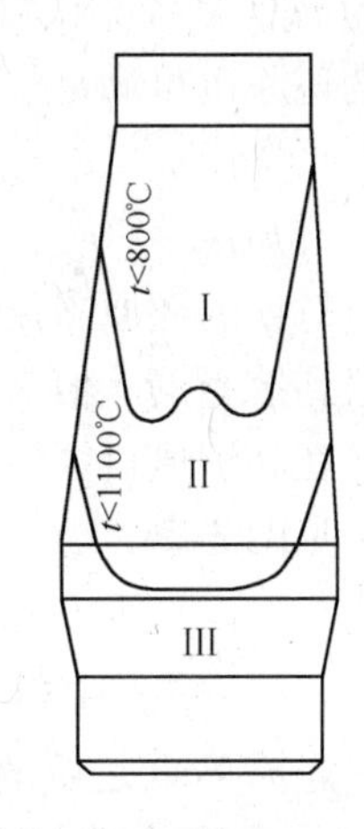

图 3-6 高炉内铁的还原区示意图

高炉内的直接还原除了以上提到的两步反应方式外,在下部的高温区还可通过以下方式进行:

$$(FeO)(l)+C(焦炭)=[Fe](l)+CO\uparrow \tag{3-35}$$

$$(FeO)(l)+[Fe_3C](l)=4[Fe](l)+CO\uparrow \tag{3-36}$$

一般只有 0.2%~0.5%的 Fe 进入炉渣中。如遇炉况失常渣中 FeO 较多,造成直接还原增加,而且由于大量吸热反应会引起炉温剧烈波动。

### 3.2.2 铁氧化物的间接还原和直接还原比较

#### 3.2.2.1 直接还原度的概念

高炉内进行的还原方式共有三种,即直接还原、间接还原和氢的还原(也可列为间接还原)。各种还原在高炉内的发展程度分别用直接还原度、间接还原度和氢的还原度来衡量。直接还原度又可分为铁的直接还原度和高炉的综合直接还原度两个不同的概念。

假定铁的高级氧化物($Fe_2O_3$、$Fe_3O_4$)还原到低级氧化物(FeO)全部为间接还原。则 FeO 中以直接还原的方式还原出来的铁量与铁氧化物中还原出来的总铁量之比,称为铁的直接还原度,以 $r_d$表示:

$$r_d=m(Fe_{直})/[m(Fe_{生铁})-m(Fe_{料})] \tag{3-37}$$

式中 $m(Fe_{直})$——FeO 以直接还原方式还原出的铁量;

$m(Fe_{生铁})$——生铁中的含 Fe 量;

$m(Fe_{料})$——炉料中以元素铁的形式带入的铁量,通常指加入废铁中的铁量。

相应铁的间接还原度为 $r_i=1-r_d$,$r_d$处于 0~1 之间,常为 0.4~0.6 之间。

#### 3.2.2.2 直接还原与间接还原对焦比的影响

在高炉内降低焦比的关键问题如何控制各种还原反应来改善燃料的热能和化学能的利用。高炉最低的燃料消耗,并不是全部为直接还原或是全部为间接还原。而是在两者适当比例下获得。这一理论可以通过下面的计算与分析证明。

A 还原剂碳量消耗(以吨铁为计算单位)

(1)用于直接还原铁的还原剂碳量消耗 $m(C_d)$：

$$m(C_d)=12/56r_d m[Fe]=0.214r_d m[Fe] \tag{3-38}$$

式中 $m[Fe]$——1t 生铁中的铁量，kg，

$r_d$——铁的直接还原度，%。

(2) 用于间接还原铁的还原剂 CO 的碳量消耗 $m(C_i)$。这里只讨论 FeO 的间接还原，因为 FeO 是各类铁氧化物还原中最难还原的，只要能满足 FeO 还原的还原剂，其他铁氧化物还原也可满足。

$$FeO+nCO = Fe+CO_2+(n-1)CO \tag{3-39}$$

可知 $m(C_i)=12/56nr_i$ （$r_i$ 为间接还原度）

对铁的还原来说，$r_d+r_i=1$，即 $r_i=1-r_d$（氢的还原归于在间接还原中）。这里的关键是找到恰当的 $n$ 值。

在高炉风口区燃烧生成的煤气中的 CO 首先遇到 FeO 进行还原，见图 3-7。

$$FeO+n_1CO = Fe+CO_2+(n_1-1)CO \tag{3-40}$$

$n_1=1/(K_{p_1}+1)$ （$K_{p_1}$ 为平衡常数）

还原 FeO 之后的气相产物 $CO_2$ 和 $(n_1-1)$ CO 上升中遇到 $Fe_3O_4$，如果能保证从 $Fe_3O_4$ 中还原出相应数量的 FeO 时，下列反应就可成立。

$$\frac{1}{3}Fe_3O_4+CO_2+(n_1-1)CO = FeO+\frac{4}{3}CO+\left(n_1-\frac{4}{3}\right)CO \tag{3-41}$$

该反应平衡常数为

$$K_{p_2}=\frac{\varphi(CO_2)}{\varphi(CO)}=\frac{\frac{4}{3}}{n_1-\frac{4}{3}} \tag{3-42}$$

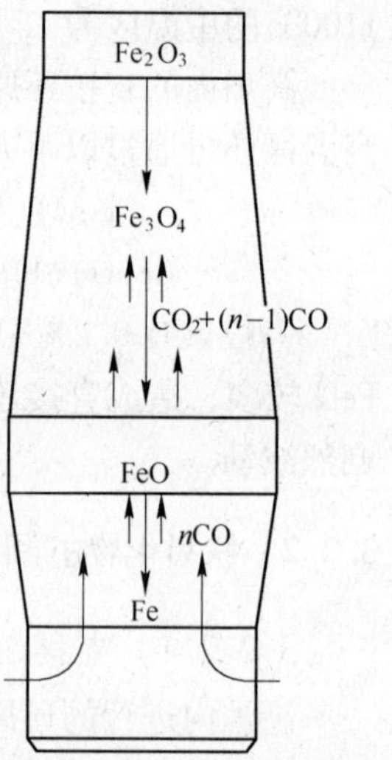

图 3-7 高炉内 CO 还原铁氧化物示意图

则求出 $n_1=4/3[(1/K_{p_2})+1]$

为区别 FeO 的还原，这里把 $Fe_3O_4$ 还原的过量系数 $n_1$ 改写成 $n_2=4/3[(1/K_{p_2})+1]$。当 $n_1=n_2$ 时，FeO 与 $Fe_3O_4$ 还原时的耗碳量均可满足，此时的温度应该认为是铁氧化物全部还原的最低温度。相应碳的消耗也是最低的理论碳消耗（$n_1=n_2=n$）。

分别求出不同温度下的 $n_1$ 和 $n_2$ 的值，列于表 3-1。

**表 3-1 不同温度下的 $n_1$ 与 $n_2$ 值**

| 反应式的 $n$ 值 \ 温度/℃ | 600 | 700 | 800 | 900 | 1000 | 1100 | 1200 |
|---|---|---|---|---|---|---|---|
| $FeO \xrightarrow{n_1CO} Fe$ | 2.12 | 2.5 | 2.88 | 3.17 | 3.52 | 3.82 | 4.12 |
| $1/3Fe_3O_4 \xrightarrow{n_2CO} FeO$ | 2.42 | 2.06 | 1.85 | 1.72 | 1.62 | 1.55 | 1.50 |

将数值绘成图 3-8，比较两个反应，由于 FeO 的还原是放热反应，所以 $n_1$ 随温度升高而上升。而 $Fe_3O_4$ 的还原为吸热反应，故 $n_2$ 随温度升高而降低。若同时保证两个反应，应取其中最大值。$n_1=n_2=n$ 的情况是保证两个反应都能完成的最小还原剂消耗量。从图 3-8 可见，630℃时，$n_1=n_2=2.33$，从而可计算出间接还原时还原剂的最小消耗量为

$$m(C_i)=n\times(12/56)(1-r_d)m[Fe]$$
$$=0.4993(1-r_d)m[Fe](kg) \quad (3\text{-}43)$$

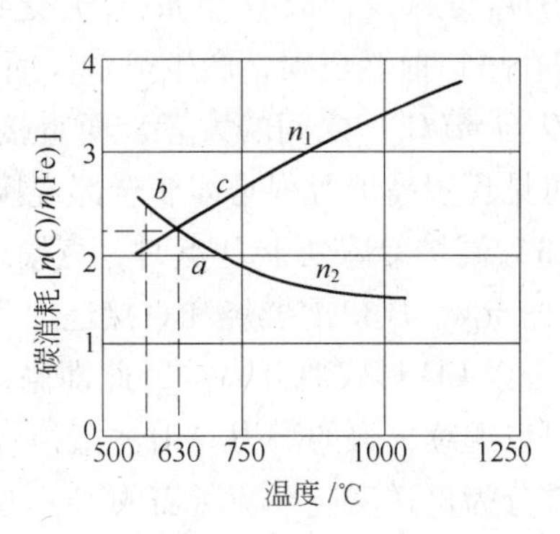

图 3-8 CO 还原铁氧化物 $n$ 值与温度的关系

以上分析看出，只从还原剂消耗看，还原产出 1t 生铁（不包括其他元素等直接还原耗碳），全部直接还原的耗碳量要比全部为间接还原所消耗的碳量要少。

B 发热剂的碳量消耗

从还原反应热效应看，间接还原是放热反应：

$$FeO+CO =\!=\!= Fe+CO_2 \quad \Delta_r H_m^{\ominus}=+13600kJ/mol \quad (3\text{-}44)$$

可计算出还原 1kgFe 的放热为 13600/56=243kJ，而直接还原则是吸热反应：

$$FeO+C =\!=\!= Fe+CO \quad \Delta_r H_m^{\ominus}=-152200kJ/mol \quad (3\text{-}45)$$

即 1kgFe 的吸热为 152200/56=2720kJ，二者绝对值相差 10 倍以上，所以从热量的需求看发展间接还原大为有利。

综上所述，高炉中碳的消耗应满足三方面需求，即作为还原剂消耗在直接还原和间接还原方面，同时还应满足碳作为发热剂方面的消耗。为了说明清楚，把 $m(C_d)$、$m(C_i)$ 和冶炼 1t 生铁时的热量消耗 $Q$（该数据将在热平衡计算中说明）及以上三者与直接还原度 $r_d$ 的关系绘在同一图上，见图 3-9。其横坐标为铁的直接还原度 $r_d$，纵坐标是单位生铁的碳量消耗（只考虑铁氧化物还原），左端纵轴代表全部为间接还原行程，右端纵轴代表全部为直接还原行程。将单位生铁的热耗 $Q$ 折算成相应的碳耗（它也是 $r_d$ 的函数），由于生产中热损失有所不同，对 $Q$ 线在图中会有相互平行的上、下移动。从该图可分析以下几点：

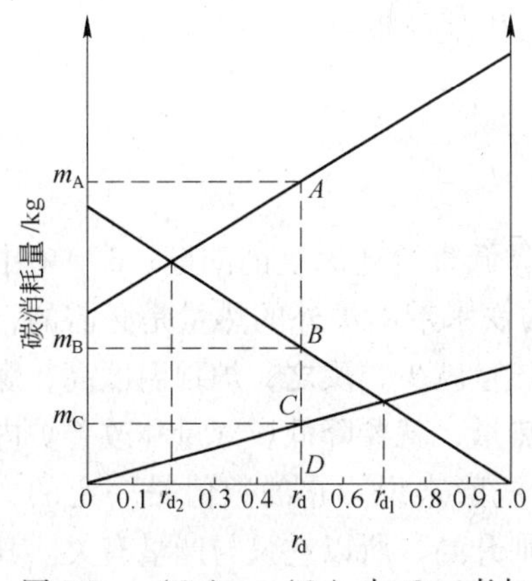

图 3-9 $m(C_d)$、$m(C_i)$ 与 $Q$ 三者与 $r_d$ 之间关系

（1）当高炉生产处于 $r_d$ 时，如 $D$ 点，直接还原所消耗的碳量为 $m_C$，间接还原消耗的碳量为 $m_B$。最终的碳量消耗应是二者中的大者，而不是二者之和，即等于 $m_B$ 值。原因是在高炉下部直接还原生成的 CO 产物，在上升过程中仍能继续用于高炉上部的间接还原。所以在 $r_d$ 时，最低还原剂消耗量应该是 $m(C_d)=m(C_i)$ 即 $m(C_d)$ 与 $m(C_i)$ 线之交点。

（2）若同时考虑热量消耗所需碳时，如高炉之 $r_d$ 仍处于 $D$ 点，则此时为了保证热量消耗，在风口前要燃烧 $m_A-m_C$ 数量的碳量才行，那么高炉所需的最低焦比应该是 $m_A$ 所确定的值，而不

是 $m_A+m_B$ 之和，即取 $Q$ 与 $m(C_i)$ 之间的大值（$m_A-m_C$）再加上 $m_C$。原因是为了满足 $Q$，需在风口前燃烧碳，产生热量。而燃烧生成的CO在上升中能继续用于间接还原，所以取 $Q$ 与 $m(C_i)$ 之间的大者。而直接还原消耗的碳素仍需保证，所以焦比的碳量 $=m_A$。由此可见理想高炉行程是即非全部直接还原，亦非全部间接还原，而是二者有一定比例。

（3）高炉冶炼处于 $D$ 点时，直接还原消耗碳素 $m_C$，而热量消耗需在风口前燃烧的碳素 $m_A-m_C$。风口前燃烧和直接还原都生成CO，其中有 $m_B$ 部分用在间接还原，而 $m_A-m_B$ 部分以CO形式离开高炉，此即高炉煤气中化学能未被利用的部分。它是通过操作等方法可以继续挖取的潜力。请注意，$m_A-m_B$ 并不等于炉顶煤气中CO的值，因为 $m_B$ 中包含一部分为可逆反应平衡所需的CO，这部分CO加上 $m_A-m_B$ 段CO，再扣去铁、锰等高价氧化物还原剂FeO，MnO所消耗的CO，才是最终从炉顶离开的CO量。

（4）现实高炉的 $r_d>r_{d_2}$，故高炉焦比主要取决于热量消耗，严格说取决于热量消耗的碳量与直接还原消耗的碳量之和，而不取决于间接还原的碳量消耗量，此即高炉焦比由热平衡来计算的理论依据。由此推论，一切降低热量消耗的措施均能降低焦比。目前高炉 $r_d>r_{d_2}$，高炉工作者当前的奋斗目标仍是降低 $r_d$。不能认为100%间接还原是非理想行程，而对间接还原的意义注意不够，降低 $r_d$ 是当前降低焦比的一个有效措施。

（5）单位生铁的热量消耗降低时（如渣量减少，灰石用量减少，控制低 $w[Si]$，减少热损失等），$Q$ 线则平行下移，此时理想的 $r_d$ 值向右移动，高炉更容易实现理想行程。$r_{d_2}$ 的焦比就是在某冶炼条件下的理论最低焦比。$r_{d_2}$ 又称为理想的直接还原度（或称适宜的直接还原度），一般在0.2~0.3范围，而对于一些小高炉，由于热损失过大，$Q$ 线上移，$r_{d_2}$ 点还要小于0.2~0.3。我国目前的实际直接还原度往往在0.5~0.6。

#### 3.2.2.3 降低焦比的措施

高炉生产要想降低焦比，可从降低高炉热量消耗和减少高炉直接还原度，或高炉增加非焦炭的热量和炭素量以代替焦炭所提供的热量和炭素等几个方面着手。

（1）降低热量消耗。高炉内的热量消耗主要有下列几项：

1）直接还原（包括Fe、Mn、Si、P等）吸热；

2）碳酸盐分解吸热；

3）水分蒸发、化合水分解，$H_2O$ 在高温区与C发生反应吸热；

4）脱硫吸热；

5）炉渣、生铁、煤气带出炉外的热量；

6）冷却水和高炉炉体散热。

从上述各项可以看出：降低热量消耗的1）项是降低直接还原度的问题；3）项中主要是化合水分解吸热，可通过炉外焙烧消除；5）项的铁水带出炉外的热量是必需的，煤气量少和热交换好时，炉顶温度低，煤气带出炉外的热量就少，反之，炉顶温度高，煤气带出炉外的热量就多。所以，要降低煤气带出炉外的热量，就要降低煤气量和改善炉内的热交换。6）项冷却水带走和炉体散热是一项损失，一般来说，它的数值是一定的，因此，当产量提高时，单位生铁的热损失就降低，反之则升高，所以它只与产量有关。其他各项消耗热量多少的关键是原料性能，例如，降低焦炭的灰分和含硫量，提高矿石品位，采用高碱度烧结矿等，少加或不加熔剂，降低渣量，从而能降低碳酸盐分解吸热和炉渣带出炉外的热量。

（2）降低直接还原度。降低直接还原度，包括改善 CO 的间接还原和 $H_2$ 的还原，主要措施有：改善矿石的还原性；控制高炉内煤气流的合理分布，改善煤气能量利用；高炉综合喷吹（喷吹燃料配合富氧鼓风等）以及喷吹高温还原性气体等。

（3）高炉增加非焦炭的热量和炭素量。高炉增加非焦炭的热量和炭素量的措施主要有提高风温和喷吹燃料等。目前国内外为了降低焦比而采取的精料、高风温、富氧鼓风、喷吹燃料等技术措施都是基于上述几条基本途径。

### 3.2.3 硅、锰、磷的还原

根据氧化物生成自由能大小，在高炉内除铁元素以外，铜、砷、钴、镍等元素也很易还原；而磷、锰、钒、硅、钛等元素则较难还原。

3.2.3.1 锰的还原

锰是高炉冶炼中常遇到的金属，高炉中的锰主要由锰矿石带入，一般铁矿石中也都含有少量锰。含锰氧化物中锰的还原和铁的还原相似，也是由高级锰氧化物逐级还原到低级锰氧化物直到锰。

$$MnO_2 \rightarrow Mn_2O_3 \rightarrow Mn_3O_4 \rightarrow MnO \rightarrow Mn$$

用 CO 或 $H_2$ 还原高级氧化锰到低级氧化锰，是比较容易的。

$$2MnO_2 + CO = Mn_2O_3 + CO_2 \quad \Delta_r H_m^{\ominus} = +226689 kJ/mol \tag{3-46}$$

$$3Mn_2O_3 + CO = 2Mn_3O_4 + CO_2 \quad \Delta_r H_m^{\ominus} = +170121 kJ/mol \tag{3-47}$$

$$Mn_3O_4 + CO = 3MnO + CO_2 \quad \Delta_r H_m^{\ominus} = +51882 kJ/mol \tag{3-48}$$

反应式（3-46）和式（3-47）几乎是不可逆的，很容易进行，而反应式（3-48）则是可逆反应，但反应仍比较容易。

MnO 相当稳定，其分解压力比 FeO 小得多，在 1400℃时，用 $H_2$ 还原 MnO 的平衡气相中 $\varphi(H_2O) = 0.16\%$，用 CO 还原的平衡气相中 $\varphi(CO_2) = 0.03\%$，即 MnO 还原很少。在高炉内 MnO 只能在高温下直接还原，或者以 CO 作为中间介质，而消耗固体碳进行还原。

$$MnO + CO = Mn + CO_2 \quad \Delta_r H_m^{\ominus} = -121590 kJ/mol$$

$$CO_2 + C = 2CO \quad \Delta_r H_m^{\ominus} = -165686 kJ/mol$$

总反应

$$MnO + C = Mn + CO \quad \Delta_r H_m^{\ominus} = -287280 kJ/mol \tag{3-49}$$

$$K_{Mn} = \frac{r_{Mn} w[Mn]}{r_{MnO} w(MnO)} p_{CO} \tag{3-50}$$

由此得

$$w[Mn] = \frac{w(MnO) r_{MnO}}{r_{Mn} p_{CO}} K_{Mn} \tag{3-51}$$

$$\lg K_{Mn} = -\frac{15000}{T} + 10.97 \tag{3-52}$$

式中，$r_{Mn}$，$r_{MnO}$ 分别为铁及渣中 Mn 和 MnO 的活度系数（$r_{Mn} = 0.8$）。

由此可计算在不同条件下平衡时锰在渣、铁中的分配情况。

根据热力学计算，纯 MnO 用 C 还原的开始温度为 1422℃。但低于此温度，MnO 能与

$SiO_2$结合生成低熔点（1150~1200℃）化合物，因此，从 MnO 中还原出的 Mn 主要是从液态炉渣中还原的。

MnO 与 $SiO_2$结合生成 $MnSiO_3$后，还原 Mn 就更加困难，还原温度要在 1400~1500℃以上。但是高炉内存在 MnO 还原的有利条件，使其还原温度降低。Fe、C、CaO 等皆能促进 MnO 的还原。Mn 能溶于铁水中，有 Fe 存在时，在 1030℃，就能使 MnO 开始还原。温度高于 1100℃，C 能强烈地从 MnO 中还原出 Mn 而生成 $Mn_3C$，而且释放热量，有助于 MnO 还原的吸热反应进行。CaO 能和 $MnSiO_3$发生下列反应：

$$MnSiO_3+CaO = CaSiO_3+MnO \qquad \Delta_r H_m^{\ominus}=+59040kJ/mol \tag{3-53}$$

$$MnO+C = Mn+CO \qquad \Delta_r H_m^{\ominus}=-287280kJ/mol$$

总反应 $$MnSiO_3+CaO+C = Mn+CaSiO_3+CO \qquad \Delta_r H_m^{\ominus}=-228240kJ/mol \tag{3-54}$$

从上述反应可以看出，CaO 与 $SiO_2$的结合能力，强于 MnO 与 $SiO_2$ 的结合能力，从而置换出 MnO，并最终还原出 Mn。

MnO 的直接还原是吸热反应，还原出 1kg 锰要耗热 4949kJ，比还原相同数量的铁要多消耗约一倍热量，所以高炉温是锰还原的重要条件。但高温下锰将挥发，在高炉上部又被氧化成 $Mn_3O_4$细粒，随煤气逸出炉外，增加锰的损失。冶炼炼钢生铁时，Mn 有 5%~10%被煤气带走，40%~60%进入生铁，其余以 MnO 形态进入炉渣。由于炼钢技术的进步，在冶炼钢铁时也不需要再加锰矿。但若高炉冶炼锰铁或镜铁时，则要注意增加锰的回收率，以节约贵重的锰矿资源。因此要注意以下几点：

（1）选用高质量的锰矿。锰矿含 Mn 高，含 Fe 低，有害杂质 S、P 和 $SiO_2$等少。这种优质锰矿利于冶炼高锰（70%~80%或更高），低 S、P 的优质锰铁。若使用贫锰矿或铁锰矿冶炼高牌号锰铁时，可采用二步法冶炼，即在高炉普通冶炼条件下，把锰矿先炼成含 MnO 高的富锰渣，再将高 MnO 渣入高炉或电炉冶炼，最后可得高锰低磷锰铁。

（2）高风温、高富氧。锰还原消耗热量大，一般锰铁焦比比普通生铁高 1.5~2 倍，甚至更高，增加风温可降低焦炭消耗，促进锰的还原。富氧鼓风使热量集中于炉缸，也利于锰的还原。高风温和富氧鼓风不仅降低焦比，使炉内高温区下移，也使单位锰铁煤气量减少，降低锰的挥发损失。

（3）选择合适的造渣制度。冶炼锰铁时，渣中 MnO 一般为 8%~13%，降低渣中 MnO 量便能提高锰的回收率。为此除降低焦比外，要控制造渣制度。图 3-10 表明不同炉渣碱度和 $Al_2O_3$含量，对 Mn 在铁、渣中分配比的影响。提高碱度，适当高的 $Al_2O_3$含量，都有利于增加锰的回收率，而且增加炉渣的熔化性温度，促进炉温的提高和锰的还原。但为防碱度过高带来的弊病，可以增加渣中 MgO 的含量。

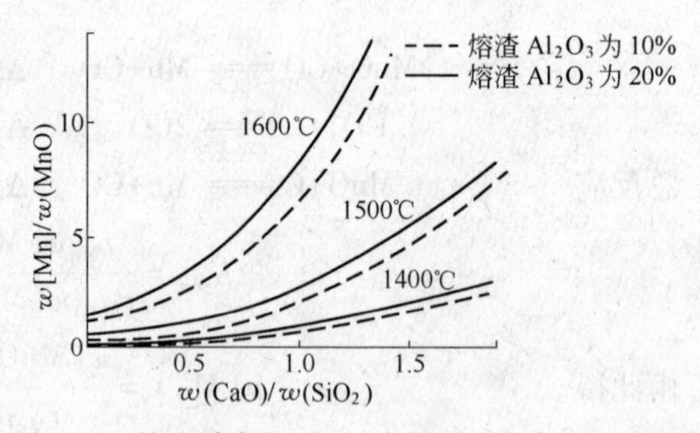


图 3-10 炉渣碱度和 $Al_2O_3$含量对 Mn 分配比的影响

（4）减少锰的挥发。锰的挥发随炉温的升高而增多，但高温是保证锰还原的必要条件，二者是有矛盾的。为了保证锰的还原又不致使炉温过高而增加锰的挥发，选择适宜的炉缸热制度是非常重要的，生产实践表明，中小高炉冶炼锰铁，保持锰铁中硅含量 1%~

2%是合适的。

3.2.3.2 硅的还原

矿石的脉石及焦炭灰分中的 $SiO_2$，是较稳定的化合物，它的生成热大，分解压力小，很难从中还原出硅。在冶炼普通生铁时，$SiO_2$的还原率仅为 5%～10%。

研究和实践表明，硅的还原也是逐级进行的：

温度高于 1500℃　　$SiO_2 \rightarrow SiO \rightarrow Si$

温度低于 1500℃　　$SiO_2 \rightarrow Si$

据计算在用 CO 还原 $SiO_2$，1500℃时，反应 $SiO_2+2CO \rightarrow Si+2CO_2$的平衡气相中，$CO_2$含量（体积分数）仅为 0.02%；用 $H_2$作还原剂，反应平衡时水蒸气含量（体积分数）仅为 0.12%。所以，实际上 $SiO_2$只能在高温区与 C 进行直接还原。

$$SiO_2+2C \xlongequal{\quad} Si+2CO \quad \Delta_r H_m^{\ominus}=-628400\text{kJ/mol} \tag{3-55}$$

从式（3-55）可计算出，还原 1kg 硅需热量比还原 1kg 铁的热耗高 8 倍多，比还原 1kg 锰的热耗高 4 倍多，所以硅的还原是很困难的。

还原过程的中间产物 SiO 的蒸气压比 Si 和 $SiO_2$都大，在 1890℃时已达 98066.5Pa，因此，SiO 极易挥发，改善了和 C 的接触条件，便于硅的还原。据研究认为，硅是通过 SiO 还原所得。在风口带焦炭灰分中的 $SiO_2$（它比脉石中的 $SiO_2$有更好的条件）与 C 反应生成 SiO，随煤气上升过程中被铁液吸收，又与［C］反应生成［Si］。

$$SiO_2+C \xlongequal{\quad} SiO+CO \tag{3-56}$$

$$SiO+[C] \xlongequal{\quad} Si+CO$$

总反应

$$SiO_2+2C \xlongequal{\quad} Si+2CO \tag{3-57}$$

SiO 的生成也可通过如下途径：

$$SiO_2+Si \xlongequal{\quad} 2SiO$$

硅还原反应的平衡常数为

$$K_{Si}=\frac{r_{Si}w[Si]\times p_{CO}^2}{a_{SiO_2}}$$

所以

$$w[Si]=\frac{a_{SiO_2}}{r_{Si}p_{CO}^2}\times 10(19.1-\frac{353000}{T}) \tag{3-58}$$

式（3-58）表明，温度升高对硅还原有利。

未被还原的 SiO 被煤气带到高炉上部，被 $CO_2$重新氧化，凝结为白色的 $SiO_2$微粒，或者与炉料中的 CaO 形成化合物，随炉料下降或随煤气带走。据分析，冶炼硅铁时有10%～25%（质量分数）Si 挥发损失，高硅铸造铁有 5%左右挥发。另外，有部分 SiO 沉积在料块空隙之间，恶化炉料透气性，将导致炉料难行甚至结瘤。

硅还原的另一种形式，是从液态渣中直接还原。

$$(SiO_2)+2C \xlongequal{\quad} [Si]+2CO \quad \Delta_r H_m^{\ominus}=-691700\text{kJ/mol} \tag{3-59}$$

反应式（3-59）可能是在铁水穿过渣层或焦炭层时发生的，它与 SiO 的还原相比，速率要慢得多。

在高炉冶炼条件下，Fe 的存在对 Si 的还原是有益的。因为还原出的 Si 与 Fe 在高温下能生成很稳定的化合物 FeSi（或 $Fe_3Si$、$Fe_2Si$ 等），而且生成 FeSi 的反应是放热的，从而改善了硅的还原条件。

$$SiO_2+2C+Fe = FeSi+2CO \quad \Delta_r H_m^{\ominus} = -554700kJ/mol \tag{3-60}$$

高炉解体表明，在炉料熔融之前，硅在铁中含量极低，到炉腹处硅含量剧增，通过风口带以后，Si 含量又降低，如图 3-11 所示。

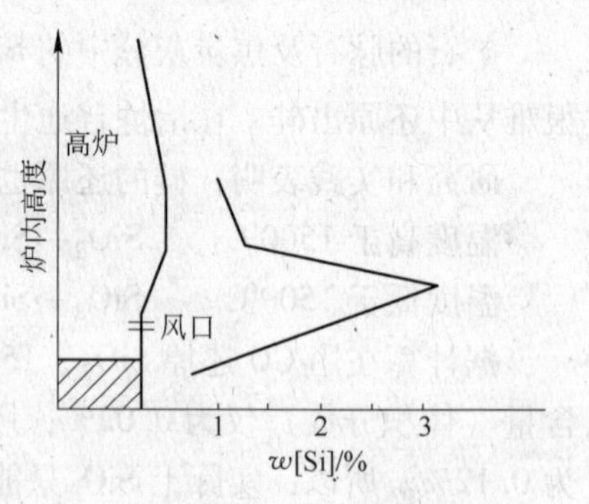

图 3-11　铁水含 Si 变化示意图

研究表明，生铁中硅含量与炉渣温度呈线性关系，所以生产中常以生铁含硅高低（化学热）来判断炉温水平。这是由于硅在高炉内难还原。要到炉身下部才能被还原，而且反应需要吸收大量的热。如果炉缸温度充沛，则能给的热量充足，硅的还原增多，铁水中 $w$[Si] 升高，表示炉缸向热，反之，铁水中 $w$[Si] 少，表示炉缸向凉。

不过 $w$[Si] 的多少，一般表示化学热的高低，不能完全代表炉缸的实际温度水平，如冶炼低硅生铁，往往是低硅高温（化学凉、物理热）。当然正常情况下，生铁含硅高，炉温也相应高。

不同品种的生铁，对硅的含量有不同要求。因此研究加快及控制硅的还原条件，对高炉生产有现实意义。高炉冶炼条件下，除能冶炼炼钢铁及铸造铁外，也能冶炼出 $w$(Si) < 20%低硅合金。近年来世界各国，包括我国都在推广低硅冶炼生铁技术。低硅冶炼是高炉生产炼钢生铁的重要指标之一，是一项重大的节能增产技术，对炼铁和炼钢均有益处。就炼铁来说，是节焦强化的一个手段。研究表明，铁水中 $w$(Si) 每增加 0.1%的 Si 含量，高炉吨铁将多耗能 20.902MJ/t。而在转炉冶炼或铁水预处理中，降低 Si 含量是脱磷的必要条件。因此，冶炼低硅生铁对精炼和节能方面有重要作用。我国宝钢等一些重点企业已将生铁 $w$[Si] 降到了 0.3%左右。

冶炼低硅生铁的条件主要有以下方面：

（1）控制硅源。这要从精料入手，主要降低来自焦炭灰分和矿石脉石中的 $SiO_2$。硅经过迁移反应而进入铁水是从滴落带的 SiO 为媒介进行的。当炉料品种一定时，只有控制 SiO 的挥发量来控制铁水硅含量。从 Si 的化学反应平衡观点分析，当温度提高时，SiO 挥发增多。因此，理论燃烧温度不能过高，对压力控制则相反。当 CO 分压和理论燃烧温度一定时，SiO 挥发主要受二氧化硅活度的影响。

（2）适宜的炉渣成分。降低渣中 $a_{SiO_2}$，提高炉渣碱度，特别是确定合适的 CaO 含量，可以形成硅酸钙等化合物降低 $a_{SiO_2}$，有利于铁水中［Si］的氧化，降低铁水中的硅含量。另外 MgO 的性能与 CaO 相似，也是碱性氧化物，仅次于 CaO，而且有利于改善炉渣流动性与稳定性。根据国内操作经验，MgO 含量应保持在 8%~12%。国内外冶炼低硅生铁的炉渣成分见表 3-2。

高熔点的炉渣可以提高高炉下部温度，促进硅的还原，但应防止炉渣黏稠；碱度低的炉渣，渣中 $SiO_2$的活度增加，也利于硅的还原。国内生产经验表明，冶炼铸造铁时，炉渣二元碱度要控制低些，特别是使用低硫原燃料时尤应如此，这样容易炼出高硅铁。中小高炉冶炼铸造铁时，有的使用高碱度渣操作，结果焦比高，并未获得高硅低硫效果，甚至低硅高硫，事与愿违。其原因是高碱度不利于 $SiO_2$还原，高焦比又增大了硫负荷。冶炼炼钢铁时，炉渣二元碱度可控制高一些（比铸造铁炉渣碱度高 0.05~0.1），以便于炼制低硅低硫生铁。

表 3-2　冶炼低硅生铁的高炉炉渣成分

| 厂名＼成分 | $w[Si]/\%$ | $w(CaO)/w(SiO_2)$ | $w(MgO)/\%$ | $[w(CaO)+w(MgO)]/w(SiO_2)$ |
|---|---|---|---|---|
| 杭钢 2 号高炉 | 0.21 | 1.15~1.25 | 10.4~14.85 | 1.45~1.60 |
| 首钢 2 号高炉 | 0.29 | 1.06 | 11.10 | 1.37 |
| 涟钢 4 号高炉 | 0.21 | 1.10 | 3.0 | 1.52 |
| 宝钢 3 号高炉 | 0.28 | 1.21 | 8.10 | 1.43 |
| 日本水岛 2 号高炉 | 0.17~0.31 | 1.23 | 7.60 | 1.45 |
| 日本福山 3 号高炉 | 0.27 | 1.28 | 7.30 | 1.52 |

冶炼炼钢铁时，一般进入生铁的硅仅为炉料带入硅量的 2%~8%，92%~98%的硅以 $SiO_2$形式进入炉渣，冶炼铸造生铁时，约 10%~20%的硅进入生铁，约 5%的硅挥发随煤气带出炉外，其余的硅转入炉渣中。炼硅铁时，则有 40%~50%的硅进入硅铁，10%~20%的硅挥发，其余进入渣中。

（3）降低软熔带位置，减少滴落带内的反应时间。$SiO+[C]═══[Si]+CO$ 的反应主要是在滴落带完成的。故当铁水温度、炉渣成分以及利用系数一定时，铁水的含硅量主要取决于滴落带的高度。降低滴落带的高度，相当于减少了 Si 的还原时间，从而减少生铁中的硅含量。降低软熔带位置，主要依靠良好的高温冶金性能的炉料，有利于高温区下移的操作以及达到合理的炉料结构。

（4）合理的操作制度。合理的操作制度包括合理的布料分布与煤气分布操作、采用良好的原燃料、最佳的炉料结构、足够大的鼓风动能、高风温、富氧、综合喷吹与精心操作等。

3.2.3.3　磷的还原

高炉原料中的磷酸钙 $(CaO)_3 \cdot P_2O_5$ 是磷的主要来源，有时也有少量的蓝铁矿 $[(FeO)_3 \cdot P_2O_5] \cdot 8H_2O$ 带来部分磷。

$$2Fe_3(PO_4)_2+16H_2 ═══ 3Fe_2P+P+16H_2O \tag{3-61}$$

$$2Fe_3(PO_4)_2+16CO ═══ 3Fe_2P+P+16CO_2 \tag{3-62}$$

不过蓝铁矿中结晶水的分解，也将吸热和消耗焦炭。

磷酸钙是较稳定的化合物，在高温下只能用 C 直接还原。实验室研究表明 1200~1500℃时，可发生如下反应：

$$(CaO)_3P_2O_5+5C ═══ 3CaO+2P+5CO \quad \Delta_r H_m^{\ominus}=-1629200\text{kJ/mol} \tag{3-63}$$

但在高炉冶炼条件下，存在磷酸钙还原的有利因素，如 $SiO_2$、Fe 皆能促进其还原。

$$2(CaO)_3 \cdot P_2O_5+3SiO_2 ═══ 3(CaO)_2 \cdot SiO_2+2P_2O_5 \tag{3-64}$$

$$P_2O_5+5C ═══ 2P+5CO$$

总反应

$$2(CaO)_3 \cdot P_2O_5+3SiO_2+10C ═══ 3(CaO)_2 \cdot SiO_2+4P+10CO \tag{3-65}$$

上述反应还原出的P与Fe结合，形成$Fe_2P$、$Fe_3P$而溶于铁中，从而降低了P的活度，并且放出热量，改善了P的还原条件。

冶炼普通生铁时，炉料中的P几乎全部还原进入生铁，所以生铁中P的控制，只能控制入炉料的含P量。但当炉渣碱度高时，可生成少量$(CaO)_3 \cdot P_2O_5$溶于渣中；炉温高时，也有少量P气化随煤气逸出炉外。据生产实践统计，冶炼高磷生铁时，约有5%~10%的P进入渣中；冶炼磷铁时，磷进入生铁约80%，被煤气带走约7%，余下部分进入渣中。冶炼磷锰铁时，锰可到50%左右，磷约15%。

### 3.2.4 渗碳和生铁的形成

矿石中已还原出来的金属铁，随着温度的升高和渗碳反应的进行，逐渐由固体状态变成液体状态，在下降过程中，吸收已还原出来的其他元素，最后进入炉缸，形成高炉冶炼的最终产物生铁。由此可见，生铁的形成过程主要是渗碳和其他元素进入的过程。

铁矿石在炉身部位就有部分被还原成固态的铁，这种铁我们叫做海绵铁。海绵铁是CO分解反应的催化剂。根据取样分析，炉身上部出现的海绵铁中已经开始了渗碳过程。不过低温下出现的固体海绵铁是以α-Fe的形态存在，这种海绵铁溶解的碳很少，最多只能达到0.022%。随着温度的不断升高，当温度超过723℃时，α-Fe转变γ-Fe，溶解碳的能力大大提高。

固体海绵铁的渗碳反应是按下式进行的：

$$2CO = CO_2 + C$$

$$3Fe + C = Fe_3C$$

总反应

$$3Fe + 2CO = Fe_3C + CO_2 \tag{3-66}$$

CO分解产生的炭黑（粒度极小的固体颗粒）非常活泼，它也参加铁氧化物的还原反应，同时与已还原生成的固体铁发生渗碳反应。CO的分解在450~600℃范围内最有利，因此炉身上部就可能按上述反应进行渗碳。不过由于固体状态下的接触条件不好和海绵铁本身溶解碳的能力较弱，所以固体金属铁中的含碳量是很低的。炉身取样分析表明，海绵铁中的碳量（质量分数）最多只有1%，大量的渗碳过程是在下部的高温区液体状态下进行的：

$$3Fe(l) + C = Fe_3C(l) \tag{3-67}$$

根据高炉解剖资料分析，矿石在高炉内随温度的升高，由固相区块状带经过半熔融状态的软熔带进入液相滴落带。矿石进入软熔带后，矿石还原度可达70%，出现了致密的金属铁和炉渣成分的溶解聚合。再提高温度达到1300~1400℃时，含有大量FeO的初渣从矿石机体中分离出去，焦炭空隙中形成金属铁的“冰柱”。此时的金属铁以γ-Fe的形态存在，碳含量（质量分数）达到0.3%~1.0%，仍属于固态的铁。温度继续升高到1400℃以上，“冰柱”经炽热的焦炭的固相渗碳，熔点得以降低，才熔化为金属铁滴，穿过焦炭的空隙流入炉缸。由于液体状态的铁与焦炭的接触条件改善，加快了渗碳的过程，生铁中的碳含量立即增加到2%以上，到炉腹处的金属铁已含碳在4%左右了，与最终生铁中的碳含量已相差无几。总之，生铁的渗碳过程从炉身上部的海绵铁开始，大部分的渗碳是在炉腰和炉腹部分进行的，在炉缸部分只进行少量的渗碳。

高炉内铁水的最终碳含量是不能随意控制的，它与冶炼的品种有关，凡是铁水中能与碳形成化合物的元素如Mn、Cr、V、Ti等都能促使生铁碳含量的增加，反之，凡能使碳化物分解的元素如Si、P、S等都能促使铁水中碳含量的相应降低。锰铁的碳含量（质量分数）可达6%~7%，而硅铁的碳含量（质量分数）只有2%左右。

## 3.3 高炉内造渣过程及脱硫

高炉生产过程不仅要从铁矿石中还原出金属铁，而且还原出的铁与未还原的氧化物和其他杂质都能熔化成液态，并能分开，最后以铁水和渣液的形态顺利流出炉外。渣量及其性能直接影响高炉的顺行，以及生铁的产量、质量及其焦比。因此，选择合适的造渣制度是炼铁生产达到优质、高产、低耗要求的重要环节。炼铁工作者常说“要炼好铁，必须造好渣”，这是对多年实践的总结。

### 3.3.1 高炉炉渣的成分和作用

3.3.1.1 高炉炉渣的成分。

高炉炉渣主要是由$SiO_2$、$Al_2O_3$、CaO、MgO四种氧化物组成，如表3-3所示。炉渣中的$SiO_2$和$Al_2O_3$为酸性氧化物，主要来自矿石中的脉石和焦炭中的灰分。CaO和MgO为碱性氧化物，主要来自熔剂。烧结矿和球团矿含有CaO和MgO也都是在烧结或造球中外加的，所以也来自熔剂。

冶炼特殊铁矿石的高炉炉渣，除上述四种氧化物还含有其他成分，例如含氟矿石中的$CaF_2$，钒钛铁矿中的$TiO_2$，含钡矿中的BaO等。这些化合物在高炉生产过程中也将全部或大部分进入炉渣，并且含量多时将成为炉渣的主要组成部分。此外，在冶炼锰铁时高炉中的MnO含量也较多。除上述成分外，在炉渣中还经常含有少量的FeO和硫化物。

表3-3 一般高炉炉渣成分 (%)

| 铁 种 | $w(SiO_2)$ | $w(CaO)$ | $w(Al_2O_3)$ | $w(MgO)$ | $w(CaO)/w(SiO_2)$ |
|---|---|---|---|---|---|
| 炼钢铁 | 30~38 | 38~44 | 8~15 | 2~8 | 1.0~1.24 |
| 铸造铁 | 35~40 | 37~41 | 10~17 | 2~5 | 0.95~1.10 |

3.3.1.2 炉渣碱度。

为了便于判断炉渣的冶炼性质，常利用炉渣碱度这个综合指标。炉渣碱度就是指炉渣中碱性氧化物与酸性氧化物的比值。

通常把渣中$w(CaO)/w(SiO_2)$称为炉渣碱度，或二元碱度，把$[w(CaO)+w(MgO)]/w(SiO_2)$称为炉渣总碱度，或三元碱度。把$[w(CaO)+w(MgO)]/[w(SiO_2)+w(Al_2O_3)]$称为炉渣全碱度，或四元碱度。

一定的冶炼条件下，$Al_2O_3$和MgO含量变化不大，也不常分析。因此，为了简便，实际生产中常用二元碱度$w(CaO)/w(SiO_2)$，而且常把$w(CaO)/w(SiO_2)>1$的炉渣称为碱性渣，$w(CaO)/w(SiO_2)<1$的炉渣称为酸性渣。

炉渣碱度的选择主要根据高炉冶炼铁种的需要和对炉渣性能的要求而定。这对高炉顺行和生铁质量有较大影响。

3.3.1.3 炉渣的作用与要求。

矿石中的脉石和焦炭中灰分多为酸性氧化物$SiO_2$、$Al_2O_3$，它们各自熔点都很高

($SiO_2$ 为 1713℃，$Al_2O_3$为 2050℃)，不可能在高炉内熔化。即使它们有机会组成较低熔点的化合物，其熔点仍然很高（约 1545℃），在高炉中只能形成一些非常黏稠的物质，造成渣铁不分，难于流动。因此，必须加入助熔物质，如石灰石、白云石等作为熔剂。尽管熔剂中的 CaO 和 MgO 自身的熔点也很高（CaO 为 2570℃，MgO 为 2800℃），但它们能同 $SiO_2$和 $Al_2O_3$结合成低熔点（低于 1400℃）化合物，在高炉内熔化，形成流动性良好的炉渣，按相对密度与铁水分开（铁水相对密度为 6.8~7.0，炉渣为 2.8~3.0），达到渣铁顺利分离。

可见，造渣就是加入熔剂同脉石和灰分作用，并将不进入生铁的物质溶解，汇集成渣的过程。

高炉炉渣应具有熔点低、密度小和不溶于铁水的特点，渣与铁能有效分离，获得纯净生铁，这是高炉造渣的基本作用。

在冶炼过程中高炉炉渣应满足下列要求：

(1) 炉渣应具有合适的化学成分及良好的物理性能，在高炉内能熔融成液体，实现渣铁分离。

(2) 应具有较强的脱硫能力，保证生铁质量。

(3) 有利于高炉炉况顺行。

(4) 炉渣成分具有调整生铁成分的作用。

(5) 有利于保护炉衬，延长高炉寿命。

上述要求主要取决于炉渣黏度，熔化性和稳定性，而这些又主要由炉渣的化学成分以及矿物组成所决定，同时操作制度对这些性质也有重要影响。

### 3.3.2 高炉炉渣的性质及影响因素

高炉炉渣的性质与其化学成分有着密切关系，其中碱度对渣的性质影响很大。对高炉生产有直接影响的炉渣性质是熔化性、黏度、稳定性和脱硫能力等。这些性质直接影响高炉下部各种物理化学过程的进行。在高炉生产中为实现高产、优质、低耗，就希望高炉炉渣具有适宜的熔化温度，较小的黏度，良好的稳定性和较高的脱硫能力。

#### 3.3.2.1 熔化性

炉渣的熔化性能表示炉渣熔化的难易程度。若炉渣需要在较高温度下才能熔化，称为难熔炉渣，相反则称为易熔炉渣。炉渣的熔化性通常用其熔化温度和熔化性温度来表示。

A 熔化温度

炉渣的熔化温度是指熔渣完全熔化为液相时的温度，或液态炉渣冷却时开始析出固相的温度，即相图中的液相线或液相面的温度。炉渣不是纯物质，没有一个固定的熔点，炉渣从开始熔化到完全熔化是在一定的温度范围内完成的，即从固相线到液相线的温度区间。对高炉而言固相线表示软熔带的上沿，液相线表示软熔带的下沿或滴落带的开始。熔化温度是炉渣熔化性的标志之一，熔化温度高表明它难熔，熔化温度低表明它易熔。

对炉渣熔化温度研究比较早的是 $CaO\text{-}SiO_2\text{-}Al_2O_3$三元渣系。近几十年来 MgO 已经成为高炉渣中不可缺少的成分，对 $CaO\text{-}SiO_2\text{-}MgO\text{-}Al_2O_3$四元渣系熔化温度的研究很多。四元系相图为立体图形；而高炉渣中的 $Al_2O_3$含量（质量分数）一般不高于 20%，故往往采

用固定 $w(Al_2O_3)$ 为5%、10%、15%和20%，在 $CaO\text{-}SiO_2\text{-}MgO\text{-}Al_2O_3$ 四元相图中切取四个断面图形，其平面图则为三元相图。三边坐标轴的分度加上 $Al_2O_3$ 的量后正好为100%，如图3-12所示。

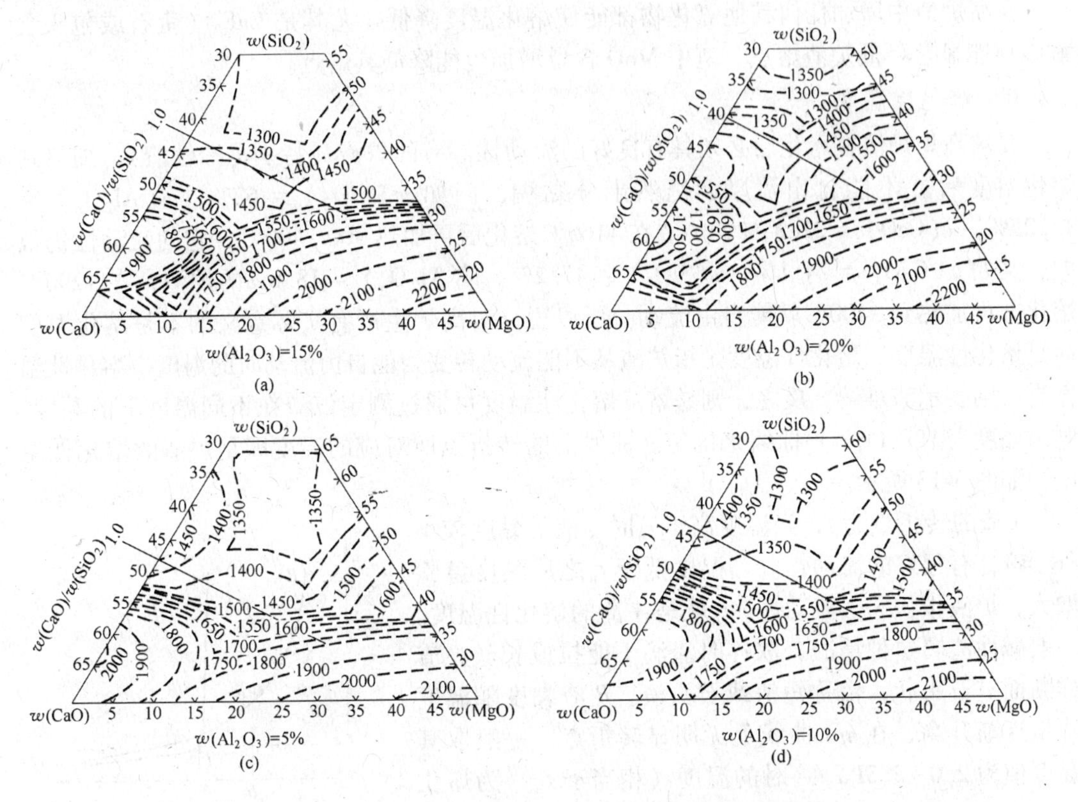


图3-12 $CaO\text{-}SiO_2\text{-}Al_2O_3\text{-}MgO$ 四元系等熔化温度图

(a) $w(Al_2O_3)=15\%$；(b) $w(Al_2O_3)=20\%$；(c) $w(Al_2O_3)=5\%$；(d) $w(Al_2O_3)=10\%$

当 $w(Al_2O_3)=5\%\sim20\%$，$w(MgO)\leqslant20\%$ 时，在 $w(CaO)/w(SiO_2)\approx1.0$ 左右的区域里其熔化温度比较低。当 $Al_2O_3$ 含量低时，随着碱度的增加，熔化温度增加比较快。$w(Al_2O_3)>10\%$ 以后，随碱度增加熔化温度增加得较慢，低熔化温度区域扩大，炉渣稳定性提高，这是 $Al_2O_3$ 所起的作用。由于有较多的 $Al_2O_3$ 存在削弱了 $w(CaO)/w(SiO_2)$ 变化的影响。在碱度 $w(CaO)/w(SiO_2)$ 低于1.0的区域熔化温度也不高，但因脱硫能力和炉渣流动性不能满足高炉要求，所以一般不选用。如果碱度超过1.0很多，炉渣成分处于高熔化温度区域也不合适，这样的炉渣在炉缸温度下不能完全熔化而且极不稳定。

选择熔化温度时，必须兼顾流动性和热量两个方面因素。各种不同成分炉渣的熔化温度可以从四元系熔化温度图中查得。

实际高炉渣的成分除了以上四种主要成分外还有其他成分，查图时有两种处理方法，一种是只取 CaO、$SiO_2$、MgO 和 $Al_2O_3$ 四种化合物的百分数值，舍弃其他成分，再将四种化合物折算成100%，查图找出其熔化温度。另一种是把性质相似的成分合并，如将 MnO、FeO 并入 CaO 中，而后再查四元相图，找出熔化温度。但应注意，从图中查出的熔化温度数值要比该成分炉渣的熔点高100~200℃，而与炉渣出炉时温度基本相似。这是因为相图是按四元系做出的，而实际炉渣是多元系，其熔点要低一些，从高炉里流出来的炉渣实际温度，一般都要高出其熔点。

在高炉渣中增加任何其他氧化物都能使熔化温度降低，尤其是$CaF_2$（萤石或包头含氟矿）能显著降低炉渣熔点，渣中MnO含量增加也能降低其熔点。

B 熔化性温度

要求高炉炉渣在熔化后必须具有良好的流动性。有的炉渣（特别是酸性渣），加热到熔化温度后并不能自由流动，仍然十分黏稠，例如$w(SiO_2)=62\%$，$w(Al_2O_3)=14.25\%$，$w(CaO)=22.25\%$的炉渣在1165℃熔化后再加热300~400℃，它的流动性仍很差，又如$w(CaO)=24.1\%$，$w(SiO_2)=47.2\%$，$w(Al_2O_3)=18.6\%$的炉渣，在1290℃熔化，再加热到1400℃就能自由流动。所以说，对高炉生产有实际意义的不是熔化温度而是熔化性温度，熔化性温度是指炉渣从不能流动转变为能自由流动时的温度。熔化性温度高，则表示渣难熔，反之，则易熔。熔化性温度可通过测定该渣在不同温度下的黏度，画出黏度-温度（$\eta$-$t$）曲线来确定。曲线上的转折点所对应的温度即是炉渣的熔化性温度，如图3-13所示。

*A*渣的转折点为*f*，当温度高于$t_a$时，渣的黏度较小（*d*点），有很好的流动性。当温度低于$t_a$之后黏度急骤增大，炉渣很快失去流动性。$t_a$就是*A*渣的熔化性温度。一般碱性渣属这种情况，取样时渣滴不能拉成长丝，渣样断面呈石头状，俗称短渣或石头渣。*B*渣黏度随温度降低逐渐升高，在$\eta$-$t$曲线上无明显转折点，一般取其黏度值为2.0~2.5Pa·s时的温度（相当于$t_b$）为熔化性温度。2.0~2.5Pa·s为炉渣能从高炉顺利流出的最大黏度。为统一标准起见，常取45°直线与$\eta$-$t$曲线相切点*e*所对应的$t_b$为熔化性温度。一般酸性渣类似*B*渣特性，取样时渣滴能拉成长丝，且渣样断面呈玻璃状，俗称长渣或玻璃渣。

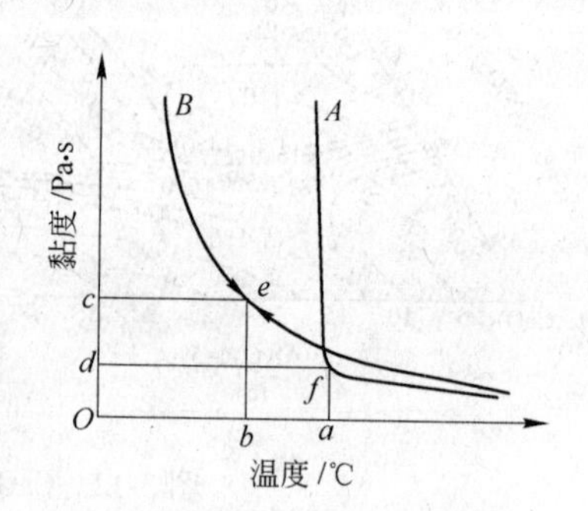

图3-13 炉渣黏度-温度图

炉渣黏度直接关系到炉渣流动性，而炉渣流动性又直接影响高炉顺行和生铁的质量等指标。它是高炉工作者最关心的炉渣性能指标。

3.3.2.2 炉渣黏度

炉渣黏度是流动性的倒数，炉渣黏度是指速度不同的两层液体之间的内摩擦系数。黏度越大，流动性越差。炉渣黏度单位用Pa·s（帕·秒）表示。

炉渣黏度随温度升高而降低，流动性变好，但长渣和短渣有区别。一般短渣在高于熔化性温度后黏度比较低，以后的变化不大；而长渣在高于熔化性温度后虽然黏度仍随温度升高而降低，但黏度值往往高于短渣，这点在炉渣离子理论中可得到解释。

实际生产中要求高炉渣在1350~1500℃时有较好的流动性，一般在炉缸温度范围内适宜的黏度值应在0.5~2.0Pa·s之间，最好为0.4~0.6Pa·s。过低时流动性过好，对炉衬有冲刷侵蚀作用。

图3-14~图3-17是$CaO$-$SiO_2$-$MgO$-$Al_2O_3$四元系炉渣黏度图。其$Al_2O_3$分别固定为5%、10%、15%、20%，温度分为1400℃和1500℃。

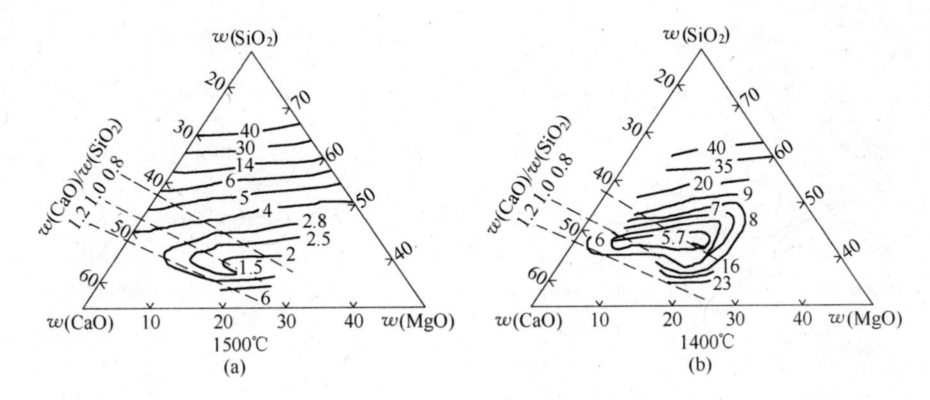


图 3-14 $w(Al_2O_3)$ =5%的四元系的等黏度图

（a）温度为 1500℃；（b）温度为 1400℃

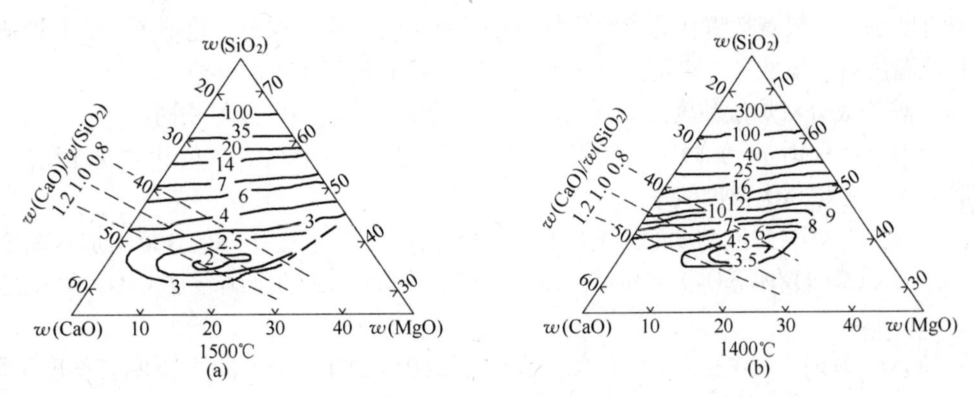


图 3-15 $w(Al_2O_3)$ =10%的四元系的等黏度图

（a）温度为 1500℃；（b）温度为 1400℃

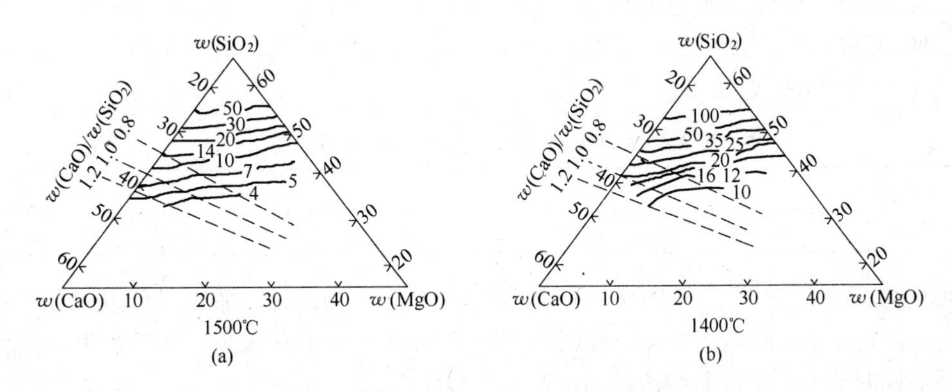


图 3-16 $w(Al_2O_3)$ =15%的四元系的等黏度图

（a）温度为 1500；（b）温度为 1400℃

影响炉渣黏度的主要因素为温度和炉渣成分。

(1) 温度的影响。随着温度的升高，所有液态炉渣质点的热运动能量均增加，离子间的静电引力减弱，因而黏度降低。

从炉渣的 $\eta$-$t$ 曲线看出，炉渣黏度随温度的增加而减少，流动性变好。但是，碱性和

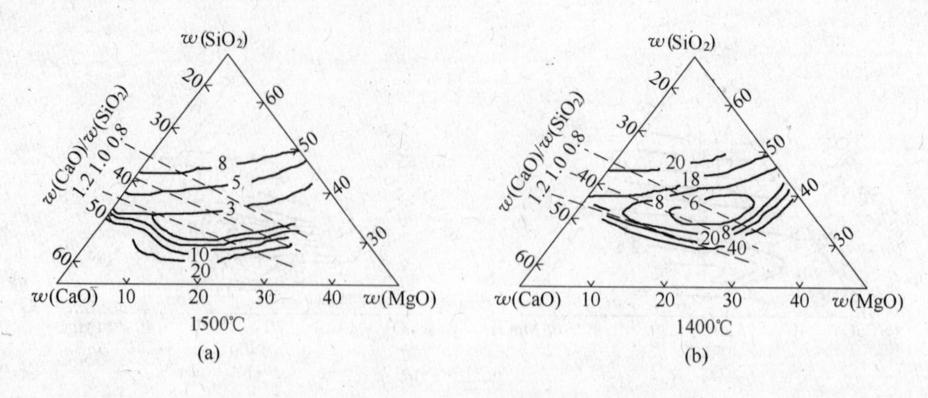


图 3-17 $w(Al_2O_3)$ = 20%的四元系的等黏度图

(a) 温度为 1500℃；(b) 温度为 1400℃

酸性渣有区别。一般碱性渣在高于熔化性温度后黏度比较低，以后变化不大；而酸性渣高于熔化性温度后，虽然黏度仍随温度升高而降低，但黏度仍高于碱性渣。

(2) 炉渣成分对炉渣黏度的影响。各炉渣成分对黏度的影响不尽相同。

1) $SiO_2$。$w(SiO_2)$ 在35%左右黏度最低，若再增加渣中 $SiO_2$ 含量其黏度逐渐增加。此时黏度线几乎与 $SiO_2$ 浓度线平行。

2) CaO。CaO 对炉渣黏度的影响正好与 $SiO_2$ 相反。随着渣中 CaO 含量增加，黏度逐渐降低，当 $w(CaO)/w(SiO_2)$ = 0.8~1.2 之间黏度最低。之后继续增加 CaO，黏度急剧上升。

3) MgO。MgO 的影响与 CaO 相似。在一定范围内随着 MgO 的增加炉渣黏度下降，特别在酸性渣中。当保持 $w(CaO)/w(SiO_2)$ 不变而增加 MgO 时，这种影响更为明显。如果三元碱度 $[w(CaO)+w(MgO)]/w(SiO_2)$ 不变，而用 MgO 代替 CaO 时，这种作用不明显。但无论何种情况，MgO 含量都不能过高，否则 $[w(CaO)+w(MgO)]/w(SiO_2)$ 比值太大，会使炉渣难熔，造成黏度增高且脱硫率降低。下面是一组炉渣在 1350℃ 时其黏度随 MgO 含量变化的数据见表 3-4。

**表 3-4 1350℃时炉渣黏度随 MgO 含量的变化**

| 渣中 $w(MgO)$ /% | 1.52 | 5.10 | 7.35 | 8.68 | 10.79 |
|---|---|---|---|---|---|
| 黏度/Pa·s | 2.45 | 1.92 | 1.52 | 1.18 | 1.18 |

可见在 1350℃ 之下，$w(MgO)$ 从 1.52%增加至 7.35%时，黏度降低近一半，超过 10%以后，黏度不再降低。所以一般认为炉渣中 MgO 含量不宜太高，维持在 7%~12%较为合适。同时亦有利于改善炉渣的稳定性和难熔性。

4) $Al_2O_3$。$Al_2O_3$ 一般为酸性物质，所以当 $w(Al_2O_3)$ 高时，炉渣碱度应取得高些。当渣中 $w(CaO)/[w(SiO_2)+w(Al_2O_3)]$ 比值固定，$SiO_2$ 与 $Al_2O_3$ 互相变动时对黏度没有影响。渣中 $Al_2O_3$ 还能改善炉渣的稳定性。如 $w(Al_2O_3)$ >10%，炉渣熔化温度与黏度的变化均随碱度的变化减缓，相当于扩大了低熔化温度和低黏度区域，即增加了稳定性。

3.3.2.3 炉渣的稳定性

炉渣的稳定性是指炉渣的化学成分或外界温度波动时，对炉渣物理性能影响的程度。

它由化学稳定性和热稳定两个指标来衡量。若炉渣的化学成分波动后对炉渣物理性能影响不大，此渣具有良好的化学稳定性。同理，如外界温度波动对其炉渣物理性能影响不大，则称此渣具有良好的热稳定性。生产过程中由于原料条件和操作制度常有波动，以及设备故障等都会使炉渣化学成分或炉内温度波动，炉渣应具有良好的稳定性。

判断炉渣化学稳定性的依据是炉渣的等熔化性温度图和等黏度图，如该炉渣成分位于图中等熔化性温度线或等黏度线密集的区域内，当化学成分略有波动时，则熔化性温度或黏度波动很大，说明化学稳定性很差；相反，位于等熔化性温度线或等黏度线稀疏区域的炉渣，其化学稳定性就好。通常在炉渣碱度等于1.0~1.2区域内，炉渣的熔化性温度和黏度都比较低，可认为稳定性好，是适于高炉冶炼的炉渣。碱度小于0.9的炉渣其稳定性虽好，但由于脱硫效果不好，故生产中不常采用。渣中含有适量的MgO（5%~15%）和适量的$Al_2O_3$（不超过15%），都有助于提高炉渣的稳定性。

在高炉冶炼过程中，由于原料成分、操作制度的变化，炉渣成分和炉温必然会或多或少的波动，如果这时使用稳定性比较好的炉渣，其炉渣仍能保持良好的流动性，从而可维持高炉正常生产。若使用稳定性比较差的炉渣，将会导致炉渣熔化温度和黏度突然升高，轻则引起炉况不顺，严重时会造成炉缸冻结的恶果，所以高炉生产要求炉渣具有较高的稳定性。

### 3.3.3 炉渣性质对高炉冶炼的影响

#### 3.3.3.1 炉渣熔化性对高炉冶炼的影响

在选择炉渣时究竟是难熔的炉渣有利还是易熔炉渣有利，这需要根据不同情况具体分析，具体对待。

（1）影响软熔带位置的高低。难熔炉渣开始软熔温度较高，从软熔到熔化的范围较小，则在高炉内软熔带的位置低，软熔层薄，有利于高炉顺行。当难熔炉渣在炉内温度不足的情况下可能黏度升高，影响料柱透气性，这不利顺行。易熔炉渣在高炉内软熔带位置较高，软熔层厚，料柱透气性差。另一方面易熔炉渣流动性能好，有利于高炉顺行。

（2）影响炉缸温度。难熔炉渣在熔化前吸收的热量多，进入炉缸时携带的热量多，有利于提高炉缸的温度。相反，易熔渣对提高炉缸温度不利。对冶炼不同的铁种时应控制不同的炉缸温度。

（3）影响高炉内的热消耗和热量损失。难熔渣要消耗更多的热量，流出炉外时炉渣带出热量较多，热损失增加，焦比增高。反之，易熔炉渣有利于焦比降低。

（4）影响炉衬寿命。当炉渣的熔化性温度高于高炉某处的炉墙温度时，在此炉墙处炉渣容易凝结而形成渣皮，对炉衬起到保护作用。易熔炉渣的熔化性温度低，则在此处炉墙不能形成保护炉衬的渣皮，相反由于其流动性过大会冲刷炉衬。

#### 3.3.3.2 炉渣的黏度对高炉冶炼的影响

（1）影响成渣带以下料柱的透气性。黏度过大的初成渣能堵塞炉料间的空隙，使料柱透气性变坏从而增加煤气通过时的阻力。这种炉渣也易在高炉炉腹的墙上结成炉瘤，会引起炉料下降不顺，造成崩料和悬料等生产故障。

（2）影响炉缸工作。过于黏稠的炉渣（终渣）容易堵塞炉缸，不易从炉缸中自由流出，使炉缸壁结厚，缩小炉缸容积，造成操作上的困难，有时还会引起渣口和风口大量烧坏。

(3) 影响炉渣的脱硫能力。炉渣的脱硫能力与其流动性也有一定关系，炉渣流动性好，有利于脱硫反应时的扩散作用。对含 $CaF_2$和 FeO 较高的炉渣，流动性过好，反而对炉缸和炉腹的砖墙有机械冲刷和有化学侵蚀的破坏作用。生产中应通过配料计算，调整终渣化学成分达到适当的流动性。一般在 1500℃ 时，黏度应小于 0.2Pa · s 或不大于1.0Pa · s。

(4) 炉渣黏度影响炉前操作。黏度高的炉渣易发生黏沟、渣口凝渣等现象，造成放渣困难。

### 3.3.4 造渣制度的选择和调整

如何选择炉渣成分是高炉配料计算预先考虑的重要问题。根据使用的不同原燃料条件(主要是含硫量) 以及冶炼生铁的规格，主要是 [Si]、[Mn] 含量，应选择不同的炉渣成分。首先是炉渣碱度，它能反映炉渣成分的变化和炉渣的性能。

(1) 碱度。近年来随着精料和冶炼技术的改善，硫负荷逐渐降低，所以炉渣碱度有降低的趋势。大中型高炉炉渣碱度 $w(CaO)/w(SiO_2)$ 在 0.95~1.15，通常铸造铁比炼钢铁的炉渣碱度低 0.05~0.10。硫负荷较高时则采用高碱度炉渣。为了改善炉渣的稳定性和流动性，渣中的 MgO 含量（质量分数）在 7%~10%较合适，MgO 能改善炉渣的流动性(过多则不利)，这对难熔的高碱度炉渣更为重要。

我国有些小高炉使用灰分较高的焦炭，有的因矿石中 $Al_2O_3$高，高炉渣中 $Al_2O_3$常在20%以上，为了改善炉渣流动性，适当提高$[w(CaO)+w(MgO)]/w(SiO_2)$的值是合理的，要求在配料中适当增加熔剂用量。

(2) $Al_2O_3$含量。一般高炉渣中 $Al_2O_3$含量不应超过 15%~18%，否则炉渣难熔且黏度大。炼铸造铁时使用含 $Al_2O_3$较高的炉渣，便于提高炉缸温度，但渣中 $Al_2O_3$含量主要取决于所用矿石的脉石成分和焦比，高炉工长所能调整的范围极为有限。

(3) 熔渣的难熔性和黏度。炉渣中 CaO、MgO、$SiO_2$、$Al_2O_3$等数量确定以后，检查该炉渣的熔化性、黏度等物理性质是否符合所冶炼生铁的要求，还应当衡量炉渣的热稳定性和化学稳定性（可查阅炉渣的熔化性温度和黏度的四元系相图)。

(4) 渣量。渣量决定于矿石的品位、脉石成分和焦炭的灰分，在保证去硫的前提下，一般尽量争取渣量少。对铸造生铁，由于要还原较多的 $SiO_2$，渣量过小时容易引起较大波动，渣铁比最好在 0.5~0.6 左右，有个别厂在炼铸造生铁时还配加些硅石。

### 3.3.5 高炉内的成渣过程

煤气与炉料在相对运动中，前者将热量传给后者，炉料在受热后温度不断提高。不同的炉料在下降过程中其变化不同。矿石中的氧化物逐渐被还原，而脉石部分首先是软化，而后逐渐熔融、熔化、滴落穿过焦炭层汇集到炉缸。石灰石在下降过程中受热后逐渐分解，到 1000℃ 以上区域才能分解完毕。分解后的 CaO 参与造渣。焦炭在下降过程中起料柱的骨架作用，一直保持固体状态下到风口，与鼓风相遇燃烧，剩下的灰分进入炉渣。

现代高炉多用熔剂性熟料冶炼，一般不直接向高炉加入熔剂，由于在烧结（或球团）生产过程中熔剂已先矿化成渣，大大改善了高炉内的造渣过程。高炉渣从开始形成到最后排出，经历了一段相当长的过程，开始形成的渣称为“初成渣”，最后排出炉外的渣称

"末渣"，或称"终渣"，从初成渣到末渣之间，其化学成分和物理性质处于不断变化过程的渣称"中间渣"。

3.3.5.1 初成渣的生成

初渣生成包括固相反应、软化、熔融、滴落几个阶段：

(1) 固相反应。在高炉上部的块状带发生游离水的蒸发、结晶水或菱铁矿的分解，矿石产生间接还原（还原度可达30%~40%）。同时，在这个区域发生各物质的固相反应，形成部分低熔点化合物。固相反应主要是在脉石与熔剂之间或脉石与铁氧化物之间进行。当用生矿冶炼时其固相反应是在矿块内部 $SiO_2$ 与 FeO 之间进行，形成 FeO-$SiO_2$ 类型低熔点化合物，还在矿块表面脉石（或铁的氧化物）与黏附的粉状 CaO 之间进行，形成 CaO-$Fe_2O_3$ 或 CaO-$SiO_2$ 以及 CaO-FeO-$SiO_2$ 等类型的低熔点化合物。

当高炉使用自熔性烧结矿（或自熔性球团矿）时，固相反应主要在矿块内部脉石之间进行。

(2) 矿石的软化（在软熔带）。由于固相反应形成低熔点化合物，在进一步加热时开始软化。同时液相的出现改善了矿石与熔剂间的接触条件，继续下降和升温，液相不断增加，最终软化熔融，进而成流动状态。矿石的软化到熔融流动是造渣过程中对高炉行程影响较大的一个环节。

各种不同的矿石具有不同的软化性能。矿石的软化性能表现在两个方面：一是开始软化的温度，二是软化的温度区间。很明显，矿石开始软化的温度愈低，则高炉内液相初渣出现得愈早；软化温度区间愈大，则增大阻力的塑性料层愈厚。矿石的软化温度与软化区间要通过实验确定。

(3) 初渣生成。从矿石软化到熔融滴落就形成了初渣，初成渣中 FeO 含量较高。矿石愈难还原，则初渣中的 FeO 就愈高，一般在10%以下，少数情况高达30%，流动性也欠佳，初渣形成的早与晚，在高炉内位置的高低，都对高炉顺行影响较大。高炉内生成初成渣的区域称为软熔带（亦称为成渣带）。

3.3.5.2 中间渣的变化

初渣在滴落和下降过程中，FeO 不断还原而减少，$SiO_2$和 MnO 的含量也由于 Si 和 Mn 的还原进入生铁而有所降低。另外由于 CaO 不断溶入渣中，炉渣碱度不断升高。同时，炉渣的流动性随着温度升高而变好。当炉渣经过风口带时，焦炭灰分中大量的 $Al_2O_3$与一定数量的 $SiO_2$进入渣中，则炉渣碱度又降低。所以中间渣的化学成分和物理性质都处在变化中，它的熔点、成分和流动性之间互相影响。中间渣的这种变化反映出高炉内造渣过程的复杂性和对高炉冶炼过程的明显影响。特别是对使用天然矿和石灰石的高炉，熔剂在炉料中的分布不可能很均匀，加上铁矿石品种和成分方面的差别，在不同高炉部位生成的初渣，从一开始它们的成分和流动性就不均匀一致。在以后下降过程中总的趋势是化学成分渐趋均匀，但在局部区域内这种成分变化可能是较大的，从而影响高炉内煤气流的正常分布，高炉不顺行，甚至悬料和结瘤。反之使用成分较稳定的自熔性或熔剂性熟料冶炼时，因为在入炉前已完成了矿化成渣，故在高炉内的成渣过程较为稳定，只要注意操作制度和炉温的稳定就可基本排除以上弊病。当然使用高温强度好的焦炭可保证炉内煤气流的正常分布，这是中间渣顺利滴落的基本条件。

3.3.5.3　终渣的形成

中间渣经过风口区域后，其成分与性能再一次的变化（碱度与黏度降低）后趋于稳定。此外在风口区被氧化的部分铁及其他元素将在炉缸中重新还原进入铁水，使渣中 FeO 含量有所降低。当铁流或铁滴穿过渣层和渣铁界面进行脱硫反应后，渣中 CaS 将有所增加。最后从不同部位和不同时间集聚到炉缸的炉渣相互混匀，形成成分和性质稳定的终渣，定期排出炉外。通常所指的高炉渣均系指终渣。终渣对控制生铁的成分，保证生铁的质量有重要影响。终渣的成分是根据冶炼条件经过配料计算确定的。在生产中若发现不当，可通过配料调整，使其达到适宜成分。

## 3.3.6　高炉内脱硫

硫是影响生铁质量最重要的因素。因为含硫高将使钢材产生热脆性，严重影响钢材使用价值。另外，铸造生铁中的硫使铁水黏度增加，浇注的填充性差，并产生很多气泡，造成铸件强度降低。因此，生铁中硫含量是评定生铁质量的主要标准之一，国家标准生铁的硫含量不允许超过 0.07%。所以脱硫是高炉生产中获得优质生铁的首要问题。

3.3.6.1　硫在高炉中的变化

A　高炉中硫的来源

高炉的硫来自焦炭、喷吹燃料、矿石和熔剂。其中以焦炭带入硫量多，一般占入炉总硫量的 60%~80%，其次是矿石和熔剂等。冶炼每吨生铁炉料带入的总硫量，称为硫负荷，一般在 4~8kg/t 范围内。表 3-5 为我国部分钢铁厂高炉料带入硫量的情况。

**表 3-5　冶炼每吨生铁炉料带入的硫量**

| 厂 别 | 矿石带入的硫量 | | 焦炭带入的硫量 | | 喷吹燃料带入硫量 | | 入炉总硫量 /kg | 备 注 |
|---|---|---|---|---|---|---|---|---|
| | 质量 /kg | 占炉料带入总硫量的比例/% | 质量 /kg | 占炉料带入总硫量的比例/% | 质量 /kg | 占炉料带入总硫量的比例/% | | |
| 鞍钢 | 1.05 | 31.8 | 2.14 | 64.6 | 0.12 | 3.6 | 3.31 | 油比 93kg/t |
| 首钢 | 0.35 | 7.9 | 3.42 | 77.4 | 0.65 | 14.7 | 4.42 | 煤比 64kg/t |
| 武钢 | 2.15 | 34.5 | 3.67 | 58.8 | 0.42 | 6.7 | 6.24 | 油比 134kg/t |
| 本钢 | 1.14 | 20.8 | 4.26 | 77.6 | 0.09 | 1.6 | 5.49 | 油比 86kg/t |

B　硫的存在形式

硫在炉料中以硫化物，硫酸盐和有机硫的形态存在。矿石和熔剂中的硫主要是 $FeS_2$ 和 $CaSO_4$，烧结矿中的硫则以 FeS 和 CaS 为主，而焦炭中的硫有三种形态，即硫化物、硫酸盐、有机硫，前两种主要在焦炭的灰分中，后者存在于有机硫中。

C　硫在高炉内循环

焦炭中有机硫在到达风口前约有 50%~70%以 S、$SO_2$、$H_2S$ 等形态挥发到煤气中，余下部分在风口前燃烧生成 $SO_2$，在高温还原气氛条件下，$SO_2$很快被 C 还原，生成硫蒸气：

$$SO_2+2C \xlongequal{} 2CO+S\uparrow \tag{3-68}$$

也可能和 C 及其他物质作用，生成 CS、$CS_2$、HS、$H_2S$ 等硫化物。

矿石中的 $FeS_2$ 在下降过程中，温度达到565℃以上开始分解：

$$FeS_2 = FeS + S\uparrow \tag{3-69}$$

分解生成的 FeS 在高炉上部，有少量被 $Fe_2O_3$ 和所氧化：

$$FeS + 10Fe_2O_3 = 7Fe_3O_4 + SO_2\uparrow \tag{3-70}$$

$$3FeS + 4H_2O = Fe_3O_4 + 2H_2S\uparrow + S\uparrow \tag{3-71}$$

炉料中的硫酸盐在与 $SiO_2$、$Al_2O_3$、$Fe_2O_3$ 等接触时，也会分解或生成硅酸盐：

$$CaSO_4 = CaO + SO_3 \tag{3-72}$$

$$CaSO_4 + SiO_2 = CaSiO_3 + SO_3 \tag{3-73}$$

或者和碳作用，进行下述反应：

$$CaSO_4 + 4C = CaS + 4CO \tag{3-74}$$

硫在上述反应中，生成的气态硫化物或硫的蒸气，在随煤气上升过程中，除一小部分被煤气带走外，其余部分被炉料中的 CaO、铁氧化物，或已还原的 Fe 所吸收而转入炉料中，随炉料一起下降。反应生成的 CaS 在高炉下部进入渣中 FeS，一部分分配在渣铁中，其余的硫或硫化物又随煤气上升。上升过程中硫的大部分再被炉料吸收，下降。这样周而复始，在炉内循环。据日本某高炉解剖研究，该炉硫在炉内循环如图 3-18 所示。

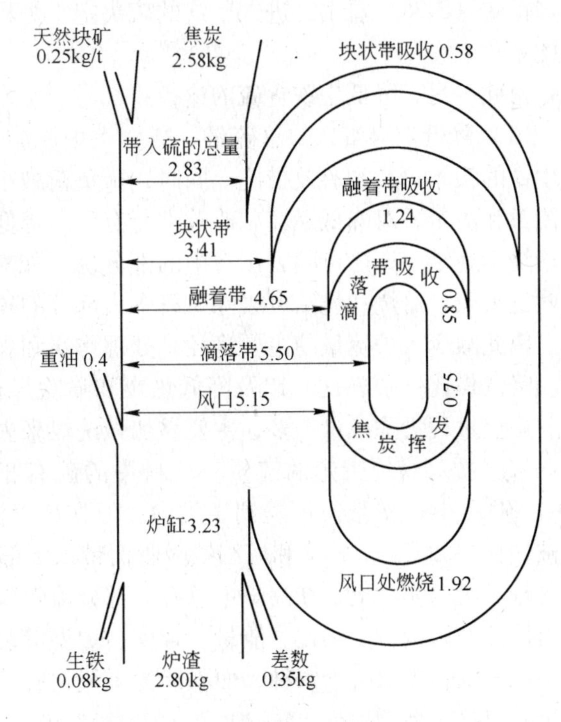


图 3-18 硫在炉内循环（以 kg/t 为单位）

硫在炉内的分布主要集中在软熔带到风口燃烧带区间，即硫在炉内的循环区主要是在风口平面到1000℃左右的高温区间，在滴落带出现最高值。

如上所述，炉料带入高炉的硫进行各种反应后，在高温区生成的硫蒸气和氧化物随煤气上升到滴落带和软熔带被大量吸收，然后又随炉料下降，形成循环，循环的硫量在该条件下达到 2. 67kg/t。循环过程中，一部分进入炉缸的硫分配到渣铁中去，一部分硫随煤气带出炉外。

炉料吸收硫的能力随炉料不同而异，碱性烧结矿大于酸性球团矿，原因是炉料中碱性物质增加了对硫的吸收作用。

D 硫在煤气、渣、铁中的分配

炉料带入高炉的硫，在冶炼过程中部分随煤气排出炉外，部分进入生铁，其余大部分进入炉渣。按硫入炉前后平衡关系，可列下式：

$$m(S)_{料} = m(S)_{挥} + m(S)_{铁} + m(S)_{渣}$$

以冶炼 100kg 生铁为单位，则上式可写成：

$$m(S)_{料} = m(S)_{挥} + nm(S) + m[S] \tag{3-75}$$

式中 $m(S)_{料}$——炉料带入总硫量，kg/t；

$m(S)_{挥}$——从煤气中挥发硫量，kg/t；

$n$——渣铁比（每千克生铁的渣量）；

$m(S)$，$m[S]$——分别为炉渣和生铁的硫含量，kg/t。

硫在渣铁之间的分配用分配系数表示：

$$L_s = \frac{(S)}{[S]}$$

代入式（3-75）得：

$$m[S] = \frac{m(S)_{料} - m(S)_{挥}}{1 + nL_s} \tag{3-76}$$

由式（3-76）看出，进入生铁的硫决定于炉料带入的硫、挥发掉的硫、渣量以及硫的分配系数 $L_s$。

由此可见，降低生铁含硫的途径：

（1）降低炉料带入的总硫量。减少入炉原燃料硫含量，是降低生铁硫含量、获得优质生铁的根本途径和有效措施。同时，硫负荷减小也减轻了炉渣脱硫负担，从而减少了熔剂用量和渣量，对降低燃耗和改善顺行有利。降低铁矿石硫含量的主要方法一是选矿，二是焙烧和烧结。选矿可除去矿石中的部分硫，如对于磁黄铁矿（$FeS_2$），可通过磁选或磁浮联选去硫；焙烧和烧结可去除矿石中大部分的硫。因此，矿石和熔剂带入高炉的硫并不多。因此减少入炉硫量的主要途径是处理焦炭和煤粉，进入高炉的硫大部分是由焦炭带入的。降低焦比（燃料比）以及降低焦炭和喷吹煤粉硫含量的措施，都有利于减少入炉硫量。炼焦过程去除硫量不多，主要靠加强洗煤来去除部分无机硫。

（2）提高煤气带走的硫量。炉料中的硫有相当大一部分在分解反应后以 S 单质和 $SO_3$、$SO_2$、$H_2S$ 等形态挥发到煤气中。但在煤气流上升与炉料接触过程中，有一部分硫又被炉料中的 CaO、FeO 和海绵铁吸收而带入下部。CaO 的吸硫作用在高温区、低温区都能进行。所以实际上，在高炉中总有一部分硫随煤气和炉料运动而在高炉内循环。随煤气逸出炉外的硫量，受焦比、渣量、碱度、炉温等复杂因素的影响，如高温有利于硫挥发。但炉温高低首先取决于铁种，而不能为了气化脱硫采取调节炉温措施。生产统计，随煤气逸出的硫量为炼钢生铁5%~20%，铸造生铁30%，铁合金30%~50%。可见，冶炼高温生铁有利于挥发去硫。

（3）改善炉渣脱硫性能。增大渣量能降低生铁硫含量。渣量越大，渣中硫的浓度相对越低，越有利于硫从生铁转入炉渣。但在实际中，增加渣量要引起热耗增加、焦比升高，从而使焦炭带入炉内的硫增加。如果增加渣量而焦比不提高，将使炉温降低，从而降低炉渣的脱硫能力。此外，增加渣量对高炉顺行和强化都很不利。可见，大渣量操作不利于高产、优质、低耗。

（4）当其他条件不变时，$L_s$愈大，可使生铁含硫量愈低。

综上所述，在一定原、燃料和冶炼条件下，降低生铁含硫量的主要方向和途径是提高硫在渣、铁间的分配系数（$L_s$值），也就是要改善造渣制度，提高炉渣的脱硫能力。

#### 3.3.6.2 高炉炉渣脱硫

在一定冶炼条件下，生铁的脱硫主要是通过提高高炉渣的脱硫能力，即提高 $L_s$ 来实现。

A 炉渣的脱硫反应

据高炉解剖研究证实，铁水进入炉缸前的含硫量比出炉铁水含硫高得多，由此认为，正常操作中主要的脱硫反应是在铁水滴穿过炉缸时的渣层和炉缸中渣铁相互接触时发生的。

炉渣中起脱硫反应的主要是碱性氧化物 CaO、MgO、MnO 等（或其离子）。从热力学看，CaO 是最强的脱硫剂，其次是 MnO，最弱的是 MgO。按分子理论观点，渣铁间脱硫反应分以下步骤：

$$[FeS] = (FeS) \tag{3-77}$$

$$(FeS) + (CaO) = (CaS) + (FeO) \tag{3-78}$$

$$(FeO) + C = [Fe] + CO\uparrow \tag{3-79}$$

即在渣铁界面上首先是铁中的［FeS］向渣面扩散并溶入渣中，然后与渣中的（CaO）作用生成 CaS 和 FeO，CaS 只溶于渣而不溶于铁；FeO 则被固定碳还原生成 CO 气体离开反应界面，同时产生搅拌作用，将聚积在渣铁界面的生成物 CaS 带到上面的渣层，加速 CaS 在渣内的扩散，从而加速炉渣的脱硫反应。总的脱硫反应可写成：

$$[FeS] + (CaO) + C = [Fe] + (CaS) + CO \quad \Delta_r H_m^{\ominus} = -149140\text{kJ/mol} \tag{3-80}$$

B 影响高炉渣脱硫能力的因素

a 炉渣化学成分的影响

炉渣化学成分对脱硫的影响有以下几个方面：

(1) 炉渣碱度。炉渣碱度 $w(CaO)/w(SiO_2)$ 是影响脱硫的重要因素，碱度高则 CaO 多，增加了渣中（$O^{2-}$）的浓度，从而使炉渣脱硫能力提高。但实践经验表明，在一定炉温下只需一个合适的碱度，碱度过高反而降低脱硫效率。其原因是碱度太高，炉渣的熔化性温度升高，在渣中将出现 $2CaO \cdot SiO_2$ 固体颗粒，降低炉渣的流动性，影响脱硫反应进行时离子间的相互扩散。而且高碱度渣稳定性不好，容易造成炉况不顺。

(2) MgO、MnO。MgO、MnO 等碱性氧化物的脱硫能力较 CaO 弱，但加入少量 MgO、MnO，能降低炉渣熔化温度和黏度，也有利于脱硫。但以 MgO、MnO 代替 CaO，将降低脱硫能力。

(3) FeO。FeO 是最不利于去硫的因素。在实际生产中，炉渣的 FeO 含量通常很低（<1%）。只有当发生异常的炉凉时，FeO 含量才会较高，这时 $L_S$ 将急剧降低，使铁水中硫急剧升高，导致生铁不合格。

(4) $Al_2O_3$。在一定温度和总碱度下，$L_S$ 随着 $Al_2O_3$ 的增加而降低，因此 $Al_2O_3$ 不利于去硫。

b 炉渣温度对脱硫的影响

高温会提供脱硫反应所需的热量，加快脱硫反应速度。高温还能加速 FeO 的还原，减少渣中（FeO）的含量。同时高温使铁中［Si］含量提高，增加铁水中硫的活度系数。另外，高温能降低炉渣黏度，有利扩散进行，这些都有利 $L_S$ 提高。所以炉温的波动即是生铁含硫波动的主要因素，控制稳定的炉温是保证生铁合格的主要措施。对高碱度炉渣，提高炉温更有意义。

c　炉渣黏度对脱硫的影响

降低炉渣黏度，改善 CaO 和 CaS 的扩散条件，都有利去硫（特别在反应处于扩散范围时）。

d　其他因素

除以上因素外，为提高生铁的合格率和提高炉内的脱硫效率，应重视和改进生产操作。若炉况顺行，炉缸工作均匀且活跃，炉料与煤气分布合理，则脱硫良好，$L_S$大；若煤气分布不合理，炉缸热制度波动，高炉结瘤和炉缸中心堆积等都会导致炉渣的脱硫能力降低，生铁含硫量增加。

总之，高炉内脱硫情况取决于多方面因素。即要考虑炉渣的脱硫能力又需从动力学方面创造条件使其反应加快进行，后者更为重要。

#### 3.3.6.3　实际生产中有关脱硫问题的处理

实际生产中，有关脱硫问题的处理有以下几个方面：

（1）如果炉渣碱度未见有较大波动，但炉温降低，[S] 含量有上升出格趋势，此时首先解决炉温问题，如有后备风温时尽量提高风温，有加湿鼓风时要关闭。如果下料过快要及时减风，控制料速。如有长期性原因导致炉温降低，应考虑适当减轻焦炭负荷。

（2）炉渣碱度变低，炉温又降低时，应在提高炉缸温度的同时，适当提高炉渣碱度，待变料下达，看碱度是否适当。也可临时加 20~30 批碱度稍高的炉料，以应急防止 [S] 含量的升高，但需注意炉渣流动性。

（3）炉温高，炉渣碱度也高而生铁含 [S] 量不低时，要校核硫负荷是否过高，如有此因，要及时调整原料。如原料硫负荷不高，脱硫能力差，系因炉渣流动性差，炉缸堆积所造成，应果断降低炉渣碱度以改善流动性提高 $L_S$ 值。

（4）炉温高，炉渣碱度与流动性合适而生铁含 [S] 量不低，主要原因是硫负荷过高。应选用低硫焦炭，如是矿石硫高应先焙烧去硫或采用烧结、球团等熟料。

## 3.4　炉缸燃料的燃烧

焦炭是高炉炼铁主要的燃料。随着喷吹技术的发展，煤、重油、天然气等已代替部分焦炭作为高炉燃料使用。

风口前燃料燃烧对高炉冶炼过程起着重要的作用：

（1）焦炭在风口前燃烧放出的热量，是高炉冶炼过程中的主要热量来源。高炉冶炼所需要的热量，包括炉料的预热、水分蒸发和分解、碳酸盐的分解、直接还原吸热、渣铁的熔化和过热、炉体散热和煤气带走的热量等，绝大部分由风口前燃烧焦炭供给。

（2）风口前燃烧反应的结果产生了还原性气体 CO、$H_2$等还原剂，为炉身上部固体炉料的间接还原提供了还原剂，并在上升过程中将热量带到上部起传热介质的作用。

（3）由于风口前燃烧反应过程中固体焦炭不断变为气体离开高炉，为炉料的下降提供了 40%左右的自由空间，保证炉料的不断下降。

（4）风口前焦炭的燃烧状态影响煤气流的初始分布，从而影响整个炉内的煤气流分布和高炉顺行。

（5）风口前燃烧反应决定炉缸温度高低和分布，从而影响造渣、脱硫和生铁的最终形成过程及炉缸工作的均匀性，也就是说风口前燃烧反应影响生铁的质量。

总之，风口前燃料燃烧在高炉冶炼过程中起着极为重要的作用，正确掌握风口前燃料燃烧反应的规律，保持良好的炉缸工作状态，是操作高炉和达到高产优质的基本条件。

### 3.4.1　风口前燃料的燃烧反应

燃烧反应是指可燃物 C、CO 和 $H_2$ 等与氧化合的反应，或者是 C、CO 与 $CO_2$、$H_2O$ 的反应。在高炉内特定条件下所进行的燃烧反应，主要是 C 与 $O_2$、$CO_2$ 和 $H_2O$ 的反应，以及 $C_nH_m$ 和 $O_2$ 的反应。

#### 3.4.1.1　风口前焦炭的燃烧反应

焦炭中的碳除部分参与直接还原、进入生铁和生成 CH 外，还有 70%以上在风口前燃烧。碳与氧的燃烧反应如下：

在风口前氧气比较充足，最初有完全燃烧和不完全燃烧反应同时存在，产物为 CO 和 $CO_2$，反应式为：

完全燃烧　$$C+O_2 = CO_2 \quad \Delta_r H_m^{\ominus} = +4006600\text{kJ/mol} \tag{3-81}$$

（相当于 1kg C 放出 33390kJ 热量）

不完全燃烧　$$C+\frac{1}{2}O_2 = CO \quad \Delta_r H_m^{\ominus} = +117490\text{kJ/mol} \tag{3-82}$$

（相当于 1kg C 放出 9790kJ 热量）

在离风口较远处，由于自由氧的缺乏及大量焦炭的存在，而且炉缸内温度很高，即使在氧充足处产生的 $CO_2$ 也会与固定碳进行碳的气化反应。

$$CO_2+C = 2CO \quad \Delta_r H_m^{\ominus} = -165800\text{kJ/mol} \tag{3-83}$$

干空气中 $O_2$ 与 $N_2$ 的比例为 21 : 79，而氮气不参加化学反应，这样在炉缸中的燃烧反应的最终产物是 CO 和 $N_2$，总的反应可表示为：

$$2C+O_2+79/21N_2 = 2CO+79/21N_2 \tag{3-84}$$

鼓风中还含有一定量的水分，水分在高温下与碳发生以下反应：

$$H_2O+C = H_2+CO \quad \Delta_r H_m^{\ominus} = -124390\text{kJ/mol} \tag{3-85}$$

所以在实际生产条件下，焦炭燃烧的最终产物由 CO、$H_2$ 和 $N_2$ 组成。

#### 3.4.1.2　风口煤粉的燃烧

煤粉的燃烧，无论是无烟煤还是烟煤，它们的主要成分碳的燃烧，和前述焦炭的燃烧具有类似的反应。但是由于煤粉和焦炭有不同的性状差异，所以燃烧过程不同。煤粉的燃烧要经历三个过程：加热蒸发和挥发物分解，挥发分燃烧和碳结焦，残焦燃烧。即在风口前首先被加热，接着所含挥发分气化并燃烧，最后碳进行不完全燃烧的反应：

$$2C+O_2 = 2CO \tag{3-86}$$

#### 3.4.1.3　煤粉和焦炭燃烧的区别

尽管焦炭和煤粉的燃烧都提供热源和还原剂，但它们所起的作用和影响是不尽相同的。主要表现为：

（1）煤粉燃烧有热分解反应，先吸热后燃烧。氢碳比愈高，分解需热愈多。其分解热可由下述经验式计算：

$$Q_{分} = 33410w(C) + 121020w(H) + 9260w(S) - Q_{低} \tag{3-87}$$

式中　$w(C)$, $w(H)$, $w(S)$——燃料中各元素的质量分数；

$Q_{分}$，$Q_{低}$——该燃料分解热和低发热值，kJ/kg，无烟煤的分解热为837~1047kJ/kg。

（2）煤粉带入炉缸的物理热比焦炭低。焦炭下降到风口前已加热到1450~1500℃，而煤粉不大于100℃。

（3）焦炭和煤粉燃烧产生的还原性气体及煤气体积不同。现以燃烧1kg焦炭或煤粉进行计算，结果如表3-6、表3-7所示。

**表3-6　焦炭、煤粉的组成（质量分数）**　　（%）

| 燃料组成 | C | 灰分 | $H_2$ | $H_2O$ | S | O | $N_2$ |
|---|---|---|---|---|---|---|---|
| 焦 炭 | 83.00 | 14.00 | 0.49 |  | 0.50 |  |  |
| 煤 粉 | 75.30 | 16.82 | 3.66 | 0.83 | 0.32 | 3.56 | 0.83 |

**表3-7　燃烧后生成的还原气体和煤气体积**

| 名 称 | CO体积 /$m^3$ | $H_2$体积 /$m^3$ | 还原性气体体积总和 /$m^3$ | $N_2$体积 /$m^3$ | 煤气体积总和 /$m^3$ | （$CO+H_2$）体积分数 /% |
|---|---|---|---|---|---|---|
| 焦 炭 | 1.553 | 0.055 | 1.608 | 2.920 | 4.528 | 35.50 |
| 煤 粉 | 1.408 | 0.410 | 1.818 | 2.040 | 4.458 | 40.80 |

喷吹煤粉燃烧后，煤气体积比焦炭有所增加，还原气体数量增多，这就改善了煤气的还原能力。

### 3.4.2　理论燃烧温度

在高炉炉缸中，焦炭在1000~2000℃高温气流中燃烧，达到很高的温度。燃烧的温度水平常以理论燃烧温度来表示。

理论燃烧温度（$t_{理}$）是指风口前焦炭和喷吹物燃烧所能达到的最高的绝热温度，即假定风口前燃料燃烧放出的热量（化学热）以及热风和燃料带入的物理热全部传给燃烧产物时达到的最高温度，也就是炉缸煤气尚未与炉料参与热交换前的原始温度，用下式表示。

$$t_{理} = \frac{Q_{碳} + Q_{风} + Q_{燃} - Q_{水} - Q_{喷}}{C_{CO,N_2}(V_{CO} + V_{N_2}) + C_{H_2}V_{H_2}} = \frac{Q_{碳} + Q_{风} + Q_{燃} - Q_{水} - Q_{喷}}{VC_{P煤}} \tag{3-88}$$

式中　$Q_{碳}$——风口区碳燃烧生成CO时放出的热量，kJ；

$Q_{风}$——热风带入的物理热，kJ；

$Q_{燃}$——燃料带入的物理热，kJ；

$Q_{水}$——鼓风及喷吹物中水分的分解热，kJ；

$Q_{喷}$——喷吹物的分解热，kJ；

$C_{CO,N_2}$——CO和$N_2$的热容，kJ/℃；

$C_{H_2}$——$H_2$的热容，kJ/℃；

$V_{CO}$，$V_{N_2}$，$V_{H_2}$——炉缸煤气中CO、$N_2$、$H_2$的体积，$m^3$；

$V$——炉缸煤气的总体积，$m^3$；

$C_{P煤}$——理论温度下炉缸煤气的平均热容，kJ/℃。

适宜的理论燃烧温度，应能满足高炉正常冶炼所需的炉缸温度和热量，保证液态渣铁充分加热和还原反应的顺利进行。随 $t_{理}$ 提高，渣铁温度相应提高，但 $t_{理}$ 过高，压差升高，炉况不顺；过低渣铁温度不足，严重时会导致风口涌渣。我国喷吹的高炉一般控制在2000~2300℃，日本高炉较大，一般控制在2100~2400℃。$t_{理}$ 是高炉操作中重要的参考指标。

理论燃烧温度的高低对高炉冶炼有很大的影响。理论燃烧温度高，表明同样体积的煤气含有较多的热量，可以把更多的热量传给炉料，有利于炉料加热、分解、还原过程的进行。尤其是高炉喷吹燃料后，较高的 $t_{理}$ 可以加速喷吹物的燃烧，改善喷吹燃料的利用。但是过高的 $t_{理}$ 使煤气体积增大，煤气流速加快，炉料下降所受阻力增高，同时还导致 $SiO_2$ 大量挥发，不利于炉况顺行。因此，应维持适宜的 $t_{理}$。

应当指出，$t_{理}$ 与炉缸温度有本质区别，而且也没有严格的依赖关系。$t_{理}$ 是指燃烧带燃烧焦点的温度（燃烧带中的最高温度），炉缸温度是指炉缸渣铁水的温度。例如，当 $t_{理}$ 达1800~2400℃时，而炉缸温度一般只有1400~1500℃左右。又如，喷吹燃料后，$t_{理}$ 降低而炉缸温度却往往升高；富氧鼓风后，$t_{理}$ 升高，但由于煤气量显著减少，炉缸中心煤气量不足，炉缸温度还可能降低。因此，$t_{理}$ 不能作为衡量炉缸温度的主要依据。

生产中所指的炉缸温度，常以渣铁水的温度为标志。从式（3-88）可知，$t_{理}$ 的高低与以下因素有关：

（1）鼓风温度。风温度升高，则鼓风带入的物理热增加，理论燃烧温度升高。鼓风湿度为1.5%且无富氧无喷吹时，鼓风温度、鼓风含氧量和理论燃烧温度的数值对应见表3-8和表3-9。

**表 3-8　鼓风温度与理论燃烧温度的关系**

| 风温/℃ | 理论燃烧温度/℃ |
|---|---|
| 800 | 1994 |
| 900 | 2013 |
| 1000 | 2154 |
| 1100 | 2237 |
| 1200 | 2319 |

**表 3-9　鼓风含氧量与理论燃烧温度的关系**

| 鼓风含氧量/% | 理论燃烧温度/℃ |
|---|---|
| 21 | 2237 |
| 22 | 2267 |
| 23 | 2314 |
| 24 | 2360 |
| 25 | 2404 |

（2）鼓风富氧率。当鼓风含 $O_2$ 增加，鼓风中 $N_2$ 含量减少，此时虽因风量的减少而减少了鼓风带入的物理热，但由于 $V_{N_2}$ 降低的幅度较大，煤气总体积减小，$t_{理}$ 会显著升高。鼓风含 $O_2$ 量每增减1%，$t_{理}$ 增减35~45℃。

（3）鼓风湿度。鼓风湿度增加，分解热增加，则 $t_{理}$ 降低。鼓风中每增加 $1g/m^3$ 湿分相当于降低9℃风温。

（4）喷吹燃料。由于喷吹物的加热、分解和裂化，$t_{理}$ 降低。各种燃料由于分解热不同，对 $t_{理}$ 影响也不同。每喷吹10kg煤粉，$t_{理}$ 降低20~30℃，无烟煤为下限，烟煤为上限。

（5）炉缸煤气体积不同时，会直接影响到 $t_{理}$，炉缸煤气体积增加，$t_{理}$ 降低，反之则升高。

### 3.4.3 回旋区和燃烧带

#### 3.4.3.1 焦炭在回旋运动中燃烧

现代高炉由于冶炼强度高和风口风速大（100~200m/s），在强大气流冲击下，风口前焦炭已不是处于静止状态下燃烧，即非层状燃烧，而是随气流一起运动，在风口前形成一个疏散而近似球形的自由空间，通常称为风口回旋区。

风口回旋区与燃烧带范围基本一致，但回旋区是指在鼓风动能的作用下焦炭做机械运动的区域，而燃烧带是指燃烧反应的区域，它是根据煤气成分来确定的。回旋区的前端即是燃烧带氧气区的边缘，而还原区是在回旋区的外围焦炭层内，故燃烧带比回旋区略大些。

自由氧不是逐渐地而是跳跃式减少。在离风口200~300mm处有增加，在500~600mm的长度内保持相当高的含量，直到燃烧的末端急剧下降并消失。$CO_2$含量的变化与$O_2$的变化相对应。分别在风口附近和燃烧带末端，在$O_2$急剧下降处出现两个高峰。

一个$CO_2$高峰出现，$O_2$急剧下降，并有少量CO出现时，是由于煤气成分受到从上面回旋运动而来的煤气流的混合，加之C与CO被氧化，因而$CO_2$含量迅速升高，$O_2$含量急剧下降。在两个$CO_2$最高点和$O_2$最低点之间，气流相遇到的焦炭较少，故气相中保持较高的$O_2$含量和较低的$CO_2$。当气流到回旋区末端时，由于受致密焦炭层的阻碍而转向上方运动，此时气流与大量焦炭相遇，燃烧反应激烈进行，出现$CO_2$第二个高峰，同时$O_2$含量急剧下降到消失。$O_2$急剧下降前出现的高峰是取样管与上转气流中心相遇的结果，因为在流股中心保持有较高的$O_2$含量。

风口前焦炭的回旋运动已被高炉解剖研究所证实。

#### 3.4.3.2 燃烧带的大小对高炉冶炼的影响

燃烧带对煤气分布，炉料的运动，高炉冶炼的均匀化和炉况顺行都有很大影响，因此做好燃烧带的工作非常重要。

（1）燃烧带对煤气流分布的影响。燃烧带是高炉煤气的发源地。燃烧带的大小和分布决定着炉缸煤气的初始分布，煤气分布合理，则其能量利用充分，高炉顺行。在冶炼条件一定的情况下，一般扩大燃烧带，可使炉缸截面煤气分布较为均匀，有较多的煤气到达炉缸中心和相邻风口之间，炉缸活跃区增加，也有利于炉缸工作均匀化。但燃烧带过长，则炉缸中心气流过分发展，产生中心“过吹”；若燃烧带过短而向两侧发展，中心气流不足，造成中心堆积，边缘气流过分发展。这两种情况都使煤气能量得不到充分利用，边缘气流过分发展还使炉衬过分冲刷，高炉寿命降低。

（2）燃烧带对炉缸工作均匀化的影响。炉缸工作均匀化是炉缸温度分布均匀、合理，炉缸活跃而无堆积，炉温充沛，渣、铁反应充分，生铁质量良好的统称，是炉况顺行的重要标志之一。

炉缸工作是否均匀，首先取决于燃烧带的大小和分布，也就是煤气流的初始分布。燃烧带的分布和大小主要决定于风口数目、直径和每个风口的进风量。增加风口数目，扩大风口直径，可减小相邻风口间夹角呆滞区，使炉缸周围煤气和温度分布均匀。增加风量，适当扩大燃烧带，可使整个炉缸截面煤气、温度分布均匀，炉缸活跃，保证渣、铁反应充分，炉缸截面燃烧带分布如图3-19所示。缩小风口直径，可使燃烧带变得狭长，气流向

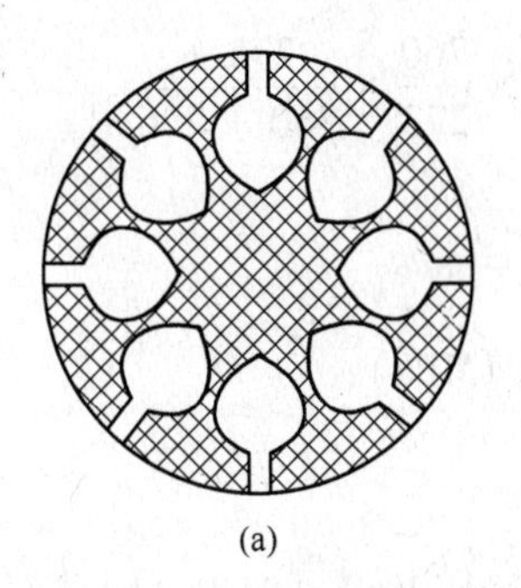


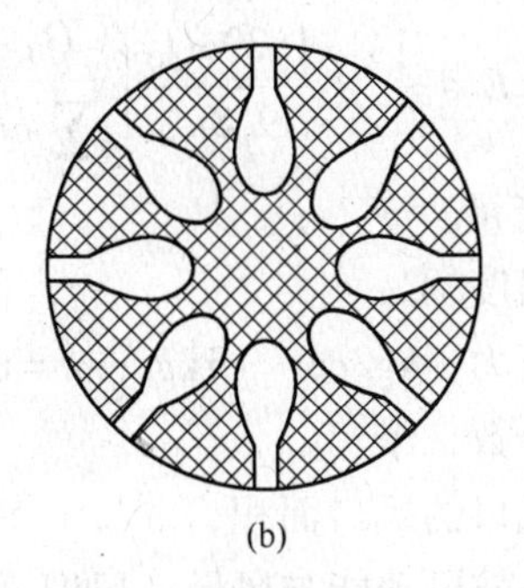


图 3-19　炉缸截面上燃烧带的分布

（a）燃烧带向炉缸中心伸长；（b）燃烧带缩短向两侧扩展

中心发展。

燃烧带向炉缸中心伸长，可发展中心气流，使炉缸中心温度升高，如图 3-19（b）所示。燃烧带缩短而向两侧扩展，可发展边缘气流，使炉缸周围温度升高，如图 3-19（a）所示。总之，获得分布合理、适当扩大的燃烧带，可保证炉缸工作的均匀化，避免边缘或中心堆积，从而保证生铁质量和高炉顺行。

（3）燃烧带对炉料下降的影响。燃料燃烧为炉料下降腾出了空间，燃烧带的上方，炉料比较疏松，摩擦阻力较小，炉料下降最快。燃烧带占整个炉缸截面的比例愈大，炉料松动区也愈大，愈利于炉料顺行。燃烧带的均匀分布，将促使炉料均匀下降。因此，适当扩大燃烧带（包括纵向和横向），可以缩小中心和边缘炉料呆滞区，有利于炉料均匀而顺利地下降，促进顺行。

由上可见，燃烧带对高炉冶炼过程影响重大，控制燃烧带对强化高炉冶炼具有重要意义。

#### 3.4.3.3　影响燃烧带大小的因素

燃烧带的大小是指燃烧带所占空间的体积，它包括长度、宽度和高度。但对冶炼过程影响最大的是燃烧带的长度。此外，燃烧带的宽度对炉缸工作均匀化也有重大影响。

燃烧带的大小不是一成不变的，在冶炼强度低的高炉上，燃烧带大小主要取决于燃烧反应速度。在现代化的高炉上，燃烧带的大小主要受鼓风动能大小所影响，其次与燃烧反应速度、炉料状况有关。

##### A　鼓风动能

从风口鼓入炉内的风，克服风口前料层的阻力后向炉缸中心扩大和穿透的能力称为鼓风动能，即鼓风所具有的机械能，它是使焦炭回旋运动的根本因素。鼓风动能可用下式表示：

$$E = \frac{1}{2}mw^2 \tag{3-89}$$

式中　$E$——鼓风动能，J；

　　　$w$——鼓风速度（实际状态下），m/s。

为计算方便，推荐采用下式：

$$E=\frac{1}{2}\times\frac{1.293Q_0}{9.8n}\left(\frac{Q_0}{\sum nf}\times\frac{760}{273}\times\frac{273+t}{760+736p}\right)^2 \tag{3-90}$$

式中 $Q_0$——鼓风流量，$m^3/s$；

$t$——鼓风温度，℃；

$p$——鼓风压力，$kg/cm^2$（$1kg/cm^2=0.1MPa$）；

$n$——风口个数，个；

$f$——一个风口的风口面积，$m^2$。

由式（3-90）看出，鼓风动能与风量、风温、风压及风口面积等因素有关。

影响鼓风动能的因素有：

（1）风量。鼓风动能正比于风量的三次方，因此增加风量鼓风动能显著增大，燃烧带也相应扩大。

（2）风温。提高风温鼓风体积膨胀，风速增加，动能增大，使燃烧带扩大，然而另一方面，风温升高，使燃烧反应加速，因而所需的反应空间即燃烧带相应缩小。这两方面因素占优势的起决定性作用。一般说来，风温升高，燃烧带扩大。

（3）风压。高压操作时，由于炉内煤气压力升高，因而风压也升高，使鼓风体积压缩而重量不变，故炉内气流速度降低，鼓风动能减小，燃烧带缩短。所以，提高炉顶压力，会引起边缘气流发展。高炉正常操作时，炉顶压力变化不大。这时，随着风量的变化，风压虽有变化但幅度不大，对鼓风动能影响也不大。

（4）风口面积。在风量、风温和其他条件一定时，增加直径（即改变进风面积），则风速降低，鼓风动能随之减小；反之，鼓风动能随之增加。因此，改变风口直径已成为生产中调节送风制度的主要手段。

（5）风口长度。调节风口长度也是调整炉缸工作的一种措施。当炉衬等设备条件或风量水平有大幅度变化时，才使用这种方法。增加风口伸入炉内的长度，可使燃烧带伸向中心，使炉缸中心活跃。反之，则促使边缘活跃。

所以，选择合适的鼓风动能应保证获得一个既向中心延伸，又在圆周有一定发展的燃烧带，实现炉缸工作的均匀活跃与炉内煤气的合理分布。

B 燃烧反应速度

通常如燃烧速度增加，燃烧反应在较小范围完成，则燃烧带缩小；反之，燃烧速度降低，则燃烧带扩大。

前已述及，在有明显回旋区高炉上，燃烧带大小主要取决于回旋区尺寸，而回旋区大小又取决于鼓风动能高低，此时燃烧速度仅是通过对 $CO_2$ 还原区的影响来影响燃烧带大小。但 $CO_2$ 还原区占燃烧带的比例很小，因此可以认为燃烧速度对燃烧带大小无实际影响。只有在焦炭处于层状燃烧的高炉上，燃烧速度对燃烧带大小的影响才有实际意义。

此外，焦炭粒度、气孔度及反应性等对燃烧带大小也有影响。对无回旋区高炉，焦炭粒度大时，单位质量焦炭的表面积就小，减慢燃烧速度使燃烧带扩大。对存在回旋区的高炉，焦炭粒度增大，不易被煤气挟带回旋，这使回旋区变小，燃烧带缩小。

焦炭的气孔度对燃烧带影响是通过焦炭表面实现的。气孔率增加则表面积增大，反应速度加快，使燃烧带缩小。

C　炉料在炉缸内分布

除鼓风动能和燃烧反应速度影响燃烧带大小外，炉缸中心料柱的疏松程度，即透气性也影响燃烧带大小。当中心料柱疏松，透气性好，煤气通过的阻力小时，即使鼓风动能较小，也能维持较大（长）的燃烧带，炉缸中心煤气量仍然是充足的。相反，炉缸中心料柱紧密，煤气不易通过，即使有较高的鼓风动能，燃烧带也不会有较大扩展。

### 3.4.4　煤气上升过程中的变化

风口前燃料燃烧产生的煤气和热量，在上升过程中与下降炉料相接处，进行一系列传导和传质过程，煤气的体积、成分和温度等都发生重大变化。

3.4.4.1　煤气在上升过程中的体积和成分的变化

研究高炉内煤气上升过程中的体积和成分的变化，可以帮助我们掌握影响炉顶煤气成分的因素，分析冶炼过程。

炉缸煤气上升过程中成分体积的变化如图3-20所示。

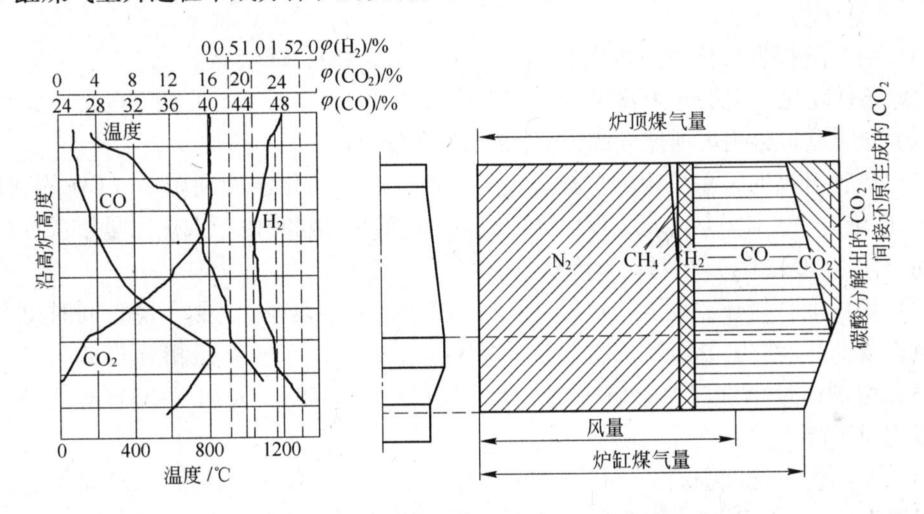


图3-20　炉内煤气成分、体积、温度变化

CO：先增加然后减少。这是因为煤气在上升过程中，铁和Si、Mn、P等元素的直接还原生成一部分CO，同时有部分碳酸盐在高温区分解出的$CO_2$与C作用，生成CO。到了中温区，因有大量间接还原进行，又消耗了CO，所以CO量是先增加而后又降低。

$CO_2$：在高温区$CO_2$不稳定，所以炉缸、炉腹处煤气中$CO_2$几乎为零。以后上升中由于有了间接还原和碳酸盐的分解，$CO_2$逐渐增加。由于间接还原时消耗1体积的CO，仍生成1体积$CO_2$。所以此时CO的减少量与$CO_2$的增加量相等，如图3-20（b）中虚线左边的$CO_2$即为间接还原生成；而虚线右边代表碳酸盐分解产生的$CO_2$量。总体积有所增加。

$H_2$：鼓风中水分分解，焦炭中有机$H_2$，挥发分中的$H_2$，以及喷吹燃料中的$H_2$等是氢的来源。$H_2$在上升过程中有1/3～1/2参加间接还原及生成$CH_4$，所以它在上升过程中逐渐减少。

$N_2$：鼓风中带入大量$N_2$，少量来源于焦炭中的有机$N_2$和灰分中的$N_2$，$N_2$不参加任何化学反应，故绝对量不变。

$CH_4$：在高温区有少量 C 与 $H_2$生成 $CH_4$。煤气上升中焦炭挥发分中的 $CH_4$加入，但数量均很少。

最后，到达炉顶的煤气成分（不喷吹时）大致范围（体积分数）为 $CO_2$ 15%~22%，CO 20%~25%，$N_2$ 55%~57%，$H_2$ 大约 20%，$CH_4$ 大约 3.0%。

一般炉顶煤气中（$CO+CO_2$）量比较稳定，大约为 38%~42%。

煤气总的体积自下而上有所增大。一般在全焦冶炼条件下，炉缸煤气量约为风量的 1.21 倍，炉顶煤气量约为风量的 1.35~1.37 倍。喷吹燃料时，炉缸煤气量约为风量的 1.25~1.30 倍，炉顶煤气量约为风量的 1.4~1.45 倍。

导致煤气体积增大的原因主要有以下几个方面：

（1）Fe、Si、Mn、P 等元素直接还原生成部分 CO。

（2）碳酸盐分解放出部分 $CO_2$，其中约有 50%与碳作用生成 CO（$CO_2+C \rightarrow 2CO$）。

（3）部分结晶水与 CO 和碳作用生成一定的 $H_2$、$CO_2$和 CO（$H_2O+CO \rightarrow CO_2+H_2$、$H_2O+C \rightarrow CO+H_2$）。

（4）燃料的挥发分挥发后产生的气体（$H_2$、$N_2$、CO、$CO_2$）。

冶炼条件变化，会引起炉顶煤气成分变化，主要是 CO 与 $CO_2$的相互改变，其他成分变化不十分明显。影响炉顶煤气成分变化的主要因素有：

（1）焦比升高时，单位生铁炉缸煤气量增加，煤气的化学能利用率（CO 的利用率）降低，CO 量升高，$CO_2$量降低，$CO_2$与 CO 的比值降低。同时由于入炉风量增大，带入的 $N_2$增加，使（$CO+CO_2$）相对含量降低。

（2）炉内的直接还原度（$r_d$）提高，煤气中的 CO 量增加，$CO_2$下降，同时由于风口前燃烧碳减少，入炉风量降低，鼓风带入的 $N_2$降低，（$CO+CO_2$）量相对增加。

（3）熔剂用量增加时，分解出的 $CO_2$ 增加，煤气中的 $CO_2$和（$CO+CO_2$）量增加，$N_2$含量相对下降。

（4）矿石的氧化度提高，即矿石中 $Fe_2O_3$增加，则间接还原消耗的 CO 量增加，同时生成同体积的 $CO_2$，则煤气中 $CO_2$量增加，CO 量降低，（$CO+CO_2$）没有变化。

（5）鼓风中 $O_2$增加，鼓风带入的 $N_2$量减少，炉顶煤气中 $N_2$量减少，CO、$CO_2$量均相对提高。

（6）喷吹燃料特别是喷吹氢碳比高的燃料时煤气中 $H_2$量增加，则 $N_2$和（$CO+CO_2$）均会降低。

（7）加湿鼓风时，由于煤气中 $H_2$量增加，$N_2$和（$CO+CO_2$）量会相对降低。

改善煤气化学能利用的关键是提高 CO 的利用率（$\eta_{CO}$）和 $H_2$的利用率（$\eta_{H_2}$）。炉顶煤气中 $CO_2$含量越高，$H_2$含量越低，煤气化学能利用越好；反之，$CO_2$越低，$H_2$越高，化学能利用越差。

CO 的利用率表示为：

$$\eta_{CO} = [\varphi(CO_2)/\varphi(CO+CO_2)] \times 100\% \quad (3\text{-}91)$$

一般情况下（$CO+CO_2$）基本稳定不变，提高炉顶煤气中 $CO_2$含量，就意味着 CO 必然降低，$\eta_{CO}$必然提高，即有更多 CO 参加间接还原变成了 $CO_2$，煤气（CO）能量利用改善。

3.4.4.2 煤气上升过程中压力的变化

煤气从炉缸风口产生并上升，穿过滴落带、软熔带、块状带到达炉顶，本身压力能降低，产生的压头损失（$\Delta p$）可表示为 $\Delta p = p_{炉缸} - p_{炉喉}$，炉喉压力（$p_{炉喉}$）主要决定于高炉炉顶结构、煤气系统的阻力和操作制度（常压或高压操作）等，它在条件一定时变化不大。炉缸压力（$p_{炉缸}$）主要决定于料柱透气性、风温、风量和炉顶压力等，一般不测定炉缸压力。所以对高炉内料柱阻力（$\Delta p$）常近似表示为：

$$\Delta p = p_{热风} - p_{炉顶} \tag{3-92}$$

当操作制度一定时，料柱阻力（透气性）变化，主要反映在热风压力（$p_{热风}$）上，所以热风压力增大，即说明料柱透气性变坏，阻力变大。

正常操作的高炉，炉缸边缘到中心的压力是逐渐降低的，若炉缸料柱透气性好，则中心的压力较高（压差小），反之，中心压力低（压差大）。

压力变化在高炉下部比较大（压力梯度大），而在高炉上部则较小。随着风量加大（冶炼强度提高），高炉下部压差（梯度）变化更大，说明此时高炉下部料柱阻力增长值提高。由此可见，改善高炉下部料柱的透气性（渣量，炉渣黏度等）是进一步提高冶炼强度的重要措施。

## 3.5 炉料和煤气的相向运动

高炉是气体、液体和固体三相流共存的反应器，在炉内气流与液体、固体流逆向运动，完成冶炼过程的传热、传质和化学反应过程。例如煤气流穿过料层而上升是流体力学现象，煤气流加热炉料是热量传递现象，而矿石氧化物被煤气还原及燃料燃烧都包含着气体扩散的传质现象。这些流体的力学过程就构成了高炉冶炼的基础过程。要改善这一传输过程，必须保证炉料和煤气的合理分布和正常运动，从而使高炉冶炼过程能持续稳定和高效地进行，因此控制和调节高炉内煤气流的流动和分布，力求热能和化学能的充分利用是高炉强化生产的核心问题之一。

### 3.5.1 炉料运动

3.5.1.1 炉料下降的条件

炉料在高炉内能够连续下降，要满足两个条件，一是高炉下部有供给炉料下降的空间，二是炉料自重能克服下降过程中所受的阻力。

A 炉料下降的空间条件

高炉内不断出现的自由空间是保证炉料不断下降的基本前提。自由空间形成的原因是：

（1）焦炭在风口前的不断燃烧。焦炭占料柱总体积的50%~70%，且有70%左右的碳在风口前燃烧掉，所以形成较大的自由空间，占缩小的总体积的35%~40%。

（2）焦炭中的碳参加直接还原的消耗，占缩小的总体积的11%~16%。

（3）固体炉料在下降过程中，小块料不断充填于大块料的间隙并受压使其体积收缩，以及矿石熔化，形成液态的渣、铁，引起炉料体积缩小，可提供30%的空间。

（4）定期从炉内放出渣、铁，空出的空间约15%~20%。

在上述诸因素中，焦炭的燃烧影响最大，其次是液态渣铁的排放。

B 力学分析

只有以上的因素并不能保证炉料可以顺利下降，例如高炉在难行、悬料之时，风口前的燃烧虽还在缓慢进行，但炉料的下降却停止了。所以炉料的下降除具备以上必要条件外，还应具备以下力学条件。

高炉内不断出现的自由空间只是为炉料的下降创造了先决条件，但炉料能否顺利下降，还取决于下述的力学关系：

$$F = W_{炉料} - F_{墙} - F_{料} - \Delta F \tag{3-93}$$

式中 $F$——使炉料下降的力；

$W_{炉料}$——炉料在炉内的总重；

$F_{墙}$——炉料与炉墙间的摩擦力；

$F_{料}$——炉料与炉料之间的摩擦力；

$\Delta F$——煤气对炉料的阻力（浮力）。

$W_{炉料} - F_{墙} - F_{料} = W_{有效}$称为炉料的有效重量。

即

$$F = W_{有效} - \Delta F \tag{3-94}$$

可见，炉料有效重量（$W_{有效}$）越大，压差$\Delta F$越小，此时$F$值越大即越有利于炉料顺行。反之，不利于顺行。当$W_{有效}$接近或等于$\Delta F$时，炉料难行或悬料。要注意的是，$F>0$是炉料能否下降的力学条件，并且其值越大，越有利炉料下降。但是F值的大小，对炉料下降的快慢影响并不大。影响下料速度的因素，主要取决于单位时间内焦炭燃烧的数量，即下料速度与鼓风量和鼓风中的含氧量成正比。

3.5.1.2 影响$W_{有效}$的因素。

高炉内充满着的炉料整体称为料柱。料柱本身的质量由于受到摩擦力（$F_{墙}$和$F_{料}$）的作用，并没有完全作用在风口水平面或炉底上，真正起作用的是它克服各种摩擦阻力后剩下的质量，这个剩余质量称为料柱有效质量（$W_{有效}$）。因此，料柱有效质量要比实际质量小得多。

影响炉料有效重量的因素如下：

（1）炉型。炉腹角$\alpha$（炉腹与炉腰部分的夹角）减小，炉身角$\beta$（炉腰与炉身部分夹角）增大，此时炉料与炉墙摩擦阻力会增大，即$F_{墙}$增大，有效重量$W_{有效}$则减小，不利于炉料顺行。反之，$\alpha$增大，$\beta$缩小，有利$W_{有效}$提高，有利于炉料顺行。

（2）燃烧带。当相邻风口的燃烧带互相连成一片时，风口之间的“死料柱”（即料柱呆滞区）就可以消失，这样炉墙附近的炉料都处于大致相同的下降速度，因而炉墙对炉料的摩擦力减小，同时炉墙处炉料相互之间的摩擦力也将减小，从而使$W_{有效}$增大。当燃烧带的长度足够时，炉缸中心部分的“死料柱”消失，边缘部分的炉料与中心部分的炉料之间的摩擦力减小因而$W_{有效}$增大。

（3）造渣制度。高炉内成渣带的位置、炉渣的物理性质和炉渣的数量，对炉料下降的摩擦阻力影响很大。因为炉渣，尤其是初成渣和中间渣，是一种黏稠液体，它会增加炉墙与炉料之间及炉料相互之间的摩擦力。因此，成渣带愈厚位置愈高、炉渣物理性质愈差和渣量愈大时，$W_{有效}$愈小。

(4) 料堆密度。在其他条件不变的情况下，显然，炉料的堆密度愈大时，料柱的$W_{有效}$愈大。

#### 3.5.1.3 影响 $\Delta F$ 的因素

在高炉冶炼过程中，影响 $\Delta F$ 的因素很多，归纳起来主要可分为煤气流和原料两个方面。

A 煤气流

(1) 煤气流速的影响。随着煤气流速的增加，$\Delta F$ 迅速增加。因此，降低煤气流速能明显降低 $\Delta F$。煤气流速同煤气量或鼓风量成正比。所以提高风量，煤气量增加，$\Delta F$ 增加，不利于高炉顺行。

(2) 煤气温度和压力的影响。煤气的体积受温度影响很大，所以炉内温度升高，煤气体积膨胀，煤气流速增加，$\Delta F$ 增大；当炉内煤气压力升高，煤气体积缩小，煤气流速降低，$\Delta F$ 减少，有利于炉况顺行。

(3) 煤气的密度和黏度的影响。降低煤气的密度和黏度能降低 $\Delta F$。高炉喷吹燃料后，由于煤气中 $H_2$ 含量增加，煤气的密度和黏度都相应减少，有利于炉况顺行。

B 原料

(1) 粒度的影响。从降低 $\Delta F$ 有利于高炉顺行的角度看，增加原料的粒度是有利的，但是对矿石的还原反应不利。所以在保证高炉顺行的前提下，应尽量减小入炉原料的粒度。

(2) 孔隙度的影响。入炉原料的孔隙度大，透气性好，$\Delta F$ 将降低，有利于炉况的顺行。对同一粒度，孔隙度随粒度大小变化不大。但粒度大小相差悬殊，小颗粒的炉料填充在大颗粒炉料之间的缝隙中，孔隙度会大大下降，$\Delta F$ 将增加，不利于炉况顺行。所以要大力改善原料的粒度组成，如加强原料的整粒工作，筛除粉末，分级入炉。

C 其他方面

高炉炼铁的操作制度对 $\Delta F$ 也有很大影响。对装料制度来讲，一切疏松边缘的装料制度，均能促进 $\Delta F$ 的下降，有利于顺行；对造渣制度来讲，渣量少，成渣带薄，初渣黏度小都会使 $\Delta F$ 下降，有利于顺行。

#### 3.5.1.4 炉料下降的监测

在高炉炉顶安装有料尺，通过观察料尺的运动及料尺曲线，即可判断出炉料的运动情况。也可结合观察各风口前焦炭燃烧的活跃情况，判断炉缸周围的下料情况，焦块明亮活跃，表明炉况正常，如不活跃，可能出现难行或悬料。目前很多高炉安装料面摄像也可看到炉料的下降情况。

料尺工作过程是当炉内料面降到规定的料线时，探料尺提到零位，大料钟开启将炉料装入炉内，料尺又重新下降至料面，并随料面一起逐步向下运动。

图 3-21 是根据料尺的工作画出的料尺工作曲线，图中 *B* 点表示已达料线，紧接着料尺自动提到 *A* 点（零位）。*AB* 线代表料线高低，此线越延伸至圆盘中心，表示料线越低。*AE* 线所示方向表示时间。加完料后，料尺重新下降至 *C* 点，由于这段时间很短，故是一条直线。以后随时间的延长，料面下降，画出 *CD* 斜线，至 *D* 点则又到了规定料线。*BC*

表示一批料在炉喉所占的高度，$AC$ 是加完料后，料面离开零位的距离（后尺），$CD$ 线的斜率就是炉料下降速度。当 $CD$ 变水平时，斜率等于零，下料速度为零，此即悬料。如 $CD$ 变成与半径平行的直线时，说明瞬间下料速度很快，即崩料。分析料尺曲线，能看出下料是否平稳或均匀。探料尺若停停走走说明炉料下行不理想（设备机械故障除外），再发展下去就可能难行。如果两料尺指示不相同，说明是偏料。后尺 $AC$ 很短，说明有假尺存在，料尺可能陷入料面或陷入管道，造成料线提前到达的假象。多次重复此情况，可考虑适当降低料线。

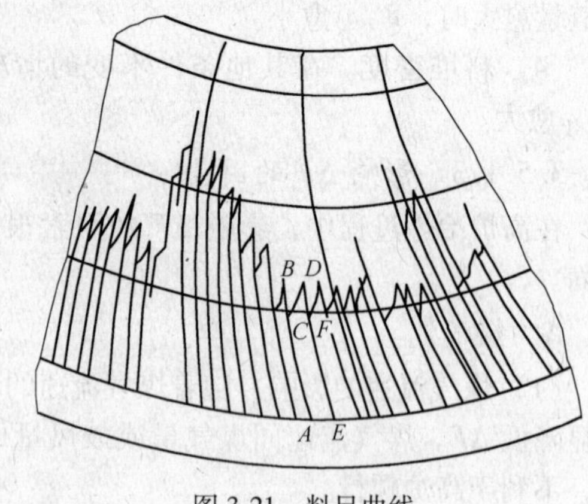


图 3-21 料尺曲线

上文中涉及的专业术语解释如下：

零位——大钟全开位置的下沿（钟式炉顶）或炉喉钢砖上沿（无料钟炉顶）。

料线——零位到料面的距离。

悬料——炉料透气性与煤气流运动极不适应、炉料停止下降的失常现象。

崩料——炉料突然塌落的现象。

偏料——高炉截面上两料线下降不均匀，呈现一高一低的固定性炉况现象，小高炉两料线相差大于 300mm，大高炉两料线相差大于 500mm。

生产中控制料速的主要方法是加减风量，加风量则提高料速，减风量则降低料速。其次还可通过控制喷吹量来控制料速或通过控制炉温来微调料速。

3.5.1.5 冶炼周期

冶炼周期是指炉料在炉内的停留时间。它表明了高炉下料速度的快慢，是高炉冶炼的一个重要指标。常用的计算方法是：

（1）用时间表示：

$$t=\frac{24V_{有}}{PV'(1-C)} \quad \eta_{有}=\frac{P}{V_{有}}$$

$$t=\frac{24}{\eta_{有}\ V'(1-C)} \tag{3-95}$$

式中 $t$——冶炼周期，h；

$V_{有}$——高炉有效容积，$m^3$；

$P$——高炉日产量，t/d；

$V'$——1t 铁的炉料体积，$m^3/t$；

$C$——炉料在炉内的压缩系数，大、中型高炉 $C\approx12\%$，小高炉 $C\approx10\%$。

此为近似公式，因为炉料在炉内，除体积收缩外，还有变成液相或变成气相的体积收缩等。故它可看为是固体炉料在不熔化状态下在炉内的停留时间。

（2）用料批表示。生产中常采用由料线平面到达风口平面时的下料批数，作为冶炼周期的表达方法。如果知道这一料批数，又知每小时下料的批数，同样可求出下料所需的时间。

$$N_{批} = \frac{V}{(V_{矿} + V_{焦})(1 - C)} \tag{3-96}$$

式中 $N_{批}$——由料线平面到风口平面时的炉料批数；

$V$——风口以上的工作容积，$m^3$；

$V_{矿}$——每批料中矿石料的体积（包括熔剂的），$m^3$；

$V_{焦}$——每批料中焦炭的体积，$m^3$。

通常矿石的堆积密度取2.0~2.2t/m³，烧结矿为1.6t/m³，焦炭为0.45t/m³，土焦为0.5~0.6t/m³。

冶炼周期是评价冶炼强化程度的指标之一。冶炼周期越短，利用系数越高，意味着生产越强化。冶炼周期还与高炉容积有关，小高炉料柱短，冶炼周期也短。如容积相同，矮胖型高炉易接受大风，料柱相对较短，故冶炼周期也较短。我国大、中型高炉的冶炼周期一般为6~8h，小型高炉为3~4h。

### 3.5.2 煤气运动及分布

煤气在炉内的分布状态，直接影响矿石的加热和还原，以及炉料的顺行状况。研究煤气运动，目的是了解煤气的运动性质和控制条件，以改善高炉的冶炼过程，获得好的指标。

#### 3.5.2.1 煤气运动

A 煤气运动分析

煤气在上升过程穿过滴落带、软熔带、块状带，直至炉顶。

在滴落带煤气是通过焦炭块的间隙向上运动。因此提高焦炭的高温强度，对改善这个区域的料柱透气（液）性具有重要意义。同时改善粒度组成（减少焦末），可充分发挥其骨架作用。

在软熔带煤气是通过焦炭夹层（气窗）流向块状带，软熔带在这里起着相当于煤气分配器的作用。软熔带中的焦炭夹层数及其总断面积对煤气流的阻力有很大影响。

在当前条件下，料柱透气性对高炉强化和顺行起主导作用。只要料柱透气性能与风量、煤气量相适应，高炉就可以进一步强化。改善料柱透气性，必须改善原燃料质量，改善造渣，改善操作，获得适宜的软熔带形状和最佳的煤气分布。而改善造渣和软熔带状况的根本问题，仍是精料问题，这是强化顺行的物质基础。

B 煤气运动失常——液泛

在高炉下部的滴落带，焦炭是唯一的固体炉料。在这里穿过焦炭向下滴落的液体渣铁与向上运动的煤气相向运动，在一定条件下，液体被气体吹起不能下降，这一现象称为液泛。

高炉生产中的液泛现象，通常发生在风口回旋区的上方和滴落带。当气流速度高于液泛界限流速时，液态渣铁便被煤气带入软熔带或块状带，随着温度的降低，渣铁黏度增大甚至凝结、阻损增大，造成难行、悬料。所以减少煤气体积，提高焦炭高温强度，改善料柱透气性，提高矿石入炉品位，改进炉渣性能等，均有利于减少或防止液泛的产生。

应当指出，现代高炉冶炼一般情况下不会发生液泛现象，但在渣量很大，炉渣表面张力又小，而其中（FeO）含量又高时，很可能产生液泛现象。

#### 3.5.2.2 高炉内煤气流分布

煤气流在炉料中的分布和变化直接影响炉内反应过程的进行，从而影响高炉的生产指标。在煤气分布合理的高炉上，煤气的热能和化学能得到充分利用，炉况顺行，生产指标改善，反之则相反。寻找合理的煤气分布一直是生产上最重要的操作问题。

##### A 合理的煤气流分布

所谓合理的煤气流分布是指首先要保证炉况稳定顺行，其次是最大限度地改善煤气利用，降低焦炭消耗。从能量利用分析，最理想的煤气分布应该是高炉整个断面上经过单位质量矿石所通过的煤气量相等。要达到这种最均匀的煤气分布就需要最均匀的炉料分布（包括数量、粒度），但这样的炉料分布对煤气上升的阻力亦大，按现有高炉的装料设备条件，要达到如此理想的均匀布料是困难的，生产实践表明，高炉内煤气若完全均匀分布，即煤气曲线成一水平线时，冶炼指标并不理想，因为此时炉料与炉墙摩擦阻力很大，下料不会顺利，只有在较多的边缘气流情况下才有利于顺行。因此合理的煤气流分布应该是在保证顺行的前提下，力求充分利用煤气能量。

合理的煤气流分布没有一个固定模式，随着原燃料条件改善和冶炼技术的发展而相应变化。原料粉末多，无筛分整粒设备，为保持顺行必须控制边缘与中心 $CO_2$ 相近的“双峰式”煤气分布。当原燃料改善，高压、高风温和喷吹技术的应用，煤气利用改善，炉喉煤气曲线上移，形成了中心和边缘的 $CO_2$ 含量较高的“平峰”式曲线。随着烧结矿整粒技术和炉料品位的提高及炉料结构的改善，出现了边缘煤气 $CO_2$ 高于中心，而且差距较大的“展翅”形煤气曲线。但不管怎样变化，必须遵循一条总的原则：在保证炉况稳定顺行的前提下，尽量提高整个 $CO_2$ 曲线的水平，以提高炉顶混合煤气 $CO_2$ 的总含量，最充分利用煤气的能量，获得最低焦比。

##### B 高炉内煤气分布监测

测定炉内煤气分布的方法很多，常用的有三种：一是根据炉喉截面的煤气取样，分析各点的 $CO_2$ 含量，间接测定煤气分布；二是根据炉顶红外成像观察煤气流的分布状况；三是根据炉身和炉顶煤气温度，间接判断炉内煤气分布。

###### a 煤气流分布的基本规律——自动调节原理

煤气在上升过程中遵循自动调节原理。一般认为各风口前煤气压力（$p_{风口}$）大致相等，炉喉截面处各点压力（$p_{炉喉}$）也都一样。因此，可以说任何通路的 $\Delta p = p_{风口} - p_{炉喉}$。

为便于理解，以图 3-22 说明：$p_1$、$p_2$ 分别代表 $p_{风口}$ 与 $p_{炉喉}$，分别从两条通道而上，各自阻力系数分别为 $K_1$ 和 $K_2$。由于 $K_1 > K_2$，煤气通过时的阻力分别为 $\Delta p_1 = K_1 W_1^2/2g$ 与 $\Delta p_2 = K_2 W_2^2/2g$（$W_1$ 与 $W_2$ 分别为煤气在两通道内的流速），此时煤气的流量在两通道之间自动调节，因为 $K_1$ 较大，在通道 1 中煤气量自动减少使 $W_1$ 降低，而在通道 2 中煤气量分布增加使 $W_2$ 逐渐增大，最后达到 $K_1 W_1^2/2g = K_2 W_2^2/2g$ 为止。显然阻力大的通道气流分布少，阻力小的通道气流分布较多，这就是煤气分布的自动调节。

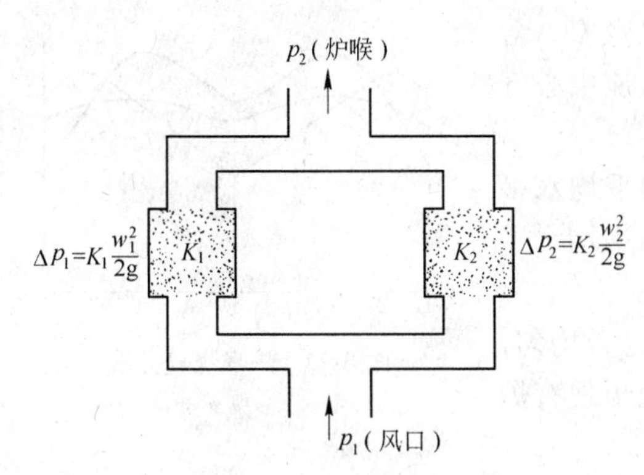

图 3-22 气流分布自动调节原理示意图

一般炉料中矿石的透气性比焦炭要差。所以炉内矿石集中区域阻力较大，煤气量的分布必然少于焦炭集中区域。但并非煤气流全部从透气性好的地方通过。因为随着流量增加，流速二次方的程度加大，压头损失大量增加，当 $\Delta p_1=\Delta p_2$之后，自动调节达到相对平衡。$W_2$如若再加大，煤气量将会反向调节。只有在风量很小情况下(如刚开炉或复风不久的高炉)，煤气产生较少。由于气流的改变引起的压头损失也很小，煤气不能渗进每一条通道，只能从阻力最小的几条通道中通过。在此情况下，即使延长炉料在炉内的停留时间，高炉内的还原过程也得不到改善，只有增加风量，多产生煤气量，提高风口前的煤气压力和煤气流速，煤气才能穿透进入炉料中阻力较大的地方，促使料柱中煤气分布改善。所以说，高炉风量过小或长期慢风操作时，生产指标不会改善。但是，增加风量也不是无限的，因为风量超过一定范围后，与炉料透气性不相适应，会产生煤气管道，煤气利用会严重变坏。

b 监测高炉内煤气分布的方法

监测高炉内煤气分布有以下几种方法：

(1) 利用煤气曲线检测煤气分布。煤气上升时与矿石相遇产生还原反应，煤气中 CO 含量逐渐减少而 $CO_2$不断增加。在炉喉截面的不同方位取煤气样分析 $CO_2$含量，凡是 $CO_2$含量低而 CO 含量高的方位，则煤气量分布必然多，反之则少。

通常，在炉喉与炉身交界部位的四个方向设有四个煤气取样孔，如图 3-23 所示，按规定时间在沿炉喉半径不同位置上取煤气样，沿半径取五个样，1 点靠近炉墙边缘，5 点在炉喉中心，3 点在大料钟边缘对应的位置。四个方向共 16 点取煤气样，化验各点煤气样中 $CO_2$含量，绘出曲线，操作人员即可根据曲线判断各方位煤气的分布情况。

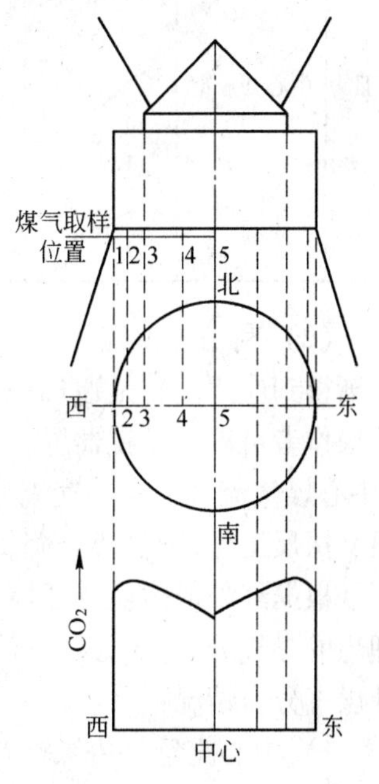

图 3-23 煤气取样点位置分布

需要注意的是，为了正确判断各点煤气的利用和分布情况，煤气取样孔的位置应设在炉内料面以下，否则取出的已是混合煤气，没有代表性。在低料线操作，料面若已降至取气孔以下，则不可取气。目前国内一部分高炉均是间断地人工操作取气，先进高炉已采用自动连续取样，自动分析各点煤气 $CO_2$含量，可判断出煤气分布的连续变化情况。

图 3-24 表示三种煤气 $CO_2$曲线。曲线 2 是煤气在边缘分布多中心分布少的情况，又称边缘轻中心重的煤气曲线，亦叫边缘气流型曲线。曲线 3 是中心轻边缘重，又称中心气流型曲线。曲线 1 介于二者之间。

从下列几方面对煤气曲线进行分析：

1）曲线边缘点与中心点的差值。如边缘点 $CO_2$ 含量低，是边缘煤气流发展，中心 $CO_2$ 含量低，属中心气流发展。

2）分析曲线的平均水平高低。如 $CO_2$ 的平均水平较高，说明煤气能量利用好，反之，整个 $CO_2$ 平均水平低，说明煤气能量利用差。

3）分析曲线的对应性。看炉内煤气分布是否均匀，有无管道或是否有某侧长期透气性不好，甚至出现有炉瘤征兆的煤气曲线。

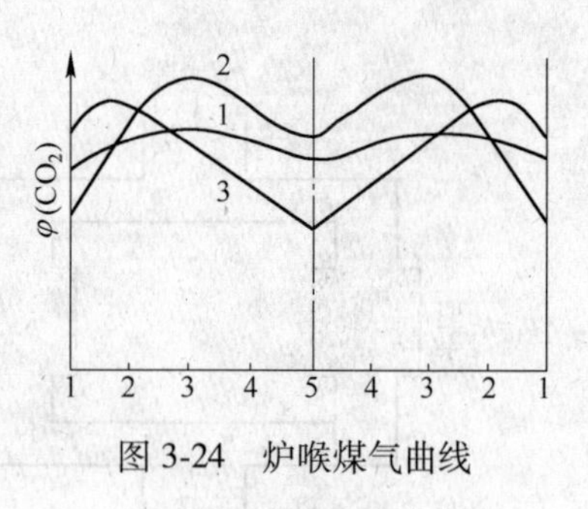

图 3-24 炉喉煤气曲线

4）分析各点的 $CO_2$ 含量。由于各点间的距离不相等，各点所代表的圆环面积不一样，所以各点 $CO_2$ 值的高低，对煤气总利用的影响是不一样的。其中图 3-23 的 2 点影响最大，1、3 点次之，以 5 点为最小。煤气曲线的最高点若从 3 移至 2 点，此时即使最高值相等，也说明煤气利用有了改善，因为 2 点代表的圆环面积大于 3 点的。

煤气曲线可归纳为四种类型，它们对高炉冶炼的影响各不相同，见表 3-10。

**表 3-10 煤气曲线类型及其对高炉冶炼的影响**

| 类型 | 名 称 | 煤气曲线形状 | 煤气温度分布 | 软熔带形状 | 煤气阻力 | 对炉墙侵蚀 | 炉喉温度 | 散热损失 | 煤气利用 | 对炉料要求 |
|---|---|---|---|---|---|---|---|---|---|---|
| Ⅰ | 边缘发展型 | | | | 最小 | 最大 | 最高 | 最大 | 最差 | 最差 |
| Ⅱ | 双峰型 | | | | 较小 | 较大 | 较高 | 较大 | 较差 | 较差 |
| Ⅲ | 中心开放型 | | | | 较大 | 最小 | 较低 | 较小 | 较好 | 较好 |
| Ⅳ | 平峰型 | | | | 最大 | 较小 | 最低 | 最小 | 最好 | 最好 |

（2）利用炉顶红外成像检测煤气分布。随着高炉技术的发展，高炉内部监控系统也渐渐得到应用。它是通过一系列高新技术和成像手段，观看高炉内部料面实物图像，使高炉操作者可以从监视器屏幕上清楚地观看到：1）高炉内布料实况；2）煤气流分布情况（中心煤气流、边缘煤气流分布）；3）布料溜槽或料钟的运行及磨损等情况；4）十字测温、探尺工作情况；5）降低料面可以看到炉衬侵蚀情况。

根据红外成像监测的煤气分布情况，我们更加直观地了解高炉煤气流运行情况，对不理想的煤气分布及时通过调剂手段进行调整，保证高炉稳定顺行、高产、低耗。以下是几种煤气分布情况：

1）中心充足、边缘略有型煤气分布。煤气分布的特点是中心气流有一定程度的发展而边缘也有适当气流。这种分布的煤气利用好，焦比低，又有利于保护炉墙。虽然边缘负荷较重，阻力较大，但由于它的软熔带有足够的“气窗”面积，中心又有通路，所以煤气总阻力比较小，炉子能够稳定顺行。另外，此种煤气分布有利于充分利用煤气的热能和化学能，同时有利于炉料的下降，是较为理想的煤气分布。

2）中心过吹型煤气分布。煤气分布的特点是中心气流过分发展，中心下料过快，高炉中心料面过低，破坏了正常的布料规律而造成煤气利用差，焦比高。如果此种气流长期得不到改善，容易出现中心管道，从而造成炉况难行。

3）边缘发展型煤气分布。煤气分布的特点是边缘气流过分发展而中心堵塞。煤气利用差，焦比高，对炉墙破坏较大。如果时间过长，往往导致炉缸堆积，风口破损增多等。此种煤气分布多用于短期洗炉。

4）中心、边缘发展型。煤气分布的特点是边缘和中心气流都很发展。煤气利用差，焦比高，炉身砖容易损坏。但它软熔带气窗面积大，料柱阻力小，洗炉或炉子失常后恢复炉况时往往采用这种煤气分布。

5）中心、边缘气流略有型：此种煤气分布特点是边缘和中心气流都不发展，气流分布较均匀，在炉况正常时煤气利用好，焦比低。但它的软熔带气窗面积小，阻力大，容易造成高炉崩料或悬料。

（3）利用炉身和炉顶煤气温度，判断炉内煤气分布。可根据高炉的炉身温度和炉喉温度判断煤气在不同方位的分布情况。凡是煤气分布多的地方，温度必然要高，相反，煤气分布较少之处温度必定较低。

C 影响煤气分布的因素

影响高炉煤气分布的因素是错综复杂的，归纳起来主要有炉料分布、鼓风、燃烧带的分布、炉型和原料条件。

（1）炉料分布。炉料在炉内的分布情况影响到高炉料柱各部分的透气性。显然，焦炭多，大块料多的地方透气性好；而矿石多，小块料和粉末多的地方透气性差。透气性好的地方，煤气遇到的阻力小，因而通过的煤气量多；反之，透气性差的地方，通过的煤气量就少。

前已述及，所谓炉料在炉内的分布包括两方面，一是炉料落入炉内时炉料在炉喉处的原始分布，二是炉料在炉内下降过程中的再分布。前者是可以调节的，后者是不能人为调节的。在未特别加以说明时，通常所谈的炉料分布均指炉料在炉喉处的原始分布。

通过调节炉料在炉喉处的原始分布来调节料柱各部分的透气性，从而调节煤气的分布，这在生产中称为“上部调节”。

（2）燃烧带。燃烧带是原始煤气的发源地，因而燃烧带的分布决定了高炉煤气的初始分布。不难理解，若燃烧带向中心延伸，则中心通过的煤气量将相对增加；若燃烧带向边缘收缩，则边缘通过的煤气量相对增加；若燃烧带沿炉缸周围分布不均，则煤气沿高炉圆周分布也不均。由此可见，通过控制燃烧带的大小和分布来调节煤气的初始分布，从而调整高炉煤气的分布，这在生产中称为“下部调节”。

（3）炉型。高炉炉型对炉料在炉喉处的分布、炉身边缘环形疏松区和燃烧带的分布有重大影响。因此，炉型是否合理不仅对炉况顺行有重大影响，而且对煤气的分布也产生重大影响。

一般说来，炉型矮胖，炉身角小，炉腹角大的高炉，边缘煤气流容易得到发展，因此应注意发展中心煤气流；相反，炉型瘦长，炉身角大，炉腹角小的高炉，中心煤气容易得到发展，因此应注意发展边缘煤气流。

（4）原料条件。由于原料的粒度和粒度组成以及机械强度，影响到炉料在炉内的分布和料柱的透气性，因而对煤气的分布也产生影响。

筛除原料中的粉末，采用分级入炉和提高原料的机械强度等措施，均可提高料柱的透气性，改善炉料分布的均匀性与合理性，从而有利于煤气的均匀合理分布。

影响高炉煤气分布的因素很多，但是常用的调节煤气分布的方法与手段，只有上部调节（装料制度）和下部调节（送风制度）。上下部调节的目的都在于寻求合理的煤气分布，以保证高炉顺行和获得良好的冶炼指标。但两者调节的方式和部位不同，所起的作用也不完全一样。一般说来，上部调节是通过改变装料制度来调节炉料在炉喉的分布，从而主要影响上部（软熔带以上）的煤气分布，所以主要是“稳定气流”的问题；下部调节则是借助送风制度的改变来调节炉缸工作状态和煤气流的初始分布，因而主要是“活跃炉缸”的问题。由于冶炼过程是连续进行的，上下部互相影响，所以，操作中必须上下部调节很好地配合，将“上稳”和“下活”两者有机地结合起来。

# 高炉操作制度的选择与调整

高炉冶炼是一个连续而复杂的物理、化学过程，它不但包含有炉料的下降与煤气流的上升之间产生的热量和动量的传递，还包括煤气流与矿石之间的传质现象。只有动量、热量和质量的传递稳定进行，高炉炉况才能稳定顺行。高炉要取得较好的生产技术经济指标，必须实现高炉炉况的稳定顺行。高炉炉况稳定顺行一般是指炉内的炉料下降与煤气流上升均匀，炉温稳定充沛，生铁合格，高产低耗。要使炉况稳定顺行，高炉操作必须稳定，这主要包括风量稳定、风压稳定、料批稳定、炉温稳定和炉渣碱度稳定以及调节手段稳定，而其主要标志是炉内煤气流分布合理和炉温正常。

高炉冶炼的影响因素十分复杂，主要包括原燃料物理性能和化学成分的变化，气候条件的波动，高炉设备状况的影响，操作者的水平差异以及各班操作的统一程度等。这些都将给炉况带来经常性的波动。高炉操作者的任务就是随时掌握影响炉况波动的因素，准确地把握外界条件的变动，对炉况做出及时、正确的判断，及早采取恰当的调剂措施，保证高炉生产稳定顺行，取得较好的技术经济指标。

选择合理的操作制度是高炉操作的基本任务。操作制度是根据高炉具体条件（如高炉炉型、设备水平、原料条件、生产计划及品种指标要求）制定的高炉操作准则。合理的操作制度能保证煤气流的合理分布和良好的炉缸工作状态，促使高炉稳定顺行，从而获得优质、高产、低耗和长寿的冶炼效果。

高炉基本操作制度包括装料制度、送风制度、炉缸热制度和造渣制度。高炉操作应根据高炉强化程度、冶炼的生铁品种、原燃料质量、高炉炉型及设备状况来选择合理的操作制度，并灵活运用上下部调节与负荷调节手段，促使高炉稳定顺行。

## 4.1 送风制度

送风制度主要作用是保持适宜的风速和鼓风动能以及理论燃烧温度，使初始煤气流分布合理，炉缸工作均匀活跃，热量充沛、稳定。控制方式为选用合适的风口面积、风量、风温、湿分、喷吹量、富氧率等参数，并根据炉况变化对这些参数进行调节，以达到炉况稳定和煤气利用改善的目的。这些通常称为下部调节。

### 4.1.1 正确选择风速或鼓风动能

高炉鼓风通过风口时所具有的速度，称为风速，它有标准风速与实际风速两种表示方法，而所具有的机械能，叫鼓风动能。鼓风具有一定的质量，而且以很高的速度通过风口向高炉中心运动，因此它具有一定的动能。风速和鼓风动能与冶炼条件相关，它决定初始气流分布情况。所以，根据冶炼条件变化，选择适宜风速或鼓风动能，是改善合理气流分布的关键。

4.1.1.1　控制适宜的回旋区深度（即长度）

鼓风离开风口时具有速度和动能，吹动着风口前的焦炭，形成一个疏松且近似椭圆形的区间，焦炭在这个区间进行回旋运动和燃烧，这个回旋区间称回旋区。回旋区的形状和大小，反映了风口进风状态，影响气流和温度的分布，以及炉缸的均匀活跃程度。回旋区形状和大小适宜，则炉缸周向和径向的气流与温度分布也就合理。回旋区的形状与风速或鼓风动能有关。某钢2580$m^3$高炉炉身下部径向测温表明，鼓风动能由8800kg·m/s增至10000kg·m/s（1kg·m=9.8J），回旋区深度增加，边缘煤气温度下降450℃，中心上升约200℃。随着回旋区深度增加，边缘煤气流减少，中心气流增强，见表4-1。

**表4-1　不同炉缸直径的回旋区深度**

| 炉缸直径/m | 4.7 | 5.2 | 5.6 | 6.1 | 5.55 | 6.80 | 7.2 | 7.7 | 9.8 | 9.4 |
|---|---|---|---|---|---|---|---|---|---|---|
| 回旋区深度/m | 0.784 | 0.949 | 0.950 | 0.90 | 0.902 | 1.118 | 1.033 | 0.965 | 1.302 | 1.211 |
| 回旋区面积与炉料面积之比（$A_t/A$） | 0.556 | 0.596 | 0.563 | 0.503 | 0.541 | 0.547 | 0.508 | 0.44 | 0.46 | 0.47 |
| 燃料比/$kg \cdot t^{-1}$ | 582 | | 680 | 587 | 611 | 562 | 632 | 526 | 513 | 564 |
| 利用系数/$t \cdot m^{-3} \cdot d^{-1}$ | 2.16 | | 1.227 | 1197 | 1.822 | 2.12 | 1.40 | 1.863 | 1.87 | 1.534 |
| 炉缸直径/m | 10.0 | 11.0 | 8.8 | 9.8 | 9.8 | 10.3 | 11.60 | 12.5 | 13.4 | |
| 回旋区深度/m | 1.11 | 1.28 | 1.36 | 1.20 | 1.41 | 1.29 | 1.450 | 1.70 | 1.88 | |
| 回旋区面积与炉料面积之比（$A_t/A$） | 0.392 | 0.411 | 0.520 | 0.43 | 0.493 | 0.45 | 0.438 | 0.47 | 0.48 | |
| 燃料比/$kg \cdot t^{-1}$ | 545 | 562 | 505 | 491 | 495 | 520 | 562 | 444 | 431 | |
| 利用系数/$t \cdot m^{-3} \cdot d^{-1}$ | 1.59 | 1.56 | 1.92 | 1.90 | 2.342 | 2.24 | 1.84 | 2.00 | 2.29 | |

回旋区有个适宜深度，过大或过小都将造成中心或边缘气流发展。炉缸直径越大，回旋区应该越深，以便煤气流向中心扩展，使中心保持一定温度，控制焦炭堆积数量，维持良好的透气和透液性能。但回旋区面积与炉缸面积之比$A_1/A$，随炉缸直径增大而减小。

鼓风动能（$E$）与回旋区的长度（$D$）和高度（$H$）关系如下：

$$E = \frac{1}{2}mv^2 \tag{4-1}$$

$$D = 0.88 + 0.29 \times 10^4 \mathrm{E} - 0.37 \times 10^{-3} OIL \times K/n \tag{4-2}$$

$$H = 22.856(v^2/9.8d_c)^{-0.404}/d_c^{0.286} \tag{4-3}$$

式中　$E$——鼓风动能，kg·m/s；

$OIL$——喷油量，L/h；

$K$——系数，喷煤时使用；

$n$——风口个数，宝钢1号炉为36个；

$v$——风速，m/s；

$d_c$——装入焦炭平均粒度，m。

4.1.1.2 风速、鼓风动能与冶炼条件的关系

（1）风速、鼓风动能与炉容的关系。冶炼条件基本相同时，高炉适宜的风速、鼓风动能随炉容扩大而相应增加。大高炉炉缸直径较大，要使煤气合理分布，应提高风速或鼓风动能，适当增加回旋区长度。表 4-2 为炉缸直径与风速和鼓风动能的关系。

**表 4-2 炉缸直径与风速和鼓风动能的关系**（冶炼强度 0.9~1.2t·$m^{-3}$·$d^{-1}$）

| 高炉容积/$m^3$ | 100 | 300 | 600 | 1000 | 1500 | 2000 | 2500 | 3000 | 4000 |
|---|---|---|---|---|---|---|---|---|---|
| 炉缸直径/m | 2.9 | 4.7 | 6.0 | 7.2 | 8.6 | 9.8 | 11.0 | 11.8 | 13.5 |
| 鼓风动能/kJ·$s^{-1}$ | 15~30 | 25~40 | 35~50 | 40~60 | 50~70 | 60~80 | 70~100 | 90~110 | 110~140 |
| 风速/m·$s^{-1}$ | 90~120 | 100~150 | 100~180 | 100~200 | 120~200 | 150~220 | 160~250 | 200~250 | 200~280 |

炉容相近，矮胖多风口的高炉风速或鼓风动能要相应增加。因在同一冶炼强度时，多风口的高炉每个风口进风量少，故需较小的风口直径，以提高风速和鼓风动能。表 4-3 为某钢高炉内型与鼓风动能的关系。

**表 4-3 某钢高炉内型与鼓风动能的关系**

| 类 别 | 高炉容积/$m^3$ | 风口个数/个 | 冶炼强度 /t·($m^3$·d)$^{-1}$ | 高径比 ($H_u/D$) | 实际风速 /m·$s^{-1}$ | 鼓风动能 /kJ·$s^{-1}$ |
|---|---|---|---|---|---|---|
| 原 1 号 | 576 | 15 | 1.45~1.60 | 2.61 | 208 | 51.34 |
| 原 2 号 | 1036 | 15 | 1.1~1.20 | 2.972 | 150 | 43.57 |
| 原 3 号 | 1200 | 18 | 1.1~1.20 | 2.792 | 165 | 44.46 |
| 2 号 | 1327 | 22 | 1.1~1.20 | 2.850 | 192 | 52.17 |

在同一冶炼条件下，高炉运行时间较长，剖面侵蚀严重，相对炉缸直径扩大，为防止边缘发展，需适当提高风速和鼓风动能。

（2）风速、鼓风动能与冶炼强度的关系。风口面积一定，增加风量提高冶炼强度，风速或鼓风动能相对加大，促使中心气流发展。为保持合理的气流分布，维持适宜的回旋区长度，必须相应扩大风口直径，降低风速、鼓风动能。某钢通过较长时间的高、中、低冶炼强度实践，得出其变化规律为，随着冶炼强度提高，风速、鼓风动能相应降低，否则反之。

（3）风速、鼓风动能与原料条件的关系。原燃料条件好，如强度高、粉末少、渣量低、高温冶金性好等，都能改善炉料透气性，允许使用较高的风速和鼓风动能，利于高炉强化冶炼。反之，原燃料条件差，透气性不好，则只能维持较低的鼓风动能。

（4）风速、鼓风动能与喷吹燃料的关系。高炉喷吹燃料，炉缸煤气体积增加，中心气流趋于发展，需适当扩大风口面积，降低风速和鼓风动能，以维持合理的煤气分布。表 4-4 为首钢 1 号炉和鞍钢 2 号炉喷吹量和冶炼强度的关系，即随喷吹量增加风速与鼓风动能相应降低，同全焦冶炼的差别只是曲线的斜率减小。

近几年随着冶炼条件的变化，出现了相反的现象，即随着喷吹煤粉量增加，边沿气流

表 4-4 高炉不同喷吹量时的冶炼强度和鼓风动能

| 炉别 | 首钢1号高炉 | | | | | 鞍钢2号高炉 | | | | |
|---|---|---|---|---|---|---|---|---|---|---|
| 冶炼强度/$t \cdot m^{-3} \cdot d^{-1}$ | 1.027 | 1.173 | 1.030 | 1.100 | 1.235 | 1.08 | 1.129 | 1.142 | 1.121 | 1.205 |
| 喷吹量/$kg \cdot t^{-1}$ | 0 | 0 | 23.5① | 24.8① | 26.6① | 51 | 59 | 64 | 69 | 114 |
| 实际风速/$m \cdot s^{-1}$ | 252 | 229 | 215 | 213 | 191 | 194 | 187 | 183 | 177 | 156 |
| 风口面积/$m^2$ | | | | | | 0.2731 | 0.2753 | 0.2764 | 0.2974 | 0.2853 |
| 鼓风动能/$kJ \cdot s^{-1}$ | 5770 | 5040 | 4256 | 4348 | 3852 | 4788 | 4717 | 4322 | 4019 | 2275 |

①喷吹率/%。

增加了。这时不但不能扩大风口面积，反而需缩小风口面积。因此，煤比变动量大时，鼓风动能和风速的变化方向应根据实际情况决定。

### 4.1.2 控制适宜的理论燃烧温度

风口前焦炭和喷吹物的燃烧，所能达到的最高绝热温度，即假定风口前燃料燃烧放出的热量全部用来加热燃烧产物时所能达到的最高温度，叫做风口前理论燃烧温度，有人也称它为燃烧带火焰温度。

适宜的理论燃烧温度，应能满足高炉正常冶炼所需的炉温和热量，保证液态渣铁充分加热和还原反应的顺利进行。随着 $t$ 理提高，渣铁温度相应增加。大高炉炉缸直径大，炉芯温度低，为保持其透气性和透液性，要求较高的理论燃烧温度。日本高炉炉容较大，一般 $t_{理}$控制在 2100~2400℃，我国喷吹燃料的高炉控制在 2000~2300℃。$t_{理}$过高，压差升高，炉况不顺；$t_{理}$ 过低渣铁温度不足，严重时会导致风口涌渣。

影响理论燃烧温度的因素如下：

（1）鼓风温度。鼓风温度升高，则带入炉缸的物理热增加，从而使 $t_{理}$升高。一般每±100℃风温可影响理论燃烧温度±80℃。

（2）鼓风湿分。鼓风温度增加，分解热增加，则 $t_{理}$ 降低。鼓风中每增加 $1g/m^3$ 湿分，相当于减降风温 9℃。

（3）鼓风富氧率。鼓风富氧率提高，$N_2$ 含量降低，从而使 $t_{理}$升高。鼓风含氧量±1%，风温±（35~45）℃。

（4）喷吹燃料。高炉喷吹燃料后，喷吹物的加热、分解和裂化使 $t_{理}$降低。各种燃料的分解热不同，对 $t_{理}$的影响也不同。对 $t_{理}$影响的顺序为天然气、重油、烟煤、无烟煤，喷吹天然气时 $t_{理}$降低幅度最大。每喷吹 10kg 煤粉 $t_{理}$降低 20~30℃，无烟煤为下限，烟煤为上限。

### 4.1.3 日常操作调节

送风制度的主要作用是保持风口工作均匀活跃、初始气流分布合理和炉缸温度充沛。日常调节通过改变风量、风温、湿度、富氧量、喷吹量以及风口直径（即风口面积）和长度等来实现。

（1）维持适宜的风口面积。在一定的冶炼条件下，每座高炉都有个适宜的冶炼强度和鼓风动能，根据后者确定风口面积。一般情况下，风口面积不宜经常变动，但生产条件波动较大时，可根据波动因素的特点，酌情调整风口面积。

炉况失常时间较长，慢风操作，炉缸不活跃，采取上部调节无效时，要及时缩小风口直径，或临时堵少量风口。开炉和长期休风后送风，为加速炉况恢复可临时堵部分风口。但堵风口时间不宜太长，并尽量使用等径风口。

（2）风量。在炉况稳定的条件下，风量不宜波动太大，严格控制料批稳定，料速超过正常规定要及时减少风量，否则相反。处理崩料、悬料和低料线时，要及时减风到位，一次减到需要水平，恢复风量时要缓慢进行。原燃料质量恶化，顺行状况较差时，不得强行加风。

（3）风温。鼓风带入炉内的热量是高炉主要热源之一。在设备允许的条件下，热风温度应控制在最高水平。风温使用不应大起大落，尽量用喷煤量或湿分调节炉温。降低风温时应一次减到需要水平，恢复时视炉温和炉况接受程度，逐渐地提高到需要水平，速度每小时不大于50℃。炉热、料慢、难行时，可适当降低风温，然后视炉温和料速情况，再逐渐恢复到需要水平。处理低料线、崩料和悬料减风温较多，短时间又难以恢复时，要适当减轻焦炭负荷。风温应力求稳定，换炉前后风温差应不大于30℃。

（4）湿度。全焦冶炼的高炉，采用加湿鼓风最为有利，可控制适宜的理论燃烧温度，而使风温固定在最高水平，也能减小因四季大气湿度相差太大而对高炉顺行的影响。但喷吹燃料的高炉不宜采用加湿鼓风。相反，有条件的高炉应采用脱湿鼓风。

（5）喷煤。高炉喷煤，不仅代替焦炭，而且也增加了一个下部调节手段。喷吹燃料的高炉，尽量固定风温操作，炉温变化用煤量调节。调节幅度一般为0.5~1.0t/h，最多不超过2t/h。高炉喷煤有热滞后现象，所以用煤量调节炉温没有风温或湿分来得快。故必须准确判断，及时动手。热滞后时间一般为3~4h，煤的挥发分越高，热滞后时间越长。炉况不顺时要适当减少喷煤量，因此在突然大量减风时要停止喷煤并相应减轻焦炭负荷。

（6）富氧。富氧鼓风有利于提高冶炼强度和理论燃烧温度以及增加喷煤量，同时也增加了一个下部调节手段。富氧率低时要尽量采取固定氧量操作，富氧率较高时因料速过快而引起炉凉，首先要减少氧量。调节幅度500~1000$m^3$/h，最多不超过1500$m^3$/h。

因料慢而加风困难时，可适当增加氧量，待风压正常再适当增加风量。料速正常后将氧量减回到原来水平。炉况失常时，首先减少氧量，并相应减少煤量。同样低压或休风时，首先停氧，然后停煤。

## 4.2 装料制度

装料制度中选择的参数有装入顺序、装入方法、旋转溜槽倾角、料线和批重等。根据炉况变化对这些参数进行调节，以达到炉料顺行和煤气分布合理，充分利用煤气的热能和化学能的目的，这些也称为上部调剂。

### 4.2.1 影响炉料分布的因素

影响炉料分布的因素有固定因素和可变因素两个方面。固定因素包括：（1）装料设备类型（主要分钟式炉顶和布料器，无钟炉顶）和结构尺寸（如大钟倾角、下降速度、边缘伸出料斗外长度，旋转溜槽长度等）；（2）炉喉间隙；（3）炉料自身特性（粒度、堆角、堆密度、形状等）。可变因素包括：（1）旋转溜槽倾角、转速、旋转角；（2）活动炉喉位置；（3）料线高度；（4）炉料装入顺序；（5）批重；（6）煤气流速等。

#### 4.2.1.1　固定因素对布料的影响

对于固定因素，本书主要讨论炉喉间隙、大钟倾角、大钟下降速度和行程、炉料自身的性质等。

（1）炉喉间隙。在正常料线范围内，炉喉间隙越大，炉料堆尖距炉墙越远，则边缘气流越发展，否则相反。

（2）大钟倾角。目前高炉大钟倾角多为50°~53°。大钟倾角越大，炉料越布向中心，否则相反。

（3）大钟下降速度和行程。大钟下降速度和炉料滑落速度相等时，大钟行程大，布料有疏松边缘的趋势。大钟下降速度大于炉料滑落速度时，大钟行程对布料无明显影响。大钟下降速度小于炉料滑落速度时，大钟行程加重边缘。

（4）炉料自身的性质。炉料自身的性质包括粒度、堆角、堆密度、形状等。

各种物料在一定的筛分组成和湿度下，都有一定的自然堆角。同一种料的粒度较小时堆角较大；而且同一料堆中，大块容易滚到堆脚，粉末和小块容易集中于堆尖。不同堆角的炉料，在径向上分布是不相同的，堆角愈小，愈易分布在中心。

炉料在高炉内的实际堆角不同于自然堆角。根据测定，矿石在高炉内的堆角为36°~43°，焦炭为26°~29°。实验指出，炉料在炉内的堆角受炉料下降高度、炉喉大小以及自身物理性质影响，并符合如下关系：

$$\tan a = \tan a_0 - K\frac{h}{r} \tag{4-4}$$

式中　$a$——炉料在炉内的实际堆角，（°）；

$a_0$——炉料自然堆角，（°）；

$h$——炉料落下高度，m；

$r$——炉喉半径，m；

$K$——系数，代表料块落下碰到炉墙或料堆后，剩余的使料块继续滚动的能量。

当料批一定时，炉喉直径越大，或装料时料面越高，炉料的堆角越大，越接近自然堆角；反之，则堆角愈小。堆角也与$K$值有关，而$K$值大小又与炉料性质有关，焦炭比矿石粒度大，堆积密度小，且富有弹性，$K$值较矿石大，以致焦炭在炉内的堆角比矿石小。由于焦炭和矿石的堆角不同，故在炉内形成不平行的料层，焦炭在中心的分布较边缘厚，而矿石却相反。对矿石而言，大块易滚向中心，粉矿以及潮湿和含黏土较多时容易集中边缘。松散性大、堆积密度小的原料易滚向中心，而松散性小、堆积密度大的原料则易集中到边缘，这一特点造成径向负荷的差异。如在同等条件下，用烧结矿比用天然富矿对边缘负荷更有减轻作用。球团矿易滚动，炉内堆角更小，更易滚向中心。经过整粒后的烧结矿，炉内堆角比焦炭稍大；但若粒度较小，块度大小不均匀、松散性大时，则烧结矿堆角将与焦炭接近，甚至小于焦炭。

根据以上论述，炉料性质不同，在炉内的分布也不一样，从而影响气流分布。一般在边缘和中心分布的焦炭和大块矿石较多，透气性好，气流通过阻损小，煤气流量多；在堆尖附近，由于富集了大量碎块和粉末，以致透气性差，阻损大，煤气流量少。炉喉煤气$CO_2$最高点和温度最低点，正处在堆尖下面。

#### 4.2.1.2 可变因素对布料的影响

可变因素包括旋转溜槽倾角、转速、旋转角；料线高度；炉料装入顺序；批重等。

A 钟式炉顶布料时炉料装入顺序

对钟式炉顶改变炉料装入顺序可使炉喉径向的矿焦比发生变化，从而使煤气流分布改变。炉料进入炉内，形成堆尖，堆尖位置与料线、批重、炉料粒度、密度和堆角和煤气速度有关，当这些因素一定时，不同的装入顺序对煤气流分布有不同的影响。

装料顺序是指矿石和焦炭装入炉内的不同方法。一批炉料是由一定数量的矿石、焦炭和熔剂组成。其中矿石的质量叫矿批，焦炭的质量叫焦批，使用熔剂性或自熔性的人造富矿如烧结矿时，熔剂用量很少。

一批料中矿石和焦炭同时装入高炉内，开一次大钟的方法称为同装；矿石和焦炭分别加入高炉内开两次大钟的方法称为分装；先装入矿石，后装入焦炭称为正装；先装入焦炭，后装入矿石称为倒装。依此可将装料顺序分为四种基本情况，即正同装，表示为矿焦↓（PK↓）（P 表示矿石，K 表示焦炭，↓表示打开大钟装料入炉）；倒同装，焦矿↓（KP↓）；正分装，矿↓焦↓（P↓K↓）；倒分装，焦↓矿↓（K↓P↓）四种，并可在此基础上，派生出其他装入方法。装入方法不同，炉料在炉喉内的分布也不相同。如图 4-1 所示。

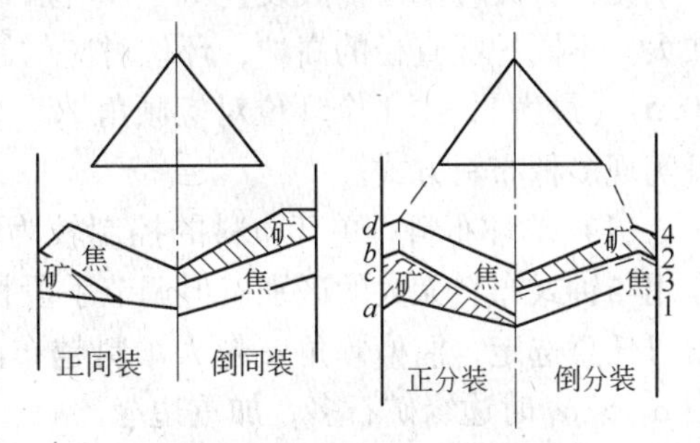


图 4-1 不同装料顺序的炉料分布

造成炉料分布差异的原因主要是，同装比分装开大钟的时间间隔要长些，炉料入炉的时间间隔愈长，则装料前炉料的料面愈平坦，装入的炉料就更多地集中在边缘，这是在其他条件相同下，同装的作用强于分装的原因。而正装和倒装相比，首先落下的矿石，更多地集中在炉墙边缘，随之而后的焦炭则更多地滚向中心；倒装时则相反。由此可以得知，装料顺序对煤气分布的影响是，依照正同装—正分装—倒分装—倒同装的次序，边缘气流依次增多，中心气流依次减少，即正同装对加重边缘负荷的作用最强，而倒同装则相反，对加重中心负荷的影响最大。

由于改变装料顺序能够及时有效地改变煤气流的分布，而且调节灵活，所以对于钟式炉顶来说，它是生产中最常采用的调剂手段。

B 无料钟布料

随着高炉炉容的增大，钟式炉顶设备过于笨重，同时由于炉料在炉喉分布存在偏析现象，钟式炉顶已不能满足高炉生产的需求，现已被无料钟炉顶所替代。无料钟炉顶的布料实际是通过调整料流调节阀开度（$\gamma$ 角）、旋转溜槽倾角（$\alpha$ 角）和旋转溜槽转动（$\beta$ 角）来控制煤气流分布的。

a 无料钟布料特征

（1）焦炭平台。钟式炉顶布料时堆尖靠近炉墙，不易形成一个布料平台，漏斗很深，料面不稳定。无料钟炉顶是通过旋转溜槽进行多环布料，易形成一个焦炭平台，即料面由平台和漏斗组成，通过平台形式调整中心焦炭和矿石量。如果平台小，漏斗深，料面不稳定。平台大，漏斗浅，中心气流受抑制。适宜的平台宽度由实践决定，一旦形成，就保持相对稳定，不作为调整对象。

（2）粒度分布。钟式炉顶布料小粒度随落点变化，由于堆尖靠近炉墙，所以小粒度炉料多集中在边缘，大粒度炉料滚向中心。多采用多环布料，形成数个堆尖，所以小粒度炉料有较宽的范围，主要是集中在堆尖附近。在中心方向，由于滚动作用，还是大粒度居多。

（3）气流分布。钟式炉顶布料时，矿石把焦炭推向中心，使边缘和中心部位矿焦比增加，中心部位焦炭增多。无料钟炉顶旋转溜槽布料时，料流小而面宽，布料时间长，因而矿石对焦炭的推移作用小，焦炭料面被改动的程度轻，平台范围内的O/C比稳定，层状比较清晰，有利于稳定边缘气流。

b　布料方式

无料钟旋转溜槽一般设置11个环位，每个环位对应一个倾角，由里向外，倾角逐渐加大。不同炉喉直径的高炉，环位对应的倾角不同。如2580m$^3$高炉第11个环位对应倾角50.5°（最大），第1个环位对应倾角16°（最小）。布料时由外环开始，逐渐向里环进行，可实现多种布料方式。

（1）单环布料。单环布料的控制较为简单，溜槽只在一个预定角度做旋转运动。其作用与钟式布料无大的区别。但调节手段相当灵活，大钟布料是固定的角度，旋转溜槽倾角可任意选定，溜槽倾角$\alpha$越大炉料越布向边缘。当$\alpha_C > \alpha_O$时边缘焦炭多，发展边缘。当$\alpha_O > \alpha_C$时边缘矿石多，加重边缘。

（2）螺旋布料。螺旋布料自动进行，它是无料钟最基本的布料方式。螺旋布料从一个固定角度出发，炉料在$\alpha_{11}$和$\alpha_1$之间进行旋转布料。每环布料份数可任意调整，使煤气合理分布，如发展边缘气流，可增加高倾角位置焦炭份数，或减少高倾角位置矿石份数。

（3）扇形布料。这种布料为手动操作。扇形布料时，可在6个预选水平角度中选择任意2个角度，重复进行布料。可预选的角度有0°、60°、120°、180°、240°、300°。这种布料只适用于处理煤气流失常，且时间不宜过长。

（4）定点布料。这种布料方式手动进行。定点布料可在11个倾角位置中任意角度进行布料，其作用是堵塞煤气管道行程。

为保证合理的焦炭平台及煤气流分布合理，生产中必须准确选择布料的环位和每个环位上的布料分数。

某钢布料实例，某钢5号高炉（3200m$^3$），原料条件：入炉矿石品位Fe含量为58%，烧结矿粒度小于10mm的比率为30%~35%，入炉料碱负荷4~7kg/t，焦炭转鼓$M_{40}$75%~80%。为控制合理的煤气流分布，采用的典型布料矩阵有$C_{332213}^{876541}O_{33321}^{87654}$，$C_{322223}^{876541}O_{2661}^{8765}$，$C_{432213}^{876541}O_{5441}^{8765}$，$C_{332223}^{987651}O_{4631}^{9876}$，$C_{332223}^{987651}O_{4532}^{9876}$。这些矩阵的共同特点可以体现出中心与边缘发展的两股气流。

C　料线

（1）料线定义。钟式高炉料线是指大钟全开位置的下缘（零位）到料面的距离。无料钟高炉料线是指炉喉钢砖上沿（零位）到料面的距离。

料线越高，这个距离越小；料线越低，距离越大。正常料线应控制在炉料落下和炉墙的碰撞点（带）以上。若料线低到炉墙碰撞点以下时，炉料和炉墙碰撞后反弹向高炉中心，造成强度差的炉料被撞碎，布料层紊乱，气流分布失去控制。开炉装料时应测定碰撞带的位置，以确定正常生产的料线位置。确定后保持稳定，一般不轻易改变料线位置。

一般高炉正常料线一般在1.5~2.0m。正常生产时两个探尺相差小于0.5m，不允许长期使用单尺上料。

（2）料线对煤气分布的影响。料线高低对布料的影响如图4-2所示。如图可见提高料线，堆尖远离炉墙，发展边缘；降低料线，堆尖靠近炉墙，加重边缘。

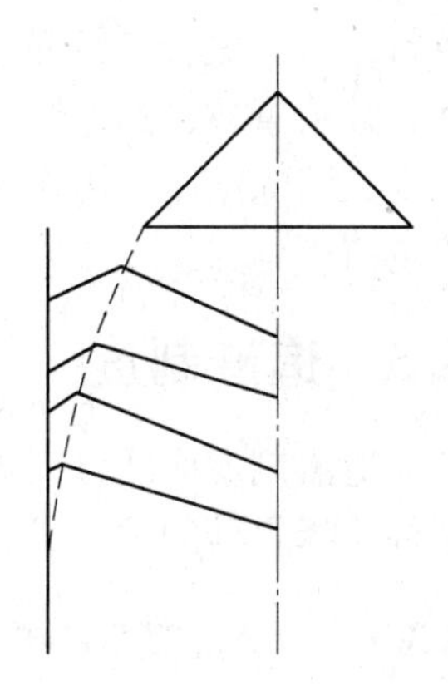

图4-2 料线高低对布料的影响

D 批重

（1）批重对炉喉炉料分布的影响。批重对炉料在炉喉分布的影响很大。批重小时布料不均匀，小到一定程度，将使边缘和中心无矿。批重增大，矿石分布均匀，相对加重中心而疏松边缘；但过分增大批重，不但会使中心气流阻力增大，也会使边缘气流阻力增大，使压差升高。

（2）影响批重的因素。影响批重的因素主要有：

1）批重与炉容的关系。炉容越大，炉喉直径也越大，批重应相应增加。

2）批重与原燃料的关系。品位越高，粉末越少，则炉料透气性越好，批重可适当增加。

3）批重与冶炼强度的关系。随冶炼强度的提高，风量增大，中心气流加大，应适当扩大批重，以抑制中心气流。

4）批重与喷吹量的关系。当冶炼强度不变时，随着喷吹量的增加，中心气流发展，需适当扩大批重，抑制中心气流。但是，近几年大喷吹的高炉出现了相反情况，随着喷吹量的增加，边缘气流发展，这时则不能加大批重。

（3）批重的选择。选择批重除了可以通过一些经验公式求得参考批重外，主要是通过实践决定。

### 4.2.2 装料制度的调剂

高炉日常生产中，生产条件总是波动的，有时甚至变化很大，从而影响炉况波动，导致煤气流分布失常。要及时调整装料制度，改善炉料和软熔带的透气性，以减少炉况的波动和失常，保证煤气流分布合理。

（1）原燃料条件变化。原燃料条件变差，特别是粉末增多，出现气流分布和温度失常时，应尽早改用边缘和中心均发展的装料制度。但要避免过分发展边缘，也不要不顾条件片面发展中心。原燃料条件改善，顺行状况好时，为提高煤气利用，可适当扩大批重和加重边缘。

（2）冶炼强度变化。由于某种原因导致被迫降低冶炼强度时，除适当地缩小风口面积外，上部要采取发展边缘的装料制度，同时要相应缩小批重。

（3）装料制度和送风制度应保持适宜。当风速低，回旋区较小，炉缸初始边缘气流较多时，不宜采用过分加重边缘的装料制度，应在适当加重边缘的同时强调疏导中心气流，防止边缘突然加重而破坏顺行。可缩小批重，维持两股气流分布。风速高，回旋区较大，炉缸初始边缘气流较少时，不宜采用过分加重中心的装料制度，应先适当疏导边缘气流，然后再扩大批重相应增加负荷。

（4）临时改变装料制度调节炉况。炉子难行、休风后送风、低料线下达时，可临时改若干批强烈发展边缘的装料制度，以防止崩料和悬料。改若干批双装、扇形布料和定点布料，可消除管道行程。连续崩料或大凉时，可集中加若干批净焦，提高风温，改善透气性，减少事故，加速恢复。炉墙结厚时，可采取强烈发展边缘的装料制度，提高边缘气流温度，消除结厚。为保持炉温稳定，改倒装或强烈发展边缘的装料制度时，要相应减轻焦炭负荷。

## 4.3　造渣制度

造渣制度应适合高炉冶炼要求，有利于稳定顺行，有利于冶炼优质生铁。根据原燃料条件选择最佳的炉渣成分和碱度。

### 4.3.1　对造渣制度的要求

对造渣制度的要求主要有：

（1）要求炉渣具有良好的流动性和稳定性，熔化温度在1300~1400℃，在1400℃左右黏度小于1Pa·s，可操作的温度范围大于150℃。

（2）在炉温和碱度适宜的条件下，有较强的脱硫能力。

（3）对炉衬的侵蚀弱。

（4）保证炉渣具有良好的热稳定性和化学稳定性。

（5）在炉温和碱度正常的条件下，应能炼出优质生铁并保证炉况顺行。

### 4.3.2　造渣制度的选择

高炉根据不同的原燃料条件和生铁品种规格，选择不同的造渣制度。

（1）若渣量小，$Al_2O_3$偏高时，炉渣碱度应偏高些，一般为1.15~1.20。相反，渣量大，炉渣碱度应稍低些，一般为1.05~1.10。

（2）若渣量小，原燃料硫负荷偏高时，炉渣碱度高些，一般为1.20~1.25。相反，渣量大，原燃料硫负荷偏低时，炉渣碱度应低些，一般为1.0~1.05。

（3）在相同的条件下小高炉比大高炉炉缸温度偏低，故小高炉碱度可相对偏高些。

（4）生铁含［Si］高（炉温高）时，炉渣碱度应低些，反之应高些。铸造铁比炼钢铁的炉渣碱度一般低0.1~0.15。

（5）渣中MgO的主要功能为改善炉渣流动性和稳定性，最佳含量为7%~10%。但渣中$Al_2O_3$偏高时，其最高含量不宜超过12%。否则，渣量增加，成本升高。

## 4.4　热制度

热制度直接反映炉缸的热状态。冶炼过程中控制充足而稳定的炉温，是保证高炉稳定顺行的前提，过低或过高的炉温都会导致炉况不顺。影响炉温变化的因素很多，变化幅度小时可通过风温、风量、煤量等进行调整，变化幅度较大时必须调整焦炭负荷。

### 4.4.1 影响热制度的因素

高炉生产中影响热制度波动的因素很多。任何影响炉内热量收支平衡的因素都会引起热制度波动，影响因素主要有以下几个方面：

（1）原燃料性质。厚燃料性质对热制度的影响有两个方面：

1）矿石质量的影响：一般矿石品位提高1%，焦比降低2%；烧结矿中FeO增加1%，焦比升高约1.5%。矿石粒度增大将导致直接还原增加，炉温下降。粒度均匀有利于改善料柱透气性，促使炉况顺行，煤气利用率提高。

2）焦炭质量的影响：焦炭灰分增加，意味着固定碳降低．则炉温将降低。一般灰分增加1%，焦比升高2%左右。焦炭是炉内硫的主要来源，通常占入炉总硫量的70%~80%。生产经验表明，焦炭含硫增加0.1%，焦比升高1.2%~2.0%。所以焦炭灰分、硫分的波动，将造成炉温的波动。

（2）炉料与煤气流分布对热制度的影响。高炉内一切物理化学反应的发生、发展和完成，都处于炉料和煤气的逆流运动之中，炉料和煤气接触良好，煤气的能量利用充分，炉温就会增加。反之，当炉料与煤气流的分布失常，如发生管道，边缘或中心气流过分发展，使得炉料在下降过程中加热还原差，则煤气能量利用变差，炉温必然降低。

（3）其他操作因素的影响。热风是仅次于燃料的第二大热源，而且热风的热能能在炉缸得到充分利用，因此增减风温，就会使炉缸热收入增加或减少，直接影响炉温。

风量是影响炉况最积极的因素，增减风量会使料速加快或减慢。在同样条件下，料速变快，炉料在炉内停留的时间缩短，加热和还原程度变差，会促使炉温降低；反之，料速减慢，一般情况下炉温将上升。

炉渣成分和碱度的波动，势必引起炉渣性能如熔化性、黏度等的变化，从而影响热制度。造渣制度稳定是实现热制度稳定的基本保证。

装料方法的改变，影响炉料在炉喉截面上的分布，从而影响煤气流分布和煤气能量的利用，最终影响炉温的变化。

此外，冷却设备冷水流量、原燃料称量误差、装料设备故障、大气湿度变化、休风前后操作等都将使炉缸热制度发生变化。可以认为，高炉生产的一切不稳定因素，都将反映在炉温上。稳定的热制度，需要稳定的生产操作条件来保证。

### 4.4.2 热制度的选择

热制度是在一定的原料条件下，根据高炉的具体特点以及冶炼生铁的种类和品类来确定的。

（1）首先应在满足生铁品种的前提下来控制生铁中的硫含量，使之符合冶炼生铁的标准。

（2）在保证品种质量和炉渣具有良好流动性及稳定性的条件下，尽可能地降低到该品种炉温［Si］含量的下限，以利于降低焦比。

（3）要在固定风量、稳定风温、稳定装料制度、稳定造渣制度的条件下来谋求稳定煤气流分布，以利于创造顺行条件来稳定热制度。

（4）要根据原燃料的质量来选择合适的炉缸温度。如采用难还原的矿石或高硫矿石高硫焦炭时，有必要采取比较高的炉温来操作。相反，如采用还原性良好以及低硫原燃料时，可以采取较低炉温操作。

（5）要结合高炉设备情况来考虑炉缸温度。例如炉缸侵蚀已经比较严重，而原燃料条件许可时，就应该尽可能地采用较低炉温操作。当炉缸、炉底侵蚀已很严重，有烧穿先兆时，除采取其他措施维护外，还应提高炉温，冶炼铸造铁，以利在炉缸、炉底多生成石墨碳来保护炉缸、炉底，防止烧穿。而且当炉况长期不顺行，或发生事故时，又必须采用较高炉温操作，到顺行后再恢复正常炉温操作。

### 4.4.3 热制度的调剂

热制度的调剂必须紧紧地和送风制度、装料制度、造渣制度结合起来，才能达到稳定炉缸温度和保证炉料顺行的目的。只有在固定风量、稳定风温、减少喷吹调剂幅度、稳定装料制度和造渣制度时，才能达到调剂的目的。

热制度主要用负荷来调剂。负荷是指单位燃料所承担的矿石量，用下式表示（以每批料为例）：

$$\text{焦炭负荷}=\frac{\text{矿石批重}+\text{锰矿批重}}{\text{干焦批重}}$$

$$\text{综合焦炭负荷}=\frac{\text{矿石批重}+\text{锰矿批重}}{\text{干焦批重}+\text{喷吹物批重}\times\text{置换比}}$$

在高炉生产过程中，原燃料条件、设备状况、天气都会发生变化，这时就要进行负荷调剂。为了保证负荷调剂的准确性，各厂根据自己具体情况，摸索出各种因素对焦比的影响的数据，供生产中调整负荷参考。表4-5为某厂的各种因素对焦比影响的参考数据，可供其他单位参考使用。

**表4-5 某厂原燃料波动量对焦比的影响**

| 因 素 | 变 动 量 | 影响焦比 |
|---|---|---|
| 矿石含铁量 | ±1% | ∓2.0% |
| 熟料比 | ±10% | ∓5% |
| 焦炭灰分 | ±1% | ±2% |
| 矿石含硫量 | ±0.1% | ±5% |
| 石灰石 | ±100kg | ±35kg |
| 杂铁 | ±100kg | ∓30kg |
| ［Si］含量 | ±1.0% | ±10% |
| 除尘器煤气中 $CO_2$ | ±1% | ∓3% |
| 烧结矿 FeO% | ±1% | ±1.5% |
| 烧结矿粒度<5mm | ±10% | ±1.0% |
| 渣量 | ±100kg | ±40kg |
| 炉渣 $w(CaO)/w(SiO_2)$ | ±0.1 | ±3% |
| 焦炭转鼓、鼓内 | ±10kg | ∓3.5% |

各高炉应根据各自的具体情况，整理自己的各种因素对焦比影响的数据作为调剂负荷

的依据。

(1) 焦炭负荷的调剂。日常操作中焦炭负荷调剂有如下方式:

1) 通过装料，固定焦炭批重、增减矿石批重或固定矿石批重、增减焦炭批重，调整每批料的焦炭负荷。

2) 临时（或间隔几批料）加减矿石或焦炭。

3) 集中加大量净焦。

(2) 日常操作中炉温控制。在高炉操作中，控制炉温的手段有：喷吹物、风温、风量和焦炭负荷，有的高炉还使用加湿鼓风。调剂炉温一般遵循的原则有：

1) 固定最高风温水平，用喷吹物调剂炉温。变更喷吹量，要注意热滞后和对风口前理论燃烧温度的影响；要考虑风量变更，引起喷吹强度变化对置换比的影响。故要求高炉操作者判断炉温变化趋势要正确，提前量调剂要准确。低风温、小风量时，不宜使用大喷吹量，以防止“消化不良”。

加湿鼓风高炉，要优先考虑用变更湿度调剂炉温。

鼓风湿分每增减 1g/m$^3$ 鼓风，应相应地用增减 6℃热风温来补偿，即增加鼓风湿分必须同时提高热风温度，才能保证炉缸温度稳定不变。

炉子热行时，可增加鼓风湿度，防止炉温继续上升，造成热难行；当炉子向凉时，可减少鼓风湿度，防止炉温继续下滑，效果明显。

2) 炉子热难行时，用喷吹物调剂不及时，为稳定顺行，减喷吹量后，降风温，会收到立竿见影的效果，炉子转顺后，要防凉，先提高风温，接受后增加喷吹量。

3) 炉凉，风温和喷吹物已经用尽，估计炉凉趋势较大，时间较长，要减轻焦炭负荷。但轻负荷料还没有下达炉缸，为抑制凉势，要减风降压处理。

4) 生铁含硫量升高出现危情或出现号外铁时，不管炉温高低，首先尽量调整炉温、风量和喷吹量，进一步提高炉温，尽快排除硫险情。上部要酌情减轻负荷和调碱度。

5) 各调剂参数起作用的时间顺序由快到慢依次为：风量、风温、湿度、喷吹物、焦炭负荷。

## 4.5 基本制度间的关系

高炉冶炼过程是在上升煤气流和下降炉料的相向运动中进行的。在这个过程中，下降炉料被加热、还原、熔化、造渣、脱硫和渗碳，从而得到合格的生铁产品。要使这一冶炼过程顺利进行，就要选择合理的操作制度，充分发挥各种基本制度的调节手段，促进生产发展。

四大基本制度相互依存，相互影响。如热制度和造渣制度是否合理，对炉缸工作和煤气流的分布，尤其是对产品质量有一定的影响，但热制度和造渣制度两者是比较固定的，其不合理程度易于发现和调节。而送风制度和装料制度则不同，它们对煤气与炉料相对运动影响最大，直接影响炉缸工作和顺行状况，同时也影响热制度和造渣制度的稳定。因此，合理的送风制度和装料制度是正常冶炼的前提。下部调节的送风制度，对炉缸工作起决定性的作用，是保证高炉内整个煤气流合理分布的基础。上部调节的装料制度，是利用炉料的物理性质、装料顺序、批重、料线及布料器工作制度等来改变炉料在炉喉的分布状态与上升煤气流达到有机的配合，是维持高炉顺行的重要手段。为此，选择合理的操作制度，应以下部调节为基础，上下部调节相结合。下部调节是选择合适的风口面积和长度，保持适当的鼓风动能，使初始煤气流分布合理，使炉缸工作均匀活跃；上部调节，炉料在炉喉处达到合理分布，使整个高炉煤气流分布合理，高炉冶炼才能稳定顺行。

在正常冶炼情况下，提高冶炼强度，下部调节一般用扩大风口面积，上部调节一般用扩大批重及调整装料顺序或角度。在上下部的调节过程中，还要考虑炉容、炉型、冶炼条件及炉料等因素，各基本操作制度只有做到有机配合，高炉冶炼才能顺利进行。

## 4.6 冶炼制度的调整

各种冶炼制度彼此影响。合理的送风制度和装料制度，可使煤气流分布合理，炉缸工作良好，炉况稳定顺行。若造渣制度和热制度不合适，会影响煤气分布，引起炉况波动。生产过程常因送风制度和装料制度不当，而引起热制度波动。所以，必须保持各冶炼操作制度互相适应，出现异常及时准确调整。

（1）正常操作时冶炼制度各参数应在灵敏可调的范围内选择，不得处于极限状态。

（2）在调节方法上，一般先进行下部调节，然后进行上部调节。特殊情况可同时采用上下部调节手段。

（3）恢复炉况，首先恢复风量，控制风量与风压对应关系，相应恢复风温和喷吹燃料，最后再调整装料制度。

（4）长期不顺的高炉，风量与风压不对应，采用上部调节无效时，应果断采取缩小风口面积，或临时堵部分风口。

（5）炉墙侵蚀严重、冷却设备大量破损的高炉，不宜采取任何强化措施，应适当降低炉顶压力和冶炼强度。

（6）炉缸周边温度或水温差高的高炉，应及早采用含 $TiO_2$ 炉料护炉，并适当缩小风口面积，或临时堵部分风口，必要时可改炼铸造生铁。

（7）矮胖多风口的高炉，适于提高冶炼强度，维持较高的风速或鼓风动能，适于加重边缘的装料制度。

（8）原燃料条件好的高炉，适宜强化冶炼，可维持较高的冶炼强度，反之则相反。

# 高炉炉况判断

要保持高炉优质、高产、低耗、长寿，首先就是维持高炉炉况的稳定顺行。从操作方面来看，维持高炉炉况的稳定顺行主要是协调好各种操作制度的关系，做好日常调剂。正确判断各种操作制度是否合理，并准确地进行调剂，掌握综合判断高炉行程的方法与调剂规律，显得尤为重要。观察炉况的内容主要就是判断高炉炉况变化的方向与变化的幅度。这两者相比，首先要掌握变化的方向，使调剂不发生方向性的差错。其次，要掌握各种参数波动的幅度。只有正确掌握高炉炉况变化的方向和各种数据，调剂才能恰如其分。

常见的炉况判断方法有直接判断法和利用仪器仪表进行判断。

## 5.1 直接观察判断炉况

高炉炉况的直接判断是看出铁、看渣、看风口、看料速和探尺运动状态等。虽然所观察到的往往是高炉的变化结果，但在炉况波动较大时，仍显示出它的重要性，是高炉工长必须掌握的技能。

### 5.1.1 看出铁

主要是看铁水中含硅量和含硫量的变化，它们能够反映炉缸热制度、造渣制度、送风制度、装料制度的变化。表 5-1 为根据铁流、铁样判断生铁中硅和硫的含量。

**表 5-1 根据铁流、铁样判断生铁中硅和硫含量**

| 项目 | | | 含硅量 | | 含硫量 | |
|---|---|---|---|---|---|---|
| | | | 低 | 高 | 低 | 高 |
| 铁流 | 火花 | | 细，密，低 | 粗，疏，高，分叉 | | |
| | 油皮 | | | | 无 | 有 |
| 铁样 | 液态表面 | | | | 无纹 | 多纹，颤动 |
| | 冷凝时间 | | | | 短 | 长 |
| | 固态表面 | | | | 凸起，光滑 | 中凹，粗糙，有飞边 |
| | 断口 | 色泽 | 白 | 灰 | | |
| | | 晶粒 | 放射开针状 | 细小 | | |
| | | | 中心石墨渐消 | | | |
| | 敲打时 | | | | 坚硬 | 脆，易断 |

### 5.1.2 看出渣

炉渣是高炉冶炼的副产品，它反映高炉冶炼变化。可以用炉渣外观和温度来判断炉渣成分及炉缸温度。

“炼好铁必须先炼好渣”，只有炉渣温度和成分适当，高炉生产才会正常。渣是直接判断炉况的重要手段。一看渣碱度，二看渣温，三看渣的流动性及出渣过程中的变化。

表5-2为根据渣流、渣样判断炉缸温度及炉渣碱度。

**表5-2 炉缸温度及炉渣碱度判断**

| 项目 | | 渣碱度 | | 渣温 | |
|---|---|---|---|---|---|
| | | 低 | 高 | 低 | 高 |
| 熔渣 | 渣流 | | | 流动性差，不耀眼，结壳 | 流动性好，光亮耀眼，不结壳 |
| | 样勺倾倒时 | 丝状 | 滴状 | | |
| 块渣 | 色泽 | | | 趋深，发黑 | 淡 |
| | 断口 | 光滑，玻璃状 | 粗糙，石头状 | 光泽差，石头状转玻璃状 | 有光泽 |

### 5.1.3 看风口

风口窥视孔是唯一可以随时观察炉内情况的地方。高炉操作者必须经常观察风口，从风口得到的信息要比看渣、铁及时得多。焦炭在风口区进行燃烧，这里是高炉内温度最高区域，是与煤气流初始分布有直接关系的部位。因此，通过观察焦炭在风口前运动状态及明亮程度，可以判断沿炉缸周围各点的工作情况、温度和高炉顺行情况。

（1）判断炉缸温度。高炉炉况正常，炉温充足时，风口明亮，无生降，不挂渣。在生产中可以通过风口的变化来判断炉况的变化：

1）炉温下降时，风口亮度也随之变暗，有生降出现，风口同时挂渣。

2）在炉缸大凉时，风口挂渣、涌渣、甚至灌渣。

3）炉缸冻结时，大部分风口会灌渣。

4）如果炉温充足时风口挂渣，说明炉渣碱度可能过高。

5）炉温不足时，风口周围挂渣。

6）风口破损时，局部挂渣。

（2）判断炉缸沿圆周工作状况。炉缸工作全面均匀、活跃，是保证生铁质量和高炉顺行的一个主要标志。各风口亮度均匀，说明炉缸圆周温度分布均匀。各风口焦炭运动活跃均匀，说明各风口进风量、鼓风动能相近。这些表明炉缸圆周工作正常。

炉缸圆周工作均匀与否和炉料在炉喉内分布均匀有直接关系。对于没有炉顶布料器的小高炉在用料车上料造成偏料（斜桥一侧矿石多，斜桥对侧焦炭多）现象，使风口明亮程度不均，在观察风口时应注意这一点。

（3）判断炉缸径向的工作状况。高炉炉缸工作均匀、活跃，不单指沿圆周各点，而且炉缸中心也要活跃。由于高炉稳定顺行时要有边缘与中心适当发展的两股煤气流，如果炉缸中心不活跃，就标志着中心气流发展不充分，而中心气流发展程度可以从风口前焦炭运动状态来判断。由于高炉的风速不同，焦炭在风口前的运动状态也不同。中型高炉一般呈循环状态运动，而小高炉则呈跳跃运动。有些中、小高炉由于受原燃料条件或风机能力的限制，一是风口普遍活跃程度不好，二是风口活跃程度很不均匀。如果焦炭在风口前只是缓慢滑动，不能在风口前形成回旋区，这就是我们所说的没有吹透炉缸中心。随着精料方针的落实，原燃料条件不断得到改善，允许中、小高炉进一步强化冶炼。目前多数中、小高炉解决了吹透中心问题，从而达到沿炉缸半径方向工作趋于均匀，其主要标志就是炉缸工作均匀、活跃，明显地改善了中、小高炉的各项经济技术指标。

（4）判断顺行情况。高炉顺行时，风口工作均匀、活跃，明亮但不耀眼，风口无升降，不挂渣，风口破损很少。高炉难行时，风口前焦炭运动呆滞。例如，悬料时，风口前焦炭运动微弱，严重时停滞。当高炉崩料时，如果属于上部崩料，风口没有什么反映。若在下部成渣区，崩料很深时，在崩料前，风口表现非常活跃，而崩料后，焦炭运动呆滞。在高炉发生管道时，正对管道方向的风口，在管道形成期很活跃，但风口不明亮。在管道崩溃后，焦炭运动呆滞，有生料在风口前堆积。有经验的高炉操作者对观察风口十分重视，并且对所操作的高炉都摸索出自己认为判断炉况最灵敏和最准确的风口。

发生偏料时，低料面一侧风口发暗，有生料和挂渣。炉凉时则涌渣、灌渣。

（5）用风口判断大小套漏水情况。当风口小套烧坏漏水时，风口将挂渣，发暗，并且水管出水不均匀，夹有气泡，出水温度差升高。

由于各风口对炉况的反应不可能同样灵敏，要着重看反应灵敏的风口，并与其他风口的情况相结合。

### 5.1.4　看料速和探尺运动状态

探尺运动情况直接表示炉料的运动状态。

炉况正常时，探尺均匀下降，没有停滞和陷落现象，每批料下降时间接近，表示顺行。

炉况失常时，探尺突然下降达 300mm 以上时，称为崩料，表明炉料运动状态失常。如果炉料停止下降时间超过一批料时间，称为停滞，超过两批料的时间称为悬料。两种情况都表示难行。

如果两根探尺经常性地相差大于 300mm 时，称为偏料。同时，结合看炉顶温度，若两点差也很大，即表示同探尺指示相符。偏料属于不正常炉况的征兆。如果两探尺相差很大，但装完一批料后，差距缩小很多，一般是管道行程引起的现象。

在送风量不变和焦炭负荷不变的情况下，探尺下降速度间接地表示炉缸温度变化的方向，一般下料速度加快，表示炉温向凉，而料速转慢，则表示炉温趋向热行。

## 5.2　间接观察（利用仪器仪表）判断炉况

随着检测技术的不断发展，高炉检测手段也越来越多，检测精度也在不断提高，高炉自动化程度也越来越高，这些都大大方便了操作者对炉况的掌握，为准确判断和调剂炉况奠定了良好的基础。

监测高炉生产的主要仪表，按测量对象可分为以下几类：

（1）压力计类。有热风压力计、炉顶煤气压力计、炉身静压力计、压差计等。

（2）温度计类。有热风温度计、炉顶温度计、炉喉十字温度计、炉墙温度计、炉基温度计、冷却水温度计和风口内温度计、炉喉热成像仪等。

（3）流量计类。有风量计、氧量计、冷却水流量计等。

此外还有炉喉煤气分析、荒煤气分析等。

在这些仪表中反映炉况变化最灵敏的是炉体各部静压力计、压差计。高炉可视为上升煤气与下降炉料的逆流容器。搞好顺行的重要环节，就是减少料柱对上升煤气的阻力或上升煤气对料柱的浮力，反映这一相对运动情况的重要指标是上升煤气在各部位的压头损失，不论是原燃料质量变化，送风、布料变化，还是热制度与造渣制度变化，所产生的煤气体积变化或通道透气性变化，都先反映到这些仪表上。实践中发现，它们比风压、顶压等仪表反映早，并且它安装的层次多，各方向都有，能确切地指示出妨碍顺行的部位与方向。

### 5.2.1　利用 $CO_2$ 曲线判断高炉炉况

#### 5.2.1.1　炉剖面变化与炉缸工作状态同 $CO_2$ 曲线的关系

炉况正常时，在焦炭、矿石粒度不均匀的条件下，有较发展的两道煤气流，即高炉边沿与中心的气流，这两道气流都比中间环圈内的气流相对发展，这有利于顺行，同时也有利于煤气能量的利用（如果高炉原燃料质量好，粒度均匀，可以使这两道煤气流弱一些）。这种情况下形成边沿与中心两点 $CO_2$ 含量低，而最高点在第三点的双峰式曲线。如果边沿与中心两点 $CO_2$ 含量差值不大于 2%，这时炉况顺行，整个炉缸工作均匀、活跃，其曲线呈平峰式。

如果高炉煤气流分布失常，炉况难行，可以从煤气曲线中显示出来，其曲线的特征是：

（1）炉缸中心堆积时，中心气流微弱，边沿气流发展，这时边沿第一点与中心点 $CO_2$ 差值大于 2%（针对某些工厂的高炉而言，下同），有时边沿很低，最高点移向第四点，严重时移向中心，其 $CO_2$ 曲线呈馒头状。

（2）炉缸边沿气流不足，而中心气流过分发展时，由于中心气流过多，而使中心气流的 $\varphi(CO_2)$ 值为曲线的最低点，而最高点移向第二点，严重时移向第一点，边沿与中心 $\varphi(CO_2)$ 差值大于 2%，其曲线呈“V”形。

（3）高炉结瘤时，第一点的 $\varphi(CO_2)$ 值升高，炉瘤越大，$\varphi(CO_2)$ 值越高，甚至第二点、第三点也升高，而炉瘤表面上方的那一点 $\varphi(CO_2)$ 值最低。如果一侧结瘤，则该侧煤气曲线失常；圆周结瘤时，$\varphi(CO_2)$ 曲线全部失常。

（4）高炉产生管道行程时，管道方向第一、第二点 $\varphi(CO_2)$ 值下降，其他点则正常，管道方向最高点移向第四点。

高炉崩料、悬料时，曲线紊乱，无一定规则形式，曲线多数呈现平坦，边沿与中心气流都不发展。

#### 5.2.1.2　炉温与 $CO_2$ 曲线的关系

$CO_2$ 曲线也可用来预测炉温发展趋势。

当$CO_2$曲线各点$\varphi(CO_2)$值普遍下降时，或边沿一、二、三点显著下降，表明炉内直接还原度增加，或边沿气流发展，预示炉温向凉。同时，混合煤气中$\varphi(CO_2)$值也下降。煤气曲线由正常变为边沿气流发展，预示在负荷不变的条件下炉温趋势向凉，煤气利用程度降低。

当边沿一、二、三点普遍上升，中心也上升时，则表示在负荷不变的条件下，煤气利用程度改善，间接还原增加，预示炉温向热。同时，混合煤气中$\varphi(CO_2)$值也将升高，把两者结合起来判断，可以为操作者指出调节的方向。

5.2.1.3　炉况与混合煤气成分的关系

CO和$CO_2$含量的比例能反映高炉冶炼过程中的还原度和煤气能量利用状况。

一般在焦炭负荷不变的情况下$\varphi(CO)/\varphi(CO_2)$值升高，说明煤气能量利用变差，预示高炉向凉；$\varphi(CO)/\varphi(CO_2)$值降低，则说明煤气能量利用改善，预示高炉热行。

### 5.2.2 利用热风压力、冷风压力、煤气压力、压差判断炉况

热风压力、冷风压力、煤气压力、压差等也可用来判断炉况。

(1) 热风压力。热风压力可反映出炉内煤气压力与炉料相适应的情况，并能准确及时地说明炉况的稳定程度，是判断炉况最重要的参数之一。炉况正常时，热风压力曲线平稳，波动微小，并与风量相对应；炉温向热时，风压升高，风量减少；炉温向凉时，风压降低，风量增加。炉况失常时，风压剧烈波动。

(2) 炉顶煤气压力。煤气压力曲线有一基准线，它代表煤气上升过程中克服料柱阻力到达炉顶时的煤气压力。基准线升高，表示炉内边沿或中心气流过分发展，或产生管道(煤气压力值升高幅度偏大)。基准线降低，表示炉内料柱的透气性变差。当高炉发生悬料时，基准线降低甚至趋近于零；当高炉发生崩料时，基准线剧烈波动。因此，在操作过程中，将炉顶煤气压力与风压相对照，对判断炉况很有益。

(3) 压差。热风压力与炉顶压力的差值近似于煤气在料柱中的压头损失，称为压差。热风压力计更多地反映出高炉下部料柱透气性的变化，在炉顶煤气压力变化不大时，也表示整个料柱透气性的变化也不大；而炉顶压力计能更多地反映高炉上部料柱透气性的变化。高炉顺行时，热风压力及炉顶煤气压力变化不大，因此压差在一个较小的范围内波动。高炉难行时，料柱的透气性恶化，使热风压力升高而炉顶煤气压力降低，因此压差也升高。当炉温发生波动时，热风压力、炉顶煤气压力和压差三者也随之发生变化。高炉在崩料前热风压力下降，压差也随之下降，崩料后转为上升，这是由于崩料前高炉料柱产生明显的管道，而崩料后料柱压紧，透气性变差。高炉悬料时，料柱透气性恶化，热风压力升高，压差升高，炉顶压力锐减。

### 5.2.3 利用冷风流量判断炉况

在一定的冶炼条件下，入炉风量的大小是强化冶炼的重要标志。在判断炉况时，适宜的风量必须与其风压相适应。增加风量，风压也随之上升。当高炉料柱的透气性恶化时，风压升高而风量却缓慢下降，甚至风量下降至零；当料柱的透气性得到改善时，风压降低而风量增加。当高炉发生悬料时，风压急剧上升，风量大幅度减小。当发生管道行程时，将出现风压突增风量锐减的相互交替锯齿状波动。一般情况下，炉温升高时，风压升高，

风量减少；反之，炉温降低时则风压降低，风量增加。在高炉正常作业时，应尽量保持高炉的全风作业。在处理失常炉况时，要抓住时机尽快恢复风量，但要密切注意高炉料柱接受风量的能力。

### 5.2.4 利用炉顶、炉喉、炉身温度判断炉况

利用炉顶、炉喉、炉身温度也可判断炉况。

（1）利用炉顶温度判断炉况。测定炉顶煤气温度的热电偶一般装在煤气上升管根部或煤气封盖上。可以用它判断煤气热能利用程度，也可以判断煤气分布。其曲线呈“波浪”形。

正常炉况时，煤气分布均匀，利用程度好，各点温差不大于50℃，而且相互交叉。当边缘煤气过分发展时，炉顶温度升高，温度带变宽。当中心发展时，炉顶温度比正常炉况时的炉顶温度高，温度带变窄。在悬料、低料线时炉顶温度升高，管道行程时各上升管温差增大，且管道方位的温度较高。

（2）利用十字测温判断炉况。近些年来国内一些大、中型高炉先后采用了十字测温温度计来判断分析和调剂炉况。它能连续、快速采集，显示和记录炉内料面上煤气流温度，并绘制出十字测温温度曲线。这些数据可以确定炉内煤气流分布、炉料在炉喉分布和炉况是处于正常情况，还是发生了波动或已失常，如边缘煤气流发展，十字测温温度中心升高，边缘降低。操作人员可根据十字测温温度曲线上各点温度的变化，再结合其他计器仪表的反应，判断和调剂炉况，尤其是有利于把波动或失常炉况消灭在萌芽期，确保炉况稳定顺行。

（3）利用炉喉、炉身温度判断炉况。炉身温度可以间接地反映边缘煤气流的强弱和温度，并能反映出炉墙的侵蚀程度。在煤气流较发展的地方炉身温度较高。当炉身温度从各个方向都升高时，很可能是炉温上行或边缘煤气流发展。当炉料分布不均、偏行、管道行程或结瘤时，炉喉四周各点温度差偏大，温度高的方向气流较强。

### 5.2.5 利用透气性指数判断炉况

目前使用的各种仪表中，能反映炉内透气性比较灵敏的仪表是透气性指数。它不仅反映整个高炉的压差变化，还反映压差与风量之间的关系。它不仅是良好的判断炉况的仪表，还能很好地指导高炉操作，每座高炉都有自己不同条件的顺行、难行、管道、悬料等透气性指数范围。利用透气性指数指导高炉操作的主要内容是：

（1）指导选择变动风压风量的时机，掌握变动效果。透气性指数在炉况正常区稳定，增加风量后，风压相应增加，透气性指数仍稳定在炉况正常区。其值变化很小或稍有增加，则表示选择的加风时机好，炉况接受所增加的风量。若增加风量后，风压上升过多。透气性指数下降，则表示选择的加风时机不太好，当透气性指数下降到正常炉况的边缘时，应立即减风。否则，强行加风，势必破坏炉况顺行。

（2）可观察变动风温、喷煤量的时机与幅度是否合适。当调剂的时机与幅度恰当时，调剂后透气性指数变化不大。若调剂不当，在不需要提高炉温时增加风温、喷煤量，或者提高风温加煤量过多时，必然逐渐影响炉内煤气体积增加，透气性指数下降。反之，需要提高炉温，而调剂措施不够时，炉温继续向凉，透气性指数增加。若不注意这些变化并未

做相应调整，都会破坏炉况顺行。

（3）指导高炉的高压与常压的转换操作。高压改常压，煤气体积大量增加，应先减少风量，为了不破坏高炉顺行，减少风量的标准是保持在常压下的透气性指数仍在正常炉况区间。常压改高压，煤气体积缩小，可以增加风量，其增加量也是要使透气性指数稳定在正常炉况区。

（4）指导悬料处理与休风后的复风。悬料后要坐料，而坐料后回多少风压、风量比较合适，休风后复风要多少风压、风量都要注意透气性指数的情况。当不在正常炉况区时，说明回风的风压不合适，风压高，风量大，炉内透气性会受到影响，必须立即调整。而回风后稳定在正常炉况区即便料线暂时还没有自由活动，只要透气性指数稳定，料尺很快就会自由活动。

### 5.2.6 利用炉顶摄像、炉顶煤气成分分析仪判断炉况

通过炉顶摄像装置看炉顶料流轨迹和料面形状，中心气流和边缘气流的分布情况，还能看到管道、塌料、坐料和料面偏斜等情况。

通过对炉喉煤气取样分析，分别按所在半径上的位置描成曲线，煤气通过多的地方$CO_2$含量低，相反，煤气通过少的地方$CO_2$含量多。炉喉$CO_2$含量分布曲线以及混合煤气中$CO_2$含量可以反映高炉煤气化学能利用情况。

## 5.3 综合判断炉况

高炉冶炼过程受到许多主观和客观因素的影响，操作者必须善于掌握各种反映现象中的主次，进行综合判断和分析。

分析清楚反映各种炉况的主要表现是什么，次要表现是什么，找出炉况失常的主要原因是什么，次要原因是什么。每种失常炉况，都有一个或几个反映现象是主要的，有了这种反映，就能基本决定失常炉况的性质。例如判断是否悬料，主要的反映是料尺停滞不动，其他如风压升高，风量降低，透气性指数下降等都是次要条件。原因是有些失常炉况也风压升高，风量降低，透气性指数下降，但不一定是悬料，如炉热、严重炉冷等。这样分清主次表现，找到主次原因就能基本确定炉况失常的性质，从而弄清其方向、幅度和作用时间，采取相应的措施，及早扭转炉况失常的被动局面。

要重视对日报表的分析，它对预测高炉变化有很大作用。因为高炉的变化是循序渐进的，一般情况下不会突然或无规则地变化，所以必须用冶炼原理来分析近日报表内的数据，通过对数据的分析，科学地推测某炉铁的炉温是何时配料冶炼的结果，以及现在的炉渣碱度与当时配料的炉渣碱度有无差异等。这对于指导以后的变料具有重要的意义。由于原燃料成分分析有时会不准确、不及时，造成配料计算的碱度和实际炉渣碱度的差异，因此，要明确知道变料后炉料何时能下达炉缸，何时能起作用，这样操作者在调节炉况时才能做到早动、少动，使炉况稳定顺行。

在分析炉况时，应注意风量与风压是否对称，是偏高还是偏低，必须记住一些经验数据。昼夜温差变化对炉况也是有影响的，风量与料速的对应关系，再结合$\Delta p$、$CO_2$曲线、风口状况、出渣出铁情况来分析炉缸工作是否均匀、活跃。

在分析炉温时，要从总体来看炉温变化的趋势，而不要片面地被某炉铁的特殊值所迷

惑；要注意［Si］含量与［S］含量有明显的相反关系；分析炉温时还要注意原燃料成分的变化、配比、附加料等因素的变化；同时还要注意下料速度对炉温的影响；了解风温与负荷的配合，长时间热风温度过低或过高都会引起炉温大的波动。除此之外。还应注意混合煤气中的 $CO_2$ 含量，它是煤气化学能利用好坏的标志。其他如装料制度、炉顶温度和 $CO_2$ 曲线也都需要了解。

# 高炉冶炼过程失常和处理

各种因素的变化，都会导致炉况发生变化，由于高炉冶炼周期长，热惯性大，高炉由顺行变为失常的过程也是逐渐发生的，失常前往往有一些征兆可以通过参数的变化判断出来，高炉工长只要及时发现和抓住这些变化，果断采取措施，就可以避免高炉失常或减轻失常的程度。

## 6.1　影响炉况波动的因素

影响炉况波动的因素有：

（1）原燃料物理性能和化学成分波动。

（2）原燃料配料称量误差，超过允许规定范围。

（3）设备原因影响，如休风、减风、冷却设备漏水等。

（4）自然条件变化影响，如大气湿度和温度变化等。

（5）操作经验不足，造成失误或反向操作。

## 6.2　正常炉况的表现

衡量正常炉况的参数虽较多，但一般可以用下面四句话加以概括：炉缸工作全面均匀活跃；炉温充沛稳定；煤气分布合理；下料均匀稳定。

（1）炉缸工作均匀活跃，炉温稳定而充沛。1）各风口工作基本均匀一致，焦炭活跃；风口明亮但不耀眼；无生降，不挂渣，风口很少熔损。2）渣温适宜，上、下渣温度相近，流动性良好，放渣顺畅；上渣不带铁，渣口很少熔损。3）铁水流动性良好；前后温度相近，硅硫含量相宜且较稳定。

（2）煤气流分布稳定合理。1）炉喉 $CO_2$ 曲线为近乎为对称双峰形，中心峰谷较为开阔，尖峰位置在第二或第三点；边缘与中心示值相近或高一些。2）风量、风压和透气性指数变化平稳，无锯齿状。3）顶压曲线呈整齐的梳状，开启大钟时曲线横移，随即复位，无突然上升尖峰。4）顶温曲线呈规则的波浪形，四点温度相差不大；温度在 150～250℃之间波动。5）各方位喉温相互差值不大。6）炉腹、炉腰和炉身等处冷却水温差符合规定要求。

（3）下料均衡顺畅。料尺曲线齐整，倾角稳定，无停滞崩落现象；不同料尺的表现相近。

## 6.3　失常炉况的判断和处理

炉况失常的原因很多，失常的种类也很多，但基本可分为两类：一是煤气流分布失常；二是热制度失常。失常的最终结果是导致顺行破坏和炉温产生较大波动。

### 6.3.1 炉温失常

造成炉温失常的主要原因有：（1）原燃料质量变化；（2）煤气流分布变化；（3）炉料下降速度变化；（4）崩料、悬料、低料线，使生料进入高温区，增加了热支出，炉温趋凉；（5）冷却设备漏水；（6）大气湿度变化；（7）渣皮或炉瘤脱落，使炉温趋凉；（8）减风操作及休风前后，炉缸热量收支不稳；（9）喷吹物增减；（10）配料变动等。

炉温失常有两种：炉热和炉凉。

#### 6.3.1.1 炉温向凉

A 炉温向凉的主要征兆

炉温向凉的主要征兆有：

（1）向凉初期，热风压力和炉身下部静压差平稳下降；后期，因成渣带温度降低，炉渣流动性变差而可能导致炉况不顺，风压反而上升，而且波动加大。

（2）向凉初期容易接受风量，使风量有所增加，料速加快，而后期则风量波动。

（3）炉顶煤气温度降低，煤气体积减小，炉尘吹出量减少。

（4）风口亮度减弱，出现生料，风口前的焦炭呈“潮湿”迹象，表面有许多未熔融的灰分形成的黑点，严重时风口挂渣，甚至自动灌渣。

（5）渣温降低，颜色变暗，酸性增加，同时因渣中 FeO 增多，严重时出现高 FeO 黑渣。

（6）铁水亮度降低，颜色变暗，铁中硅、锰降低，硫升高、火花增多，铁样凝固较慢。

（7）炉温进一步降低，将连续出现崩料悬料，料线记录变得不稳定，表现出不顺的特征，炉喉温度急剧波动，炉顶煤气压力曲线出现尖峰。

B 炉温向凉的调剂

炉温开始下行，就应及时调剂，以免造成炉凉甚至大凉。通常按如下情况区别对待：

（1）向凉初期可提高风温，如有加湿鼓风则先减湿度，增加喷吹燃料量。

（2）若已出现崩料，风口挂渣时，应适当减风以控制料速。

（3）预计炉温不能在短期内恢复的，应适当减轻负荷。

（4）如渣铁温度大大降低，已有灌风口危险时，要竭力防止悬料，崩料，避免坐料，防止风口灌渣铁被烧坏而被迫休风，为此可多加净焦、减负荷，视情况发展边缘。

（5）当炉温急剧变凉时，可降低炉顶压力，减少甚至停止喷吹。

（6）因设备漏水引起炉凉时，应及时减少供水直至切断水源，并更换冷却设备。

#### 6.3.1.2 炉温向热

A 炉温向热的主要征兆

炉温向热的主要征兆有：

（1）热风压力、下部压差及总压差逐渐升高，过热时风压高且波动较大。

（2）风量相应减少，料速变慢，下料不均。

（3）炉顶煤气压力出现“高峰”，料线不稳，产生难行、崩料、甚至悬料。

(4) 炉顶温度升高，炉尘吹出量增多。

(5) 风口光亮耀眼，焦炭不活跃。

(6) 渣温充沛，流动性好，碱度也有升高。

(7) 铁沟中火花少，铁水流动性变差，有黏沟现象，铁样含硅高，含硫低。

B 炉温向热的调剂

炉温向热或过热引起的炉况失常，没有炉凉那么危险，但也会使产量降低，炉况恶化，应及时调剂。

(1) 向热初期可适当减少喷吹量，或者加湿、减风温。

(2) 向热初期风压尚平稳时，可酌情加风，但当炉温已高时，切忌加风，以免悬料。

(3) 适当发展边缘，疏松料柱。

### 6.3.2 煤气分布失常

炉料性质、炉温、喷吹量和其他操作条件改变，都将导致煤气分布变化，严重时会造成煤气分布失常。

6.3.2.1 边缘煤气流过分发展

A 边缘煤气过分发展的危害

边缘气流过分发展，则中心气流不足，最终形成中心堆积，炉缸堵塞，炉温降低，生铁含硫升高，焦比上升。造成边缘气流过分发展的原因是长期风量不足，鼓风动能小，长期使用发展边缘的装料制度（如倒装、批重过大等），原料粉末多，强度差，常压改为高压操作时未相应增加风量等。

B 边缘煤气过分发展的原因

边缘煤气过分发展的原因有：

(1) 长期风量不足，鼓风动能小。

(2) 长期使用发展边缘的装料制度（如倒装、批重过大等）。

(3) 原料粉末多，强度差。

(4) 常压改高压操作未相应增加风量。

C 边缘煤气过分发展的征兆

边缘煤气过分发展的征兆有：

(1) 炉喉及炉身温度普遍升高100~200℃。

(2) $CO_2$曲线的边缘低，中心高，曲线似馒头状。

(3) 炉顶温度偏高，各点温度分散，波动大。

(4) 炉顶煤气压力不稳，出现尖峰。

(5) 热风压力降低，易出现压力突然升高而悬料的现象。

(6) 压差偏低，但不易加风。

(7) 炉温尚高时，风口明亮耀眼但不活跃；炉温不足时，风口极不均匀，部分风口有生料下降现象。炉凉时易自动灌渣，中心堆积严重时，风口大量烧坏。

(8) 上渣热、下渣凉，前后渣温波动大，渣口带铁易烧坏。

(9) 铁水温度低，易出现高硅高硫铁，铁样断口多为白口或夹黑心。

(10) 下料不均，易出现停滞和突然塌落现象，休风、低压和悬料后恢复较难。

D　处理方法

处理边缘煤气流过分发展的方法有：

(1) 轻微时可用疏松中心的装料制度，但要注意不能过分加重边缘，以免中心边缘同时堵塞，严重悬料。此外，采取疏松中心的措施，如正分装，降料线，减批重，一般不得同时采用数种方法，以免失控。

(2) 提高炉温，适当降低炉渣碱度，改善炉渣流动性。

(3) 严重时可缩小风口直径，或堵部分风口、改用长风口。

6.3.2.2　中心气流过分发展

中心气流过分发展则边缘气流不足，结果边缘堆积，炉况失常。中心气流过分发展的原因有：

(1) 风口截面积过小或风口过长，引起鼓风动能过大或风速过大，超过实际需要水平。

(2) 装料制度不合理，长期采用加重边缘的装料制度。

(3) 使用的原燃料粉末过多，使得料柱的透气性指数下降。

(4) 长期堵风口操作。

(5) 喷吹燃料鼓风动能增加后，上下部没有做相应的改变。

中心煤气过分发展的征兆有：

(1) 炉顶温度形成紧密交错的狭窄曲线，温度偏低，炉喉及炉身温度普遍降低。

(2) $CO_2$曲线的边缘高中心低，相差很大。

(3) 风压偏高易波动，透气性指数下降，风量自动减少，崩料后风量下跌过多，且不宜恢复，顶压相对降低，不稳定，并有向上尖峰。

(4) 下料不均，风口工作不均匀，有时个别风口灌渣，出铁前料速变慢，出铁后加快，伴随有崩料现象，严重时，崩料后容易悬料。

(5) 初期可获得低硅低硫铁，但时间愈长铁水物理热愈低，流动性愈差。

处理中心气流过分发展的基本方针是改善透气性，防止转为悬料，采用疏松边缘的装料制度，扩大批重时务必谨慎：

(1) 采取适当发展边缘的装料制度。

(2) 当炉温充足时，可减风温或煤量，当风压急剧上升或炉温不足时应减风量降风压。

(3) 适当增大风口直径或改用短风口。

(4) 适当降低炉渣碱度，改善炉渣流动性。

(5) 长期失常可能导致炉墙结厚，此时除用洗炉料外，应强烈发展边缘以清洗炉墙。

6.3.2.3　管道行程

管道行程是高炉内煤气分布失常的一种现象，是高炉内某一局部的料柱特别疏松，阻力小，大量煤气经过这一区域上升而产生的“流态化”现象。管道产生后，煤气能量利用明显恶化，易引起炉凉，同时料柱结构也会变得不稳定，极易引起悬料。

A　管道行程的原因

管道行程的原因有：

（1）原料条件不太好，特别是烧结矿含粉量过多，焦炭强度较差，是产生管道行程的潜在因素。

（2）高炉采用高压差操作时，也易诱发管道行程。

（3）装料制度不合理，边缘或中心过重或过轻。

（4）大钟偏料，布料器失灵，风口进风不匀等设备缺陷也能引起管道行程。

（5）在原料条件不太好，冶炼强度又较高的情况下，一旦料柱透气性与送风风量不相适应，极易造成管道行程。

B 管道征兆

管道行程的征兆有：

（1）炉喉及炉身温度不均，温度曲线分散，在管道方向，温度特别高，有时可以达到800~1000℃。

（2）炉顶温度分散，相差悬殊，严重时可达100~300℃，炉顶压力出现高压尖峰，平均压力提高。

（3）$CO_2$曲线不规则，最低点在管道处。

（4）风量风压极不对应，呈锯齿状波动，风压下降，风量自动增加，管道被堵时则风压突然升高，风量锐减。

（5）风口工作不均，管道方向的风口出现生降，黑块。

（6）下料不均，料尺停滞或突然崩落。

（7）炉顶煤气中$\varphi(CO)/\varphi(CO_2)$值增大。

（8）管道严重时，炉顶放散阀可能被吹开，装料时管道方向的上升管可能出现响声；更严重时该部位的上升管被烧红。

（9）管道行程最终造成渣铁温度降低，严重时炉温剧冷甚至炉缸冻结，生铁质量变差。

C 处理方法

管道行程的处理方法有：

（1）采用疏松边缘的装料方法，如倒装，或装几批双装，以加厚矿层堵塞管道，迫使煤气重新分布。

（2）利用布料器在管道方向上多布矿石或小粒度厚料。

（3）加几批净焦以改善料柱透气性，然后视恢复情况，找回部分或全部焦炭负荷。

（4）炉温充足时，可降低风温或减少喷吹燃料量。

（5）减少风量。

（6）如上述措施无效，在炉温尚可时，可以减风坐料，甚至放风坐料。

（7）改善炉渣性能，增加炉渣流动性。

（8）如经常发生管道，可缩小管道方向风口直径，甚至暂时堵风口。

（9）若因设备缺陷引起管道，应采取治本的办法，即修复或更换设备。

需要注意的是：

（1）管道行程后，应避免休风，这对防止炉况恶化和争取净焦及早下达是很有利的。

（2）在恢复炉况过程，切忌加风速度过快而造成悬料、崩料。

（3）集中加焦起着疏松料柱和迅速使炉缸转热的作用。

D　预防管道行程

预防管道行程的措施有：

（1）降低入炉原料的含粉率。

（2）严格控制入炉焦炭强度。

（3）当原燃料条件变差时，采用适当发展边缘的装料制度，适当降低入炉风量，保持料柱透气性指数在正常控制范围内波动。

（4）消除设备缺陷造成的偏料等。

（5）禁止风口进风不均匀。

### 6.3.3　偏料

偏料是指高炉截面上两料线下降不均匀，呈现一边高一边低的固定性炉况现象，小高炉两料线的差值为300mm，大高炉为500mm。

#### 6.3.3.1　偏料的原因

偏料的原因主要有：

（1）由于高炉炉衬的侵蚀不一致，侵蚀严重的一侧，边沿的气流较强，其他地方的煤气较弱，这样就造成炉料的下降不均。

（2）边缘管道行程或炉墙结厚、结瘤致使下料不均，造成偏料。

（3）大钟中心线偏离高炉中心线，或炉喉钢砖损坏脱落，造成炉料沿炉喉截面的圆周方向分布不均。

（4）布料器长期不转，或根本就没有布料器的小高炉容易发生偏料。

#### 6.3.3.2　偏料的征兆

偏料的征兆为：

（1）两料线经常相差300~500mm，容易发生料满或大钟关不严的现象。

（2）风口工作不均匀，低料面的一侧风口发暗，有升降，易挂渣、涌渣。

（3）炉缸脱硫效果差，炉温稍一下行，生铁含［S］量就会升高，炉渣的流动性也会变差。

（4）风压波动且不稳定，炉顶压力经常出现向上的尖峰，炉顶温度各点的差值也较大，在料面低的一侧温度高，料面高的一侧温度低。

（5）$CO_2$曲线歪斜不规则，最高点移向中心。

#### 6.3.3.3　处理方法

处理偏料的方法有：

（1）凡能修复校正的设备缺陷（如不同心、布料器不转、风口内有残渣堵结），应及时修复校正。

（2）设备缺陷一时难以修复，上部调剂无效时，可在低料线的一侧改小风口或长风口，以减少该处的进风量，在高料面侧改用大风口。

（3）由于炉型变化而造成的偏料，可适当降低冶炼强度，结合洗炉或控制冷却水温差来消除。

（4）如果是非永久性原因造成的偏料，在上部可向低料线的一侧集中布料，以减轻偏料程度，把料面找平。

（5）管道行程造成的偏料，要首先消除产生管道行程的因素，采取坐料的方法来破坏管道，同时在赶料线时找平料线。

### 6.3.4 低料线

低料线是指由于各种原因不能按时上料，以致料尺比正常规定料线低 0.5m 以上的情况。

高炉低料线作业不仅会使矿石不能正常的预热和还原，打乱炉料的正常分布，破坏顺行，使煤气流分布失常，大大降低煤气能量的利用；而且还会使炉顶温度升高，烧坏炉顶设备，引起炉身上部结厚、结瘤。

处理由于各种原因造成低料线的方法有：

（1）由于上料系统设备故障，造成低料线。当顶温超过 280℃（根据高炉炉顶设备维护标准自行制定）时，开炉顶打水进行喷水降温，同时可酌情减风控制顶温。

（2）由于上料系统设备故障，料线大于 3m，或低料线时间超过 1h，应酌情减风，控制料速并补加净焦和减轻焦炭负荷。

（3）因各种原因造成低料线，减风到 50%以上，料线仍亏 3m 以上，且亏料原因尚未排除时，应立即出铁后休风。

（4）当矿石系统故障而不能上料，造成低料线时，可临时先装入焦炭 3~4 批，并酌情减风，控制料线，而后补回部分或全部矿石。

（5）当上料系统中焦炭系统发生故障而不能上料，且炉况顺行状况好时，可临时装入一批矿石，并减风控料线，而后补回全部焦炭。

（6）低料线赶料线时，采用适当发展边缘的装料制度，逐步加风恢复风量，并适当控制加料速度。

（7）由于炉况失常造成的低料线，可适当减风赶料线，在赶料线时，应考虑到炉温是否有基础，如炉温不足，可适当减负荷或加空焦来补充炉缸热量或疏松料柱，防止因赶料线过快而导致悬料。待料线赶至正常，炉况稳定后，再逐步把风量恢复上去。

### 6.3.5 悬料和恶性悬料

#### 6.3.5.1 悬料的定义

炉料停止下降超过 1~2 批料时间称悬料。炉料停止下降超过 4h，称恶性悬料。悬料是炉况失常过程中的一种中断性现象。是高炉由顺行转为难行的标志。

#### 6.3.5.2 悬料的分类

按悬料发生部位将悬料分为上部悬料与下部悬料，下部悬料按产生的原因又可分为热悬料与冷悬料。

热悬料是由于炉缸过热、煤气体积与流速大增，与原有料柱中的气流通道不相适应引起的。也有人提出热悬料与 $SiO_2$ 挥发沉积、堵塞通道有关。

冷悬料是一种严重的炉况失常，由炉凉引起，处理不当很容易导致风口灌渣和炉缸冻结。

#### 6.3.5.3　悬料

A　悬料的原因

上部悬料的原因有：(1) 煤气流分布失常，气流通道突然被炉料堵塞；(2) 原燃料粉末大，料柱的透气性差，高炉的冶炼强度与透气性不相适应；(3) 炉墙结厚或结瘤；(4) 高炉偏料或连续崩料而炉温向热时。

下部悬料的原因有：(1) 焦炭强度差粉末多，大量的焦粉进入成渣带引起炉渣黏度的增大；(2) 送风制度不合理，炉缸工作不均匀，初始气流分布不合理，加减风温不适当，造成高温区的软熔带上下波动或成渣带的下移；(3) 渣碱度偏高，渣的流动性差，成分不稳定($w(MgO)<3\%$、$w(Al_2O_3)>20\%$)；(4) 出铁出渣时间延迟，炉缸内积存的渣铁量过多，造成炉缸的透气性变坏；(5) 高炉长时间慢风或休风后送风，也容易造成悬料；(6) 燃料比很低，软熔带位置过分下移，其下缘与炉芯之间的活动焦炭区太窄，妨碍了向风口燃烧区顺利地供应焦炭，由此而引起的悬料。

B　悬料的征兆

悬料的征兆有：(1) 炉料停止下降，风口前焦炭呆滞甚至不动；(2) 悬料前风压慢慢上升，风量逐步减少，顶压也相应减少，悬料后风压急剧上升，风量和顶压随之自动减少，严重时两者趋近于零；(3) 顶温和炉喉温度上升且波动范围小，严重悬料时，顶压趋近于零，炉喉温度下降很快；(4) 上部悬料时上部压差过高，下部悬料时下部压差过高。

C　悬料的处理

悬料的处理方法是：

(1) 发现风压升高，炉料难行，料尺曲线开始打横时，如炉温充足可减煤量或撤风温，争取炉料不坐而下；如炉温不足，应先停氧、减风，相应减煤或停煤。

(2) 由于炉温高而造成热悬料时，立即停氧、停喷煤或降风温（一次性降风温50~100℃），使煤气体积减小，但要注意适时地恢复风温；如果是炉凉引起的，可适当减风。

(3) 任何性质悬料，严禁提风温。高碱度时悬料，应降低渣碱度或加酸料。

D　坐料原则

上述措施无效时，应进行坐料处理。坐料时应围绕有无坐料空间，有无风口灌渣危险和煤气安全三原则考虑：

(1) 悬料20min左右，判断风口无灌渣危险时应进行坐料；如炉缸积存渣铁较多，应先出尽渣铁（如是冷悬可适当喷吹铁口）再坐料。

(2) 从安全上考虑，放风坐料不得超过3min；坐料前炉顶应通蒸汽；坐料时，除尘器禁止清灰；料未坐下来，禁止更换风渣口。

(3) 若第1次未坐下，按入炉风量估计炉缸烧去2批料后进行第2次坐料。第2次坐料可采用休风坐料方式。若第一次已坐下，但复风后再次悬料，应在估计烧去2~4批料后再坐料，坐料前应赶上料线。

(4) 一般情况下，第1次坐料后可恢复到原风量；第2次坐料后应酌情减少复风风量。严禁用大风顶的蛮干操作。

（5）坐料复风后，应改用疏松边缘的装料制度，相应缩小批重和减轻焦炭负荷（若喷煤，包括短时间不能喷煤应补的焦炭）。

（6）两次以上的连续坐料，应集中加入若干批空焦，下部可堵塞部分风口，或按风压操作，以利炉况恢复。

（7）悬料消除后，应先恢复风量，其次恢复风温、煤量和负荷，最后是富氧。

6.3.5.4　恶性悬料

恶性悬料产生的条件，一般是在高炉大凉，尤其是炉渣碱度高的情况下发生的。处理恶性悬料的原则有：

（1）炉顶只要能加料，就要果断地加入足够的焦炭。不论悬料起因是冷是热，一旦形成恶性悬料，都会损失巨大热量，只有通过加焦炭予以弥补。同时可以疏松料柱，这样利于炉况恢复。

（2）一般性悬料应尽早坐料，以免坐得太深，增加恢复难度。但恶性悬料时已不易进风，就不要急于连续坐料，要烧出一个空间再坐。坐料过频，会导致料柱挤紧，完全不进风。

（3）连续坐料不下，又不易进风，炉缸无渣铁时，可送冷风，以确保风口燃烧焦炭，发出热量，维持炉温。料坐下后，宜用低压恢复。

（4）送冷风仍不能消除时，可掏大铁口或拉下渣口小套，空喷铁口和渣口。其作用是随时排除熔化的冷渣铁及部分冷料，形成空间，促使悬住的炉料崩落或便于坐料。同时使炉内煤气有出路，维持风口燃烧过程，既加热炉缸，又可从下部逐步熔化悬住的炉料。

（5）恶性悬料基本消除后，恢复过程要适当慢一些，并可酌情洗炉，清洁炉墙。

### 6.3.6　崩料和连续崩料

崩料是指炉料突然塌落的现象，连续不止一次地崩料称为连续崩料。崩料是高炉内煤气流和炉料相对运动激化的表现。连续崩料会影响矿石的预热和还原，特别是下部的连续崩料，会直接吸收炉缸大量的热量，使炉缸急剧向凉，甚至会造成其他的恶性事故。

6.3.6.1　崩料

（1）崩料的原因有：1）原燃料质量恶化，强度变差造成粉末增多，使料柱的透气性变差。2）边缘过重或管道行程。3）偏料和长期低料线作业而导致的煤气流分布紊乱和炉温的大幅度波动。4）在炉温不足时，炉渣碱度偏高。

（2）崩料的主要征兆有：1）下料不畅，料线出现停滞、塌落现象，其曲线极不规则。2）风压、风量、透气性指数不稳，剧烈波动，接受风量能力变差。3）顶压剧烈波动，出现向上尖峰，并逐渐变小。4）炉温波动，严重时铁水温度显著下降，风口工作不均匀，有挂渣、涌渣现象，放渣困难。5）崩料严重时料面塌陷很深，生铁质量变坏，炉渣流动性不好。

（3）崩料的处理方法。高炉崩料起因明确时，可对症处理：1）炉热引起的，可减煤直至停煤，也可以撤风温或减氧。2）炉凉引起的，迅速大幅度减风，向炉内加入一定数量的净焦，相应减轻焦炭负荷，在崩料消除前切忌加风温。3）边缘过重或管道行程引起的，可采取疏松边缘的装料制度，发展边缘气流，消除边缘气流过重；减轻焦炭负荷15%~20%，疏松料柱，改善料柱透气性；可酌情减风，降低鼓风动能，改善煤气分布。

4）炉渣碱度过高引起的，可通过变料降低炉渣碱度，改善下部料柱透气性。

6.3.6.2　连续崩料

（1）连续崩料的原因是：1）中心或边缘煤气流过分发展或产生管道而没有及时调剂。2）炉热或炉凉的进一步发展。3）严重偏料和长期低料线作业所引起的煤气流分布紊乱和炉温的大幅度波动。4）炉衬严重结厚或高炉结瘤造成高炉操作炉型不规则，又得不到及时处理。5）原燃料质量恶化，强度变差造成粉末增多，严重恶化了高炉料柱的透气性。6）炉渣碱度偏高（大于1.4），而炉温又偏低，甚至出现炉凉。

（2）连续崩料的征兆有：1）料线出现连续的停滞和塌落现象。2）风压、风量曲线急剧波动，呈锯齿状；顶压也剧烈波动，出现向上尖峰。3）崩料严重时料面塌落很深，使炉缸温度降低，生铁质量下降，渣流动性变差，风口工作不均，部分风口挂渣、涌渣甚至灌渣。4）上部管道崩料时，上部静压力波动大；下部管道崩料时，下部静压力波动大。5）如因边缘负荷过重或管道行程引起崩料，则风口不宜接受喷吹物。

（3）连续崩料的处理方法为：1）立即减风到能够制止崩料的程度，使风压、风量均达到平稳。2）对于煤气分布失常引起的崩料，可视炉温酌情处理。炉温充足时可撤风温30~50℃；炉温不足时，可补加适当的轻料或焦炭，既能起到提炉温的作用，又能疏松料柱的透气性。3）对于炉温过低引起的崩料，不允许加风温或减风温，只能通过减风量来使风压降到正常水平。4）对于炉墙结厚或结瘤而引起的崩料，可采用疏松边缘的装料制度，以保证炉况顺行，同时使大量的煤气流冲刷结厚或结瘤部位。5）对于原燃料质量差引起的崩料，可加强原燃料的筛分，降低入炉粉末，改善料柱的透气性。6）连续崩料现象消除前，严禁加大喷煤量或提高风温；崩料现象消除后，炉温回升，下料正常，再逐步恢复风量，不能操之过急。

### 6.3.7　炉缸冻结

当炉温向凉而未能及时制止，炉温继续向凉发展，这时不仅炉温很低，炉渣的流动性极差，炉况的顺行也遭到破坏，炉况变成大凉。大凉进一步发展，炉缸处于凝固或半凝固状态，渣、铁不分，从渣口和铁口均不能放出渣、铁，称为炉缸冻结。处理以上炉况难度大，时间长，给生产带来严重的损失。

6.3.7.1　炉缸冻结的原因

炉缸冻结的原因是多方面的，可归纳为下列几种：

（1）炉况失常引起冻结。由于煤气流分布失常，发生管道，大崩料或恶性悬料，经炉凉最后造成炉缸冻结。

发生上述失常炉况时，由于煤气利用急剧恶化，炉料在上部未经充分预热和还原就直接下到高温区进行直接还原，大量吸热，炉温很快下降，如果未及时采取有力措施，就可能造成冻结。当原来炉温不高、炉缸堆积或炉渣碱度过高时，造成冻结的危险性更大。

（2）漏水引起炉缸冻结。高炉到了炉役中后期，炉腹、炉腰和炉身冷却设备陆续烧坏，由于冷却器有数百块之多，检查工作困难，漏水后往往不能及时发现和处理。漏水较小时，虽然焦比受些损失，尚不致造成严重恶果。但当高炉长期休风时，由于炉内压力降低，漏水增大，而漏出的水又不能被煤气带走，炉子又停止产生热量，就极易造成冻结。

（3）高炉无准备地长期休风造成炉缸冻结。实际生产中当原料供应系统、装料系统、炉前工作、渣铁运输及处理系统、鼓风及热风炉系统、煤气系统以及动力系统等发生严重事故时，都有可能造成高炉无准备地长期休风，从而导致炉缸冻结。

（4）有计划地长期休风、封炉或长时间检修停炉形成的冻结。实际生产中，即使是有计划的，准备得很好地长时间休风、封炉或检修停炉，如果超过一定时间（例如10天以上），残存在炉内的渣铁也将冷凝，送风时就应按炉缸冻结对待，只不过不算冻结事故而已。这类复风操作，因为是有计划进行的，其炉缸实际上的冻结容易被忽视，许多高炉因此付出过代价。

6.3.7.2 炉缸冻结的征兆

炉缸冻结是炉子大凉进一步发展的结果。所以发生炉子大凉时即可视为炉缸冻结的前兆，这时就应该警惕。进一步恶化时则出现如下特征：

（1）风口由活跃变为呆滞，由较明亮变为暗红，进而出现涌渣，甚至烧穿或自动凝死。

（2）渣铁一次比一次凉，逐渐渣口放不出渣，铁口只出铁不见下渣，最后铁口完全凝死。

（3）下料不畅，易出现管道、崩料和悬料；风压逐渐升高；风量减少，当风口凝死时，风量表指针甚至降到“零”。

（4）如果是由于漏水造成冻结，则在风口与二套间，二套与大套间，或大套与炉皮法兰间往外渗水，严重时从渣口甚至铁口往外流水；炉子渗漏煤气点燃的火苗由平时的蓝色变为红色，炉顶煤气含氢量升高，如遇休风则风口大量喷火。

6.3.7.3 炉缸冻结事故的预防

加强管理，严格操作纪律，搞好综合平衡，搞好精料，保持高炉均衡稳定地生产，是消除炉缸冻结的根本措施。

保持高炉顺行，维持正常的炉温和碱度；搞好上下部调剂，避免管道、崩料、悬料和炉缸堆积；炉子失常后及时果断地采取措施纠正。这些是从操作上防止冻结事故的关键。

漏水是发生冻结事故的重要原因之一，应注意防止漏水。首先是应及时发现漏水，有下列迹象出现时，应及时查明情况：

（1）炉温向凉原因不明。

（2）炉顶煤气 $H_2$ 含量升高。

（3）炉壳缝隙处，特别是风口区，有渗水迹象。

（4）渗漏的煤气火苗由正常时的蓝色变为红色。

（5）短期休风时，风口冒火大；长期休风炉顶点火时火大，炉顶温度升高，有时堵泥的风口自动鼓开。

发现漏水后要及时查清，及时处理，不应该让水长期漏入炉内，否则，即使不造成冻结，焦比也会升高。如一时难以查清漏水处，可把可疑区域的总水阀门暂时关小，减少漏水，接着再细查。

搞好中修停炉及长时间封炉的休风与送风操作。高炉长时间休风或封炉，不可避免地要引起不同程度的炉缸温度下降，直至形成实际上的冻结。但如果工作搞得好，不出意外，则可大大减少损失：

（1）正确选择封炉（或长期休风）焦比，封炉总焦比一般可参照新开炉的总焦比来确定。如果封炉时间短，焦比可较低；如果封炉时间长，或炉子密封不好，或者空料线炸瘤，则焦比应高于新开炉焦比。

（2）休风前需把炉缸清洗干净。其措施是保持高炉顺行；维持适当炉温（$w$[Si]为1.0%~1.2%）；提高生铁含锰；降低炉渣碱度；打开全部风口并维持适当冶炼强度等。

（3）正常料线封炉一般比降料线封炉焦比损失小，开炉较顺，因此如无必要，不采用降料线封炉。

（4）休风前把渣铁放净。

（5）仔细检查有无漏水迹象，严防封炉期间往炉内漏水。

（6）休风后风口、渣口、铁口必须严密封闭，并且要经常检查，防止漏风燃烧焦炭。

（7）如果是中修停炉，最好将炉缸清理到风口、渣口、铁口互通的程度，这样就等于新开炉。

（8）十天以上长时间休风和封炉后的复风，均应按处理炉缸冻结对待。

#### 6.3.7.4　处理炉缸冻结的原则

处理炉缸冻结，首先要建立起一个小的活区。小的活区就是用1个或2~3个风口送风，冶炼产物由一个临时渣铁口排出，使燃烧、熔化、出渣铁的过程能连续稳定地进行。

加入足够数量的焦炭，迅速提高炉缸温度。处理炉缸冻结要果断地减轻矿焦比，其幅度大大超过处理炉凉。其方法最好是集中加焦炭，以争取时间。在轻料下达之前，即使建立了一个小的活区，渣铁温度也不够高，此阶段不可能使冻结的炉缸有大的改观，只能开较少的风口，维持缓慢的冶炼过程。当轻料下达后，炉缸温度很快上升，渣铁温度充沛，流动性良好，形成了熔化冻结炉缸的有利条件，使得开风口、加风量、熔化冻结物的循环过程加快。风口接近开完、炉缸中凝结物大部分熔化后，由于热消耗减少，炉温会很快上升，此时就要较快地恢复矿焦比，防止渣铁过热引起炉缸石墨碳堆积。

扩开风口和送风制度。扩开风口的过程中，始终遵循三个原则：（1）开风口只能依次开工作风口相邻两侧的，不可跳越，每次开风口的数量一般不超过两个。（2）新开的风口工作正常才可继续开其他的。（3）新开风口区熔化的渣铁，应能够全部由临时渣铁或铁口排出。送风时随着工作风口增多，适当增加风量，加快熔化过程，掌握风量的大小主要依据压差值，初期可高些，以后维持正常压差的下限。在风口面积和风量不断变化的情况下，也要保持合理的风速。

出渣和出铁。小的活区建立并工作稳定后，首要任务是尽快将小的活区与铁口连通，以便及时将凉的渣铁从铁口排出，因此要优先扩铁口方向的风口。在扩开风口中，要做好铁口和渣口的工作，保证及时出渣出铁，加速炉缸凝结物的熔化过程。

#### 6.3.7.5　炉缸冻结的处理

处理炉缸冻结有两种方案，第一种方案为“风口—渣口—铁口”方案，此方案把打开铁口的工作分为三步，依次用风口、渣口、铁口作为出铁口。第二种方案为“渣口—铁口”方案，此方案把打开铁口的工作分成两步，依次用渣口、铁口作为出铁口。冻结严重时用第一个方案，冻结较轻时用第二个方案。以第一种方案为主，具体操作步骤为：

（1）向高炉内加入足够数量的净焦。

（2）休风后卸下与渣口、铁口临近的1~3个风口。

（3）在最临近渣口的热风支管上焊堵盲板，将该风口作为临时出铁口。

（4）用氧气烧熔风口前的凝结物，并从风口排除，最终将三个风口烧通。

（5）在焊堵有盲板的热风支管的风口上，安装与风口小套外形相同的炭砖套，在另外1~2个风口上安装风口小套，其余风口用泥堵实。

（6）安装好风口直吹管（用作临时铁口的风口除外）。

（7）在安装有炭砖套的风口大套和二套上砌砖并铺适当的泥料，构成渣铁流槽。

（8）在进行上述操作时，应同时将渣口、三套、四套卸下，换以外形与渣口三套相同的炭砖套，同时在渣口大套和二套上铺适当的泥料构成渣铁流槽。

（9）做好分别以风口和渣口出铁的一切准备。

（10）确认上述工作准备好之后，即可送风。

（11）送风后1~2h从风口出第一次渣铁，经风口出渣铁2~4次后，可试着用渣口出铁。

（12）用渣口出渣铁2~4次后，渣温充沛，流动性好时，可试着用铁口进行出铁，同时可向铁口方向扩风口1~2个送风。

（13）用铁口进行出铁，炉渣由黏黑转为明亮，流动性较好时，可在送风风口两侧增加1~2个送风风口。

（14）在铁口能顺利出铁、炉温充沛的基础上，风口可依次逐个打开，一般每次以打开两个为宜（一个方向一个）。开风口过快过多，往往容易造成炉缸冻结的反复。（为减少休风时间，休风扩风口时可一次多烧开几个风口，然后将暂时不用的风口用泥堵住，下次再开时就不必休风了，切不可隔着堵死的风口去开。）

（15）在铁口能顺利出铁，炉温充沛的基础上，风口全部打开后，可根据炉况，逐步加重焦炭负荷。

需要注意的是：

（1）开始时按比正常生产时单个风口平均风量稍多的量来送风，或按风压掌握；风温视风口情况进行调节。

（2）在用氧气烧熔风口前的凝结物时，风口前方至少要烧通1m，上方的凝结物要尽可能烧出一个大的孔洞，达到风口前落满干净的赤红焦炭；上方有足够的透气性，使烧凝结物产生的烟气能从炉内抽走。

（3）采用第一方案时，作为出铁口的风口应选在靠近铁口的渣口上方，这样，一方面便于下一步用渣口出铁，另一方面放出的渣铁可利用渣沟排放。

（4）用作送风风口和临时出铁的风口，在把风口套拉下后，应互相烧通。

（5）作为临时出铁口的风口、渣口炭砖套，中心留有直径约50mm左右出铁孔。

（6）采用第二方案，用渣口作为临时出铁口，可用渣口上方（可偏向铁口）的2~4个风口送风，其余风口全部堵实。

（7）用第二方案时，将渣口小套、三套和要送风的风口小套拉下，然后将风口和渣口烧通，使烧出的孔洞内充满干净的赤红焦炭。

### 6.3.8 炉墙结厚

炉墙结厚可视为结瘤的前期表现，也可以视为一种炉型畸变现象。它是黏结因素强于侵蚀因素，经长时间积累的结果。在炉温波动剧烈时，也可在较短的时间内形成。

炉墙结厚的原因有：

（1）原燃料质量低劣，粉末多，造成高炉料柱的透气性差。

（2）长期的低料线作业；对崩料、悬料的处理不当；长期的堵风口作业，或长期休风后的复风处理不当。

（3）炉顶布料不均，造成炉料在炉内的分布不均匀。

（4）炉温的大幅度波动，造成软熔带根部上下反复变化。

（5）造渣制度失常，使炉渣碱度大幅度波动。

（6）冷却器大量漏水。

炉墙结厚的征兆有：

（1）高炉不顺，不宜接受风量，应变能力差。当风压较低时，炉况尚平稳；当风压偏高时，易出现崩料、管道和悬料。

（2）煤气分布不稳定，煤气利用变差；改变装料制度后，达不到预期的目标；上部结厚时，结厚部位的$CO_2$曲线升高；下部结厚常出现边缘自动加重的现象。

（3）结厚部位的冷却水温差及炉皮表面温度均下降。

（4）风口工作不均匀，风口前易挂渣。

炉墙结厚的处理方法为：

（1）初期结厚可发展边缘气流，来冲刷结厚部位，同时要减轻负荷，提高炉温。

（2）对于由渣碱度高引起的炉墙结厚，在保证炉况顺行的前提下，降低碱度或加一定数量的酸料。

（3）控制结厚部位的冷却水，适当降低该部位的冷却强度，提高其冷却水温差。

（4）结厚部位较低时，可采用锰矿、萤石、均热炉渣、氧化铁皮或空焦洗炉。

### 6.3.9 高炉结瘤

炉瘤按其组成来分，有铁质瘤、石灰质瘤、混合质瘤；按其形状来分，有遍布整个高炉截面的环状瘤和结于炉内一侧的局部瘤；按结瘤位置，又可分为上部炉瘤（炉身上、中部）和下部炉瘤（炉身下部、炉腰和炉腹）。

结瘤的过程一般是，首先有一部分已经熔化的炉料，由于各种各样的原因，再凝固黏结于炉墙上，形成瘤根，如果发现较晚或处理不及时，而结瘤的原因又继续存在，则瘤根将发展、长大，成为炉瘤。因此，在分析炉瘤的成因时，主要是分析开始形成瘤根的原因。

#### 6.3.9.1 引起结瘤的原因

引起结瘤主要有下述几个方面原因：

（1）原料方面的原因。

1）矿石软化温度低，难还原，往往成为高炉结瘤的原因。一些矿石软化温度较低，又难于还原，往往形成熔点低、FeO 含量高的初成渣，熔融状态的初成渣在下降过程中被还原产生金属铁，而熔点升高，尤其当混入粉状炉料或有大量 CaO 存在，碱度较高时，将变得很黏稠，如果遇到温度下降就可能重新凝固。这种情况若发生在高炉中心部位，将恶化料柱透气性，破坏高炉顺行；而发生在高炉边缘，就可能直接黏结在炉墙上而形成瘤根。这种炉瘤一般含金属铁比较多，往往结瘤的位置也较高。

2）品种杂，成分波动大，会造成高炉结瘤。高炉生产选用矿品种多，又不能根据矿石的物理、化学性质进行配矿时，往往各种矿石之间软化温度、还原性能以及化学成分相差很大，在炉内的软化区间很长，不仅严重恶化料柱的透气性，而且炉温及炉渣碱度一旦变化（在这种用料情况下，炉温和碱度的波动是不可避免的），就容易使已经熔化的炉料重新凝固而形成下部炉瘤。

3）粉末多，焦炭强度差，也是高炉结瘤的原因。高炉相关工作者都知道，炉料中的粉末是引起炉况不顺的经常性因素，高炉使用含粉率高的炉料时，由于料柱透气性变坏，悬料、难行、管道行程在所难免，而且，必然引起炉温的剧烈波动。在这种情况下，为了维持高炉进程，势必采用低风量和发展边缘气流的装料制度，促成高炉沿炉墙处温度升高，矿石过早熔化。一旦发生塌料、坐料、休风或由于其他原因，高炉圆周的温度下降时，就可能形成炉瘤。不仅经常使用含粉率高的原料容易结瘤，就是偶尔集中使用含粉率高的原料，如清仓料或落地的普通烧结矿，也往往引起严重问题。因为高炉中不仅是整个料柱透气性不好会破坏顺行，而且是炉内只有一层炉料的透气性特别差时，也能破坏整个高炉的顺行。其原因正如北京科技大学杨永宜教授在研究高炉煤气流压强梯度场时所指出的“由多层料组成的高炉内，局部料层的压强梯度可以发展到大于炉料的体积质量，而把该料层浮起，导致悬料”。

焦炭在高炉中起炉料的骨架作用，尤其是在软熔带，高温的煤气流主要是通过由焦炭组成的“气窗”上升的。而煤气流的上升是否顺利和均匀，就决定了高炉行程是否顺行和煤气能量利用的好坏。煤气流能不能顺利通过“气窗”除了和焦炭层的厚度、层数、分布状况有关外，更重要的是与焦炭层的透气性有关。而这与焦炭的强度有很大关系，焦炭强度不好，对炉况顺行造成的危害，甚至比加入带有粉末的矿石还要大，因为上升的煤气流的阻损主要产生在软熔带。

（2）操作方面的原因。既然结瘤是已经熔化的炉料再凝固的结果，那么炉内温度的剧烈波动就是形成炉瘤的必要条件。在操作上引起炉内温度剧烈波动的因素有：

1）经常性管道行程。尤其当发生边缘管道时，在管道部位，由于有强大的热煤气流通过，高炉内沿纵向温度可能大幅度升高。在管道严重时，个别部位温度甚至达到800~1000℃，该方位的炉料必然过早熔化。这时一般采取堵料或放风的方法破坏管道。一旦管道被堵，则原管道方向、整个高炉的温度都将大幅度下降，已经熔化的炉料就可能凝固黏结在炉墙上。有些高炉炉瘤位置很高，甚至结到炉喉保护板上，大多是由于这种原因。在所用炉料软化点较低时，这种情况将更严重。

这种情况下所结成的炉瘤，在结构上往往是熔化的初成渣包裹焦炭和未熔化的炉料，熔化部分的化学成分与烧结矿成分大致相同，仅含有少量的金属铁。

2）连续悬料、崩料。高炉悬料时，高炉煤气不能穿过悬住的料层到达炉顶，因此悬料部位以上的温度由于煤气量减少而明显下降，由于总进风量减少，整个高度的温度也将下降，反复地悬料、崩料或坐料，必然使温度沿高炉高度长期偏低，而且剧烈波动，形成炉瘤的机会将增加。

当坐料或崩料时，大量未经充分还原的矿石落入下部高温区，FeO 含量高的炉渣还原时不仅吸收大量热量而且熔点升高，变稠，以致黏在炉墙上，造成下部结瘤。

3）长期低料线作业。长期低料线作业，高炉上部温度显著升高、剧烈波动，可使高炉上部炉料过早地熔化、结瘤。

4）炉温剧烈波动。原料成分剧烈波动，负荷调整不当，改变装料制度过急，冷却设备漏水等都可能造成炉温剧烈波动，从而引起成渣带变动和炉墙温度变化。

尤其应该提出的是，一些高炉长期采用边缘过分发展的装料制度，虽然可能取得短时间的相对顺行，但高炉不会稳定，炉温波动也大。

5）大量石灰石集中于炉墙附近，形成流动性极差的高碱度渣，当炉墙温度下降时，就可能黏附在炉墙上。

6）长期休风，尤其是无计划休风，也可能造成炉瘤。休风后炉墙温度不断降低，炉料又处于静止状态，已熔化的物料很容易黏结在炉墙上，而复风后炉况不顺，也易造成结瘤。

7）长期慢风作业，使边缘过分发展，尤其在低风温、高焦比时，高温区位置较高，更容易结瘤。

(3) 设备缺陷。有些高炉的结瘤是由于设备缺陷造成的。如：大钟偏斜，炉喉保护板严重损坏，布料器失灵，风口进风不均匀，高炉末期某些部位炉衬严重侵蚀等。这些设备缺陷都会使炉料分布不匀，或高炉偏行，经常出现管道行程，用操作方法很难克服。

(4) 冷却设备漏水或冷却强度过大。高炉炉身、炉腰、炉腹冷却设备漏水，在漏水方向容易引起结瘤。有些高炉冷却强度超出炉壁热负荷的需要，使渣铁凝固等温线深入于高炉内部，炉墙上势必经常黏结物料，形成炉瘤。

#### 6.3.9.2　高炉结瘤的征兆

在结瘤的萌芽状态，尽早发现其征兆，果断处理，能使高炉生产的损失减到最少。高炉结瘤的征兆表现为：

(1) 炉况顺行变差，不断发生管道崩料、悬料，结瘤较严重时，可能发生顽固悬料。

(2) 圆周工作显著不均匀，炉顶四个方向的煤气分布差别很大，而且方向比较固定。一般结瘤方向煤气曲线的边缘 $CO_2$ 含量较高，但整个曲线较平；炉顶温度分散，温度带显著变宽。上部结瘤时，这种现象更为明显。

(3) 结瘤方向的料尺记录表上出现台阶；炉顶压力不稳定，经常出现向上的尖峰。

(4) 上部结瘤时，结瘤方向的煤气曲线出现第二点或第三点比前一点低的“倒勾”现象，用这一征兆判断上部结瘤是比较准确的。

(5) 炉墙温度和冷却水温差反常。高炉正常行程时，各部位炉墙温度和冷却水温差应该维持在一个较稳定的数值。当高炉结瘤时，这些数值发生变化：炉瘤下方的炉墙温度升高，上方的温度下降；如炉瘤恰好结在炉墙热电偶位置，则温度将明显下降；结瘤处的水温差将明显下降。

(6) 煤气灰吹出量增加，结瘤侧炉喉温度降低。

除根据上述征兆进行判断外，一些高炉在炉身炉墙上留有探瘤孔，对高炉进行定期探孔观测或出现征兆时进行探测，可以直观地观察到炉瘤的位置和厚度。

#### 6.3.9.3　高炉结瘤的预防措施

高炉结瘤的预防措施有：

(1) 搞好精料工作。进厂原料应混匀，减少成分波动；减少石灰石入炉量；提高烧结矿强度，降低氧化铁含量，并改善冶金性能。入炉原料都应过筛，减少粉末，以改善料柱透气性。优化炉料结构，提高高炉熟料率，改善炉料性能。提高入炉焦炭强度，改善高炉料柱透气性。

(2) 保持高炉顺行、稳定，避免炉内温度剧烈波动，对防止高炉结瘤是非常重要的。为此高炉生产应根据本高炉原料、设备、人员等具体情况，寻找适合于本炉特点的基本操作制度，才能既得到较好的经济技术指标，又避免发生事故。

(3) 送风制度和装料制度应与原料条件相适应。不顾原料条件，片面追求产量、鼓大风的做法，会破坏高炉顺行，经常出现管道，炉温也不可能稳定。应注意具体条件下的正常压差（透气性指数），避免不顾客观条件追求高压差。有条件的高炉应尽量提高炉顶压力。

装料制度的确定也不能脱离原料条件。脱离原料条件，过分压制边缘气流，会造成管道、悬料、崩料；而过分发展边缘气流，只能得到暂时的顺行，不能长期稳定，而且会造成炉墙附近的炉料因温度过高而过早熔化。比较理想的煤气分布是边缘较重，中心气流相对发展。

(4) 提高高炉操作水平。高炉调节要准确，幅度小。风量、风温、喷吹物都应坚持“勤调、少量”的方针；装料制度的调节不能过于频繁；改变铁种时，负荷调节要准确，过渡时间要短，避免反复。

(5) 避免长时间慢风作业，必要时要缩小风口直径，不得已时可堵风口，防止边缘过分发展。

(6) 尽量避免无计划休风，并注意长期计划休风前，净焦要加够，要出净渣铁，待净焦下到炉腹再休风。复风时要根据休风期间的情况补充焦炭，保证炉温，复风恢复过程不要拖得太长，复风后要主动清洗炉墙。

(7) 严格禁止长期低料线作业。

(8) 及时消除设备故障，若大钟偏斜、漏气，应及时检修或更换，保持风口进风均匀，避免长期堵风口作业。

(9) 冷却设备的冷却强度，应根据高炉各部位、各时期的热负荷而定。冷却强度小，不利于炉体维护，过大，则容易结瘤，且易造成能源浪费。

(10) 漏水的冷却器应及时处理。

#### 6.3.9.4 高炉结瘤的处理

炉瘤一经确认后，一般采用“上炸下洗”的方法处理。

(1) 洗瘤。下部炉瘤或结瘤初期可采用强烈发展边缘的装料制度和较大的风量，来促使其在高温和强气流作用下熔化。如果炉瘤较顽固则应加入均热炉渣、萤石或通过集中加焦等来消除。但注意要保证炉况顺行，炉温充沛，渣碱度放低，尽量全风作业。

(2) 炸瘤。上部或中上部结瘤如靠洗炉效果不明显或无效时，应果断休风炸除炉瘤。

1) 在炸瘤作业中最关键的是弄清炉瘤的位置和体积，以便确定休风料的安排与降料线的深度。

2) 装入适当的净焦、轻负荷料和洗炉料；然后降料线至瘤根下面，使瘤根能完全暴露出来，休风后用泥堵严风口。

3) 打开入孔，观察瘤体的位置、形状和大小，决定安放炸药的数量和位置。

4) 炸瘤时应从上而下，常见的炉瘤一般是外壳硬，中间松，黏结最牢的是瘤根，应先炸除。如果先炸上部，将会使炸落的瘤体覆盖住瘤根，不能彻底去除瘤根。

5）炸下的炉瘤在炉缸内要经过一段时间才能熔化，因此，在这段时间内要保持足够的炉温，所以在复风后可根据所炸下的瘤量，补加足够的焦炭，以防炉凉。同时可加一些洗炉料，促使熔化物排出炉外。

## 6.4 高炉事故处理

### 6.4.1 风口灌渣

#### 6.4.1.1 风口灌渣原因

风口灌渣可大致分为休风灌渣、风口自动灌渣和人工坐料时灌渣三种。其主要基本原因有：

（1）长时间的炉缸渣温不足，炉缸堆积，炉缸圆周工作不均匀，以及严重的崩料或顽固悬料坐料。

（2）由于风口突然烧坏，被迫在未出铁情况下紧急休风。

（3）停电或鼓风机突然发生故障而停风。

（4）休风时拉风过快。

（5）风口烧坏后往炉缸漏水过多，造成风口前渣流动性变差，不能顺利地穿过焦炭到达炉缸，而在休风时发生灌渣事故。

（6）倒流休风时热风炉烟道抽力过大。

#### 6.4.1.2 风口灌渣处理

若发生风口灌渣可通过如下方式处理：

（1）由于炉缸堆积、炉凉等原因，炉缸温度不足，风口前大量挂渣、涌渣，严重时流入风口及直吹管内，此时应在该直吹管处打水，将涌入的渣冷凝在直吹管中，避免流入弯头或更高处，待出铁后休风更换处理时能减轻处理难度。

（2）在休风后风口灌渣，应站在风口窥视孔盖的侧面迅速将窥视孔盖打开，让渣流出，防止流入弯头以上，增加处理难度。等渣流停止后，往直吹管内打水使渣凝固，然后卸下直吹管及已灌入渣的弯头，清理掉风口、直吹管及弯头内的渣，并用少量炮泥将风口堵上。若风口内有凝铁不易清理时，可用氧气烧除。

（3）若风口、直吹管和弯头内有铁水灌入凝死，形成一体不能分开卸下，可将悬挂弯头的楔铁卸掉，或用氧气烧掉弯头法兰螺栓，也可采取氧气烧风口内凝铁等办法将其分开卸下。

（4）将灌渣直吹管、弯头卸下后，将备用直吹管或弯头换上，以尽量缩短休风时间。如果没有备用直吹管和弯头，只能抓紧时间处理被灌的直吹管和弯头。

#### 6.4.1.3 避免风口灌渣的方法

在操作中应及时察觉风口灌渣的危险程度，从而及时采取措施，避免灌渣事故的发生。具体做法如下：

（1）出净渣铁，必要时边减风边出铁。风口烧坏时要视其烧坏程度及时控制水量，以防止大量冷却水漏入炉缸内。如漏水严重，出铁时要大量控水，直到风口烧亮为止。当高炉出现炉凉，风口有灌渣危险时，应避免休风；必须休风时，应打开渣铁口，降低风压确保无灌渣危险再休风。

（2）对某些热风炉抽力大的高炉，当倒流休风经常引起风口灌渣时，一般采取如下措施：

1）少开一个热风炉烟道阀门（两个烟道阀门）；

2）先正常休风，然后改倒流休风；

3）风口有自动灌渣危险时，必须提高炉温，当炉缸工作不均匀，个别风口有灌渣危险时，就应按照最凉的风口来操作，即及时增加喷吹，减轻负荷，大量减风和提高风温；

4）在高炉悬料以后，观察到个别风口很凉而有灌渣危险时，强迫坐料会立即引起风口灌渣事故，这时可采取停止喷吹，把风温提到热风炉最高水平或全闭湿分。

### 6.4.2 炉缸、炉底烧穿

炉缸、炉底烧穿是指液态渣铁从风口以下的炉缸圆周某处的砖衬或水箱烧出。

炉缸、炉底烧穿是高炉炼铁生产中最严重的安全事故，会给企业带来重大的生命财产损失，甚至会终止高炉一代炉役的生产。炉缸、炉底烧穿事故不同于风口以上部位炉体烧穿或其他设备事故，上部炉体烧穿事故可通过短期检修恢复生产，而且能够做到修旧如新，高炉总体产能不会降低。而一旦发生炉缸、炉底烧穿事故，有的情况下会诱发重大的爆炸事故，毁坏一座生产车间，有的情况下高炉不能继续生产，只能大修或另建。即使有的高炉烧坏不太严重或可以抢修，其抢修、复产、新一代炉役大修的代价也极大。

#### 6.4.2.1 烧穿的原因

炉缸、炉底烧穿的原因有：

（1）炉缸、炉底结构不合理。陶瓷质耐火材料的炉缸炉底承受不了高炉恶劣的工作条件，容易在结构薄弱处烧坏。

（2）耐火材料质量不好，施工质量差。

（3）冷却强度低，冷却设备配置不合理。

（4）炉料含碱、铅高，造成砖衬破坏，铅的渗漏。

（5）操作制度不当，炉况不顺，经常洗炉，尤其是用萤石洗炉。

（6）监测设备不完善，维护管理跟不上。

#### 6.4.2.2 炉缸、炉底烧穿的征兆

炉缸、炉底烧穿的征兆有：

（1）冷却壁水温差超过规定（黏土砖炉缸为20℃，炭砖为3~4℃）。

（2）炉缸、炉底温度超过规定值（不通风的炉底中心温度不超过700℃，通风的炉底中心温度不超过250℃，自然通风的炉底中心温度不超过400℃，水冷的炉底温度不超过100℃）。各企业具体安排情况不一样，要各自制定本企业具体对炉底温度要求。

另外，冷却壁水温差突然升高或冷却设备出水量减少，以及炉皮发红或炉基裂缝有冒气现象，也需要特别关注。

#### 6.4.2.3 炉缸、炉底烧穿的预防措施

炉缸、炉底的热电偶配置要科学合理，能连续自动测量。操作人员要及时观察其温度

变化，出现冷却壁水温差突然升高，应及时采取有效预防烧穿措施：

（1）把握炉缸耐火砖质量和砌筑质量。

（2）优化炉缸设计，特别是炭砖的选择。

（3）炉料含碱金属要小于3%，含铅小于0.15%。

（4）不轻易洗炉，慎重使用萤石洗炉。

（5）冷却壁水温差超过规定时，要及时用钒钛矿护炉。$TiO_2$用量为5~15kg/t。其机理为TiN及TiC熔点分别为2950℃和3140℃，在炉底和周围形成难熔保护层。

（6）及时发现炉皮红，及时打水，相应部位冷却壁加强冷却和维护，对相应部位冷却壁进行清洗（使用高压水蒸气，压缩空气，10%~15%盐酸溶液粒度3~4mm的砂子）。

（7）防止铁口长期过浅，维持铁口正常深度，按时出净渣铁。

（8）温度或热流强度超标准部位，可堵相应部位风口，必要时可降低顶压和冶炼强度，甚至可休风，凉炉。

近几年来我国高炉进行高强度冶炼，生铁含硅低，铁的冲刷力大，炉缸耐火砖侵蚀严重，时有高炉水温差高报警现象，个别高炉有炉缸烧穿现象。要加强对高炉水温差的观测和分析，有水温差高的趋势，要及时进行护炉（加钒钛矿10%~15%），提高冷却强度，必要时可休风凉炉。

6.4.2.4 烧穿处理

在出现水温差异常升高时，及时采取措施，炉内外结合，可以缓解烧蚀状况。一经烧穿，应视严重程度进行处理：

（1）立即休风，对烧穿部位进行清理。

（2）更换新的冷却壁。对烧坏的炉衬用耐火材料补砌或喷补，在冷却壁之间、冷却壁与炉壳之间、冷却壁与喷补层之间进行灌浆处理。补焊炉皮，喷水冷却。

（3）将烧坏处以上对应的风口堵死一段时间，降低冶炼强度，采取护炉措施，如钛渣护炉、冶炼铸造铁等。

（4）炉役后期烧坏严重时，则应决定停炉检修。

还可以采取以下应急措施：

（1）降低冶炼强度，短期内降低20%~30%。

（2）采用钒钛矿护炉。

（3）增加炉缸冷却水量，增加70%~80%。

（4）加强铁口维护，保持铁口有足够的深度。

（5）炉缸局部进行压浆处理。

### 6.4.3 高炉上部炉衬脱落

高炉上部炉衬脱落的原因为：

（1）炉役后期，炉墙侵蚀严重，冷却破损。

（2）经常低料线，边缘煤气流过分发展。

（3）经常出现崩料，悬料；炉身砖衬及冷却设备结构不合理。

（4）炸瘤操作不当，造成局部砖衬脱落等。

高炉上部炉衬脱落的征兆有：

（1）砖衬大量脱落时，风压突然升高，风口前出现耐火砖，甚至堵风口。
（2）炉身温度升高，砖衬脱落会造成炉皮发红。炉渣成分突变，碱度降低。
（3）煤气曲线边缘 $CO_2$ 值明显改变，利用率变坏，顺行恶化。
（4）料尺不均，砖衬脱落一侧料尺较深。
高炉上部炉衬脱落的处理方法是：
（1）减风维持顺行，缩小相应部位风口径。不让边缘煤气流过分发展。
（2）减轻焦炭负荷，严重时补加净焦防止炉凉。在砖衬大量脱落处炉皮外打水，避免烧穿。
（3）降料面休风观察确定砖衬脱落处位置和面积，做好修补准备，进行砌砖或喷补。

### 6.4.4 鼓风机突然停风

鼓风机突然停风的危害有：
（1）煤气向送风系统倒流，造成送风系统管道甚至风机爆炸。
（2）因煤气管道产生负压，吸入空气而引起爆炸。
（3）造成全部风口、直吹管甚至弯头灌渣。
发生风机突然停风时，应立即进行如下处理：
（1）检查仪表、观察风口。当确认风口前无风时，全开放风阀，发出停风信号，通知热风炉停风，并打开 1 座热风炉的冷风阀、烟道阀，拉净送风管道内的煤气。
（2）关混风调节阀、混风大闸，停煤，停氧。
（3）停止加料，顶压自动调压阀停止自动调节。
（4）炉顶、除尘器、煤气切断阀通蒸汽。
（5）按改常压、停气手续开、关各有关阀门。
（6）检查各风口，如有灌渣，则打开大盖排渣。排渣时要注意安全。

### 6.4.5 突然停水

因水泵、管道破裂、停电等原因而导致高炉供水系统水压降低或停水时，应采取如下措施：
（1）减少炉身各部的冷却水，以保持风口、渣口冷却用水。
（2）停止喷吹、富氧，改高压为常压，放风到风口不灌渣的最低风压。
（3）迅速组织出渣、出铁，力争早停风，避免或减轻风口灌渣危险。
恢复正常水压的操作，应按以下程序进行：
（1）把来水的总阀门关小。
（2）先通风口冷却水，如发现风口冷却水已尽或产生蒸汽，则应逐个或分区缓慢通水，以防蒸汽爆炸。
（3）风、渣口通水正常后，由炉缸向上分段缓慢恢复通水，注意防止蒸汽爆炸。
（4）检查全部冷却水，出水正常后逐步恢复正常水压，待水量、水压都正常后再送风。
突然停水的注意事项：
（1）高炉突然停水，不管在出渣铁之前还是之后都要立即休风。抢在高炉冷却水管出水为零之前休风就能避免和减少风口、热风阀等冷却设备烧坏。

（2）高炉断水后，在冷却设备出水为零时要将进出水总阀门关小，目的是防止突然来水，使风口急剧生成大量蒸汽而造成风口突然爆炸。

（3）炉缸内有渣铁情况下休风时，要迅速将风口窥视孔打开，防止弯管灌死。

（4）高炉突然停水的操作必须果断、谨慎，严格按照操作程序操作，保证人身和设备安全。

### 6.4.6 突然停电

出现高炉紧急停电，首先要冷静，分析和确认停电的原因、性质、范围，然后进行分别处理：

（1）上料系统停电要减风，如1h以上不能供电，要立即组织出铁出渣，进行休风。来电后要先上料，料满后再复风。

（2）热风炉停电，可手动操作一段时间。能否烧炉，要视情况而定。

（3）泥炮停电，要查明原因，适当减风。若短时处理不好，炉缸存铁太多，要组织出铁休风。用人工堵铁口。

（4）鼓风机停电停风，要立即组织出铁休风。

（5）紧急停电引起断水按停水处理。

# 高炉休风、送风、开炉、停炉、封炉操作

## 7.1 高炉休风、送风操作

高炉休风 、复风作业涉及多个岗位（调度室、鼓风机室、煤气管理站、热风炉、供料、喷吹站等），必须联系妥当、统一指挥、互相配合，严格按操作规程操作。

高炉在生产过程中因检修、处理事故或其他原因需要中断生产时，停止送风冶炼就称为休风。根据休风时间的长短，分为短期休风（休风时间少于4h）、长期休风（休风时间多于4h）、特殊休风。

### 7.1.1 高炉短期休风与送风

休风时间少于4h，更换冷却设备、修理设备等的临时休风，称为短期休风。

7.1.1.1 短期休风

短期休风操作程序如下：

（1）休风前与有关部门和单位（如煤气管理站、鼓风机、热风炉、原料、调度室、喷吹站等）联系。

（2）向炉顶、除尘器等煤气设备通入蒸汽（或$N_2$）。

（3）停富氧、喷吹、蒸汽鼓风。

（4）高压改常压，减风50%左右。

（5）全开炉顶放散阀，停止上料。

（6）热风炉停止烧炉。

（7）关煤气切断阀。

（8）混风调节阀改手动，关冷风调节阀和冷风大闸。

（9）继续减风至0.005MPa。

（10）通知热风炉休风。

（11）关送风炉的热风阀、冷风阀，放尽废气。

（12）开倒流阀进行煤气倒流。

（13）通知高炉“热风炉休风操作完毕”。

7.1.1.2 短期休风后的送风

短期休风后的送风程序如下：

（1）送风前与有关部门联系。

（2）关好风口窥视孔盖，通知热风炉送风。

（3）关倒流阀停止倒流。

(4) 开送风炉的冷风阀、热风阀同时关废风阀。

(5) 通知高炉“热风炉送风操作完毕”。

(6) 逐渐关放风阀回风。

(7) 开混风大闸及风温自动调节阀，根据需要调整风温。

(8) 取得煤气管理站同意，开煤气切断阀。

(9) 关炉顶放散阀。

(10) 关炉顶、除尘器等处的蒸汽（或 $N_2$）。

(11) 高炉按情况转入正常操作。

7.1.1.3 故障案例

案例1：1995年2月8日，某钢1号高炉夜班更换10号风口，更换完毕后，工长联系失误，未见热风炉热风阀信号灯亮，就关闭放风阀复风，结果高炉只有风压，没有风量。热风阀手动打不开，造成二次休风，重新做送风手续。

原因分析：高炉休风和复风，涉及厂调度室、动力风机、燃气调度、高炉热风炉、供料等众多部门和岗位，应联系准确，配合默契。

案例2：1998年3月17日，某钢3号高炉热风压力突然升高，由0.257MPa升至0.31MPa，相应顶压也升高，由0.129MPa升至0.25MPa，除尘器 $\phi$250mm 放散阀和炉顶一个 $\phi$650mm 放散阀被顶开，当即减压了0.2MPa，高炉随即停煤、停氧，改常压，出铁，当时风压为0.142MPa，风量为零。结果15个风口小盖黑了，个别风口和吹管间流出渣子，后打开另两个炉顶 $\phi$650mm 放散阀后，风量回到 $700m^3/min$，这时才发现煤气切断阀被关闭，电源闸是合着的。被迫停风80min，更换8个流进渣子的吹管。

原因分析：工长在上次休风复风后忘记拉下电源闸，煤气切断阀开关被碰造成煤气切断阀关闭，使得高炉炉顶煤气没有了出路，憋开炉顶放散阀和除尘器放散阀，而风口带同样只有风压而没有风的出路，风口前没有了压差后，炉渣进入了吹管。如果吹管密封严重不严或风口中缸之间密封不严，大的烧出事故就会发生。

案例3：1974年9月，某钢一高炉在停风操作过程中，放风到0.01MPa，10min后冷风管道突然爆炸，将高炉放散阀炸坏。高炉停风后，冷风管道再次爆炸，分析可能是混风阀不严，高炉煤气经过混风阀窜到冷风管道，冷风可能从放风阀窜入，所以临时开冷风阀，烟道阀排出冷风管道的残余煤气。结果在烟道的地下水平段，又发生爆炸。当撤销此措施后，已经停风3h，冷风管道又一次爆炸。事后检查，混风阀差100mm未能关严。

原因分析：

(1) 当高炉放风到0.01MPa时，高炉炉内高温煤气经过热风环管窜到仍然开着的混风阀，进入冷风管道与残余的冷风混合，达到爆炸性浓度从而发生第1次爆炸。

(2) 停风后的3次爆炸也是因为混风阀不严导致高温煤气窜入冷风管道与由放散阀窜入的冷风混合从而发生爆炸。4次爆炸后，打开倒流回压阀，把高炉煤气放散到大气，爆炸停止。这个案例说明，高炉煤气爆炸是非常危险的，不但破坏设备，而且很可能危及人员的生命安全。在休风操作中再次强调，一定要确认每一步操作都到位。同时，要时刻牢记，高炉煤气不能窜到冷风管道内。煤气爆炸离不开温度、煤气和空气三要素。在停送风操作中只要控制好一项，爆炸事故就不可能发生。在停风操作中炉顶及煤气切断阀通蒸汽，其目的就是稀释煤气，保持正压，防止空气进入发生煤气爆炸。

案例4：1996年5月4日，某钢2号高炉因风机能力不足停风堵风口，在炉温充足的情况下停风。出铁喷花后改常压、停气，放风到0.06MPa，观察风口没有异常后，再放风到0.031MPa，然后又放风到零。做停风手续，停风后发现高炉西侧风口进渣。

原因分析：

（1）虽然炉缸圆周工作均匀，但在风机能力不足，或慢风作业炉况不顺时，即使炉温不低，也会造成炉缸活跃程度变差，容易造成停风时风口局部进渣，所以思想不能麻痹。

（2）严格执行操作中放风到0.01MPa时保持正压观察风口的规定，多看几遍风口。往往有的工长经验不足，对风口的浑浊程度判断不准，贸然停风造成风口进渣。应该在判断不准时盯住该风口，继续放风，一旦有液体流进吹管，立即回风就可以避免进渣。

### 7.1.2 高炉长期休风与送风

休风时间大于4h的休风（例如高炉计划检修、重大事故的处理、重大的外界影响导致高炉不能生产）称为长期休风。长期休风停产时间长，风机应停止运转。为确保复风顺利，休风前应做到炉况顺行，洗净结厚和堆积，炉温适当做高一些。长期休风时，应根据休风时间长短上适当的休风料。

#### 7.1.2.1 休风料的确定

正常生产时休风料的确定原则为：

（1）休风时间愈长，减负荷愈多。

（2）休风前炉况顺行好，减负荷愈少，反之减负荷多。

（3）炉龄长，炉体破损严重，减负荷愈多，反之减负荷少。

（4）炉容愈大，减负荷愈少，反之减负荷多。

（5）休风前喷吹燃料愈多，减负荷愈多，反之减负荷少。

（6）休风前高炉焦炭负荷，愈重减负愈多，反之减负荷少。

#### 7.1.2.2 长期休风操作注意事项

为了安全顺利地休风与复风，长期休风工作，除按短期休风程序进行操作外，其操作上应注意以下几点：

（1）对高炉残存煤气的处理。高炉长期休风后一般都要进行检修，发生动火，此时若煤气系统内有残存煤气，又与吸入的空气混合，极易发生煤气爆炸事故。所以，长期休风对于残存煤气的处理要比短期休风更为严格，因此要做好以下操作：

1）长期休风前，要将干式除尘器中的瓦斯灰卸空，防止存留灼热的瓦斯灰。

2）点燃炉喉残存煤气，即炉顶点火。其方法是：在停风过程中首先在煤气系统通入蒸汽，保持正压，休风后进行点火时，再将炉喉蒸汽关闭。无料钟炉顶点火时要先打开炉喉人孔，再关闭蒸汽，投入引火物。要注意炉顶点火时一定要将炉喉蒸汽关严。另外炉体水箱有漏水时，高炉休风后，需先将漏水水箱的冷却水关闭，方能进行炉顶点火。

例如：1996年7月，某钢3号高炉停风后，在炉顶点火时，因炉体水箱漏水未能查出，当打开人孔，关闭炉喉蒸汽后，自动着起大火，火从人孔窜出，烧坏炉顶电缆。在查出漏水关闭以后，火焰才恢复正常。

3）长期休风时，用蒸汽驱净残存煤气后，可将煤气管道、除尘器等设备的人孔打开，使之与大气相通。为确保安全，可用蒸汽再吹扫一段时间后关闭蒸汽，并进行煤气检测，这样既保证了煤气系统的安全，又节约了蒸汽。煤气管道内的检修动火，必须经过煤气专业检查合格后方可进行。

（2）搞好炉体的密封工作，为了复风顺利，必须采取措施减少休风期间的热损失。

1）下部密封。下部密封是炉体密封的重点，对于降料面到风口带进行喷涂等工作，则无须上述操作，但要在料面上面压水渣或喷涂盖料面，厚度100mm即可。

2）上部密封。上部密封工作主要由休风要求确定。为了满足迅速降低炉顶温度，方便检修的要求，一般在停风前先将炉料降到炉身中上部，休风后再加入冷料（只加矿石不带焦炭，焦炭在复风时补回）。这样炉顶温度下降较快，能满足一般检修要求。对于部分降料面，高炉进行上部喷补，则应加干水渣压火，厚度300mm。以保证温度满足施工要求。

3）中部密封。

中部密封指与炉体围板有关的密封工作：

①炉体裂缝要及时补焊，减少空气吸入炉内。

②检修过程中，如果拆除密封或炉体开孔检修要先做好准备逐个进行，缩短时间，检修后重新做好密封。

为了减少热损失，还要搞好有关冷却系统的工作：

①休风前检查冷却设备是否漏水，漏水的水箱休风前要停水。破损的风渣口休风后立即更换，再做密封。

②为减少休风期间的热损失，休风后要降低冷却水的水压，减少水量，减少到正常水温差的最低水量。

#### 7.1.2.3 长期休风前的准备工作

长期休风前的准备工作如下：

（1）放净除尘器中积灰。

（2）准备点火用的点火枪、红焦、油布。

（3）检查好通往炉顶各部和除尘器蒸汽管路（或$N_2$管路）。

（4）按休风长短适当减轻负荷，当休风料下到炉腹部位时，出最后一次铁，出铁后休风。休风前炉温适当提高，炉渣碱度适当减轻。

（5）出净渣铁。如渣铁未出净，应重新再出，出净后才能休风。

（6）检查风口、渣口、冷却壁等冷却设备，如发现损坏，要适当关水休风，然后立即更换，严禁向炉内漏水。

（7）休风前要保持炉内顺行，避免管道、崩料、悬料。如遇悬料，必须把料坐下来，才能休风，最好将炉况调整顺行后再休风。

#### 7.1.2.4 钟式高炉长期休风程序

钟式高炉长期休风处理煤气，采用“炉顶点火→休风→处理煤气”的模式，其模式如下：

（1）通知调度室、燃气、鼓风、上料、喷煤站等部门和岗位。

（2）向炉顶各部、除尘器、煤气切断阀通蒸汽。

（3）停止炉顶打水，富氧，喷煤。

（4）按程序转入常压操作。

（5）开放风阀减风到50%左右。

（6）关风温调节阀及混风大闸。

（7）全开炉顶放散阀，停止上料。

（8）关煤气切断阀。

（9）全开小钟均压阀，全关大钟均压阀。

（10）热风炉全部停止烧炉。

（11）通知煤气管理站关叶形插板（或水封）。

（12）减风至0.005MPa；炉顶压力调整到300~500Pa，不同的高炉按不同的形式进行炉顶点火。

（13）炉顶火燃烧正常后，通知热风炉休风。

（14）关送风炉的热风阀、冷风阀，开废风阀放尽废气。

（15）开倒流阀进行煤气倒流。

（16）热风炉发出“休风操作完毕”信号。

（17）卸下风管，风口堵泥。若休风16h以内，而冷风管道又有冷风充压，可不卸风管，但风口必须堵泥，同时风口视孔大盖和倒流阀必须处于开启状态。

（18）驱尽煤气系统的剩余煤气。

7.1.2.5 无料钟高炉长期休风程序

无料钟高炉长期休风程序，采用“休风→处理煤气→炉顶点火”的模式，其模式如下：

（1）休风程序同短期休风程序并增加关叶形插板（或水封）程序。

（2）高炉休风后卸下风管，风口堵泥。若休风16h以内，而冷风管道又有冷风充压，可不卸风管，但风口必须堵泥，同时风口视孔大盖和倒流阀必须处于开启状态。

（3）驱尽煤气系统的剩余煤气。

（4）煤气驱赶干净检测合格后，进行炉顶点火（按规程执行）。

7.1.2.6 长期休风后的送风操作

长期休风后的复风操作程序有送风前的准备工作和送风两部分，送风前的准备工作包括：

（1）检修的设备试运转正常。

（2）送风前2h启动风机，放风阀处于全开位置。

（3）通知煤气管理站做好接收煤气的准备。

（4）关闭煤气管道、除尘器和热风炉系统的全部人孔。

（5）关闭热风炉所有的阀门，通知鼓风机将风送到放风阀。

（6）全开炉顶及煤气系统放散，打开均压放散阀，关均压阀。

（7）关煤气切断阀，关除尘器清灰阀，洗涤系统通水。

（8）关闭炉顶点火人孔，炉顶、除尘器、煤气管道通蒸汽。

（9）上风管及喷枪。

（10）捅开所有风口堵的密封泥，上好风口视孔盖。

送风程序如下：

（1）高炉发出送风指令，即开送风炉的冷风阀、热风阀同时关废风阀。

（2）热风炉发出“送风操作完毕”信号。

（3）逐渐关放风阀回风。

（4）开混风大闸及风温自动调节阀，根据需要调整风温。

（5）通知煤气管理站，送煤气。

（6）开煤气切断阀。

（7）关部分炉顶放散阀，调整炉顶压力。

（8）开大钟均压阀用煤气吹扫回压管道。

（9）在系统末端取样经煤气爆发实验合格。

（10）开叶形插板。

（11）关炉顶、除尘器等处的蒸汽。

（12）将煤气系统放散阀逐渐关闭。

（13）转入正常，改高压。

### 7.1.3　高炉特殊休风

#### 7.1.3.1　鼓风机突然停风

如果没有发现大量灌渣，且冷风压力立即回升，高炉可以继续送风，否则高炉需要果断休风。除通知有关部门，参照短期休风程序休风外，还应注意以下事项：

（1）迅速关闭混风大闸及风温调节阀。

（2）热风炉停烧，全厂（全部高炉）性停风时，所有高炉煤气用户停烧煤气以维持管网压力。

（3）如发现煤气已流入冷风管道，可迅速开启一座废气温度较低的热风炉烟道阀、冷风阀，将煤气抽入烟囱排入大气。

（4）全厂性停风，禁止倒流休风，以免炉顶和煤气管网压力进一步降低。

（5）为保持炉顶正压，可缩小炉顶放散阀的开度或关闭部分放散阀。

（6）全厂性停风，可根据情况往管网中调入焦炉煤气、天然气或进行赶残余煤气的处理。

（7）如果一座高炉突然停风，煤气处理较简单，只要将煤气切断阀关闭即可。

#### 7.1.3.2　停电

停电休风的煤气应做如下处理：

（1）局部停电。有两座以上高炉的单位，如果是一座高炉停电休风时，可按正常短期休风处理，此时，关煤气切断阀切断煤气，切断阀后的煤气系统，用煤气管网的煤气充压。

（2）全厂性停电。包括鼓风机在内的全厂性停电，其休风程序为：1）关冷风大闸；2）热风炉全部停烧；3）关热风阀、冷风阀，向炉顶、除尘器通蒸汽；4）高压改常压，开炉顶放散阀，关煤气切断阀；5）开放风阀；6）往高炉煤气管网充填焦炉煤气或天然气，以维持煤气管网正压，同时停止供给一切用户煤气。如果没有焦炉煤气和天然气，可往管网中通入蒸汽。

#### 7.1.3.3　停水

高炉正常冷却水压力（以风口水压为准）应大于0.05MPa，小于该值时应减风，当水压小于0.1MPa时，应立即休风。休风程序如下：

（1）立即全开炉顶压力调节阀，改高压操作为常压操作。

（2）开炉顶、除尘器蒸汽阀。

（3）关混风阀。

（4）立即堵上正在放渣的渣口。

（5）开炉顶放散阀，关遮断阀（切煤气）。

（6）开放风阀放风，风压控制在10～20kPa（0.1～0.2kgf/cm$^2$），并通知热风炉关热风阀进行休风操作。

（7）全开放风阀。

（8）检查风、渣口，若发现漏水应组织更换；若风口灌渣应组织清除，并将风口堵严。

（9）如炉内渣铁较多应组织出铁，但禁止用渣口放渣。

7.1.3.4 高炉突然断水

高炉突然断水应立即进行休风操作。其程序见上述水压降时的休风操作程序。

恢复送水的操作程序为：

（1）应将总进水阀关小，然后分区、分段缓慢送水。

（2）如风口已冒蒸汽，应将风口进水阀关闭，然后逐个缓慢通水，以防蒸汽爆炸。

（3）全部冷却设备出水正常后，即恢复正常水压。

（4）水压正常后，可按短期休风后复风操作程序进行复风操作。

## 7.2 高炉开炉

高炉开炉是一个庞大的工程，不允许有任何纰漏。因此，开炉前必须制定详细的开炉计划，重点做好开炉准备、人员培训、设备试车调试等工作，确保开炉顺利，达到预期的正常生产水平。

### 7.2.1 烘炉

开炉前必须要对高炉进行烘炉，主要目的是缓慢除去高炉内衬中的水分，提高内衬固结强度，避免因开炉时升温过快、水分快速蒸发导致的砌体开裂和炉体剧烈膨胀而损坏设备。烘炉的方法见表7-1。

**表7-1 高炉烘炉方法一览表**

| 热 源 | 适用条件 | 方 法 | 特 点 |
|---|---|---|---|
| 固体燃料（煤、木柴等） | 无煤气 | 在高炉外砌燃烧炉，利用高炉铁口、渣口作燃烧烟气入口，调节燃料量及高炉炉顶放散阀开度来控制烘炉温度；或直接将固体燃料通过渣口、铁口直接送入炉缸中，在炉缸内燃烧，调节燃料量来控制烘炉温度 | 烘炉时间长，温度不易控制 |
| 气体燃料（煤气） | 无热风 | 在高炉内设煤气燃烧器，调节煤气燃烧量来控制 | 热量过于集中，并须注意煤气安全 |

续表 7-1

| 热　源 | 适用条件 | 方　法 | 特　点 |
| --- | --- | --- | --- |
| 热　风 | 通常采用 | （1）风口设导向管，烘炉弯管伸向炉缸的臂分长短两种，按单双号风口交叉布置，铁口设废气导出管；<br>（2）直接从风口吹入热风，但在炉缸设一钢架，上置铁板，高度超过风口，该挡风铁板与炉墙的间隙约 300mm 左右 | 最方便，不用清灰，烘炉温度上升均匀且容易控制；烘炉比较安全 |

当新建厂无煤气和热风来源时，可用木柴、烟煤烘炉。最好的烘炉方法还是用热风烘炉，其烘炉操作的要点是：

（1）严格按烘炉曲线进行。烘炉曲线制定的原则是，黏土砖在 300℃左右线膨胀系数最大，在此温度恒温 8~16h。用热风烘炉时，黏土砖或高铝砖砌筑的高炉，最高风温不超过 600℃。炭砖砌筑的高炉最高风温不超过 400℃。烘炉期一般 5~10 天，烘干后以 40~50℃/h 的速度降温至 150 ℃以下。

（2）烘炉终止时间以炉顶废气湿度为准。当炉顶废气湿度等于或低于大气湿度以后经过两个班左右，就可以停止烘炉。在烘炉期间应定期取炉顶废气进行湿度测定。

（3）开始烘炉风量各厂经验不一样，有的厂从正常风量的 1/4 开始，逐渐增大至 3/4。有些钢厂则是开始风量稍大些，认为风量与高炉容积成一定的比例关系，如图7-1所示。烘炉过程中掌握风量的变化是先大后小。另外要关闭煤气切断阀及大、小钟，炉顶放散阀轮流开启其一，每 4h 换一次，以求升温均匀。

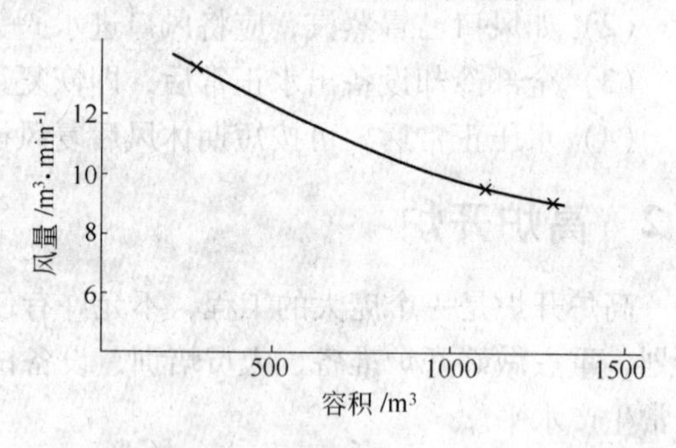


图 7-1　每立方米容积风量与高炉容积的关系

（4）烘炉期间控制顶温不超过 400℃，无钟炉顶高炉控制顶温不超过 300℃，密封室要通氮气保护，保持在 45℃以下。若顶温超过控制温度，应减少风量。

（5）高炉烘炉的重点是烘烤炉底，为此在采用热风烘炉时，应设有把热风吹向炉底的装置。

（6）为了及时排出炉体水汽，烘炉时应打开所有灌浆孔，要经常观察，发现堵塞要及时捅开，烘炉结束后要封闭上。

（7）烘炉期间炉体冷却系统要少量通水（略小于正常时的 1/2）。

（8）炭捣和炭砖砌筑的炉缸炉底，表面必须砌筑好黏土砖的保护层，炉身用炭砖砌筑的部分，烘炉前要涂保护层，防止烘炉过程中炭素炉衬氧化。

（9）烘炉中，托圈与支柱间、炉顶平台与支柱间的螺丝应处于松弛状态，以防胀断。要设有膨胀标志，检测炉体各部位（包括内衬和炉壳）的膨胀情况，发现问题及时处理。

（10）为了掌握和控制实际达到的温度，还应在铁口和渣口处安装热电偶，热电偶分别伸到炉中心和炉缸半径 1/2 处。此外烘炉期间还应注意炉体内衬所设热电偶温度。

### 7.2.2 开炉准备

高炉是钢铁联合企业中的一个环节，与前后工序有不可分割的联系，高炉生产又是连续作业，因此开炉前必须对保证连续作业的相关条件进行仔细检查，认真做好准备工作。

（1）编制开炉工作网络图。为保证开炉工作有条不紊地进行，事先要编制开炉工作进度网络图，以协调各部门之间的工作，达到最佳配合。图 7-2 是一个供参考的原料、烧结、高炉三单元生产准备进度表。实际编制时应更详细些。

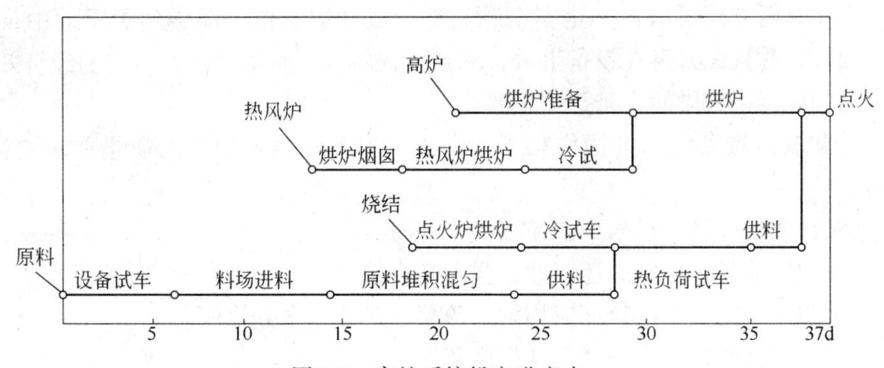


图 7-2 高炉系统投产进度表

（2）设备检查与试运转。无论大修还是新建高炉，均应按规定对设备进行检查和试运转。试运转包括单机、联动及带负荷联动试车等方式。试车时间要足够长，使问题能尽量暴露在投产前。试运转中发现的问题要详细记录，以便逐次安排解决。

（3）操作人员培训。在安装、检查初试车过程中，要抓好对操作人员的培训，尤其是在新建高炉或有新设备、新工艺采用时。操作人员不仅应该参加整个安装、调试及试运转工作，还应进行必要的操作演练和反事故训练，以确保高炉投产后各岗位人员能熟练操作，应付各种意外情况。

（4）开炉应具备的条件。开炉应具备的条件有：

1）新建或大修高炉项目已全部竣工，并验收合格，具备开炉条件。

2）上料系统经试车无故障，能保证按规定料线作业。

3）液压传动系统经试车运行正常。

4）炉顶设备开关灵活并严密。

5）炉体冷却设备经试水、试压合格无泄漏，发现不合格者立即更换。

6）送风系统、供水系统、煤气系统经试车运行正常无泄漏。

7）炉前泥炮、开口机、堵渣机等设备试车合格并能满足生产要求。

8）冲渣系统运行正常。

9）各监测仪表安装齐备，经验收合格并能满足生产要求。

10）各岗位照明齐全，安全设施齐备。

（5）开炉前准备工作。开炉前的准备工作包括：

1）按配料要求，从品种及数量上备足矿焦等，保证开炉后不断料。为使开炉过程顺利，要求填充料、焦炭、矿石、熔剂等的水分含量、粉末（粒度小于 5mm）及有害杂质少，粒度均匀（上限较小，必要时特殊加工过筛），强度及还原性好。

2）准备好风口、渣口、直吹管、泥炮嘴、开铁口钻头和钻杆、堵渣机塞头等主要易损备件。

3）准备好炉前打水胶管、氧气管和氧气、炉前出铁、放渣工具。

4）准备好高炉生产日报表和各种原始记录纸。

5）制定各岗位工序的工艺操作规程、安全规程、设备维护规程等。

### 7.2.3 开炉料

开炉工作有两方面要求：一是安全顺利地完成开炉工作，即做到炉温适中，铁口易开，下料顺畅，并且无人身、设备事故；二是尽快转入正常生产，获得好的经济效益。为此开炉焦比的确定、料段的安排至关重要。

（1）开炉料的准备。开炉操作难于正常生产，因此对开炉料的质量要求更高一些，其要求为：

1）烧结矿要强度高，粉末少，粒度大于5mm。

2）天然块矿应具有良好的还原性，强度高，粒度均匀。

3）焦炭强度一定要好，粒度应均匀，硫分、灰分、水分要低。

4）石灰石、锰矿粒度应符合正常生产要求。

（2）开炉焦比的选择。开炉焦比（总焦比）是指开炉料的总焦量与理论出铁量之比。开炉时由于高炉炉衬温度、料柱的温度都很低，炉料未经充分的预热和还原直接到达炉缸，直接还原增多，渣量大，需要消耗的热量也多，所以开炉焦比要比正常焦比高几倍。具体数值应根据高炉容积大小，原燃料条件、风温高低、设备状况及技术操作水平等因素进行选择。

选择合适的开炉焦比对开炉进程有决定性的影响。焦比选择过高，既不经济，又可能导致炉况不顺，即导致高温区上移，在炉身中上部容易产生炉墙结厚现象，更严重的是延长了开炉时间；焦比选得过低，会造成炉缸温度不足，出渣出铁困难，渣铁流动不畅，严重时会造成炉缸冻结。

（3）开炉造渣制度的选择。为了改善渣铁流动性能，冶炼合格生铁，开炉料的炉渣碱度和 $Al_2O_3$ 含量不宜太高。开炉的炉渣碱度 $w(CaO)/w(SiO_2)=0.90\sim1.05$。控制生铁含［Mn］量为0.8%，为了改善炉渣流动性，可提高渣中的MgO含量，使之维持在8%~10%左右，还可适当加些萤石来稀释炉渣。

（4）料段安排。高炉送风点火后，炉缸最需要热量。正常生产时炉腹以下基本上是焦炭填充。故开炉装料下部应尽量多装焦炭，填充方式见表7-2。

表7-2 开炉料填充方式

| 部位 | 焦炭填充炉缸 | 枕木填充炉缸 | 部位 | 焦炭填充炉缸 | 枕木填充炉缸 |
|---|---|---|---|---|---|
| 炉喉 | 正常料 | 正常料 | 炉腰 | 空料 | 空料 |
| 炉身上部 | 正常料 | 空料+正常料 | 炉腹 | 空料 | 净焦 |
| 炉身中部 | 空料+正常料 | 空料+正常料 | 炉缸 | 净焦 | 枕木 |
| 炉身下部 | 空料+正常料 | 空料 | 死铁层 | 净焦 | 枕木 |

### 7.2.4 开炉操作

7.2.4.1 开炉装料

开炉装料必须按配料计算的装料表进行，装料正确是保证开炉顺利和成功的关键。为了保证炉料不装错，同时检查考验装料设备及炉顶设备，必须有组织、按计划装料。

A 装炉方法的选择

装炉方法有全焦装炉，带风装料和全木柴、半木柴法装料三种。

（1）全焦装炉。全焦装炉是指炉缸全部由净焦或净焦和空焦混合填充。全焦法开炉是一种可取的技术，现已在很多高炉上应用并获得成功。尽管全焦法开炉给高炉顺行带来一些困难，但在送风制度上作出相应的调整是可以克服的。

（2）带风装料。带风装料是指烘炉后期的凉炉阶段将风温降到200~300℃，此时如果一切开炉条件具备，即可在送风情况下装料。带风装料优点：

1）缩短了凉炉时间，炉缸热状态良好，开炉进程可以加快。

2）带风装料能将炉料中的粉末吹出，降低料柱的透气阻力，使炉料处于一个活动状态，料柱比较疏松，同时鼓风浮力还可减少炉料下落时的碎裂，提高料柱的透气性指数，有利于高炉顺行。

3）在送风过程中，可用鼓风的热量把炉料预热，排出炉料所带的水分，可减少装料过程中炉体热量损失，而且炉衬也保持了较高温度，有利于降低开炉总焦比和开炉后的出铁操作。

4）可以减少炉衬被炉料撞击而产生的冲击磨损。

带风装料缺点：不能进入炉内对烘炉效果进行检查，也不能在炉喉处进行料面测量工作。

带风装料注意事项：

1）带风装料时，风温必须能可靠控制，否则会因炉内焦炭着火而被迫休风装料。

2）在带风装料时，要加强对炉料的检查，不得有木片、棉纱等易燃物夹杂其间，以免在未装至规定料线时就发生自动点燃现象。

3）在带风装料时，其铁口内侧泥包和铁口喷吹管应在烘炉前安装完毕，从装炉到点火尽量减少休风，不休风效果更佳。

4）带风装料对设备的要求更加严格，系统所属设备必须具备送风点火要求。

（3）全木柴、半木柴法装料。新建高炉无高温热风，或热风温度低（500~800℃）时，可采用全木柴填充炉缸，然后人工点火。对于全木柴或半木柴法装炉，需要凉炉到50℃以下进行，当用木柴烘炉时，应将残灰清除后再装木柴。装木柴时，严禁带入火柴、打火机等火种及一切易燃物品，切断炉顶各设备电源，关闭炉喉入孔和大、小钟之间入孔，并设专人监视。

严格按开炉配料计算的料段装料。炉料装满后，要测量大小料钟行程及速度，测定炉料在炉喉内的堆角、堆尖位置，炉料的偏析程度，炉料与炉墙的碰撞点或碰撞带，料面情况等，并作好详细记录，以备在正常生产时参考。

B 装料前的准备工作

装料前的准备工作有：

（1）调整风口面积。开炉风口面积较正常风口面积小15%~20%，送风点火面积为开炉风口面积为60%，堵塞40%，靠近铁口和渣口上方的风口打开。也可不堵风口，在风口内加耐火砖套，尽量使用等径风口。

（2）向矿槽卸料。向矿槽卸料时间不能太早，特别是烧结矿，因为烧结矿卸料太早，会在矿槽内风化粉碎。一般要求装料前8h卸入槽内，天然矿、锰矿、石灰石、焦炭可提前1~2天卸入槽内。

（3）准备枕木。加工枕木应提前2周进行，加工后成品按不同长度，分别堆放在风口平台或其他运输方便的地点。不可使用带油的腐烂枕木。

（4）各阀门应处的状态。高炉放风阀开；热风炉除倒流阀和废气阀开启外，其他阀门一律关闭；煤气系统炉顶放散阀、均压放散阀、除尘器放散阀、清灰阀全部打开；煤气切断阀，一、二次均压阀全部关闭；大、小钟关闭，上、下密封阀和料流调节阀关闭。

（5）封闭入孔。冷、热风系统入孔、除尘器入孔全部关闭；大钟和无料钟入孔打开；封闭炉体所有灌浆孔，关闭煤气取样孔。

#### 7.2.4.2 开炉点火

对于炉缸添木柴的高炉开炉时，可采用人工点火。即当炉料装到规定位置时，可在风口前装木刨花或油棉纱之类的易燃物，点火前在炉台上砌好烧焦炭的炉灶或准备好火把，点火后，把烧得赤红的铁棒或火把将各个风口的易燃物点着，而后逐步加风到规定开炉风量为止。

有煤气的新建或大修高炉均采用热风点火。焦炭着火温度在700℃以上，现在开炉风温已提高到这个温度水平，可用热风直接点燃焦炭，开炉点火温度均在800℃左右。

##### A 点火前的准备工作

点火前要做的准备工作有：

（1）对于炉缸添木柴的高炉，采用人工点火时，在各风口和渣口前装入一些刨花或油棉纱之类的易燃物，同时准备烧红的铁棒用来点火。

（2）点火前应打开炉顶放散阀、小钟均压放散阀、除尘器上放散阀及冷风总管上的放风阀。

（3）点火前应关闭煤气切断阀、高压高炉的煤气阀及热风炉混风阀。

（4）将炉顶、除尘器及煤气管道通入蒸汽。

（5）将高炉冷却水系统的水量控制在正常水量的2/3左右。

（6）检查各入孔是否关好，风口直吹管是否通入蒸汽。

（7）点火前2~4h启动鼓风机，并由放风阀放风，送风系统各阀门处于长期休风状态。

（8）检查高炉风渣口及送风装置安装是否严密。

（9）检查炉前设备是否能正常运行，炉前工具是否齐全。

##### B 点火

点火的方法有以下几种：

（1）人工点火。一般是在直吹管前端置木刨花、废油布之类的引火物，点燃时自然通风，人工引燃引火物，待风口前木柴普遍燃着后送少量风，然后再逐渐加风至开炉风量。

（2）风口热风点火。从风口送入温度约700℃（高于焦炭着火温度）的热风，使木柴（或焦炭）以自燃的开炉点火方式。一般情况下，使用全焦开炉时，送入热风15~20min后，风口即明亮。

（3）烘炉导管点火。利用烘炉时设的风口至炉底的导向管，送入温度约700℃（高于焦炭着火点）的热风的开炉点火方式。用此种方式点火风口全部点燃约为35min（全焦开炉）。

（4）半炉点火。根据开炉的配料计算，当炉料装至炉腰上部，或即将装带负荷炉料时，如果高炉开炉进程顺利，无其他方面故障，即可将风温提高到650~700℃进行点火，这种点火称半炉点火。半炉点火能将开炉的点火时间大大缩短，使高炉较早进入冶炼状态，缩短了开炉进程。由于点火时炉内料柱较矮，料层中空隙度较大有利于焦炭燃烧，点火后炉料易下降，此外还有利于上部炉衬的加热。

#### 7.2.4.3 开炉送风制度

开炉送风制度包括以下几个方面：

（1）风量。全焦开炉时，风量为正常风量的60%以上。风口面积可按风量比例缩小，缩小风口面积的方式可采用：1）堵部分风口。2）风口内加砖衬套。

（2）风温。风温一般为700~750℃。

（3）点火送风。点火方法有人工点火和热风点火两种，对于有热风的高炉不宜用人工点火。

1）点火前应做到：

① 煤气系统全部处于准备送煤气状态，通入蒸汽。

② 关大钟均压阀和煤气遮断阀，开小钟均压阀及炉顶放散阀。

③ 炉前准备工作完毕。

④ 鼓风机已将冷风送到放风阀。

2）点火送风的步骤：

① 通知热风炉送风（热风炉进行送风操作）：关送风炉废气阀，开送风炉热风阀，开送风炉冲压阀，开送风炉冷风阀（同时关冲压阀）。约15~20min后，风口明亮着火。

② 视风量情况，调节放风阀开度，使风量达正常量的50%~60%。

③ 根据风温情况，开混风阀，调节风温并稳定在700~750℃。

④ 点火送风1~3h，炉顶压力在3kPa以上，经煤气爆发试验合格后，进行送煤气：开重力除尘器遮断阀，关炉顶放散阀，关炉顶蒸汽阀、重力除尘器蒸汽阀。

⑤ 炉料下降后，视料线、顶温情况加料并调整风量。

⑥ 渣、铁口工作正常，下料顺畅后，逐渐加风，并调整焦炭负荷，转入正常生产操作。

（4）炉前操作。炉前操作制度的内容包括：

1）点火送风前，先安装好铁口煤气导出管（两段式）。

2）送风后，待从渣、铁口有煤气喷出时将煤气点燃，防止煤气中毒（渣铁口应尽量喷吹）。

3）待铁口有渣铁喷出时，拔出铁口煤气导出管。

4）启动泥炮，堵上铁口（注意打泥量要少，以防铁口过深，难开）。

5）做铁口泥套，并烤开。

6）渣口继续喷吹，待有渣喷出时，堵上渣口。

7）估计渣面到达渣口部位时，抬起堵渣机放渣（末渣时，重新堵好渣口）；开炉前期渣铁分离不好时，最好不放渣。

8）估计炉缸有一定数量铁水时，出第一次铁。出第一次铁的时间，应视料段安排、风量大小等情况现场确定，通常为点火后14~15h。

9）出第一次铁后，视渣铁分离情况，决定堵铁口打泥量及第二次出铁时间。

## 7.3　高炉停炉

由于高炉炉衬严重侵蚀，或需要长期检修及更换某些设备而停止生产的过程叫停炉。对要求处理炉缸缺陷，出净炉缸残铁的停炉，称为大修停炉；不要求出残铁的停炉，称为中修停炉。停炉的重点是做好停炉准备和安全措施，保证安全、顺利停炉。

### 7.3.1　停炉要求

高炉停炉的要求有：

（1）要确保人身、设备安全。在停炉过程中，由于煤气中CO含量增高，炉顶温度也逐渐升高，为了降低炉顶温度而喷入炉内的水分分解会产生大量蒸汽，使煤气中的$H_2$含量也增加，煤气爆炸的危险性增大。因此，停炉时一定要把安全放在第一位。

（2）尽量出净渣铁，并将炉墙、炉缸内的残渣铁及残留的黏结物清理干净，为以后的拆卸和安装创造条件。

（3）要尽量迅速拆除残余炉衬和减少炉缸残余渣铁量，缩短停炉过程，减少经济损失。

### 7.3.2　停炉前的准备

停炉前的准备工作有：

（1）提前停止喷吹燃料，改为全焦冶炼。停炉前如炉况顺行，炉型较完整，没有结厚现象，可提前2~3个班改全焦冶炼；若炉况不顺，炉墙有黏结物，应适当早一些改全焦冶炼。

（2）停炉前可采取疏导边沿的装料制度，以清理炉墙。同时要降低炉渣碱度、减轻焦炭负荷，以改善渣铁流动性并出净炉缸中的渣铁。如果炉缸有堆积现象时，还应加入少量锰矿或萤石，清洗炉缸。

（3）安装炉顶喷水设备和长探尺。停炉时为了保证炉顶设备及高炉炉壳的安全，必须将炉顶温度控制在400℃以下。可以安装两台高压水泵，把高压水引向炉顶平台，并插入炉喉喷水管；某些高炉还要求安装临时测料面的较长探尺，为停炉降料面作准备。

（4）准备好清除炉内残留炉料、砖衬的工具，包括一定数量的钢钎、铁锤、耙子、钩子、铁锹、风镐、胶管及劳动安全防护用品等。

（5）停炉前要用盲板将高炉炉顶与重力除尘器分开，也可以在关闭的煤气切断阀上加砂子来封严，防止煤气漏入煤气管道中。同时，保证炉顶和大、小料钟间蒸汽管道能安全使用。

（6）安装和准备出残铁用的残铁沟、铁罐和连接沟槽，切断已坏的冷却设备水源，补焊开裂处的炉皮，更换破损的风口和渣口。

（7）计算水量。安装炉顶喷水管（安装在四支炉喉取煤气孔，原炉顶上升管四支不动作为备用）和两台水泵。

### 7.3.3 停炉方法

停炉方法有两种——填充停炉法和空料线炉顶打水停炉法。

（1）填充停炉法。使用焦炭或石灰石代替正常料从炉顶加入，待填充料下降到风口区时，休风停炉。这种方法安全可靠，但需要大量的填充料，停炉后扒除填充料的工作量很大，造成人力、物力和时间的浪费，现在一般不采用填充法停炉。

（2）空料线炉顶打水停炉法。即炉顶不加料，使料线逐渐降低到风口区，休风停炉。在空料线过程中，用炉顶喷水控制炉顶温度在400~500℃，这是一种最节省的快速停炉方法。但在空料线过程中存在爆震问题，不如填充停炉法安全。随着操作技术的提高，使用空料线炉顶打水法停炉，其安全问题逐步得到了解决，现在都采用此法停炉。

## 7.4 高炉封炉

### 7.4.1 封炉前准备

封炉前高炉操作的主要目标是清理炉缸、活跃炉缸，保证休风后炉缸洁净、无黏结、无堆积，为高炉顺利复风奠定基础。

（1）根据高炉顺行情况，封炉前应采取洗炉、降低炉渣碱度、提高炉温（0.8%~1.0%）和发展边缘的措施，保证高炉在封炉期间不崩料、塌料。

（2）封炉前几次铁就将铁口角度适当地增大。

（3）最后一次出铁，加大铁口角度，全风喷吹后再堵口，以保证休风前出净渣铁，最大限度地减少炉缸中的剩余渣铁。

### 7.4.2 封炉操作

#### 7.4.2.1 封炉操作停风前准备工作

停风前的准备工作有：

（1）根据高炉顺行情况，封炉前采取洗炉、适当调低渣碱度、提高炉温（炼钢生铁[Si]含量为0.8%~1.0%）和发展边缘等措施。

（2）封炉用原燃料的质量要求不低于开炉料，矿石宜用不易粉化的。

（3）封炉料也由净焦、空焦和正常料等组成，炉缸、炉腹全装焦炭，炉腰及炉身下部根据封炉时间长短装入空焦和轻料。封炉料的计算及装入方法参照大修后高炉开炉。

（4）停风前出净渣铁。

（5）当封炉料到达风口平面时按长期休风程序休风。

（6）炉顶料面加水渣（或矿粉）封盖，以防料面焦炭燃烧。

7.4.2.2　休风

当封炉料到达风口平面时，按长期休风程序进行休风操作。休风后炉顶料面盖水渣或矿粉，以防料面焦炭燃烧。

7.4.2.3　停风后操作

停风后要进行如下操作：

（1）检查炉壳有无漏风部位，若有用耐火泥封严。

（2）卸下风口小套堵泥，用耐火砖将风口砌上，再从外侧涂耐火泥封严。

（3）将渣口小套和三套卸下堵泥，也用砖砌好涂泥封严。

（4）封炉期间损坏的冷却设备和蒸汽系统能更换的进行更换，严重者关闭。冬季对于关闭的冷却设备，要吹空其中的剩余水防冻。

（5）封炉期间减少冷却水量，见表7-3。

**表7-3　封炉期间冷却水量控制**

| 封炉时间 | 10d | 10~30d | >30d |
|---|---|---|---|
| 风口以上保持水量/% | 50 | 最小量 | 最小量 |
| 风口以下保持水量/% | 50 | 30 | 最小量 |

注：最小量指维持正常水温差所需的最小量。

（6）封炉一天后，为减小自然抽力，应逐渐关闭放散阀，大钟常闭，大钟下入孔仍开启。

（7）封炉期间设专人观察，观察的内容有：1）炉顶温度在降至100℃以下是否保持平稳。2）观察炉顶料面是否下降和炉顶煤气火焰颜色。火焰若呈蓝色，说明高炉漏风，应立即弥补；若呈黄色且有爆炸声是漏水，应立即检查冷却设备和其他水源，发现后应立即处理。3）炉体各处有无变化。4）检查未闭水的冷却壁是否畅通，有无损坏，若有问题立即处理。5）高炉停风2~3日后炉顶应点不着火。

# 炼铁简易计算

## 8.1　出铁量计算

了解每批料的出铁量便可掌握要完成一定产量，每昼夜、每班、每小时应下几批料。了解两次铁间炉缸积聚的铁水量，就可判断所需铁罐的数量，判断炉内铁水是否出净。由于每吨铁的渣量不变，可算出每批料的渣量，确定打渣口的时间，判断上渣是否放净。

根据物料平衡，一批料中炉料带入的铁量应等于冶炼生铁的铁量和炉渣中的铁量之和。其具体计算如下：

计算净炉料用量，不考虑炉尘的影响，炉渣中的铁一般以入炉总铁量的0.2%~0.5%来计算，由收入项与支出项的平衡得：

$$Q_{铁} \times w[\mathrm{Fe}] = 0.995Q_{料}$$

则

$$Q_{铁} = 0.995\ Q_{料}/[\mathrm{Fe}] \tag{8-1}$$

式中　$Q_{铁}$——每批料的出铁量，kg；

$w[\mathrm{Fe}]$——生铁中铁的质量分数，%；

$Q_{料}$——原燃料带入炉内的铁量，kg。

在现场计算中，因为焦炭灰分带入的铁量较小，而且与进入炉渣的铁量具有相同的数量级，故二者可以抵消，所以上式简化为：

$$Q_{铁} = Q_{矿}/w[\mathrm{Fe}] \tag{8-2}$$

式中　$Q_{矿}$——矿石带入的铁量，kg；

又

$$Q_{矿} = P_{矿} \times w(\mathrm{Fe})_{矿} \tag{8-3}$$

将式8-3带入式8-2得

$$Q_{铁} = (P_{矿} \times w(\mathrm{Fe})_{矿})/[\mathrm{Fe}] \tag{8-4}$$

式中　$P_{矿}$——每批料的质量，kg；

$w(\mathrm{Fe})_{矿}$——入炉矿石的含铁量，%。

**例8-1**　已知料批组成及成分见表8-1，矿批质量为27000kg，焦批质量为9900kg。炼钢生铁中含铁量$w[\mathrm{Fe}]=94\%$，试计算每批炉料的出铁量。

**表8-1　料批组成及成分**

| 料批组成 | 烧结矿 | 球团矿 | 生矿 | 焦炭 |
|---|---|---|---|---|
| 配比/% | 70 | 20 | 10 | |
| 含铁量/% | 53.46 | 62.52 | 59.4 | 1.06 |

解：$Q_{料} = 27000\times(0.5346\times0.7+0.6252\times0.2+0.594\times0.1)+9900\times0.0106$

$= 15188.76\mathrm{kg}$

$Q_{铁}=0.995\times 15188.76/0.94=16077\text{kg}$

## 8.2　石灰石用量的计算

石灰石的用量取决于原燃料的成分，取决于炉渣的碱度。适宜的石灰石的用量，能得到适宜的炉渣的碱度，从而得到合格的生铁。

石灰石用量的计算依据是碱度平衡，即炉料收入的 CaO 与 $SiO_2$，扣去还原进入生铁的 $SiO_2$量后，其余全部进入炉渣，而它们的比例符合碱度要求，即：

$$w(CaO)_{收入}/(w(SiO_2)_{收入}-w(SiO_2)_{铁})=R \tag{8-5}$$

式中　$R$——炉渣碱度。

为了简化石灰石用量的计算，引入石灰石氧化钙的概念，即 $w(CaO)_{有效}=w(CaO)_{石}-w(SiO_2)_{石}\times R$，这样在计算时可省去石灰石中的 $SiO_2$项。因此，石灰石用量为：

$$\phi=\frac{(\sum m(SiO_2)-\frac{60}{28}m[Si])\times R-\sum m(CaO)_{入}}{w(CaO)_{有效}} \tag{8-6}$$

式中　$\phi$——石灰石用量，kg；

$\sum m(SiO_2)$——炉料带入的 $SiO_2$量，kg；

$m[Si]$——生铁含硅（还原进入生铁的硅），kg；

$R$——炉渣碱度；

$w(CaO)_{有效}$——有效氧化钙质量分数，%。

**例 8-2**　已知料批组成及其成分见表 8-2，矿石批重 27000kg，焦炭批重为 9900kg。炼钢生铁中含铁量 $w[Fe]=94\%$，$w[Si]=0.7\%$，$R=1.05$。求每批料的石灰石用量。

**表 8-2　料批组成及其成分**

| 炉料名称 | | 烧结矿 | 球团矿 | 生矿 | 焦炭 | 石灰石 |
|---|---|---|---|---|---|---|
| 配比/% | | 70 | 20 | 10 | | |
| 成分/% | CaO | 11.86 | 0.49 | 1.91 | 0.63 | 54.02 |
| | $SiO_2$ | 8.61 | 3.54 | 7.12 | 7.9 | 1.38 |
| | Fe | 53.46 | 62.52 | 59.4 | 1.06 | 0.63 |

解：$\sum m(SiO_2)=27000\times(8.61\%\times 0.7+3.54\%\times 0.2+7.12\%\times 0.1)+9900\times 7.9\%$
$=2792.79\text{kg}$

$\sum m(CaO)_{入}=27000\times(11.86\%\times 0.7+0.49\%\times 0.2+1.91\%\times 0.1)+9900\times 0.63\%$
$=2381.91\text{kg}$

批出铁量 $Q_{铁}=16077\text{kg}$（见例 8-1）

$$m[Si]=16077\times 0.7\%=112.54\text{kg}$$

$$w(CaO)_{有效}=0.5402-0.0138\times 1.05=0.5257$$

石灰石用量 $\phi=[(2792.79-60/28\times 112.54)\times 1.05-2381.91]/0.5257=565.54\text{kg}$

## 8.3　出渣量计算

计算渣量时，可根据 CaO 在冶炼中全部进入炉渣的特点，用 CaO 平衡求出每批料的出渣量：

$$Q_{渣} \times w(CaO) = \sum m(CaO)_{料}$$

$$Q_{渣} = \sum m(CaO)_{料} / w(CaO) \tag{8-7}$$

式中　$Q_{渣}$——每批料的出渣量，kg；

$\sum m(CaO)_{料}$——入炉 CaO 总量，kg；

$w$ (CaO)——渣中 CaO 的质量分数,%。

**例 8-3**　石灰石批重为 560kg，$w(CaO) = 39.79\%$，其他条件同例 8-2，求每批料的出渣量。

解：$\sum m(CaO)_{料} = 2381.91 + 560 \times 0.5402 = 2684.42kg$

$Q_{渣} = 2684.42/39.79\% = 6746.47kg$

## 8.4　变料计算

高炉冶炼使用的原料发生变化，或者操作条件改变，或者炉况有大的波动时，需要调整原料的配比，以适应新的情况，保证炉况的稳定顺行。

### 8.4.1　矿石成分变化时的计算

一般来说，矿石含铁量降低出铁量减少，负荷没变时焦比升高、炉温上升，应加重负荷；相反，矿石品位升高，出铁量增加，炉温下降，应减轻负荷。两种情况负荷都要调整，负荷调整按焦比不变的原则进行。

当矿批不变调整焦批时，焦批变化量由下式计算：

$$\Delta J = \frac{P \cdot (w(Fe)_{后} - w(Fe)_{前}) \eta_{Fe} K}{w[Fe]} \tag{8-8}$$

式中　$\Delta J$——焦批变动量，kg/批；

$P$——矿石批重，t/批；

$w(Fe)_{前}, w(Fe)_{后}$——分别为波动前、后矿石含铁量,%；

$\eta_{Fe}$——铁元素进入生铁的比率,%；

$K$——焦比，kg/t；

$w[Fe]$——生铁含铁量,%。

**例 8-4**　已知烧结矿含铁量由 53%降至 50%，原焦比为 580kg/t，矿批 1.8t/批，$\eta_{Fe} = 0.997$，生铁中 $w[Fe] = 95\%$，焦批如何变动？

解：由式 8-10 计算焦批变动量为

$$\Delta J = [1.8 \times (0.50 - 0.53) \times 0.997 \times 580] / 0.95 = -33kg/批$$

因此，当矿石含铁量下降后，每批料焦炭应减少 33kg。

当固定焦批调整矿批时，调整后的批重为

$$P_{后} = \frac{P \cdot w(Fe)_{前}}{w(Fe)_{后}} \tag{8-9}$$

说明：上述计算是在焦比不变的情况下进行的，实际上还要根据矿石的脉石成分变化，考虑影响渣量多少、熔剂用量的增减等因素。因此要根据本厂情况去摸索，一方面借助经验，一方面做较全的配料计算。

### 8.4.2 焦炭成分变化时的计算

当焦炭灰分变化时，其固定碳含量也随之变化，因此相同数量的焦炭发热量变化，为稳定高炉热制度，必须调整焦炭负荷。调整的原则是保持入炉的总碳量不变。

当固定矿批调整焦批时，每批焦炭的变动量为

$$\Delta J=\frac{(w(\mathrm{C})_{前}-w(\mathrm{C})_{后})J}{w(\mathrm{C})_{后}} \tag{8-10}$$

式中 $\Delta J$——焦批变动量，kg/批；

$w(\mathrm{C})_{前}$，$w(\mathrm{C})_{后}$——波动前、后焦炭的含碳量，%；

$J$——原焦批质量，kg/批。

**例 8-5** 已知焦批重为 620 kg/批，焦炭固定碳含量由 85%降至 83%，焦炭负荷如何调整？

解：由式 8-12 计算焦批变动量 $\Delta J=[(0.85-0.83)\times620]/0.83=15\mathrm{kg}/批$

因此，当固定碳降低后，每批料应多加焦炭 15kg。

当固定焦批调整矿批时，矿批变动量为：

$$\Delta P=[w(\mathrm{C})_{前}-w(\mathrm{C})_{后})JH]/w(\mathrm{C})_{后} \tag{8-11}$$

式中 $\Delta P$——矿批变动量，kg/批；

$H$——焦炭负荷。

### 8.4.3 其他因素变化时的计算

#### 8.4.3.1 风温变化时调整负荷计算

高炉生产中由于多种原因，风温可能出现较大的波动，导致高炉热制度变化，为保持高炉操作稳定，必须及时调整焦炭负荷。

高炉使用的风温水平不同，对焦比的影响也不同，见表 8-3。

**表 8-3 风温对焦比影响的经验数据**

| 风温水平/℃ | 600~700 | 700~800 | 800~900 | 900~1000 | 1000~1100 |
|---|---|---|---|---|---|
| 焦比变化/% | 7 | 6 | 5 | 4.5 | 4 |

风温变化后焦比可按下式计算

$$K_{后}=\frac{K_{前}}{1+\Delta tn} \tag{8-12}$$

式中 $K_{后}$——风温变化后的焦比，kg/t；

$K_{前}$——风温变化前的焦比，kg/t；

$\Delta t$——风温变化量，以 100℃为单位，每变化 100℃，$\Delta t=1$；

$n$——风温每变化 100℃焦比的变化率，%（风温提高为正值，风温降低为负值）。

当固定矿批调整焦批时，调整后的焦批由下式计算

$$J_{后}=K_{后}E$$

$$E=J_{前}/K_{前} \tag{8-13}$$

式中 $J_{后}$——调整后的焦炭批重，kg/批；

$E$——每批料的出铁量，t/批；

$J_{前}$——风温变化前的焦批重，kg/批。

**例 8-6** 已知某高炉焦比 570kg/t，焦炭批重为 620kg/批，风温由 1000℃降至 950℃，焦炭批重如何调整？

解：风温降低后焦比为 $K_{后}=570/(1-0.5\times0.045)=583$kg/t

当矿批不变时，调整后的焦炭批重为 $J_{后}=583\times(620/570)=634$kg/批

因此，由于风温降低 50℃，焦炭批重应增加 14kg/批。

当焦批固定调节矿批时，调整后的矿石批重为

$$P_{后}=J_{前}/(K_{后}e_{矿}) \tag{8-14}$$

式中 $P_{后}$——调整后的矿石批重，kg/批；

$e_{矿}$——矿石理论出铁量，t/t。

8.4.3.2 低料线时负荷调节

高炉连续处于低料线作业时，炉料的加热变坏，间接还原度降低，需补加适当数量的焦炭。表 8-4 是某钢处理低料线时的焦炭补加量，其对象是 1000~2000m$^3$高炉，对于能量利用较差的小高炉，参考表 8-4 中数据时补焦量要酌情加重。

**表 8-4 低料线时间、深度与补焦数量**

| 低料线深度/m | 低料线时间/h | 补加焦炭量/% |
|---|---|---|
| <3.0 | 0.5 | 5~10 |
| <3.0 | 1.0 | 8~12 |
| >3.0 | 0.5 | 8~12 |
| >3.0 | 1.0 | 15~25 |

**例 8-7** 某高炉不减风检修称量设备，计划检修时间 35min，当时料速为 11 批/h，正常料线为 1m，每批料可提高料线 0.45m，焦批 620kg，炉况正常，检修前高炉压料至 0.5m 料线，如检修按计划完成，检修完毕料线到多深？若卷扬机以最快速度 3.5min/批赶料，多长时间才能赶上正常料线？赶料时炉料的负荷如何调整？

解：检修完毕时料线为 $L=11\times(35/60)\times0.45+0.5=3.2$m

设在 $\tau$ 分钟后赶上正常料线，在这段时间内共上料（$\tau$/3.5）批，其中包括：

充填低料线亏空容积　　（3.2−1.0）/0.45＝4.89 批

赶料过程高炉下料批数　（$\tau$/60）×11＝0.183$\tau$ 批

赶上正常料线后再上一批料，则有 $\tau/3.5=4.89+0.183\tau+1$

解之得 $\tau=57$min，在此期间下料 57/3.5＝16 批。

由计算知，赶料需 57min，料线深达 3.2m。为了补热，负荷应作相应调整，按经验应补焦 20%，赶料过程中下料约 16 批，应补焦 3 批。

式中 $X$——[illegible]，kg/批；

——[illegible]；

——[illegible]。

例 5-6 [illegible] 570kg，[illegible]，[illegible] 1000[illegible]

[illegible]？

解：[illegible] $X=570\times(1-0.5\times0.04)$ [illegible]

[illegible]

[illegible]

[illegible]：

$$[illegible]$$ (5-14)

式中 [illegible]，kg/批；

——[illegible]。

5.3.2 [illegible]

[illegible] 1000~2000m [illegible]

[illegible]

表 5-4 [illegible]

| [illegible] | [illegible] | [illegible] |
| --- | --- | --- |
| 40 | 0.05 | [illegible] |
| 4 | [illegible] | [illegible] |
| 3.0 | [illegible] | [illegible] |
| 0 | [illegible] | 15 |

例 5-7 [illegible] 0.45m [illegible] 620kg [illegible]

[illegible]

[illegible]

解：[illegible]

[illegible]

[illegible] 4.89 [illegible]

[illegible] 0.13 [illegible]

[illegible]

[illegible]

[illegible] 20 [illegible]

# 第2篇　高炉炼铁设备操作与维护

## 高炉本体设备

高炉本体是炼铁的主体设备，其结构如图9-1所示。

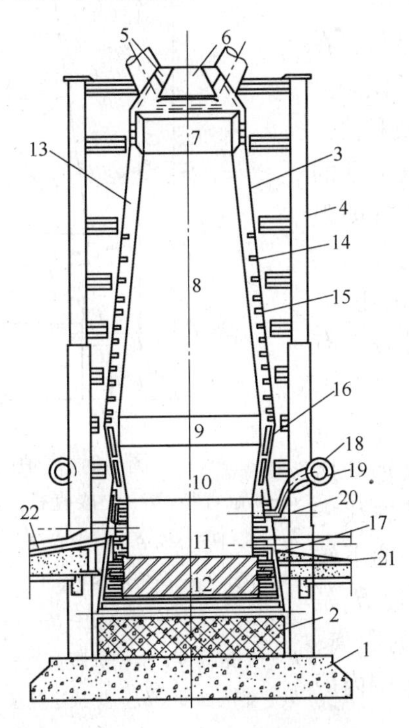


图9-1　高炉本体

1—基座；2—基墩；3—炉壳；4—支柱；5—大料斗；6—大料钟；7—炉喉；8—炉身；9—炉腰；10—炉腹；11—炉缸；12—炉底；13—炉衬；14—冷却水箱；15—冷却板；16—镶砖冷却壁；17—光面冷却壁；18—热风围管；19—热风弯管；20—风口；21—铁口平台；22—渣口平台

高炉本体主要包括高炉内型、高炉钢结构、高炉炉衬、高炉基础、高炉风口、渣口、铁口以及高炉冷却设备等。

高炉内型（或炉型）是由炉墙围成的内部工作空间，高炉冶炼就在该空间中进行。高炉钢结构包括炉壳、炉体支柱、炉顶框架、平台和梯子等。高炉炉衬（包括炉底）由耐火砖砌筑而成，它构成了高炉内部工作空间并防止部分热量向外散发。高炉基础由基座和基墩组成。基座用钢筋混凝土构成，它的上方基墩则用耐热混凝土，以防高温的破坏。冷却设备被埋设在炉衬和炉壳之间，以便对炉衬进行冷却。

炉壳用钢板焊接而成，以保证高炉整体强度和防止煤气泄漏。炉衬、炉壳和冷却设备共同组成了炉墙。框架由四根支柱组成，支柱之间由桁架相连，以支撑工作平台。热风围管也吊于桁架之上。整个高炉坐落在炉基上。

## 9.1　高炉炉型

高炉是竖炉，高炉内部工作空间剖面的形状称为高炉炉型或高炉内型。

现代高炉炉型由炉缸、炉腹、炉腰、炉身和炉喉五段组成，其名称和符号如图9-2所示，其中炉缸、炉腰和炉喉呈圆筒形，炉腹呈倒锥台形，炉身呈截锥台形，图中的直径、高度和距离的单位均为mm，体积的单位均为m$^3$。

高炉内型要满足一定的条件：

（1）能燃烧较多数量的燃料，在炉缸形成环形循环区，有利于活跃炉缸和疏松料柱，能贮存一定量的渣和铁。

（2）适应炉料下降和煤气上升的规律，减少炉料下降和煤气上升的阻力，为顺行创造条件，有效地利用煤气的热能和化学能，降低燃料消耗。

（3）易于生成保护性的渣皮，有利于延长炉衬寿命，特别是炉身下部的炉衬寿命。

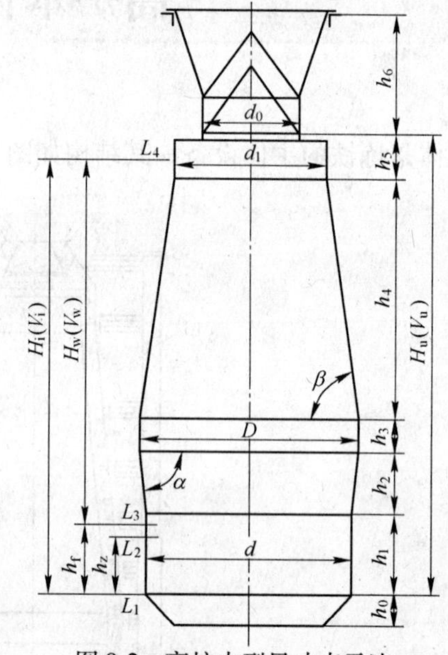


图9-2　高炉内型尺寸表示法

$d$—炉缸直径；$D$—炉腰直径；$d_1$—炉喉直径；$d_0$—大钟直径；$h_f$—铁口中心线至风口中心线距离；$h_z$—铁口中心线至渣口中心线距离；$V_i$—高炉内容积；$V_w$—高炉工作容积；$V_u$—高炉有效容积；$H_u$—高炉有效高度；$H_i$—高炉内高度；$H_w$—高炉工作高度；$h_1$—炉缸高度；$h_2$—炉腹高度；$h_3$—炉腰高度；$h_4$—炉身高度；$h_5$—炉喉高度；$h_6$—炉顶法兰盘至大钟下降位置底面（无钟顶旋转溜槽垂直位置底端）即零料线的高度；$h_0$—死铁层高度；$\alpha$—炉腹角；$\beta$—炉身角；$L_1$—铁口中心线；$L_2$—渣口中心线；$L_3$—风口中心线；$L_4$（零料线）—大钟下降位置底面以下1000mm（日本）或915mm（美国）的水平面

我国规定料线零位定在大钟开启时的底面标高；无料钟高炉的料线零位一般定在旋转溜槽垂直状态的下端标高或炉喉高度上沿。有效高度$H_u$是从出铁口中心线到料线零位的距离，有效容积$V_u$是指有效高度$H_u$范围内炉型所包括的容积。

美国、西欧及其他一些国家规定高炉料线零位为大钟开启时底面下915mm处。日本高炉料线零位为大钟开启时底面下 1000mm 处。料线零位至铁口中心线之间的容积为内容积，料线零位至风口中心线之间的容积为工作容积 $V_w$。大量的统计表明 $V_w \approx 0.8V_u$。

### 9.1.1 炉缸

炉缸部分用于暂时贮存铁水和熔渣，燃料在风口带进行燃烧。因而炉缸的大小与贮存渣铁的能力以及燃料燃烧的能力，也就是与生铁的生产能力有直接关系。

炉缸直径与燃料燃烧量之间的关系应考虑原料特性、炉顶压力和其他操作条件。

在炉缸的高度方向从下面起设置出铁口、出渣口和送风口。设计出铁口和出渣口的间距时要考虑至少能贮存一次出渣铁的量，并有一定空余的容积，而且还应考虑由于风口使传热变坏的影响。现在大型高炉的炉缸高度取为 2.2~2.8m。出渣口和风口的间距根据炉渣的生成量取为 1.2~1.4m。出铁口到风口之间的容积对内容积之比取为 12%~14%。从风口到炉腹下面取为 0.5~0.6m，从炉底上面到出铁口下端的间距，在开炉初期为了保护炉底砖取为 1.3~1.5m。

出铁口数目取决于每日出铁能力、出铁次数、出铁时间和铁沟修理时间等。一般出铁量在 2500t/d 以下设置一个出铁口，2500~6000t/d 设置二个出铁口，6000~10000t/d 设置三个出铁口，也有用四个出铁口的高炉，出铁口的角度一般取为 10°~15°。

风口数目的确定要使送入高炉内的热风沿高炉周围方向均匀分布，每个风口有均衡的送风能力以及满足构造上的限制。风口直径一般取 130~160mm 左右。

出渣口数通常为 1~2 个，也有没有出渣口的高炉。

### 9.1.2 炉腹

从炉身和炉腰下降的炉料在炉腹内熔化，炉腹的下部直径比上部直径小。炉腹角为 80°~83°，而高度为 3~4m。炉腹和炉腰都是高温带，是炉料的熔化带，因此也是耐火材料被侵蚀最激烈的部分。

### 9.1.3 炉腰

炉腰是高炉中直径最大的部分，炉腰直径由炉缸直径、炉腹角和炉腹高度所决定。$D^2/d^2=1.20\sim1.25$。考虑到炉腹高度、炉身角和炉身高，炉腰高度取 3m 左右。

### 9.1.4 炉身

炉身角过小时，煤气多由炉墙边缘上升，易损伤炉墙砖，而炉身角过大时，则增大炉料与炉墙间的摩擦力，妨碍炉料平稳下降，同时也容易损伤炉墙。一般大型高炉炉身角采用 81°~83°，炉身高度一般取 16~18m。

### 9.1.5 炉喉

根据炉身角和炉身高度决定炉喉直径，$d_1^2/d^2=0.5\sim0.55$，炉喉处煤气流速取 1.0m/s 左右，炉喉高度为 1.5~2.0m。

## 9.2 高炉钢结构

高炉的钢结构包括炉壳、炉体支柱、炉顶框架、平台和梯子等。

## 9.2.1 炉壳

炉壳是高炉的外壳，里面有冷却设备和炉衬，顶部有装料设备和煤气上升管，下部坐落在高炉基础上，是不等截面的圆筒体。

炉壳的主要作用是固定冷却设备、保证高炉砌砖的牢固性、承受炉内压力和密封炉体，有的还要承受炉顶荷载并起到冷却内衬作用（外部喷水冷却时）。因此，炉壳必须具有一定强度。

炉壳外形与炉衬和冷却设备配置要相适应。

炉壳厚度应与工作条件相适应，确定炉壳厚度时，要考虑炉内压力、载荷和耐火砖膨胀等条件，由于风口部位炉壳上开了许多孔，故钢板的厚度应是最厚的。我国一些高炉的炉壳厚度见表9-1。

表9-1 我国一些高炉的炉壳厚度

| 高炉容积/$m^3$ | | 100 | 255 | 620 | 620 | 1000 | 1513 | 2025 | 4063 |
|---|---|---|---|---|---|---|---|---|---|
| 高炉结构形式 | | 炉缸支柱 | 自立式 | 炉缸支柱 | 自立式 | 炉体框架 | 炉缸支柱 | 炉体框架 | 炉体框架 |
| 高炉炉壳厚度/mm | 炉底 | 14 | 16 | 25 | 28 | 28/32 | 36 | 36 | 65，铁口区90 |
| | 风口区 | 14 | 16 | 25 | 28 | 32 | 32 | 36 | 90 |
| | 炉腹 | 14 | 16 | 22 | 28 | 28 | 30 | 32 | 60 |
| | 炉腰 | 14 | 16 | 22 | 22 | 28 | 30 | 30 | 60 |
| | 托圈 | 16 | — | 30 | — | — | 36 | — | |
| | 炉身下部 | 8 | 14 | 18 | 20 | 25 | 30 | 28 | 炉身由下至上依次为55，50，40，32，40 |
| | 炉顶及炉喉 | 14 | 14 | 25 | 25 | 25 | 36 | 32 | |
| | 炉身其他部位 | 8 | 12 | 18 | 18 | 20 | 24 | 24 | |

### 9.2.1.1 炉壳维护检查

炉壳应按规定维护检查：

（1）全面检查炉壳至少两次。高炉后期要做到每班检查，发现炉壳开裂、煤气泄漏，要标好位置，及时汇报，严重者要立即休风处理。

（2）严禁积灰和结垢，尤其炉体外冷时，休风时必修处理结垢物。

（3）炉皮烧红和煤气泄漏，除了外部及时冷却外，要尽量休风灌浆处理，防止变形和开裂。

### 9.2.1.2 炉壳常见故障及处理

炉壳常见故障及处理方法见表9-2。

表9-2 炉壳常见故障及处理方法

| 常见故障 | 故障原因 | 处理方法 |
|---|---|---|
| 烧红、变形、跑煤气、烧穿 | 维护不及时 | 及时维护 |
| | 炉衬变薄或脱落，边缘煤气流过剩，衬砖砌筑或冷却壁镶砖不好，灌浆不实窜煤气。冷却强度不够，温度过高 | 正确操作，边缘煤气流不过剩。灌浆实、冷却好 |

### 9.2.2 炉体支柱

炉体支柱形式主要取决于炉顶和炉身的荷载传递到基础的方式、炉体各部分的炉衬厚度、冷却方法等。

早期的高炉炉墙很厚，它既是耐火炉衬又是支撑高炉及其设备的结构。随着高炉炉容扩大、冶炼强化、炉顶设备加重，高炉砌体的寿命大为缩短。为了延长高炉寿命，用钢结构来加强耐火砌体，从钢箍发展到钢壳。由于安装冷却器在炉壳上开了许多孔洞，加之从上到下炉壳的转折和不连续性，使得高炉本体承受上部载荷的能力降低，所以又增加了支柱。目前高炉炉体支柱形式主要有以下几种：

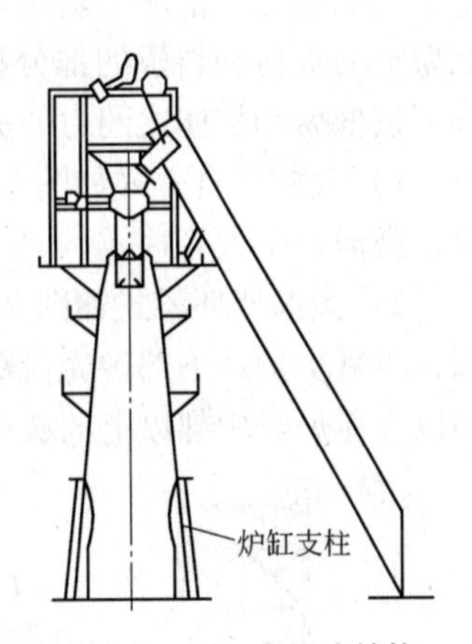

图 9-3 炉缸支柱式结构

（1）炉缸支柱式。炉缸支柱式结构如图 9-3 所示。

因为炉体承重和受热最突出的部分在高炉下部，根据力与热分离的原则（承重不受热、受热不承重），较早采用了炉缸支柱式结构。这种结构的载荷传递见图 9-4。

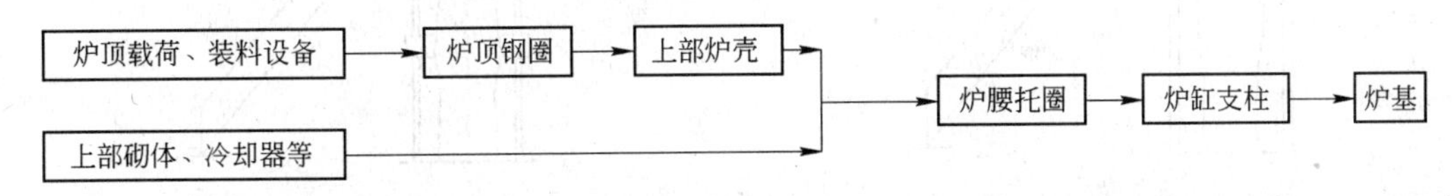

图 9-4 炉缸支柱式结构载荷传递

炉腹和炉缸的炉衬只用来承受炉内高温，不再承受上部的载荷，厚度可适当减薄。

这种结构节省钢材，降低投资但炉身炉壳易受热、受力变形，一旦失稳，更换困难，并可导致装料设备偏斜。同时炉子下部净空紧张，不利风口、渣口的更换。这种结构形式多用于中小型高炉。

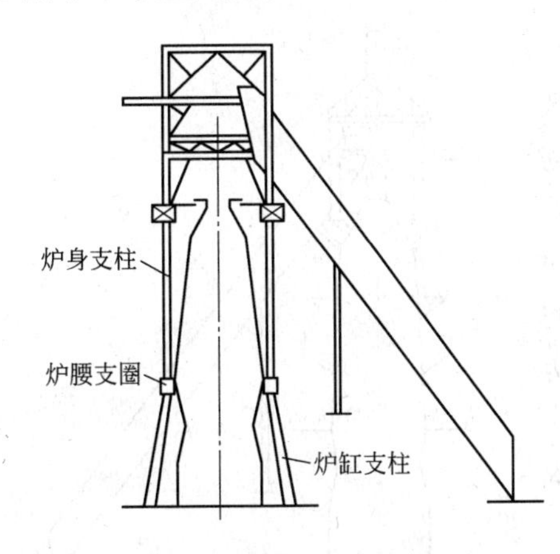

图 9-5 炉缸炉身支柱式结构

（2）炉缸炉身支柱式。炉缸炉身支柱式结构如图 9-5 所示。

随着高炉冶炼的不断强化，承重和受热的矛盾在高炉上部也突出了，所以出现了炉身支柱。此时，炉顶装料设备和导出管部分负荷仍由炉顶钢圈和炉壳传递至基础。而炉顶框架和大小钟等设备及导出管支座放在炉顶平台上，经炉身支柱通过炉腰支圈传给炉缸支柱以下基础。这种结构减轻了炉身炉壳的荷载，在炉衬脱落炉壳发红变形时不致使炉顶偏斜。其缺点是：仍未改进下部净空的工作条件；高炉开炉后炉身上涨，被抬离炉缸支柱；炉腰支圈与炉缸、炉身支柱连接区形成一个薄弱环节容易损坏。国内 20 世纪 60 年代初建成的大型高炉常采用这种结构。

（3）框架（或塔）式。针对炉身部分（由于炉衬上涨）被抬起、炉缸支柱与炉腰支圈分离（某钢 3 号高炉离开 37~60mm，某钢 1 号高炉离开 37mm）、炉容大型化、炉顶荷载增加的现象，大框架支撑炉顶的钢结构出现。

大框架是一个从炉基到炉顶的四方形（大跨距可用六方形）框架结构。它承担炉顶框架上的负荷和斜桥的部分荷重。装料设施和炉顶煤气导出管道的荷载仍经炉壳传到基础。按框架和炉体之间力的关系可分为两种：

1）大框架自立式如图9-6所示。框架与炉体间没有力的联系，故要求炉壳的曲线平滑，类似一个大管柱。

2）大框架环梁式如图9-7所示。框架与炉体间有力的联系，用环形梁代替原炉腰支圈，以减少炉体下部炉壳荷载，环形梁则支撑在框架上。也有的将环形梁设在炉身部位，用以支撑炉身中部以上的载荷。

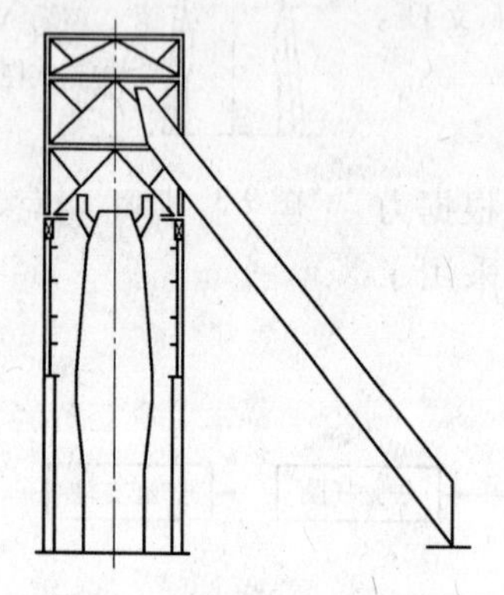

图9-6 大框架自立式结构

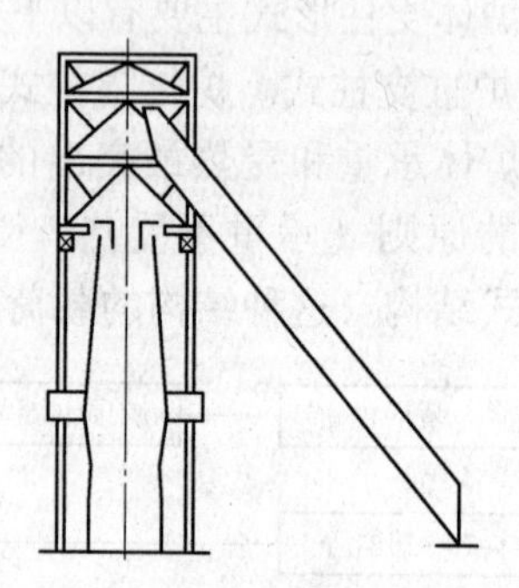

图9-7 大框架环梁式结构

大框架式的优点：风口平台宽敞，适用于多风口、多出铁场的情况，有利于炉前操作和炉缸炉底的维护；大修时易于更换炉壳及其他设备；斜桥支点可以支在框架上，与支在单面门形架上相比，稳定性增加。但缺点是钢材消耗较多。

（4）自立式。自立式结构如图9-8所示。

炉顶全部载荷均由炉壳承受，并传递至基础，炉体四周平台、走梯也支撑在炉壳上。因而操作区的工作净空大，结构简单，钢材耗量少。但未贯彻分离原则，带来诸多麻烦，如炉壳更换难等等。故设计时工艺上要考虑：尽量减少炉壳的转折点并使之过渡平缓；增大炉腹以下砌体和冷却设备之间的炭素填料间隙，以保证砌体有足够的膨胀余地，防止砌体由于上涨而将炉壳顶起或使炉壳承受巨大应力；加强炉壳冷却，努力保持正常生产时的炉壳表面温度，防止炉壳变形。

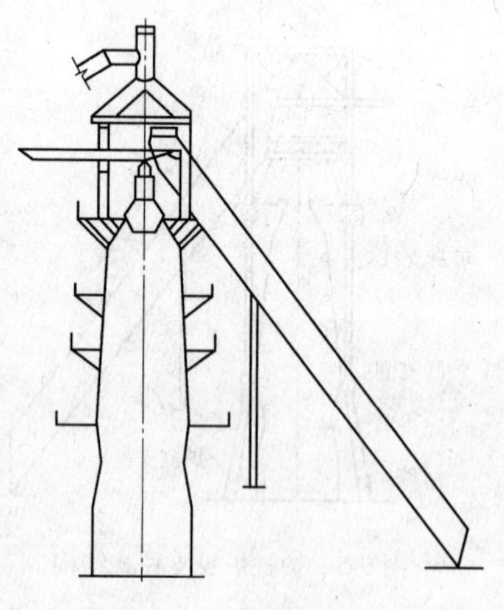

图9-8 自立式结构

近年来，采用无钟炉顶，大大减轻了炉顶的载荷，大部分设备可安装在框架上，皮带上料系统也具有与炉体无关的独立门形支架，为金属结构的简化和稳定，都创造了良好的条件。目前，大中型高炉采用框架自立式结构较多。

### 9.2.3 炉顶框架

炉身支柱或大框架支柱的上部顶端一般都用横跨钢梁将支柱连接成整体，并在横跨钢梁（槽钢或丁字形钢）上面铺满花纹钢板或普通钢板作为炉顶平台。炉顶平台是炉顶最宽敞的工作平台。

炉顶框架是设置在炉顶平台上面的钢结构支撑架。它主要支撑受料漏斗、大小料钟平衡杆机构及安装大梁等。炉顶框架必须具有足够高的强度和刚性，以避免歪斜和因过度摇摆而引起装料设备工作失常。

炉顶框架结构形式有 A 字形和门形两种。A 字形结构简单，节省钢材。我国高炉采用门形炉顶框架的较多。门形炉顶框架由两个门形钢架和杆件构成，如图 9-9 所示。门形钢架一般为 24~40mm 厚钢板焊成或槽钢制成。拉杆由各种型钢构成，并在靠近除尘器的一侧做成可拆卸的结构，以方便吊装设备时拆卸。

### 9.2.4 炉体平台与走梯

高炉炉体凡是在设置有人孔、探测孔、冷却设施及机械设备的部位，均应设置工作平台，以便于检修和操作。各层工作平台之间用走梯连接。我国某钢 1 号高炉炉体平台设置情况如图 9-10 及表 9-3 所示。

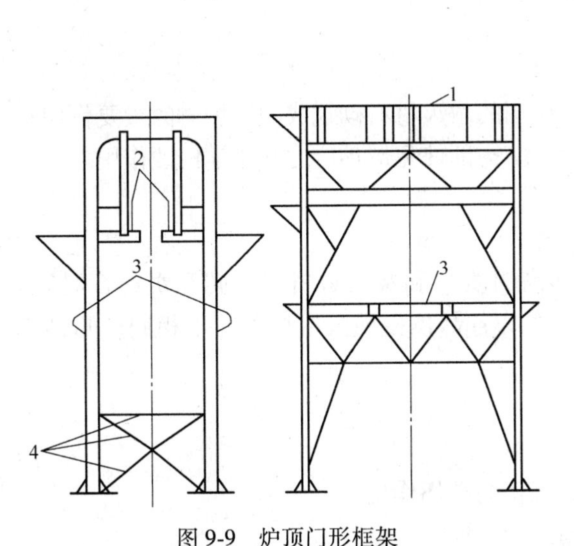


图 9-9 炉顶门形框架

1—平衡杆梁；2—安装梁；3—受料斗梁；4—可拆卸的拉杆

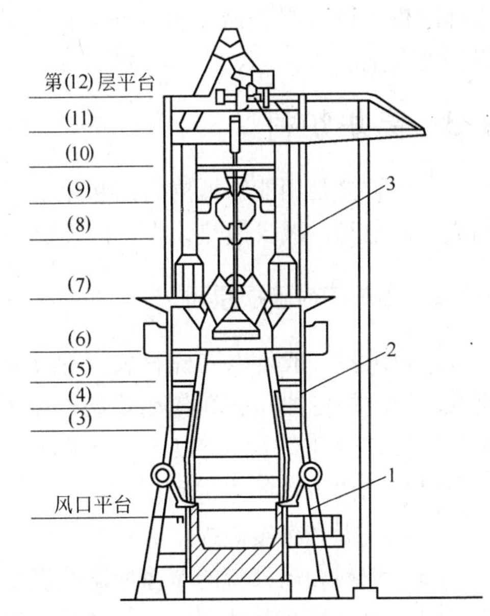


图 9-10 炉体钢结构及炉体平台

1—下部框架；2—上部框架；

3—炉顶框架；(3) ~ (12) —炉体平台

**表 9-3 某钢 1 号高炉炉体各层平台**

| 名 称 | 标高/m | 主要用途 | 支持结构 | 铺板材料 |
|---|---|---|---|---|
| 第 3 层 | 27.700 | 炉体周围检修用 | 下部框架 | 花纹钢板、部分篩格板 |
| 第 4 层 | 33.200 | 炉体周围检修用 | 上部框架 | 花纹钢板 |

续表 9-3

| 名 称 | 标高/m | 主要用途 | 支持结构 | 铺板材料 |
| --- | --- | --- | --- | --- |
| 第5层 | 37.200 | 安装炉身煤气取样器 | 上部框架 | 花纹钢板 |
| 第6层 | 41.909 | 更换活动炉喉保护板 | 上部框架 | 花纹钢板 |
| 第7层 | 49.700 | 更换炉顶装料设备 | 上部框架 | 花纹钢板 |
| 第8层 | 58.700 | 检修密封阀 | 上升管 | 花纹钢板 |
| 第9层 | 64.200 | 支持固定漏斗 | 上升管 | 花纹钢板 |
| 第10层 | 69.700 | 检修胶带输送机头轮 | 上升管 | 花纹钢板 |
| 第11层 | 75.200 | 检修炉顶起重机 | 炉顶框架 | 花纹钢板 |
| 第12层 | 79.700 | 安装炉顶平衡杆 | 炉顶框架 | 筛格板 |

平台与走梯应当满足下列要求：

（1）各层工作平台宽度一般应不小于1200mm，过道平台与走梯宽度一般为700~800mm，栏杆高度一般为1100mm。

（2）平台和走梯与炉壳间的净空距离应能满足冷却器配管操作的需要，工作平台的标高应满足工作操作方便的要求。

（3）走梯上下层之间应尽量错开，坡度不得过大，一般以45°左右为宜。平台铺板及走梯踏板不得采用圆钢焊接，而应采用花纹板制作，并应设置100mm左右高的踢脚板，以保证安全。

## 9.3 高炉炉衬

高炉炉衬是用能够抵抗高温和化学侵蚀作用的耐火材料砌筑成的。炉衬的主要作用是构成工作空间，减少散热损失，以及保护金属结构部件免遭热应力和化学侵蚀作用。

### 9.3.1 高炉炉衬破损原因

高炉炉衬一般是以陶瓷材料（黏土质和高铝质）和炭质材料（炭砖和炭捣石墨等）砌筑。炉衬的侵蚀和破坏与冶炼条件密切相关，各部位侵蚀破损机理并不相同。归纳起来，炉衬破损机理主要有以下几个方面：

（1）高温渣铁的渗透和侵蚀。

（2）高温和热震破损。

（3）炉料和煤气流的摩擦冲刷及煤气碳沉积的破坏作用。

（4）碱金属及其他有害元素的破坏作用。

高炉炉体各部位炉衬的工作条件及炉衬本身的结构都是不相同的，即各种因素对不同部位炉衬的破坏作用，以及炉衬抵抗破坏作用的能力均不相同，因此，各部位炉衬的破损情况也各异，如图9-11所示。

### 9.3.2 高炉用耐火材料

随着炼铁生产的发展，砌筑高炉用的耐火材料品种不断增加，质量要求也不断提高。目前高炉常用的耐火材料主要有陶瓷质材料和炭质材料两类。

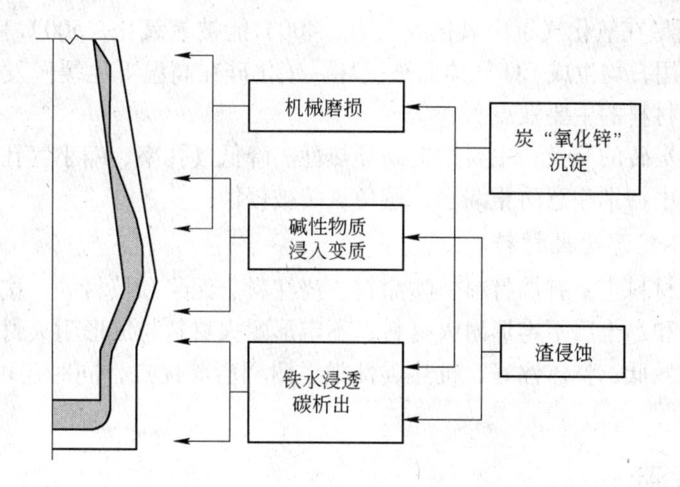


图 9-11 高炉炉衬的损伤结构

9.3.2.1 陶瓷质耐火材料

陶瓷耐火材料包括有高炉常用的黏土砖、高铝砖、刚玉砖等。传统的高铝砖比黏土砖含的 $Al_2O_3$，其耐火度及荷重软化开始温度均比黏土砖高，其抗渣性能及抗磨性能，特别是抗磨性能更好，并随着高铝砖 $Al_2O_3$，含量的增加，这些性能也随之提高。

高炉的大型化、高效化及长寿化要求高温区的陶瓷质耐火材料具有超高含量的氧化铝，新型的刚玉砖（包括棕刚玉砖、莫来石砖、铬铝硅酸盐结合制成的耐火砖等）用于高炉炉底的结构中，具有理想的保温性能、抗铁水渗透和冲刷性能，并能有效防止炭砖脆性断裂。

高炉用黏土砖和高铝砖应满足下列要求：

（1）$Al_2O_3$含量要高，以保证有足够高的耐火度，使砖在高温下的工作性能强。

（2）$Fe_2O_3$含量要低，主要是为限制炭黑的沉积，防止它由于同 $SiO_2$生成低熔点物质而降低耐火度。

（3）荷重软化开始温度要高，因为高炉砌体是在高温和高压的条件下工作的。

（4）重烧线收缩（也称残余收缩）要小，使砌体在高温下产生裂缝的可能性减小，避免渣、铁及其他沉积物渗入砖缝侵蚀耐火砌体。

（5）气孔率要低，特别是显气孔率，防止炭黑等沉积并增加抗磨性。

9.3.2.2 炭质耐火材料

近代高炉逐渐大型化，冶炼强度也有所提高，炉衬热负荷加重，炭质耐火材料所具有的独特性能使其逐渐成为高炉炉底和炉缸砖衬的重要部分。炭质耐火材料的特点有：

（1）耐火度高。碳实际上是不熔化的物质，在 3500℃时升华，所以用在高炉上既不熔化，也不软化。

（2）炭质耐火材料具有很好的抗渣性。除高 FeO 渣外，即使是含氟高、流动性非常好的渣也不能侵蚀它。

（3）有良好的导热性和导电性。用在炉底、炉缸以及其他有冷却器的地方，能充分发挥冷却器的效能，延长炉衬寿命。

（4）热膨胀系数小，热稳定性好，不易发生开裂，能防止渣铁渗透。

（5）碳和石墨在氧化气氛中氧化成气态，400℃能被氧氧化，500℃和水汽作用，700℃开始和 $CO_2$ 作用，均生成CO气体而被损坏。碳化硅在高温下也缓慢发生氧化作用。这些都是炭质耐火材料的主要缺点。

因此，改善炭砖的质量，主要是提高导热性、降低气孔率、缩小气孔直径、提高耐碱性等。操作过程中特别注意防止漏水，避免炭砖被侵蚀。

9.3.2.3　不定形耐火材料

不定形耐火材料主要有捣打料、喷涂料、浇注料、泥浆和填料等。按成分可分为炭质不定形耐火材料和黏土质不定形耐火材料。不定形耐火材料与成形耐火材料相比，具有成形工艺简单、能耗低、整体性好、抗热震性强、耐剥落等优点，同时还可减小炉衬厚度，改善导热性等。

## 9.4　高炉基础

高炉基础是高炉下部的承重结构，它的作用是将高炉全部荷载均匀地传递到地基。高炉基础由埋在地下的基座部分和地面上的基墩部分组成，如图9-12所示。

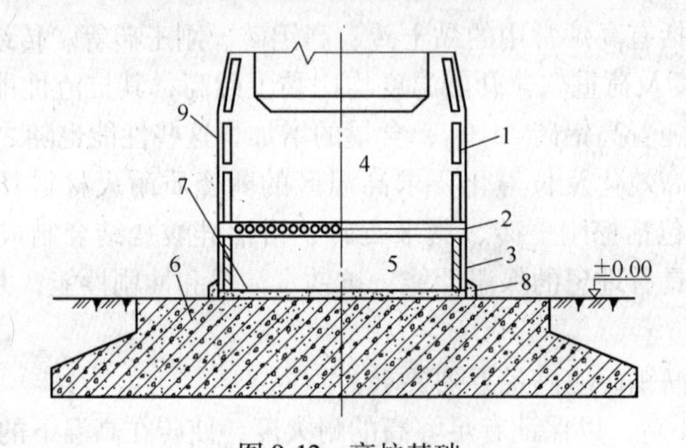


图9-12　高炉基础

1—冷却壁；2—水冷管；3—耐火砖；4—炉底砖；5—耐热混凝土基墩；
6—钢筋混凝土基座；7—石墨粉或石英砂层；8—密封钢环；9—炉壳

### 9.4.1　高炉基础的负荷

高炉基础承受的荷载有：静负荷、动负荷、热应力的作用，其中温度造成的热应力的作用最危险。

（1）静负荷。高炉基础承受的静负荷一方面包括高炉内部的炉料质量、渣、铁液质量、炉体本身的砌砖质量、金属结构质量、冷却设备及冷却水质量、炉顶设备质量等，另一方面还有炉下建筑、斜桥、卷扬机等分布在炉身周围的设备质量。就力的作用情况来看，前者是对称的，作用在炉基上，后者则常常是不对称的，是引起力矩的因素，可能产生不均匀下沉。

（2）动负荷。生产中常有崩料、坐料等，加给炉基的动负荷是相当大的，设计时必须考虑。

（3）热应力的作用。炉缸中贮存着高温的铁液和渣液，炉基处于一定的温度下。由于高炉基础内温度分布不均匀，一般是里高外低，上高下低，这就在高炉基础内部产生了热应力。

### 9.4.2 高炉基础的要求

对高炉基础的要求如下：

（1）高炉基础应把高炉全部荷载均匀地传给地基，不允许发生沉陷和不均匀的沉陷。高炉基础下沉会引起高炉钢结构变形，管路破裂。不均匀下沉将引起高炉倾斜，破坏炉顶正常布料，严重时不能正常生产。

（2）具有一定的耐热能力。一般混凝土只能在150℃以下工作，250℃便有开裂，400℃时失去强度，钢筋混凝土700℃时失去强度。过去由于没有耐热混凝土基墩和炉底冷却设施，炉底破损到一定程度后，常引起基础破坏，甚至爆炸。采用水冷炉底及耐热基墩，可以保证高炉基础很好工作。

墩断面为圆形，直径与炉底相同，高度一般为2.5~3.0m，设计时可以利用基墩高度调节铁口标高。

基座直径与荷载和地基土质有关，基座底表面积可按下式计算：

$$A = \frac{P}{KS_{允}} \tag{9-1}$$

式中 $A$——基座底表面积，$m^2$；

$P$——包括基础质量在内的总荷载，t；

$K$——小于1的安全系数，取值视地基土质而定；

$S_{允}$——地基土质允许的承压能力，MPa。

基座厚度由所承受的力矩计算，结合水文地质条件及冰冻线等综合情况确定。

高炉基础一般应建在$S_{允}>0.2$MPa的土质上，如果$S_{允}$过小，基础面积将过大，厚度也要增加，使得基础结构过于庞大，故对于$S_{允}<0.2$MPa的地基应加以处理，根据不同的土层厚度，采取不同的处理方法，有夯实垫层、打桩、沉箱等。

## 9.5 高炉风口、渣口、铁口

### 9.5.1 风口装置

#### 9.5.1.1 风口结构

用送风设备把热风从热风炉送进热风总管，热风总管通入高炉的热风围管。热风通过送风支管从风口送入炉内。这些管内都镶有耐高温的耐火砖、耐热砖或不定形的耐火材料。

风口装置如图9-13所示。由与热风围管相贯通的锥形管（喇叭管），鹅颈管（进风弯管），球面连接件（球面法兰），弯管（三通管）、直管以及风口水套等组成。为了更换风口方便，直管能够拆卸。弯管上带有窥视孔，可用膨胀节代替球面接触。

风口装配如图9-14所示。风口大套与炉壳用螺栓或用焊接连接。二套、三套和风口（二套和风口有时做成两段）都用铜制成，接触面做成锥形，依次进行装配。热风与重油、焦油或煤粉等燃料能够同时由风口喷嘴喷进炉内，喷吹燃料的喷嘴装在风口上或者装在直吹管上。

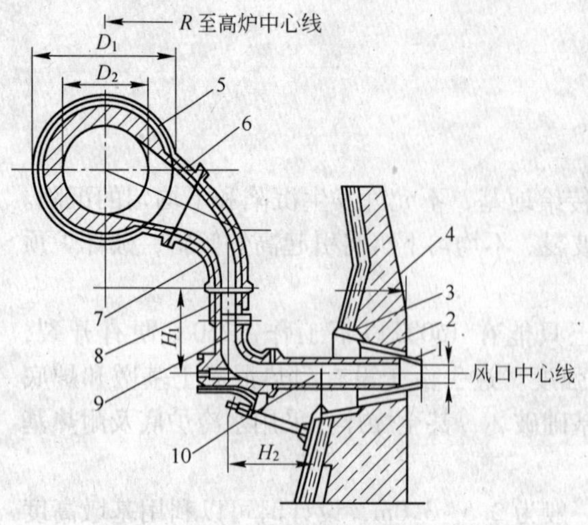


图 9-13 风口装置图

1—小套；2—二套；3—大套；4—风口法兰；
5—热风围管；6—锥形管；7—鹅颈管；
8—连接件；9—弯管；10—直管

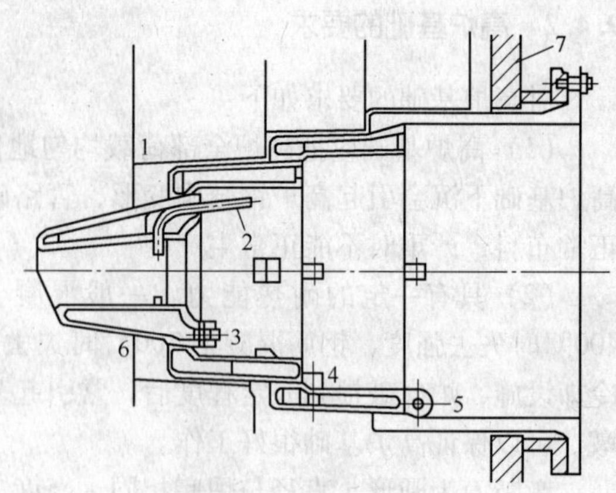


图 9-14 风口装配图

1—风口耐火砖；2—喷吹燃料喷嘴；
3—风口小套；4—风口二套；
5—风口大套；6—风口；7—炉壳

风口大套与大套法兰盘，一般在制造厂预装调整后，配合一起刻出垂直与水平中心线四条沟痕，作为安装时的基准。

高炉休风时，高炉内的煤气往往倒流进热风围管或热风总管，为防止倒流，一般都装有放散阀把炉内的煤气放散到大气中去。

#### 9.5.1.2 风口维护检查

风口的维护检查主要包括：

（1）至少每周检查一次热风围管，检查的内容有：1）风温电偶的温度、跑风情况，要求温度稳定在正常范围内、电偶管根部没有烧红跑风现象；2）入孔跑风情况，要求法兰无烧红跑风；3）管道的烧红跑风情况，要求管道、焊缝无开裂。管道、入孔、电偶管根部烧红跑风的故障主要由热风围管内衬砖脱落，焊缝开裂引起，应及时焊补或挖补。

（2）每班检查风口装置的鹅颈管、弯管、吹管、膨胀节等的烧红、跑风情况，要求无烧红、无跑风、无异物堵塞。

（3）炉役后期外部打水时，要安装挡水板，防止弯头联结件结垢。

（4）对于风口中、小套，更要勤检查其冷却器，保证管路无漏水、出水无气泡、流量流速适当。定期清洗工业水过滤器，风口大套、中套每年酸洗一次，清除沉积物。

#### 9.5.1.3 风口常见故障及处理方法

风口常见故障及处理方法见表 9-4。

**表 9-4 风口常见故障及处理方法**

| 常见故障 | 故障原因 | 处理方法 |
|---|---|---|
| 风口进风少、风口不活 | 热风围管内衬砖脱落或风口灌渣造成堵塞 | 及时维护检查 |

续表 9-4

| 常见故障 | 故障原因 | 处理方法 |
|---|---|---|
| 各连接球面跑风 | 各连接球面未清理干净或安装不合适 | 清理干净、正确安装 |
| 各部位烧红 | 各部位内衬脱落造成烧红 | 及时维护检查 |
| 风口中、小套烧坏、漏水、放炮、崩漏 | 炉缸堆积、风口套老化 | 及时维护检查、更换 |

## 9.5.2 渣口装置

渣口装置如图 9-15 所示，它由四个水套及其压紧固定件组成。渣口小套为青铜或紫铜铸成的空腔式水套，常压操作高炉直径为 50～60mm，高压操作高炉直径为 30～45mm。渣口三套也为青铜铸成的中空水套，渣口二套和渣口大套是铸有螺旋形水管的铸铁水套。

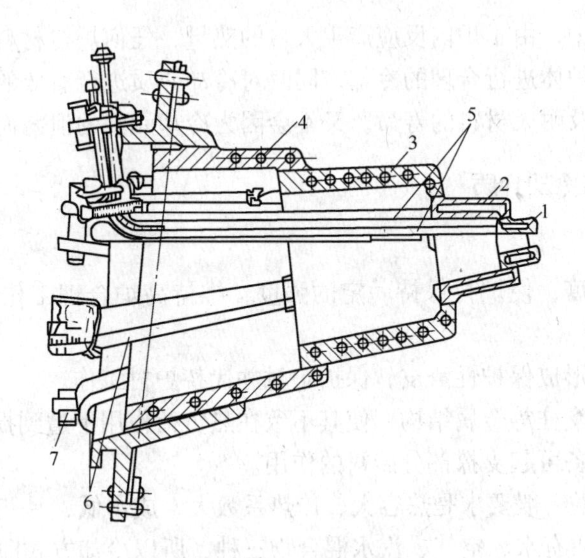


图 9-15 渣口装置

1—小套；2—三套；3—二套；4—大套；5—冷却水管；6—压杆；7—楔子

渣口大套固定在炉壳的法兰盘上，并用铁屑填料与炉缸内的冷却壁相接，保证良好的气密性。渣口和各套的水管都用和炉壳相接的挡板压紧。高压操作的高炉，内部有巨大的推力，会将渣口各套抛出，故在各套上加了用楔子固定的挡杆。

中小型高炉渣口的水套可减为三个。国外部分薄壁炉缸的高炉，其渣口也有由三个水套组成的。

## 9.5.3 铁口装置

铁口装置主要是指铁口套。铁口套的作用是保护铁口处的炉壳。铁口套一般用铸钢制成，并与炉壳铆接或焊接。考虑不使应力集中，铁口套的形状，一般做成椭圆形，或四角为圆弧的方形。铁口套结构如图 9-16 所示。

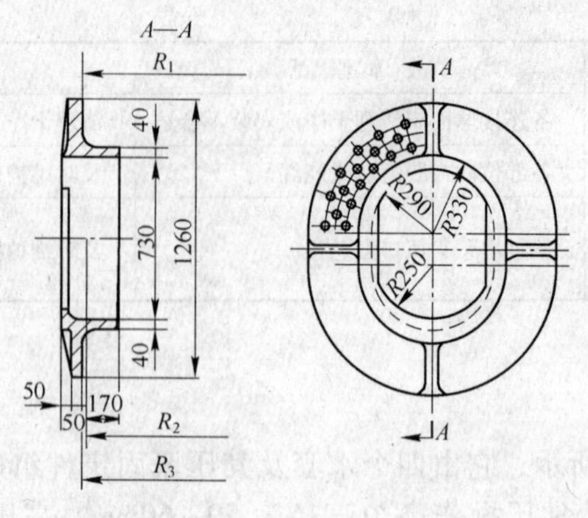


图 9-16　铁口套结构

## 9.6　高炉冷却设备

在高炉生产过程中，由于炉内反应产生大量的热量，任何炉衬材料都难以承受这样的高温作用，必须对其炉体进行合理的冷却，同时对冷却介质进行有效的控制，以达到有效的冷却，使之既不危及耐火材料的寿命，又不会因为冷却元件的泄漏而影响高炉的操作。

### 9.6.1　冷却的作用与冷却介质

冷却的作用有：

（1）降低炉衬温度，使炉衬保持一定的强度，维持高炉合理工作空间，延长高炉寿命和安全生产。

（2）使炉衬表面形成保护性渣皮，保护炉衬并代替炉衬工作。

（3）保护炉壳、支柱等金属结构，使其不致在热负荷作用下遭到损坏。

（4）有些冷却设备可起支撑部分砖衬的作用。

高炉对冷却介质的一般要求是热容大、传热系数大、成本低、易获得、储量大、便于输送。常用的冷却介质有水、空气、汽水混合物三种，所以冷却方式即为水冷、风冷、汽化冷却三种。

（1）最普遍的是用水，它的热容大，传热系数大，便于输送，成本低，是较理想的冷却介质。水分为普通工业净化水、软水和纯水。

1）普通工业净化水是天然水经过沉淀及过滤处理后，去掉了水中大部分悬浮物的水，但这种水易结水垢，易使冷却设备烧坏，水量和能耗也较大。

2）软水是经过软化处理去除了水中钙、镁等离子后的水，软水硬度低、杂质少，对冷却设备的腐蚀小且结垢少。

3）纯水即脱盐水，纯水比软水指标更好，对设备的腐蚀和结垢极低，是理想的冷却介质。

（2）汽化冷却以汽和水的混合物作冷却介质的，耗水量低，汽化潜热大，又能回收低压蒸汽，但对热流强度大的区域（如风口），冷却效果不佳且不易检漏，故没有被大量采用。

（3）空气比水的导热性差，热容只有水的 1/4，在热流强度大时冷却器易过热。所以，风冷一般用于冷却强度要求不大的部位，如炉底处。但空气冷却有被淘汰的趋势。

## 9.6.2　冷却设备

由于高炉各部位的工作条件不同，热负荷不同，通过冷却达到的目的也不尽相同，故所采取的冷却设备也不同。高炉冷却设备按结构不同可分为外部喷水冷却装置、冷却壁、插入式冷却器等炉体冷却设备，以及专门用于风口、渣口、热风阀等的冷却设备和炉底冷却设备。

9.6.2.1　外部喷水冷却装置

此法利用环形喷水管或其他形式（如图 9-17 所示）通过炉壳冷却炉衬。

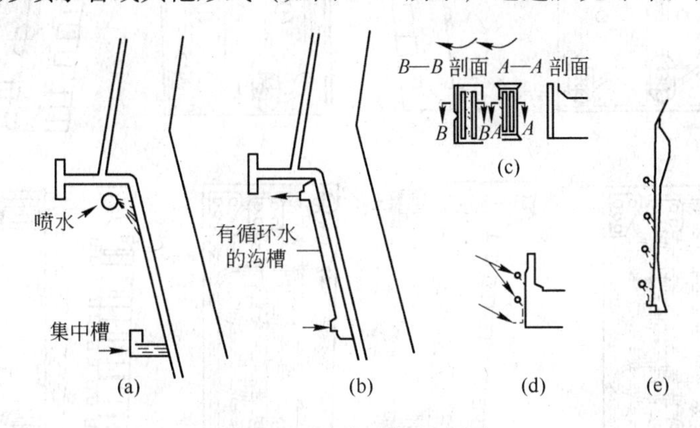


图 9-17　喷水冷却示意图

（a）喷水；（b）沟槽；（c）炉缸侧墙冷却外套；（d），（e）喷水冷却

喷水管直径为 50～150mm，管上有直径 5～8mm 的喷水孔，喷射方向朝炉壳斜上方倾斜 45°～60°。为了避免水的喷溅，炉壳上安装防溅板，防溅板与炉壳间留 8～10mm 的缝隙，以便冷却水沿炉壳向下流入排水槽。

这种喷水冷却装置简单易于检修，造价低廉，对冷却水质的要求不高，但冷却不能深入。这种喷水冷却装置适用于碳质炉衬和小型高炉冷却。实际应用中，大中型高炉在炉役末期冷却器被烧坏或严重脱落时，为维持生产也采用喷水冷却。

9.6.2.2　冷却壁

冷却壁是内部铸有无缝钢管的大块金属板冷却件。冷却壁安装在炉壳与炉衬之间，并用螺栓固定在炉壳上，均为密排安装。冷却壁的金属板是用来传热和保护无缝钢管的。

冷却壁一般为铸铁件，内部无缝钢管呈蛇形布置，用以通冷却介质（水或汽水混合物）。在风、渣口部位要安装异形冷却壁，以适应开孔的需要。

冷却壁结构形式，按其表面镶砖与不镶砖分为镶砖冷却壁和光面冷却壁两种。

（1）镶砖冷却壁。镶砖冷却壁的特点是在金属板表面镶有耐火砖，导热效率较低，但当炉衬被侵蚀后，所镶耐火砖抗磨损能力强，并在其表面容易形成稳定的保护性渣皮，代替耐火砖衬工作。因此，镶砖冷却壁一般用于炉腹、炉腰及炉身下部，并直接与黏土砖或高铝砖炉衬相接触。

现代的冷却壁一般按照新日铁公司开发的形式分为四代，第三代和第四代的显著特点是：1）设置边角冷却水管；2）背部增设蛇形冷却水管；3）强化凸台部位冷却；4）冷却壁与部分或全部耐火材料实现一体化。镶砖冷却壁用的镶嵌材料，过去一般为黏土砖或高铝砖，现一般采用 SiC 砖、半石墨化 SiC 砖、铝炭砖等。四代镶砖冷却壁的结构如图 9-18 所示。

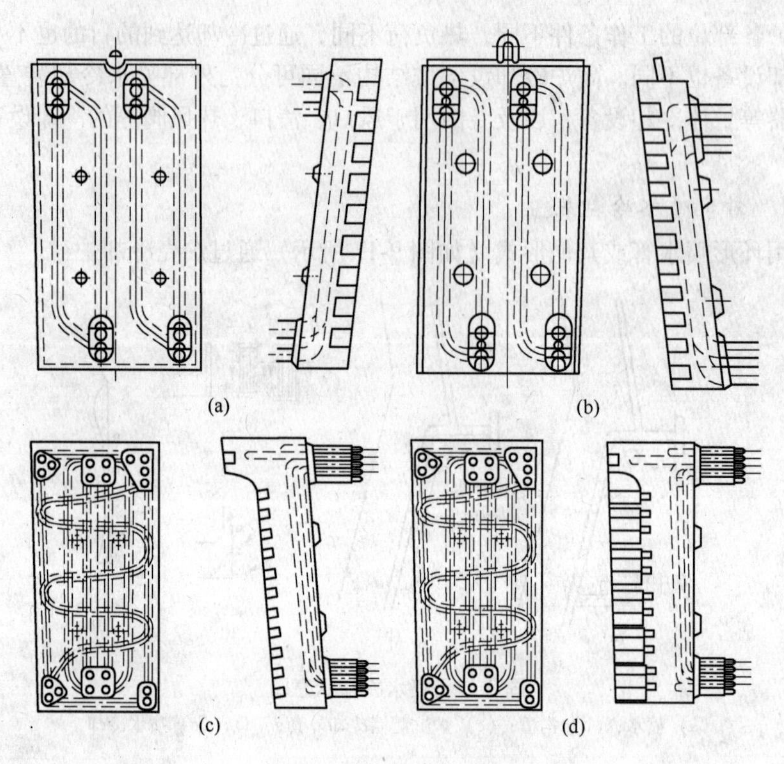


图 9-18　高炉镶砖冷却壁

（a）第一代；（b）第二代；（c）第三代；（d）第四代

（2）光面冷却壁。光面冷却壁的特点是金属板表面不镶砖，导热能力较强，但抗磨损能力不如镶砖冷却壁强。光面冷却壁一般用于炉底四周和炉缸。炉腹以上采用炭质耐火砖砌筑时，也采用光面冷却壁冷却。光面冷却壁与炉衬砌体之间一般为炭素捣打料层。光面冷却壁的结构如图 9-19 所示。

过去冷却壁本体一般都采用普通灰口铸铁，为了提高寿命改用含 Cr 耐热铸铁，进而发展为球墨铸铁和铜质的。使用铜冷却壁的优点非常明显，其壁体温度比球墨铸铁的壁体温度低，温度波动也小；形成的渣皮更稳定，热损失大幅度降低；壁体温度更低也使得渣皮脱落后重建的时间更短；安装铜冷却壁部位的热流强度降低明显。铜冷却壁的结构如图 9-20 所示。

冷却壁与其他形式冷却器比较具有的优点是：炉壳不需开设大孔，炉壳密封性好，不会损坏炉壳强度，采取紧密布置，冷却均匀，炉衬内壁光滑平整，有利于炉料顺利下降；镶砖冷却壁表面能形成保护性渣皮，使高炉工作年限延长。其主要缺点是：冷却深度不如冷却板和支梁式水箱大，烧毁后拆换困难，普通冷却壁没有支撑上部炉衬砖的能力，并且容易断裂。

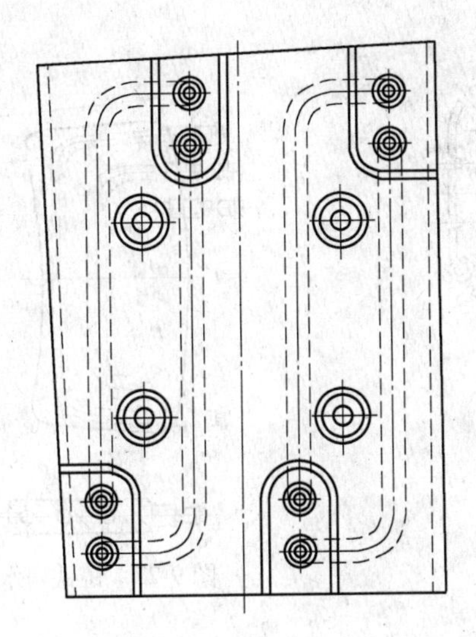
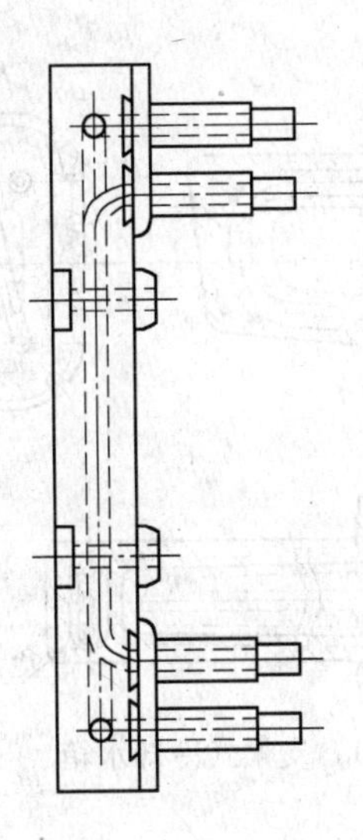

图 9-19 高炉光面冷却壁

9.6.2.3 插入式冷却器

此类冷却器有支梁式水箱、扁水箱、冷却板等，均埋设在砖衬内，冷却深度较深，但为点冷却，炉役后期，内衬工作面凹凸不平，不利于炉料下降，炉壳开孔多结炉壳强度和密封也带来不利影响。

(1) 支梁式水箱。支梁式水箱为铸有无缝钢管的楔形冷却器，如图 9-21 所示。它有支撑上部砖衬的作用，并可维持较厚的砖衬，水箱本身有与炉壳固定的法兰圈，所以密封性好，同时质量较轻，便于更换。由于冷却强度不大，且受形状限制，密排困难，故多安装在炉身中部用以托砖，常为 2~3 层，呈棋盘式布置。上下两层间距多为 600~800mm，同一层相邻两块之间一般间距 1300~1700mm，其断面距炉衬工作表面 230~345mm。

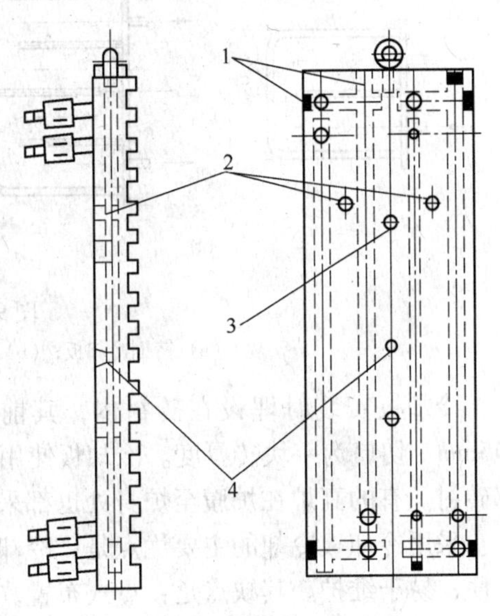


图 9-20 铜冷却壁结构
1—铜塞子；2—螺栓孔；
3—销钉孔；4—热电偶位置

(2) 扁水箱。扁水箱由铸铁铸成，内铸有无缝钢管如图 9-22 所示。一般用于炉身和炉腰，亦呈棋盘式布置，有密排式和一般式，后者上下层间距约为 500~900mm，同一层相邻两块间隔不应超过 150~500mm。其端部距内衬工作表面一般为 230~345mm。

(3) 冷却板。冷却板分为铸铜冷却板、铸铁冷却板、埋入式冷却板等。铸铜冷却板在局部需要加强冷却时采用，铸铁冷却板在需要保护炉腰托圈时采用，埋入式铸铁冷却板是在需要起支撑内衬作用的部位采用。各种形式的冷却板如图 9-23 所示。

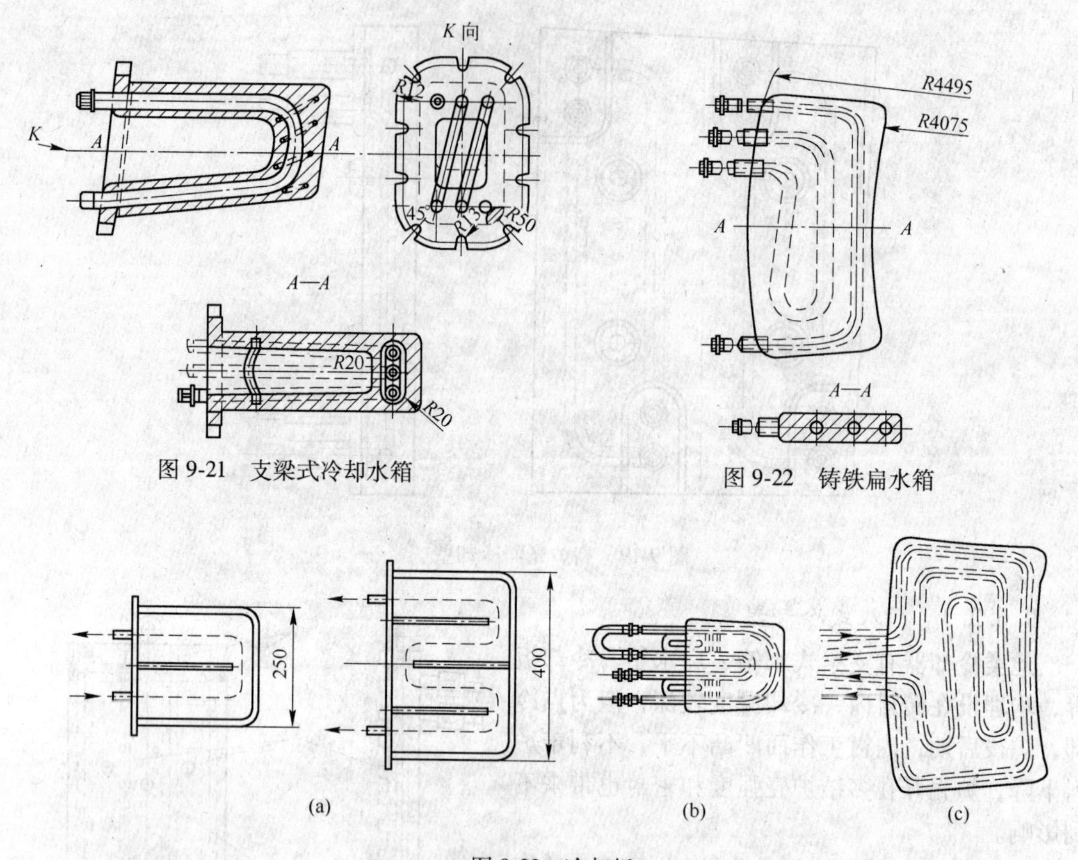


图 9-21 支梁式冷却水箱

图 9-22 铸铁扁水箱

图 9-23 冷却板

（a）铸铜冷却板；（b）埋入式冷却板；（c）铸铁冷却板

冷却板安装时埋设在砖衬内，其前面端部距高炉衬的工作表面砖厚一般为 230~345mm，切口为一块砖厚度。冷却板使用部位通常为厚壁炉腰、炉腰托圈及厚壁炉身中下部砖衬。有的高炉在炉腹至炉身处也都采用密集式铜冷却板冷却。

采用冷却板冷却的主要优点是：冷却能深入砖衬内，冷却深度、冷却强度均大，拆换方便，易于维护。其缺点是：点式布置，冷却不均匀，容易造成侵蚀后的炉墙内表面不平整（冷却板裸露），影响炉料顺利下降。随着炉衬耐火材料质量的提高，炉墙厚度逐渐减薄，冷却板的使用在国内大中型高炉上已逐步减少，仅个别大型高炉在厂型冷却壁的凸台上面安装一层冷却板作为辅助冷却装置。

#### 9.6.2.4 炉底冷却装置

采用炭砖炉底的高炉，炉底一般都应设置冷却装置，予以冷却。炉底冷却的目的是防止高炉炉基过热破坏及由热应力造成的基墩开裂破坏。综合炉底结构同时采用炉底冷却，能大大地改善炉底砖衬的散热效果，提高炉底寿命。炉底冷却装置是在炉底耐火砖砌体底面与基墩表面之间安装通风或通水的无缝钢管。炉底砌筑前将炉底冷却用的无缝钢管埋在炭捣层中。冷却管直径一般为 146 mm，壁厚为 8~14 mm。冷却管安装布置的原则是炉底中央排列较密，越往边沿排列越稀疏。炉底风冷管布置如图 9-24 所示。

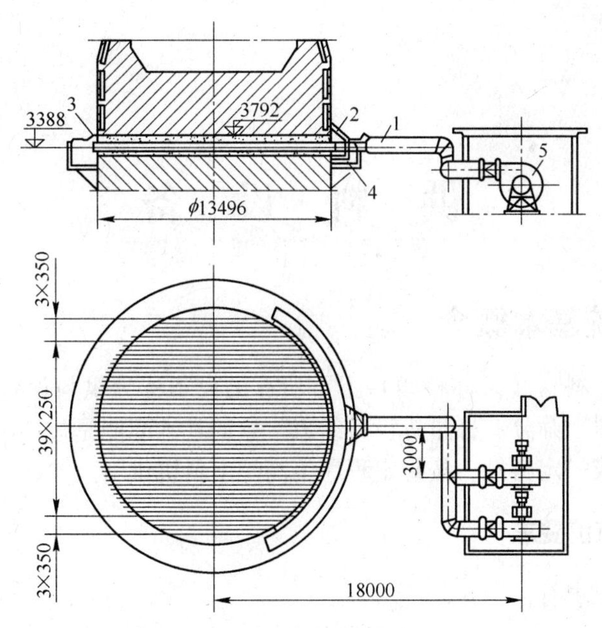


图 9-24 2000m$^3$高炉炉底风冷管布置图

1—进风管；2—进风箱；3—防尘板；4—风冷管；5—鼓风机

水冷炉底和风冷炉底的冷却管管径、布置方式及炭捣层等基本相同，只是冷却介质不同。

风冷炉底的通风方式，有自然通风和强制通风两种。自然通风不需要通风机等设备，但冷却强度不如强制通风的大。一般中型高炉炉底采取自然通风冷却的较普遍，大型高炉炉底则采取强制通风冷却。

水冷炉底的供水方式也有两种。一种是炉底冷却水管与供水总管接通，通过炉体给水总管供水。另一种是利用炉缸的冷却排水管供水，以节约冷却水。

# 供　料　设　备

## 10.1　供料系统基本概念

在高炉生产中，料仓（又称料槽）上下所有的设备称为供料设备。供料设备由原料的输送、给料、排料、筛分、称量等设备组成。它的基本职能是按照冶炼工艺要求，将各种原燃料按质量配成一定料批，按规定程序给高炉上料机供料。

### 10.1.1　对供料系统的要求

对供料系统的要求有：

（1）适应多品种的要求，生产率要高，能满足高炉生产所需的日益增长的矿石和焦炭的数量。

（2）在运输过程中，对原料的破碎要少；在组成料批时，对供应原料要进行最后过筛。

（3）设备力求简单、耐磨、便于操作和检修，使用寿命长。

（4）原料称量准确，维持装料的稳定，这是操作稳定的一个重要因素。用电子秤称量时，其误差应小于5%。

（5）各转运环节和落料点都有灰尘产生，应有通风除尘设备。

### 10.1.2　供料系统的形式和布置

目前我国高炉供料系统有以下三种形式。

（1）称量车、料车式上料。我国过去建的高炉，一般采取称量车称量及运输，通过料车和斜桥将炉料运到炉顶。这种炉后供料系统的布置，一般是贮矿槽列线与斜桥垂直，两个贮焦槽紧靠斜桥两侧。当矿石品种单一，贮矿槽容积较大，槽数较少时，贮矿槽可成单排布置，当矿石品种复杂，贮矿槽容积小而个数较多时，可成双排布置，以缩短供料线长度，减短运输距离，如图10-1所示。

（2）称量漏斗、料车式上料。称量采用称量漏斗，槽下运料采用胶带运输机。这种供料方式将称量和运输分开，设备职能单一，可以简化设备构造，增强使用的可靠性，并为提高生产能力和实现自动化操作创造了条件，如图10-2所示。

采用这种供料系统时，设置两个容积比较大的主焦仓和主矿仓和一些容积比较小的备用焦仓和备用矿仓。在料车坑两侧分别设置矿石称量漏斗和焦炭称量漏斗，在杂矿仓出口处设置杂矿及熔剂称量漏斗。焦炭和矿石称量漏斗中的料，靠落差向料车供料，而杂矿称量漏斗中的料靠胶带运输机向料车供料，主焦炭仓和主矿石仓的料可以直接放入其称量漏

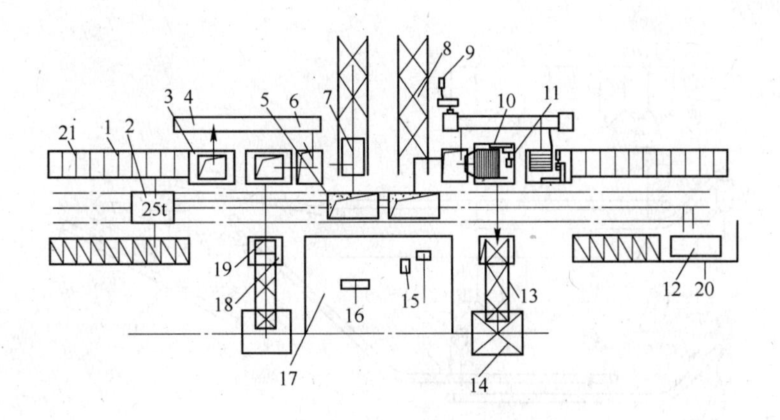


图 10-1 称量车运料系统布置示意图

1，21—贮矿槽；2—称量车；3—焦炭仓；4—焦炭运输胶带；5—矿石中间漏斗；6—焦炭称量漏斗；7—料车；8—斜桥；9—焦炭运输带电机；10—滚子筛；11—滚子筛电机；12—称量车修理库；13—碎焦斜桥；14—碎焦仓；15—焦炭称头；16—指示盘；17—操作室；18—料车坑；19—碎焦车；20—称量车引渡机

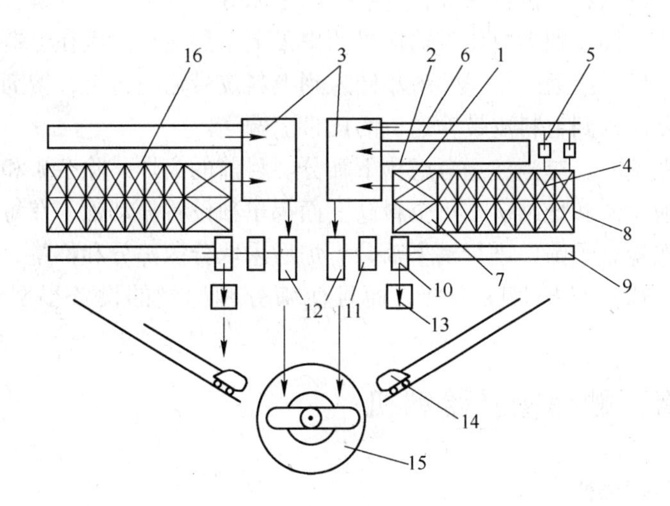


图 10-2 槽下称量与运输分开的供料方式

1—主矿仓；2—链带运输机；3—矿石称量漏斗；4—杂矿仓；5—杂矿称量漏斗；6—杂矿运输皮带机；7—主焦仓；8—备用焦仓；9—焦炭胶带运输机；10—焦炭筛；11—焦炭称量漏斗；12—料车；13—焦末仓；14—焦末料车；15—高炉；16—备用矿仓

斗，其余焦、矿仓的料则靠胶带运输机或链板机（热烧结矿）运入其称量漏斗。

这种设置集中称量漏斗的供料方式，适合于矿石品种比较单一的高炉，不适于矿石品种复杂的高炉。矿石品种复杂时，可以采取分散称量，即在每个矿仓下设置独立的称量漏斗，或者采取分散称量与集中称量相结合的方式。

（3）称量漏斗、皮带机上料。高炉容积的大型化，要求提高炉后供料能力，因此，国内外大型高炉采用皮带运输机供料的越来越多。我国某钢 1 号高炉采用的皮带机供料系统如图 10-3 所示。

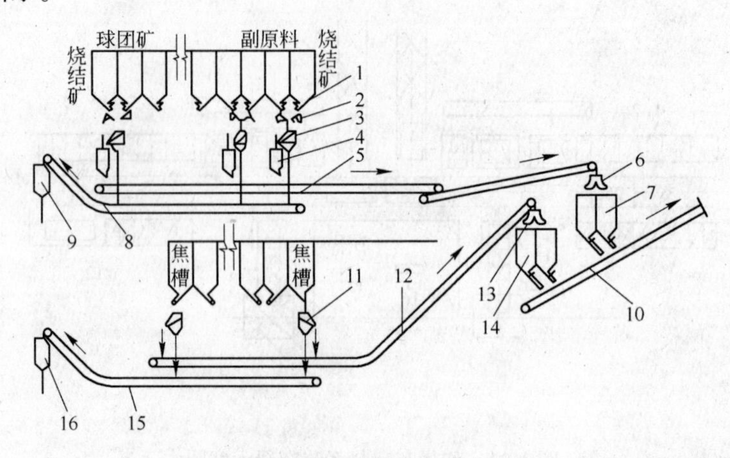


图 10-3 皮带运输机供料系统示意图

1—闸门；2—电动机振动给料机；3—烧结矿振动筛；4—称量漏斗；5—矿石皮带输送机；6—矿石转换溜槽；7—矿石中间料斗；8—粉矿皮带输送机；9—粉矿料斗；10—上料皮带输送机；11—焦炭振动筛；12—块焦皮带输送机；13—焦炭转换溜槽；14—焦炭中间称量漏斗；15—粉焦皮带输送机；16—粉焦料斗

采用皮带运输机供料的供料系统，一般矿石采取分散称量，分别设置矿石称量漏斗和矿石中间料斗，将料卸入到上料皮带输送机的皮带上。焦炭靠设置在上料皮带运输机上的集中称量漏斗称量后，借助于自身的落差卸入到上料皮带输送机上，熔剂和杂矿设置一个称量漏斗，靠落差卸入到上料皮带输送机的皮带上输送。

在设计供料系统时，应当注意考虑槽下筛分。目前的高炉，除杂矿和熔剂可以不设置槽下筛分外，一般生矿和烧结矿在每个料仓下面都单独设置振动筛，在每个焦炭仓下也单独设置振动筛或焦炭辊子筛，进行槽下筛分。炉后采取分散筛分和称量，这种方式不仅使其职能分开，给检修和维护带来方便，而且使筛分和称量的设备小型化，制造、运输方便。

## 10.2 贮矿槽、贮焦槽及给料机

### 10.2.1 贮矿槽与贮焦槽

贮矿槽和贮焦槽位于高炉一侧，它们的作用是贮存原料，解决高炉连续上料和车间间断供料的矛盾，当贮矿槽与贮焦槽之前的供料系统设备检修或因事故造成短期间断供料时，可依靠槽内的存量，维持高炉生产。由于贮矿槽和贮焦槽都是高架式的，可以利用原料的自重下滑进入下一工序，有利于实现配料等作业的机械化和自动化。

贮矿槽的容积及个数主要取决于高炉的有效容积、矿石品种及需要贮存的时间。贮矿槽可以成单列设置，也可以成双列设置。双列设置时，槽下运输显得比较拥挤，工作条件较差，检修设备不方便。贮矿槽的数目在有条件时，应尽量减少。单个贮矿槽的容积，一般小高炉为 50~100m$^3$，大中型高炉为 100m$^3$ 以上。贮矿槽的总容积是高炉有效容积的倍数，一般小型高炉为高炉有效容积的 3.0 倍以上，中型高炉为 2.5 倍左右，大型高炉为 1.6~2.0 倍，可以满足高炉 12~24h 的矿石消耗量。

贮焦槽的数目与高炉的上料方式有关。当采用称量车称量、料车式上料时，一般只在料车坑两侧各设置一个贮焦槽；当炉后采用称量漏斗称量、皮带输送机供料时，贮焦槽个数可以多些，并不一定都要设置在料车坑两侧，也可单独成列设置。贮焦槽的总容积根据高炉有效容积而定。贮焦槽总容积一般为高炉有效容积的 0.53～1.5 倍。我国某些高炉的贮矿槽、贮焦槽的容积与个数见表 10-1。

**表 10-1　我国某些高炉贮矿槽及贮焦槽的容积与个数**

| 高炉有效容积/$m^3$ | 矿槽 | | | | 焦槽 | | | |
|---|---|---|---|---|---|---|---|---|
| | 一个矿槽容积/$m^3$ | 一座高炉矿槽数/个 | 总容积/$m^3$ | 为高炉容积的倍数 | 一个焦槽容积/$m^3$ | 一座高炉焦槽数/个 | 总容积/$m^3$ | 为高炉容积的倍数 |
| 4063 | 560×6①<br>140×6①<br>170×2①<br>60×2① | 16 | 4696 | 1.16 | 450 | 6 | 2700 | 0.66 |
| 2025 | | | 2664 | 1.32 | 170×2①<br>102×12① | 14 | 1564 | 0.78 |
| 1513 | 75 | 37 | 2775 | 1.83 | 400 | 2 | 800 | 0.53 |
| 1436 | 75 | 38 | 2850 | 1.96 | 400 | 2 | 800 | 0.56 |
| 1385 | 75 | 38 | 2850 | 2.06 | 400 | 2 | 800 | 0.58 |
| 1053 | 75 | 30 | 2250 | 2.13 | 400 | 2 | 800 | 0.76 |
| 620 | 105 | 110 | 1155 | 1.87 | 192 | 2 | 384 | 0.62 |
| 300 | 42.5 | 16 | 680 | 2.26 | 97 | 2 | 194 | 0.64 |

①该容积下的矿（焦）槽个数。

贮矿槽和贮焦槽一般采用钢筋混凝土结构，近年也有采用钢板壳体结构的。贮焦槽和贮矿槽内壁均衬以耐磨铸铁板、钢轨、铁屑混凝土块、耐火砖和其他抗磨材料。

### 10.2.2　给料机

为控制物料从料槽中排出，并调节料流量，必须在料仓排料口安装给料机。由于它是利用炉料自然堆角自锁，所以关闭可靠。当自然堆角被破坏时，物料借自重落到给料机上，然后给料机运动，迫使炉料向外排出，故给料机能均匀、稳定而连续地给料，从而也保证了称量精度。因此，给料机被广泛应用于现代高炉生产中。

给料机有链板式给料机、往复式给料机和振动式给料机三种。现常用的是振动式给料机。振动给料机有电磁式和电机式两种。

#### 10.2.2.1　电磁式振动给料机

电磁振动给料机我国已有定型设计。电磁振动给料机由给料槽、激振器、减振器等几部分组成，其结构如图 10-4 所示。通过弹簧减振器 7 把给料机

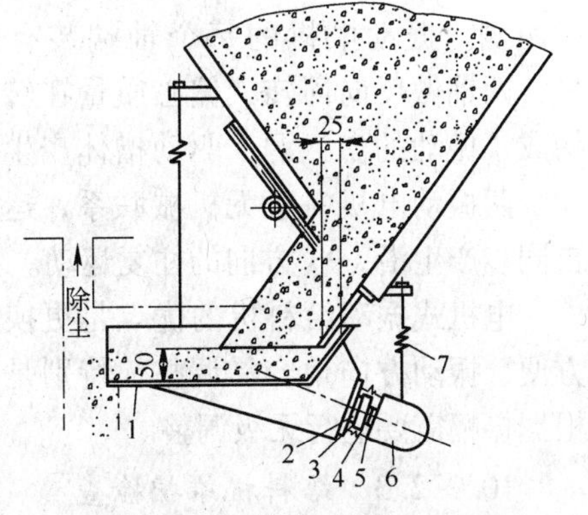

图 10-4　电磁振动给料机结构示意图
1—给料槽；2—连接叉；3—衔铁；4—弹簧组；5—铁芯；6—激振器壳体；7—减振器

整体吊挂在料仓的出口处，激振器6与给料槽槽体1之间通过弹簧4连接。

激振器的工作原理是交流电源经过单相半波整流，当线圈接通后，在正半周电磁线圈有电流通过，衔铁和铁芯之间便产生一脉冲电磁力相互吸引。这时槽体向后运动，激振器的主弹簧发生变形，储存了一定的势能。在后半周线圈中无电流通过，电磁力消失，在弹簧的作用下，衔铁和铁芯朝相反方向离开，槽体向前运动。这样，电磁振动给料机就以3000次/min的频率往复振动。

电磁振动给料器最大生产能力可达400~600t/h，生产能力和以下因素有关：

（1）槽体前方倾角。调节给料器槽体的角度，角度越大给料量越大。一般从0°加至10°，给料能力提高40%，但加至15°时，虽然给料能力提高100%，但对溜槽磨损增加了，故一般不宜大于12°，多取10°。

（2）料层厚度。槽体中料层的厚度可通过调节料仓放料闸口或上部排料口与溜槽的间距来调节。

（3）电磁线圈中电流。在生产中可以控制电磁线圈中电流大小，均匀而连续地调节给料量，因为给料量是随振幅变化的，因此可通过改变电磁线圈中电流来改变其振幅。

电磁振动给料器有以下特点：

（1）给料均匀，与电子称量装置联锁控制，实现给料量自动控制。

（2）由于物料前进呈跳跃式，料槽磨损很小。

（3）由于设备没有回转运动的零件，故不需要润滑，维护比较简单，设备质量小。

（4）能够输送温度低于300℃的炽热物料。

（5）不宜用于黏性过大的矿石或散装料。

（6）噪声大、电磁铁易发热、弹簧寿命短。

10.2.2.2 电机式振动给料机

电机式振动给料机由槽体、激振器和减振器三部分组成，其结构如图10-5所示。

电机式振动给料机由成对电动机组成激振器，和槽体是用螺丝固接在一起的。振动电机可安装在槽体的端部，也可安装在槽体的两侧。振动电机的每个轴端装有偏心质量，两轴做反向回转，偏心质量在转动时就构成了振动的激振源，驱动槽体产生往复振动。两振动电机一般无机械联系，运转中的自同步产生沿 *s*—*s* 方向的往复运动。

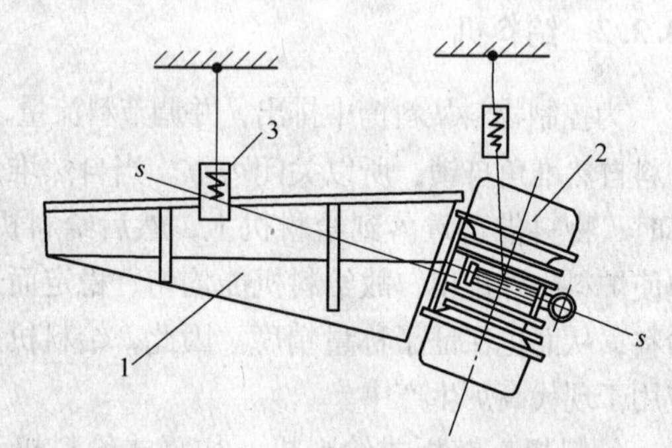


图10-5 电机式振动给料机
1—槽体；2—激振器；3—减振器

电机式振动给料机的优点是更换激振器方便，振动方向角容易调整，特别是激励可根据振幅需要进行无级调整。

10.2.2.3 给料机维护检查

给料机维护检查的内容主要有：

（1）各紧固件紧固是否完好无松动，弹簧是否有移动、错位。

（2）箱体料斗不磨碰周围物体、箱体无开裂变形，磨损是否严重。

（3）除尘密封装置完好。

（4）给料是否均匀、顺畅。及时调整振动角度，以利于下料。

（5）给料机吊挂的磨损量要小于 50%；给料槽无严重磨损和漏料；振动电极底座固定牢固、无位移。

10.2.2.4 给料机常见故障及处理方法

给料机常见故障及处理方法见表 10-2。

**表 10-2 给料机常见故障及处理方法**

| 常见故障 | 故障原因 | 处理方法 |
|---|---|---|
| 吊挂严重磨损、脱落 | 吊挂磨损 | 更换吊挂 |
| 机体严重磨损、漏料 | 机体磨损 | 更换衬板 |
| 电机底座紧固装置松动 | 螺栓失效 | 更换螺栓 |

## 10.3 槽下筛分、称量、运输

### 10.3.1 槽下筛分

“吃”精料是高炉实现高产、优质、低耗的物质基础。精料的重要措施之一就是整粒，因而烧结矿、焦炭在入炉之前普遍进行筛分，保证入炉粒度，改善炉内料柱透气性。

目前常用的筛子类型有辊筛和振动筛。辊筛过去常用于槽下筛分焦炭，由于辊筛结构复杂、消耗电能多、破损率大，在新建高炉已不再使用。

振动筛种类较多，如图 10-6 所示。

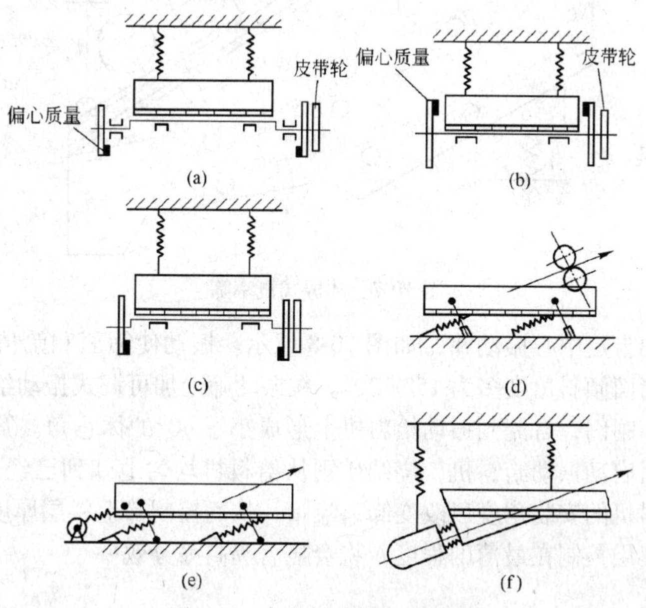


图 10-6 各种振动筛机构原理

（a）半振动筛；（b）惯性振动筛；（c）自定中心振动筛；（d）双轴惯性筛；（e）共振筛；（f）电磁振动筛

根据筛体在工作中的运动轨迹，可分为平面圆运动和定向直线运动两种。属于平面圆运动的有半振动筛、惯性振动筛和自定中心振动筛，属于定向直线运动的有双轴惯性筛、共振筛和电磁振动筛。

从结构运动分析来看，自定中心振动筛较为理想，它的转轴是偏心的，平衡重与偏心轴是对应的，在振动时，皮带轮的空间位置基本不变，它只做单一的旋转运动，皮带不会因时紧时松而疲劳断裂。其缺点是筛箱运动没有给物料向前运动的推力，要依靠筛箱的倾斜角度使物料向前运动。为此出现了定向直线振动的双轴惯性筛、共振筛和电磁振动筛。

惯性振动筛取消了固定的轴承，利用固定在传动轴两端的偏心质量振动，因此当皮带轮旋转中心与筛子一起运动时，皮带张力不稳定，时松时紧，甚至会脱落。

概率筛是一种多层筛分机械，利用颗粒通过筛孔的概率差异来完成筛分。筛箱上通常安置3~6层筛板，筛板从上到下的倾角逐渐递增，而筛孔尺寸逐层递减。概率筛的主要特点是多层筛面、大筛孔和大倾角。这种大筛孔、大倾角的筛面大大减小了物料在筛孔中堵塞的可能性，使物料能迅速透筛，从而提高了筛分机的分离效率和单位面积的处理能力。目前多用于筛分烧结矿、生矿和焦炭等物料。由于它体积小，可以分别安装在每个贮矿槽的下面。

有的钢厂采用共振式概率筛，结构如图10-7所示。共振式概率筛的优点是单位面积处理物料量大，筛分效率高；体积小，给料和筛分设备合在一起，不需要另加给料机，由于设计了给料段，不需闸门开闭就可进行给料和停料，操作简单可靠，便于自动化；烧结矿筛和焦炭筛结构相同，互换性好，采用全密闭结构，防尘性能好；采用耐磨橡胶筛网，噪声小。

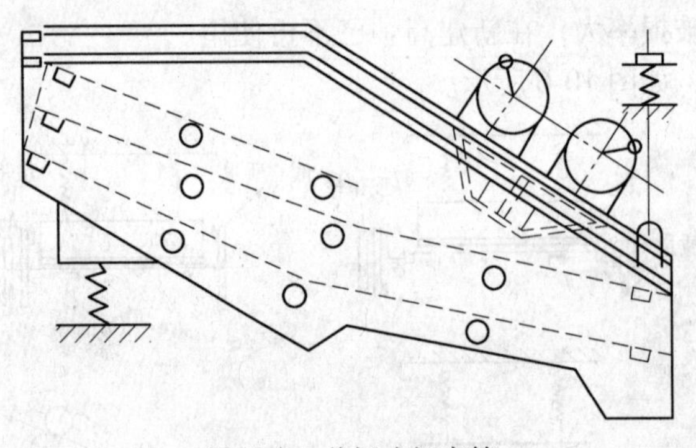

图10-7 共振式概率筛

也有钢厂采用自定中心振动筛，如图10-8所示。振动使筛面和筛体的任何部分都进行着圆周运动，筛面倾斜角度多为15°~20°。在振动筛上加可调式振动给料机后，烧结矿过筛，先经过漏斗闸门，自流到振动给料机上形成小于40°的休止角。筛分时由电气控制先启动振动筛，后启动振动给料机，烧结矿则从给料机均匀地卸到已经启动的振动筛上。通过调整振动给料机的安装角度以改变卸料流量，从而控制筛上料层厚度。在保证上料速度的前提下，把料层控制在最薄的程度，将会显著提高筛分效率。

### 10.3.2 槽下称量

槽下称量设备主要有称量车和称量漏斗。

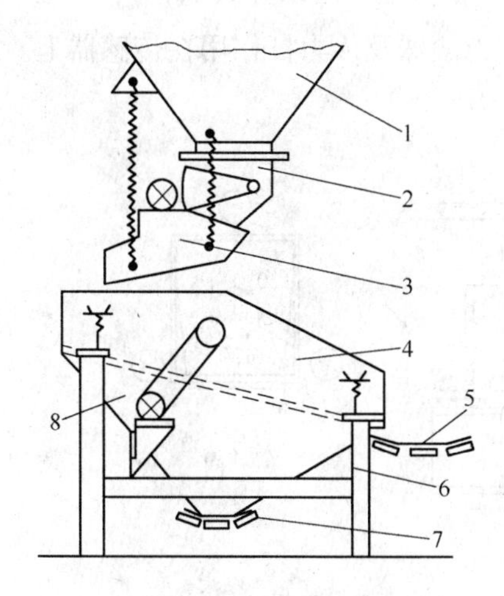


图 10-8　自定中心振动筛
1—料仓；2—料斗闸门；3—振动给料器；
4—自定中心振动筛；5—上料皮带；
6—振动筛支架；7—返矿皮带；8—返矿漏斗

10.3.2.1　称量车

称量车是一种带有称量和装卸机构的电动运输车辆。称量车主要由称量斗及其操纵机构、行走机构、车架、操作室及开闭矿槽闸门机构等几部分组成。

称量车适用于高炉原料品种较多或热烧结矿和球团矿的供料。由于称量车称料量小、结构复杂、维修工作量大、人工操作条件差及实现机械化自动化操作较为困难等，一般新建的高炉，槽下供料已很少采用。但是有的厂对称量车进行了技术改造，采用遥控和程序控制，实现了称量车的机械化和自动化操作，也取得了较好的生产效果。

国内高炉采用的称量车按最大载重量分为 2.5t、5t、10t、24t、25t，30t 和 40t 几种类型。高炉采用的称量车容量，一般根据炉容确定。

10.3.2.2　称量漏斗

称量漏斗可以用来称量烧结矿、生矿、球团矿和焦炭等。焦炭称量漏斗一般安装在料车坑内或贮焦槽下面，用来称量经过槽下筛分后的焦炭，然后将焦炭卸入料车或上料胶带输送机，运往高炉炉顶。

称量漏斗按其传感原理的不同，分为机械式称量漏斗和电子式称量漏斗。机械式称量漏斗又称杠杆式称量漏斗。

（1）杠杆式称量漏斗。如图 10-9 所示，杠杆式称量漏斗由以下三部分组成：

1）漏斗本体。由钢板焊接而成，经称量支架支撑在称量底座上。

2）称量机构。称量底座的承重是经刀口杠杆和传力杠杆，与称量杠杆系统相连接，由秤头显示质量。

3）漏斗闸门启闭机构。在漏斗的卸料嘴处装有插板，插板经卷筒钢绳牵引，在导槽内上下移动。闸门的开启可用液压传动。

杠杆式称量漏斗存在刀刃口磨损变钝后，称量精度降低的缺点。而且杠杆系统比较复杂，整个尺寸比较大。所以目前国内外高炉的炉后称量广泛采用电子式称量漏斗来代替杠杆式称量漏斗。

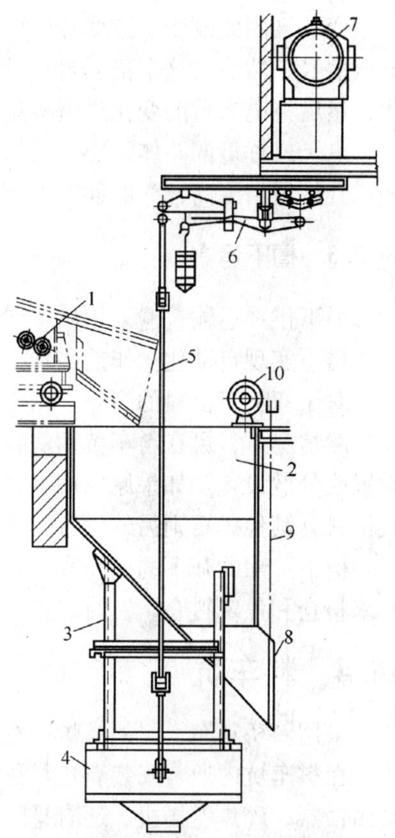


图 10-9　杠杆式称量漏斗
1—筛分机；2—漏斗本体；3—称量支架；
4—称量底座；5—传力拉杆；6—传力杠杆系统；
7—秤头；8—漏斗启闭闸板；
9—驱动闸板的钢绳；10—电动驱动装置

（2）电子式称量漏斗。如图 10-10 所示，电子式称量漏斗由传感器、固定支座、称量漏斗本体及启闭闸门组成。三个互成 120°的传感器设置在漏斗外侧突圈与固定支座之间，构成稳定的受力平面。料重通过传力滚珠及传力杆作用在传感器上。

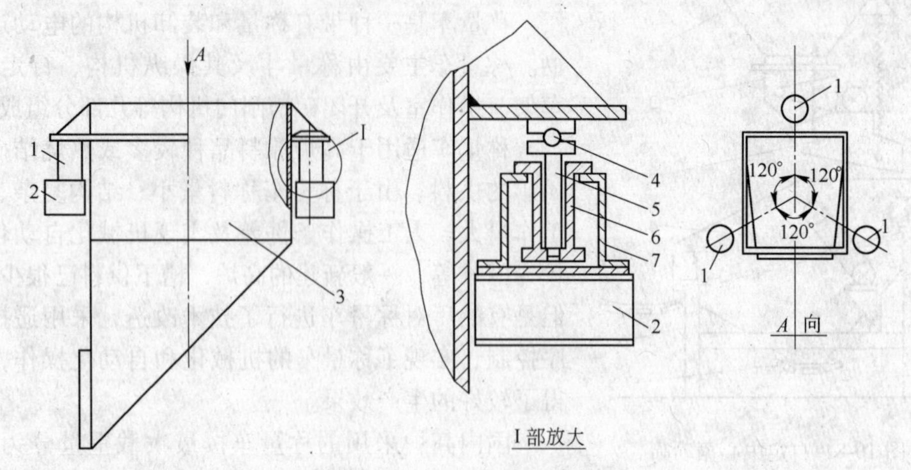


图 10-10 电子式称量漏斗

1—传感器；2—固定支座；3—称量漏斗；4—传力滚珠；5—传力杆；6—传感元件；7—保护罩

其原理是漏斗受载后，传感元件受压变形，贴在传感元件上的电阻应变片也随之产生相应变形，因此改变了应变片的电阻值，使得原先的电桥失去平衡，从而输出一个微小的电压信号，然后将这个信号经仪表放大，这样就把机械量的变化转换为一个电参量的变化，然后将电参量的变化进行标定，从仪表上就可读出被称量的数值来。

电子式称量漏斗体积小、质量轻、结构简单、装拆方便，而且不存在刀口的磨损和变钝，其计量精度高，一般误差不超过 5/1000。

### 10.3.3 槽下运输

槽下供料运输普遍采用胶带运输机供料。胶带运输机供料与称量漏斗称量相配合，是高炉槽下实现自动化操作的最佳方案。

对于双料车上料的高炉，由于料槽分别设置在料车坑的两侧，如果原料品种较单一，在一般情况下，可在料车坑两侧各设置一条胶带机供料，称量漏斗可以在料车坑两侧集中设置或分散设置。如果原料中某种原料较多，如烧结矿，可单独为该种原料设置一条胶带机供料，其他矿石则另外设置胶带机供料。

槽下筛除的筛下物矿粉和焦粉应分别设置胶带机运出车间，或者在矿槽附近分别设置矿末料仓和焦末料仓，暂时贮存，然后用胶带机或汽车等运输机械运出车间。

## 10.4 料车坑

采用斜桥料车上料的高炉均在斜桥下端设有料车坑。

在料车坑内通常安装有称量焦炭矿石用的称量漏斗或中间漏斗、料车、碎焦仓及其自动闭锁器、碎焦卷扬机、还有排除坑内积水的污水泵等。在布置时要特别注意各设备之间的相互关系，保证料车和碎焦料车运行时有一定的净空尺寸，图 10-11 是 1000m$^3$ 高炉料车坑的剖面图。

料车坑四壁为钢筋混凝土墙体，地下水位高的地区，料坑壁应设防水层，料车坑底面应有 1°~3°的排水坡度，把水集中到坑的一角，由污水泵排出。

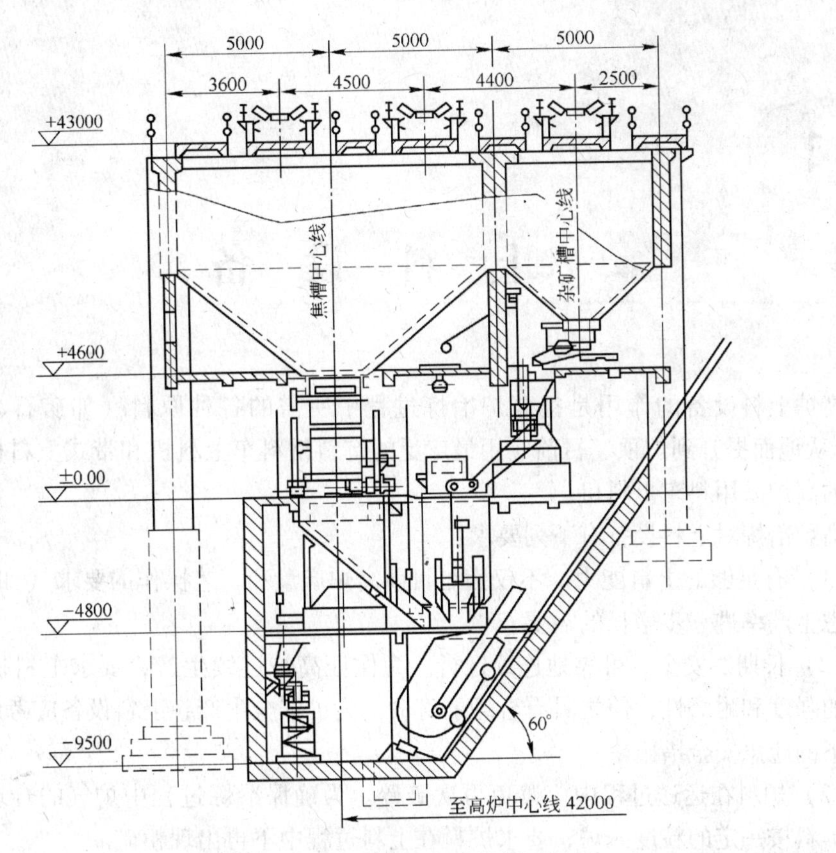


图 10-11 1000m³高炉料车坑剖面图

# 上 料 设 备

高炉上料设备的作用是把高炉冶炼过程中所需的各种原料（如矿石、焦炭、熔剂等），从地面提升到炉顶。目前应用最广泛的有斜桥料车上料机和带式上料机，使用热烧结矿的高炉采用料车上料机。

高炉冶炼对上料设备有下列要求：

（1）有足够的上料能力。不仅满足目前高炉产量和工艺操作的要求（如赶料线），还要考虑生产率进一步增长的需要。

（2）长期、安全、可靠地连续运行。为保证高炉连续生产，要求上料机各构件具有足够的强度和耐磨性，使之具有合理的寿命。为了安全生产，上料设备应考虑在各种事故状态下的应急安全措施。

（3）炉料在运送过程中应避免再次破碎。为确保冶炼过程中炉气的合理分布，必须保证炉料按一定的粒度入炉，要求炉料在上料过程中不再出现粉矿。

（4）有可靠的自动控制和安全装置，最大程度地实现上料自动化。

（5）结构简单，维修方便。

## 11.1 料车上料机

料车式上料机主要由斜桥、斜桥上铺设的轨道、两个料车、料车卷扬机及牵引用钢丝绳、绳轮等组成，如图 11-1 所示。

### 11.1.1 斜桥和绳轮

#### 11.1.1.1 斜桥

现代高炉的斜桥都采用焊接的桁架结构，在斜桥的下弦上铺有两对平行的轨道，供料车行驶。为了防止料车的脱轨和确保卸料安全，在桁架上安装了与轨道处于同一垂直面上且与之平行的护轮轨。

斜桥的支撑一般采用两个支点，一个支点在近于地面或料车坑的壁上，另一个支点为平面桁架支柱，允许桥架有一定的纵向弹性变形。斜桥在平面桁架支柱以上的部分是悬臂的，与高炉本体分开，这样炉壳的变形就不会引起斜桥变形。上绳轮配置在斜桥悬臂部分的端部。

#### 11.1.1.2 料车轨道

在斜桥下弦铺设的料车轨道分三段。料坑直轨段、中部直轨段和炉顶卸料曲轨段。为

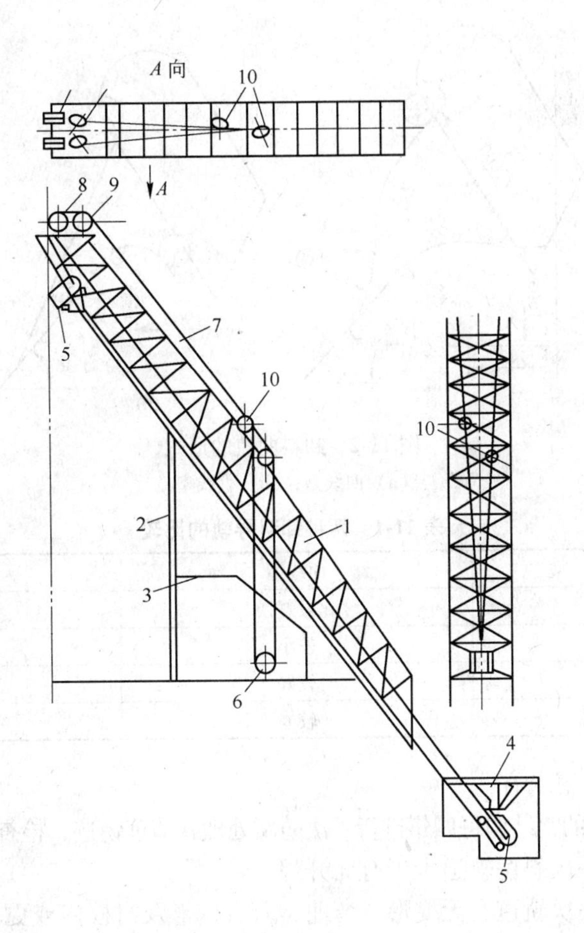


图 11-1 料车上料机结构

1—斜桥；2—支柱；3—料车卷扬机室；4—料车坑；5—料车；6—料车卷扬机；7—钢绳；8~10—绳轮

了充分利用料车有效容积，使料车多装些炉料，料坑直轨段倾角为 60°，最小不宜小于 50°；中部直轨段是料车高速运行段，要求道轨安装规矩，确保高速运行料车平稳通过，倾角为 $\alpha = 45° \sim 60°$；炉顶卸料曲轨段使料车达到炉顶时能顺利自动的卸料和返回。三段轨道相连接处均应有过渡圆弧段。

炉顶卸料曲轨段应满足如下要求：

（1）料车在曲轨上运行要平稳，应保证车轮压在轨道上而不出现负轮压。

（2）满载料车行至卸料轨道极限位置时，炉料应快速、集中、干净、准确地倒入受料漏斗中，减小炉料粒度及体积偏析。

（3）空料车在曲轨顶端，能张紧钢绳并能靠自重自动返回。

（4）料车在曲轨上运行的全过程中，在牵引钢绳中引起的张力变化应平缓过渡，不能出现冲击载荷。

（5）卸料曲轨的形状应便于加工制造。

能满足上述要求的形式有多种，过去常用曲线型导轨，如图 11-2（a）所示，而近来则主要采用直线型卸料导轨，如图 11-2（b）所示，这两种导轨优缺点比较见表 11-1。

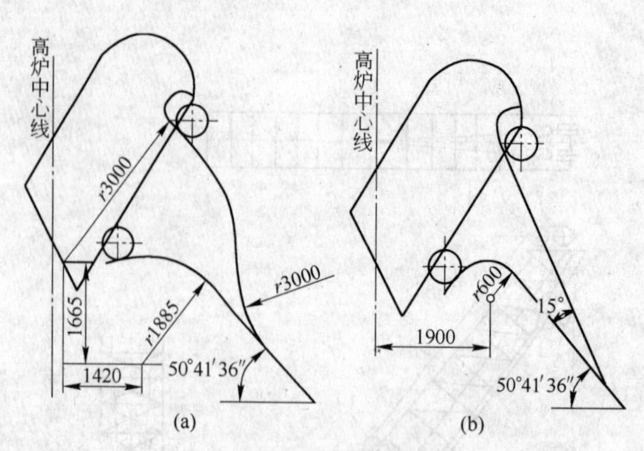


图 11-2　卸料曲轨的形式

（a）曲线型；（b）直线型

**表 11-1　两种卸料导轨的比较**

| 导轨形式 | 曲线型 | 直线型 |
| --- | --- | --- |
| 结构 | 比较复杂 | 简单 |
| 卸料偏析 | 较小 | 较大 |
| 钢绳张力变化 | 较好 | 较差 |
| 空料车自返条件 | 较差 | 较好 |

斜桥的维护检查要求有：

（1）对整个斜桥的钢结构每四年进行一次防腐处理，清理锈迹，检查各焊缝是否开焊。

（2）每月检查一次斜桥轨道卡子有无开焊。

（3）每月检查一次轨道有无变形、弯曲，若有变形及时检修或更换变形的轨道。

（4）及时检查斜桥防护网的损坏情况，若有损坏及时更换。

（5）对斜桥顶部及料坑内的护轨两天检查一次是否有磨、碰料车的情况，是否有开焊部位。

（6）每天检查斜桥的晃动情况。

11.1.1.3　绳轮

图 11-1 所示的上料机有两对绳轮（一对在斜桥顶端，另一对在中部）用于钢绳的导向。目前应用较多的为整体铸钢绳轮，如图 11-3 所示，其材质为 ZG45B，槽面淬火硬度大于 280HBR，绳轮轴支撑在球面滚子轴承上，滚动轴承支座固定在支架上。

绳轮的安装位置和钢绳方向一致，否则钢绳很容易磨损。

露天运转的绳轮，应采用集中润滑系统，按时加油，保证绳轮得到充分的润滑，保证其轴承温度低于 65℃（手触不超过 3s），且无异常声音。

绳轮装置的检修主要是绳轮和绳轮轴承的检查与更换：

（1）更换绳轮轴承时，先把料车封在斜桥上，然后卸下钢丝绳。对于炉顶绳轮，应将钢绳捆扎固定在炉顶上，以防掉下来。拆卸轴承端盖和轴承上盖，吊出绳轮轴部件，拆除旧轴承，换上新轴承，清洗上油，吊装绳轮部件回位，按规定调整好轴承间隙，注油后上端盖恢复原状。

（2）更换绳轮，通常是将绳轮轴部件整体拆除，吊装事先装配好的新绳轮轴部件，安装调整合格后恢复原状。

（3）检修后的绳轮装置，水平安装的绳轮轴水平度偏差不大于0.3mm/m，且钢丝绳不得磨绳轮的轮辕，炉顶绳轮中心与料车轨道中心的偏差不得大于2mm。对于更换绳轮轴承座的检修，除应达到上述要求外，绳轮轴支座位置的标高偏差应不大于5mm，轴向偏差不大于0.5mm，绳轮装置安装后，应穿挂钢丝绳进行检查，绳轮槽与钢丝绳的走向应一致，然后将垫板焊接固定。

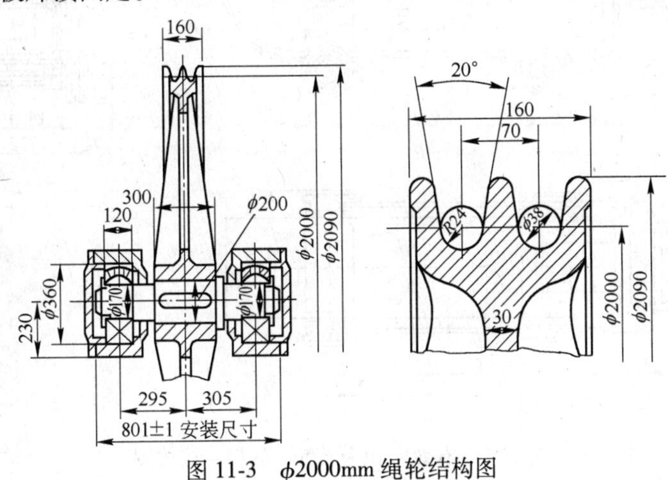


图 11-3 ϕ2000mm 绳轮结构图

### 11.1.2 料车

料车上料机工作原理如图11-4所示。

料车卷扬机牵引两个料车，各自在斜桥轨道上行走，两个料车运动方向相反，装有炉料的料车上行，另一个空料车下行。为了使上行料车行驶到斜桥顶端时能够自动卸料，把斜桥顶部的料车走行轨道做成曲轨形，称为主曲轨。在主曲轨外侧装有能使料车倾翻的辅助曲轨，其轨距比主曲轨宽，并位于主曲轨之上。当料车前轮沿着主曲轨前进时，后轮则通过轮面过渡到辅助曲轨上并继续上升，使料车后部逐渐抬起。当前轮行至主曲轨终点时，料车就以前轮为中心进行倾翻，自动将炉料卸入炉顶受料漏斗中，卷扬机反转时，卸完料的空车由于本身的自重而从辅助曲轨上自行退下。同时另一个装有炉料的料车沿着斜桥另一侧轨道上行。如此周而复始地进行上料作业。

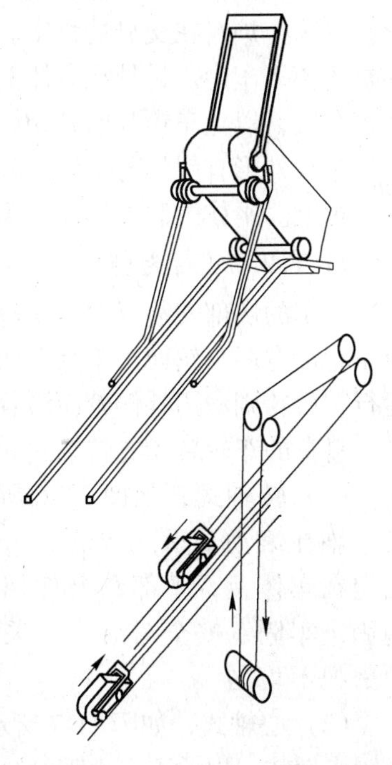

图 11-4 料车上料工作原理示意图

我国料车已标准化，一般料车的有效容积可取其几何容积的70%~80%，大型高炉取高值，小型高炉取较低值。料车的有效容积常为高炉有效容积的0.6%~1.0%。

如图11-5所示，料车主要由三部分组成，即车体部分，行走部分和车辕部分。

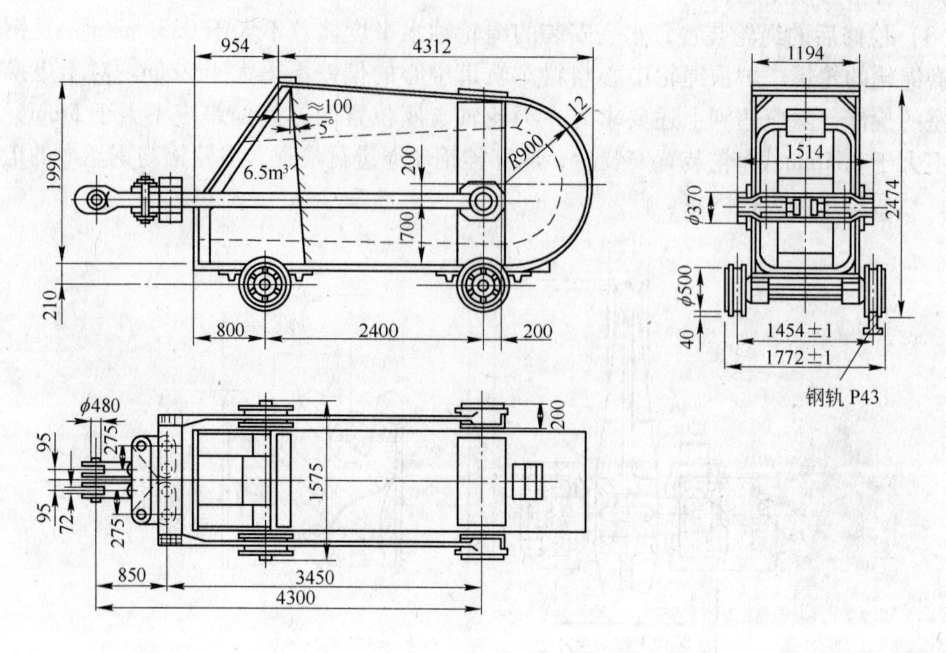


图 11-5 有效容积为 6.5m³的料车结构图

11.1.2.1 车体部分

车体由 9~15mm 厚的钢板焊成，底部和两侧用铸造锰钢或白口铸铁衬板保护。为了卸料通畅和便于更换，它们用埋头螺钉与车体相连接。为了防止嵌料，车体四角制成圆弧形，以防止炉料在交界处积塞。在料车尾部的上方开有小孔，便于人工把撒在料坑内的炉料重新装入车内。另外在车体前部的两外侧各焊有一个小搭板，用来在料车下极限位置时挡住车辕，以免车辕与前轮相碰。

车身外形有斜体与平体两种形式。斜体式倒料集中，减少偏析，多用在大中型高炉上。平体式制作容易，多用在小型高炉上。

11.1.2.2 行走部分

料车的底部安装有四个车轮，前面两个车轮只有一个轮面，轮缘在轨道内侧。后面两个车轮都有两个轮面，轮缘在两个轮面之间。当料车进入卸料曲轨时前轮继续沿着内曲轨运行，后轮则利用外侧轮面沿着外轨运行，使料车能倾斜卸料。

料车的车轮装置有转轴式和心轴式两种：

（1）转轴式，如图 11-6 所示。车轮与车轴采用静配合或键连接，固定在一起旋转。轴在滚动轴承内转动。车轮轴的滚动轴承装在可拆分的轴承箱内。轴承箱上部固定在车体上，下部和上部用螺钉相连，这种结构拆装比较方便。其优点是转轴结构固定牢固、安全可靠，并采取整体更换。其缺点是当卸料曲轨安装不平行时，车轮磨损不均匀。

（2）心轴式，如图 11-7 所示。车轮与车轴轴端采用动配合结构。允许轴两端的车轮不同步运转，因此不发生瞬时打滑现象，克服了转轴式结构的缺点。这种结构的优点是轮子磨损较均匀、结构较简单，其缺点是轮轴侧向端面固定较差，车轮容易脱落。

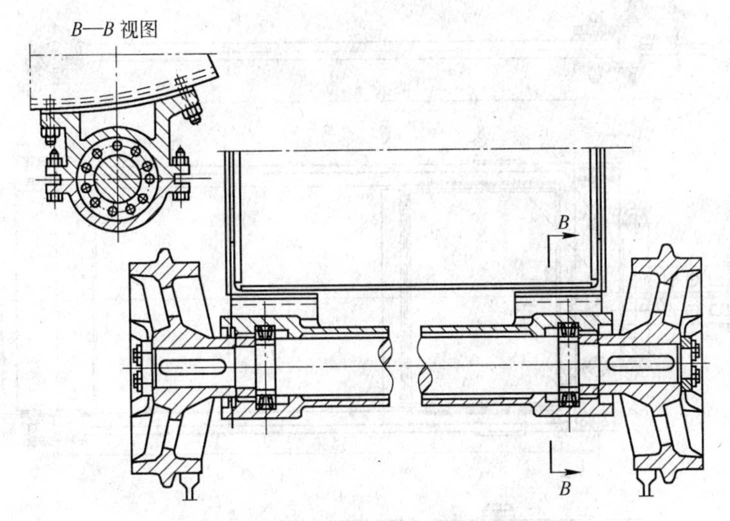


图 11-6 转轴式料车轴结构

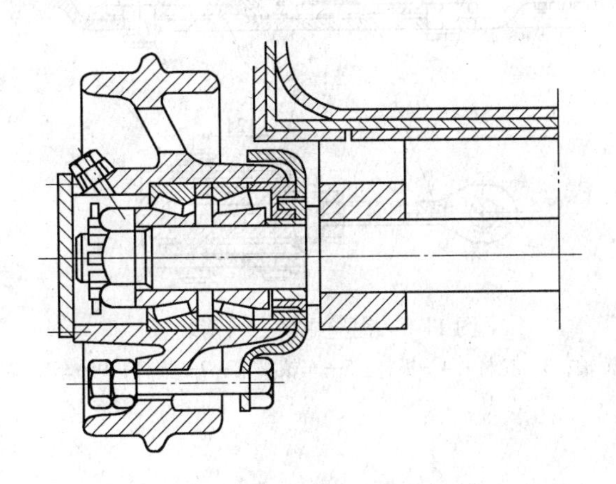

图 11-7 心轴式料车后轮

11.1.2.3 车辕部分

如图 11-8 所示，车辕装置是一门形框架，通过耳轴与车身两侧活动连接。用来牵引料车运行。采用双钢丝绳牵引时，钢丝绳连接在车辕横梁中部的张力平衡装置上，使两条钢丝绳受力平衡。采用双钢丝绳牵引料车，既安全，又可减少每根钢丝绳的直径，从而减小卷筒的直径。

料车车辕应满足如下要求：

(1) 保证两根钢绳受力均匀并能相互补偿。

(2) 能调节两根钢绳的长度。

(3) 两根钢绳间距尽可能短，防止一根钢绳拉断后，另一根钢绳将料车拉偏。

(4) 车辕长度尽量缩短，可降低炉顶绳轮高度。

(5) 耳轴位置合理，能使料车均匀分布轮压。卸料时能顺利倾翻且空料车能自动返回。

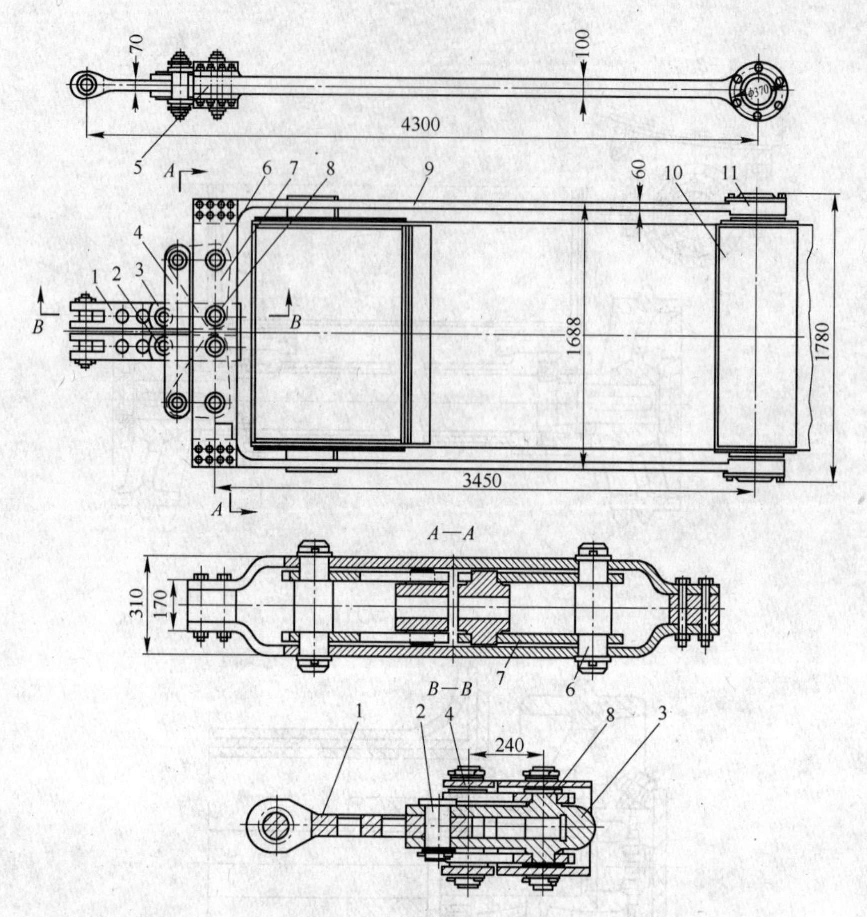


图 11-8 钢丝绳张力平衡装置

1—调节杆；2，6，8—销轴；3—拉杆；4—横杆；5—车辕横梁；7—摇杆；9—车辕架；10—耳轴；11—车身

### 11.1.3 料车卷扬机

料车卷扬机是提升料车的专用设备，全年连续工作。为了实现高生产率，要求卷扬机启制动性能好，停车准确，运转过程中可调速，工作安全可靠并实现自动化操作。

11.1.3.1 特点料车卷扬机的结构

图 11-9 所示为用于 1513m$^3$高炉的标准型料车卷扬机示意图。

（1）机座。机座用来支撑卷扬机的各部件，将卷扬机所承受的负载，通过地脚螺栓传给地基。机座采用两部分组合，电动机和工作制动器安装在左机座上，传动齿轮和卷筒安装在右机座上，这样确保卷筒轴线安装的正确性。大中型高炉料车卷扬机机座多采用铸铁件拼装结构，吸振效果好，传动平稳。小型高炉料车卷扬机机座多采用型钢焊接结构。制造简单，但吸振能力较差。

（2）驱动系统。驱动系动具有如下特点：

1）双电机驱动，可靠性大。两台电动机型号和特性相同，同时工作。当其中一台电动机出现故障，另一台可在低速正常载荷或正常速度低载下继续运转工作，保证高炉生产的连续性。

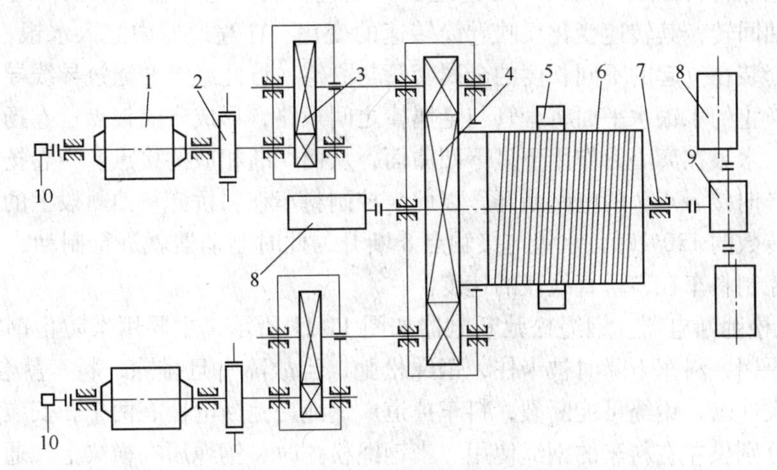


图 11-9 22.5t 料车卷扬机结构简图

1—电动机；2—工作制动器；3—减速器；4—齿轮传动；5—钢绳松弛断电器；6—卷筒；7—轴承座；8—行程断电器；9—水银离心断电器；10—测速发电机

2）采用直流电动机，用发电机的电动机组控制，具有良好的调速性能，调速范围大，使料车在轨道上以不同速度运动，既可保证高速运行，又可保证平稳启动、制动。有些厂用可控硅整流装置向直流电动机的电枢供电，既省电功率又大，同时体积小。

3）由于传动力矩大，常采用人字齿轮传动，但大模数人字齿轮加工制造时难以保证足够的精度，再加上安装时的偏差，可能会造成人字齿轮两侧受力不均匀，甚至不能保证啮合。为了保证人字齿的啮合性，各传动轴中只有一根轴的一端，限定了轴向位置，其余各轴，在轴向均可窜动。通常将卷筒轴一端来限定轴向窜动。

（3）安全系统。为了保证料车卷扬机安全可靠地运行，卷扬机应设有行程断电器、水银离心断电器、钢绳松弛断电器等。

1）为了保证料车以规定的速度要求运行，卷扬机装有行程断电器（图 11-9 中的 8）和水银断电器（图 11-9 中的 9），它们通过传动机构与卷筒轴相连接。

行程断电器按行程的函数实行速度控制。行程断电器使卷扬机第一次减速是在进入卸料曲轨之前 12m 处，使料车在卸料曲轨上低速运行。第二次减速在停车前 3m 开始，在行程终点增强电气动力制动，接通工作制动器，卷扬机就停下来。行程断电器安装在卷筒轴两端，用圆锥齿轮传动。

电气设备控制失灵时，采用水银断电器来控制速度（曲轨上的速度不应超过最大卷扬速度的 40%～50%，直线段轨道上的速度不应超过最大卷扬速度的 120%）。当速度失常时，它自动切断电路。水银断电器的工作原理如图 11-10 所示。

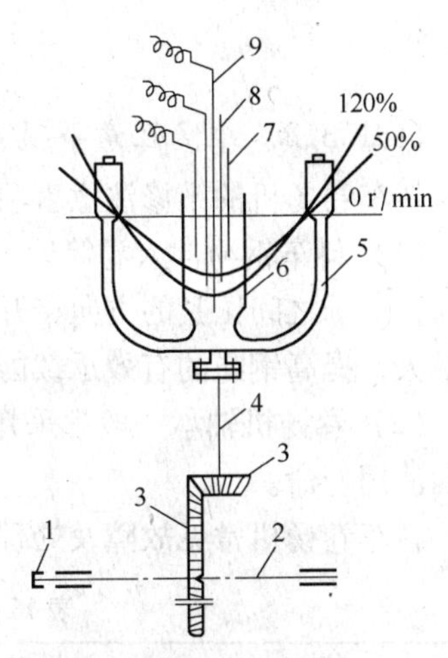


图 11-10 水银离心断电器

1—联轴节；2—传动轴；3—锥齿轮；4—竖轴；5—连通器；6—中心管；7～9—触点

用透明绝缘材料做成"山"字形连通器，竖直安装在卷筒输出轴上，通过锥齿轮传动，绕其竖轴回转，其转速变化反映卷筒转速的变化。在连通器内灌入水银。中心管内，自上口悬挂套装在一起的不同长度的金属套管与心棒，彼此绝缘并通过导线导出。当卷扬机停车时，静止的水银水平面将套管与金属棒之间短路，形成常闭接点；卷扬机工作，连通器旋转时，水银在离心力作用下呈下凹曲面，从而切断相应的接点。当卷扬机转数为正常转数的50%时接触点7的电路断开，以此来控制料车在斜桥卸料曲轨段上的速度。而当转数为正常转数的120%时，水银与接触点8断开，此时制动器就进行制动，卷扬机就停转，以此来控制料车在斜桥直线段的速度。

2）钢绳松弛断电器。钢绳松弛断电器如图11-11所示，主要用来防止钢绳松弛。如果由于某种原因，料车下降时被卡住，钢绳松弛，当故障一旦排除，料车就会突然下降，这将产生巨大冲击，钢绳可能断裂，料车掉道。钢绳松弛断电器有两个，安装在卷筒下的每一个边，分别供左右料车的钢绳使用。当钢绳松弛时，钢绳压在横梁上，通过杠杆使断电器起作用，卷扬机便停车。

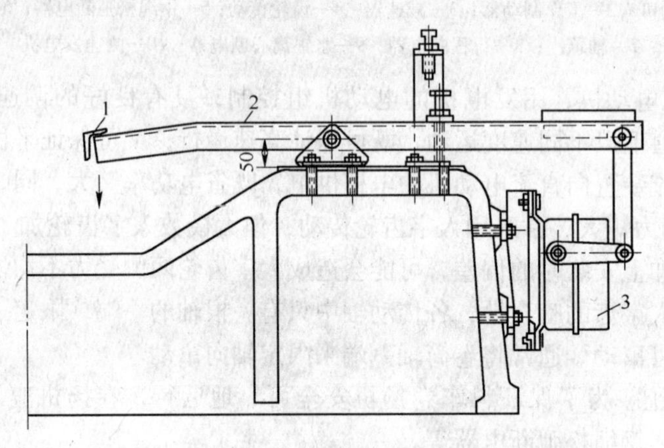


图11-11 钢绳松弛断电器
1—横梁；2—杠杆；3—断电器

11.1.3.2 维修注意事项

料车卷扬机的维修注意事项有：

（1）料车钢绳伸入卷筒后一般采用多个钢绳卡固定。绳卡靠其螺栓的拧紧力把钢绳压扁，卡子之间压紧的方向错开30°~90°，以使卡子之间钢绳变形不一致，从而使摩擦阻力增大，提高钢绳的有效承载能力。

（2）卷扬机轴承一般都采用自动给油。给油量要求适当，否则轴承会发热，降低设备的使用寿命。

料车卷扬机常见故障及处理方法见表11-2。

**表11-2 料车卷扬机常见故障及处理方法**

| 故 障 | 故障原因 | 处理方法 |
| --- | --- | --- |
| 料车卷扬机齿接手连接螺栓经常松动以致剪断 | 两台电动机启动不同步，或转速不一致 | 调整电机启动时间和转速，使其一致 |
| | 抱闸不同步，或电机转动前抱闸未打开 | 调节抱闸启动时间使其一致，或调整抱闸张开间隙，使其均匀并在1.5~2.00m范围内 |

续表 11-2

| 故　障 | 故障原因 | 处理方法 |
| --- | --- | --- |
| 振动大有噪音 | 设备在基础上调整安装得不精确，或相连接两轴的同心度偏差大 | 重新找正，找水平 |
| | 联轴器径向位移大，或连接装配不当 | 更换联轴器或重新调整装配 |
| | 转动部分不平衡 | 检查安装情况，纠正错误 |
| | 基础不牢固 | 加固基础 |
| | 齿轮啮合不好 | 重新安装、调整 |
| 轴承温度过高 | 轴承间隙过小 | 更换轴承，调整间隙 |
| | 接触不良或轴线不同心 | 重新调整找正 |
| | 润滑剂过多或不足 | 减少或增加润滑剂 |
| | 润滑剂的质量不符合要求 | 更换合适的润滑剂 |
| 轴承异响 | 如果出现“嘚”音，则可能是轴承有伤痕，或内外圈破裂 | 更换轴承并注意使用要求 |
| | 如果出现打击音，则滚道面剥离 | 更换轴承 |
| | 如果出现“咯咯”音，则说明轴承间隙过大 | 更换轴承 |
| | 如果产生金属声音，则说明润滑剂不足或异物侵入 | 补充润滑剂或清洗更换润滑剂 |
| | 如果产生不规则音，则说明滚动体有伤痕、剥离或保持架磨损、破缺 | 更换轴承 |
| 齿轮声响和振动过大 | 装配啮合间隙不当 | 调整间隙 |
| | 齿轮加工精度不良 | 修理或更换齿轮 |
| | 两轮轴线不平行或两轮与轴不垂直 | ③调整或修理，更换齿轮 |
| | 齿轮磨损严重或检修吊装时碰撞，齿轮局部变形，或润滑不良 | ④更换或修理齿轮，或改善润滑条件 |
| 料车轮啃轨道 | 车轮窜动间隙大 | 调整间隙 |
| | 轨道变形 | 修理轨道 |

### 11.1.4 料车在轨道上的运动

如图 11-12 所示，料车在斜桥轨道上运动的过程可分成六个阶段。

（1）启动段。实料车由料车坑启动开始运行。同时位于炉顶的空料车，在自重的作用下自炉顶卸料曲线极限位置下行，为防止空料车牵引钢绳松弛，要求实料车启动加速度必须小于空料车自返加速度在牵引钢绳方向的分量。故加速度 $a_1$ 应小些，一般 $a_1=0.2\sim0.4\mathrm{m/s^2}$。启动段料车行程 $L_1$ 通常设定为 1m。

（2）加速段。此时空料车即将退出卸料曲轨进入直线轨道。实料车走出料车坑进入直轨段。为提高上料机上料能力，加快料车运行，加速段末速度 $v_2$ 等于料车高速匀速运行速度 $v_3$，通常 $v_3=3\sim4\mathrm{m/s}$。加速段加速度通常选为 $a_2=0.4\sim0.8\mathrm{m/s^2}$。

（3）高速运行段。上下行料车以高速匀速度运行。

（4）减速段。此时实料车接近卸料曲轨段，通常选用 $a_4=-(0.4\sim0.8)\mathrm{m/s^2}$，本段末速度 $v_4$ 为 0.5~1 m/s。

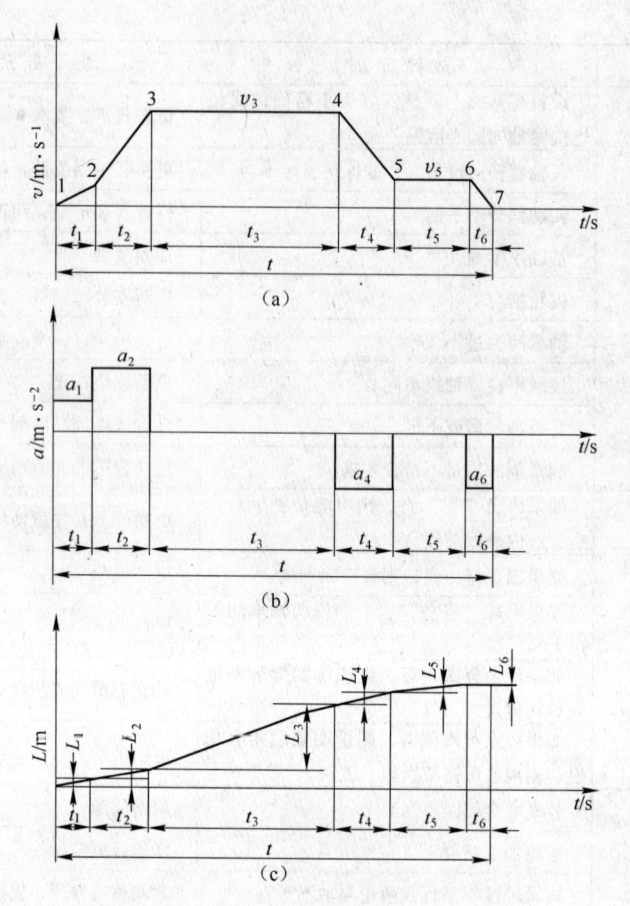


图 11-12 钢绳速度、加速度和行程曲线

(a) 速度曲线；(b) 加速度曲线；(c) 行程曲线

(5) 低匀速运行段。此时实料车在卸料曲轨上匀速运行，空料车接近料车坑终端，本段运行速度为 $v_5=v_4=0.5\sim1\text{m/s}$。

(6) 制动段。上下行料车各自运行向终端位置。制动加速度值通常选为 $a_6=-(0.4\sim0.8)\text{m/s}^2$。

## 11.2 带式上料机

随着高炉的大型化，料车上料已满足不了生产需要，这时可采用皮带上料。图 11-13 为带式上料机示意图。

焦炭、矿石等原料，分别运送到料仓中。再根据高炉装料制度的要求，经过自动称量，将各种不同炉料分别装入各自的集中斗里。上料皮带连续不停地运行，炉料按照上料程序，由集中斗下部的给料器均匀地分布到皮带上，并运送到高炉炉顶。批量的大小取决于炉顶受料装置的容积。

和料车上料机比较，带式上料机具有以下特点：

(1) 工艺布置合理。料仓离高炉远，使高炉周围空间自由度大，有利于高炉炉前布置多个出铁口。

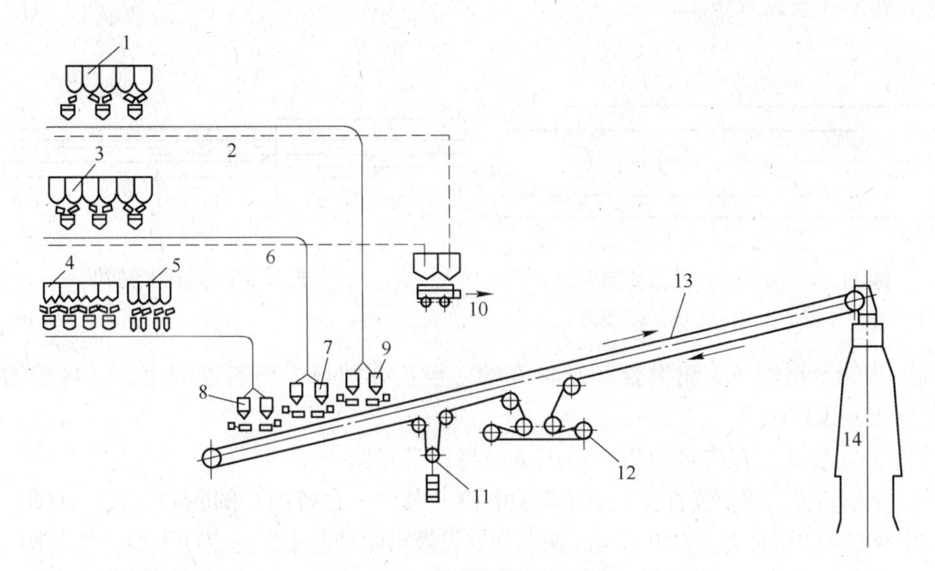


图 11-13 带式上料机示意图

1—焦炭料仓；2—碎焦；3—烧结矿料仓；4—矿石料仓；5—辅助原料仓；6—筛下的烧结矿；7—烧结矿集中斗；8—矿石及辅助原料集中斗；9—焦炭集中斗；10—运走；11—张紧装置；12—传动装置；13—带式上料机；14—高炉中心线

（2）上料能力强。满足了高炉大型化以后大批量上料的要求。

（3）上料均匀，对炉料的破碎作用较小。

（4）设备简单、投资较小。

（5）工作可靠、维护方便、动力消耗少，便于自动化操作。

但是带式运输机的倾角一般不超过 12°，水平长度在 300m 以上，占地面积大；要求必须是冷料，热烧结矿需经冷却后才能运送。带式上料机还要严格控制炉料，不允许夹带金属物，以防止造成皮带被刮伤和纵向撕裂的事故。

### 11.2.1 带式上料机组成

带式上料机由皮带及上下托辊、装料漏斗、头轮及尾轮、张紧装置、驱动装置、换带装置、换辊装置、皮带清扫除尘装置及机尾、机头检测装置组成。

（1）皮带。皮带通常采用钢绳芯高强度皮带，国产钢绳芯高强度皮带已有系列标准，夹心高强度皮带如图 11-14 所示。

这种皮带具有寿命长、抗拉力强、受拉时延伸率小、运输能力大等优点。但也具有皮带横向强度低、容易断裂的缺点。

钢绳芯皮带的接头很重要，一般皮带制成 100 多米长的带卷，在现场安装时逐段连接。连接接头一般都用硫化法。硫化接头的形式有对接、搭接、错位搭接等，其中错位搭接法（图 11-15）能充分利用橡胶与钢丝绳的黏着力，接头强度可达皮带本身强度的 95%以上。

（2）上、下托辊。上、下托辊采用三托辊 30°槽形结构，如图 11-16 所示。

（3）装料漏斗。在料仓放料口安装的电磁振动给料器及分级筛将炉料放入装料漏斗，炉料经装料漏斗流到皮带上。

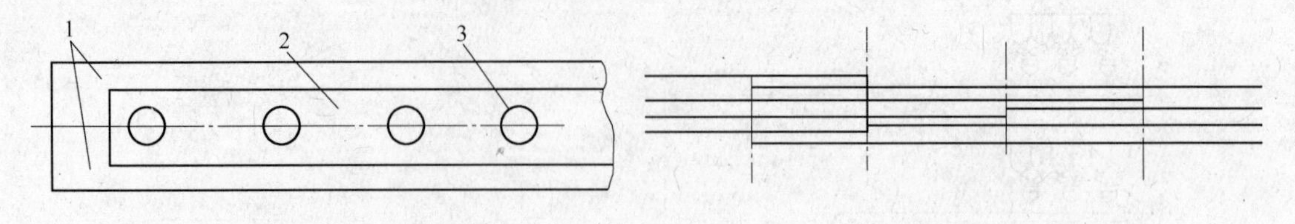


图 11-14 钢绳芯胶带结构图

1—上、下覆盖胶；2—芯胶；3—钢芯

图 11-15 搭接错位法

（4）头轮及尾轮。头轮设置在卸料终端，设置在炉顶受料装置的上方。尾轮通过轴承座支持在基础座上。

（5）张紧装置。在皮带回程，利用重锤将皮带张紧。

（6）驱动装置。驱动装置多为双卷筒四电机（其中一台备用）的驱动方式，如图11-17所示，可减少皮带的初拉力。在电机与减速器间安设液力联轴器来保证启动平稳，负荷均匀。如采用可调油量式的液力联轴器，则能调节两卷筒各个电机的负荷，使其平衡。

炉顶环境较差，为了便于维修，带式上料机的传动装置都安装在地面上。

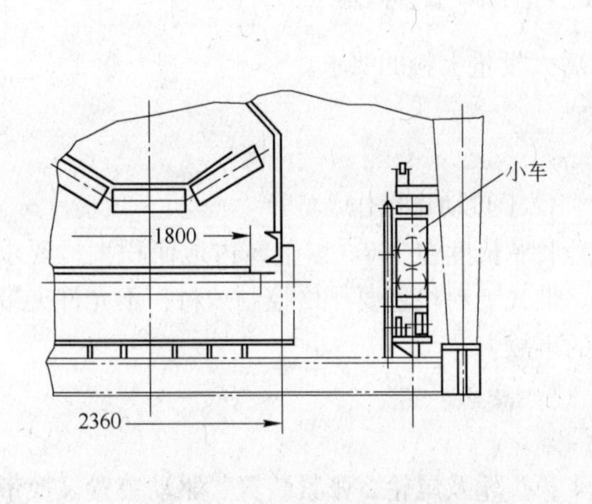


图 11-16 换辊小车装置

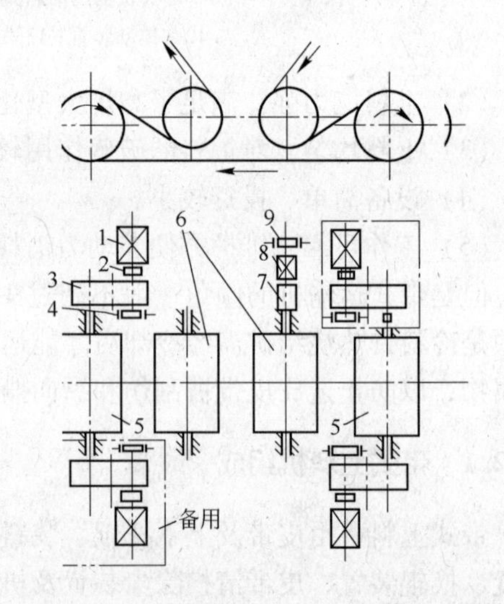


图 11-17 皮带式上料机驱动系统示意图

1，8—电动机；2—液力耦合器；3—减速器；4，9—制动器；5—驱动滚筒；6—导向滚筒；7—行星减速机

（7）换带装置。在驱动装置中的一个张紧滚筒上设置换带驱动装置。换带时打开主驱动系统的链条接手，然后利用旧皮带牵引新皮带，在换带驱动装置的带动下更新皮带。

（8）换辊小车机构。通过运动在皮带走廊一侧的换辊小车来换辊。

（9）皮带清扫除尘装置。在机尾皮带返程段，设置橡胶螺旋清洁滚筒，压缩空气喷嘴、水喷嘴、橡胶刮板、回转刷及负压吸尘装置，如图 11-18 所示。

（10）带式上料机的料位检测。如图 11-19 所示，A、B 两个检测点分别给出一个料堆的矿石或焦炭的料尾已经通过的判断，解除集中卸料口的封锁，发出下一个料堆可以卸到皮带机上的指令，卸料口到检测点的距离 $L$，也就是两个料堆之间的距离，应保证炉顶装料设备的准备动作能够完成。

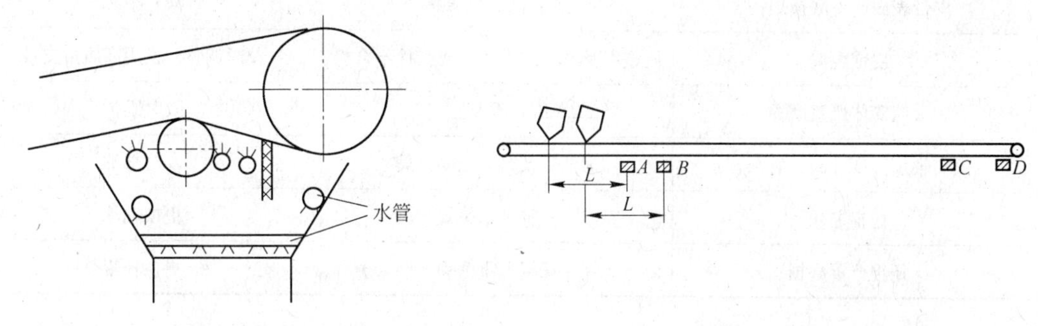


图 11-18 皮带清扫除尘装置

图 11-19 上料机原料位置检测点

料头到达 $C$ 检测点时，给出炉顶设备动作指令，并把炉顶设备动作信号返回。料头到达 $D$ 检测点时，如炉顶设备的有关动作信号未返回，上料机停机。如炉顶设备的有关动作信号已返回，料头通过检测点。当料尾通过 $D$ 检测点时，向炉顶装料设备发出动作信号。

### 11.2.2 带式上料机的维修

#### 11.2.2.1 维护检查

带式上料机维护检查内容如下：

（1）托辊是否转动灵活，有无严重磨损；皮带有无严重磨损、划伤、开胶，接头是否完好，皮带有无跑偏。

（2）传动机构、首尾轮是否加油良好，有无异常声音，轴承温度是否过热。

（3）各紧固件紧固良好，皮带支架是否变形或磨损严重，基础是否牢固。

#### 11.2.2.2 检修

准备工作：

（1）检修前必须弄清检修项目，做好分工安排，检修人员必须注解所检修的部位及结构，做好准备工作。

（2）检修人员必须和岗位操作人员及操作室取得联系后，切断电源，挂上检修牌，方可进行检修。

检修内容：

（1）检修驱动装置时，认真细心拆卸零件，不能乱堆乱放，要放好并做上标记，以便提高检修速度。

（2）拆卸轴承及联轴器时不要用锤直接敲打，要用顶丝或千斤顶顶出或拉出。

（3）减速机拆卸后，检查各部件磨损情况，轴径椭圆情况及齿轮磨损情况，检查接键是否松动。

（4）更换皮带、托辊及清扫器。

#### 11.2.2.3 常见故障及处理方法

带式上料机常见故障及处理方法见表 11-3。

**表 11-3 带式上料机常见故障及处理方法**

| 故 障 | 故障原因 | 处理方法 |
|---|---|---|
| 皮带表面严重磨损划伤 | 运输料中有杂物 | 清除杂物 |
| 皮带跑偏 | 调整不及时，皮带质量或胶接不合格 | 及时调整，换用高质量皮带 |
| 滚筒筒体严重磨损 | 维护不及时 | 及时维护 |
| 滚筒轴承温度升高，有杂音 | 加油不及时，油品污染 | 及时加油 |
| 托辊卡死 | 托辊轴承失效 | 更换轴承 |
| 托辊严重磨损 | 托辊严重磨损 | 更换托辊 |

# 炉 顶 设 备

炉顶设备用来接受上料机提升到炉顶的炉料，将其按工艺要求装入炉喉，使炉料在炉内合理分布，同时起密封炉顶的作用。主要包括装料、布料、探料和均压等部分。

## 12.1 炉顶设备概述

### 12.1.1 对炉顶设备要求

炉顶设备的工作条件十分恶劣，经常在200~250℃或更高的温度下工作，温度的频繁变化，使其受着剧烈的热应力作用，同时炉顶设备还受到坚硬炉料的打击和磨损，以及含有大量坚硬颗粒的高速煤气流的剧烈冲刷磨损和化学腐蚀等。

为了使炉顶装料设备的寿命能维持高炉一代炉龄，炉顶装料设备应当满足下列要求：

（1）能够满足炉喉合理布料的要求，在炉况失常时能够灵活地将炉料分布到指定的部位。

（2）保证炉顶密封可靠，满足高压操作要求，防止高压脏煤气泄漏冲刷设备。

（3）能抵抗炉料的冲击磨损、煤气流的冲刷磨损以及化学腐蚀。

（4）结构简单，检修方便，容易维护，能实现自动化操作。

（5）要有足够高的强度和刚性，能抵抗高温和急剧的温度变化所产生的应力作用。

### 12.1.2 炉顶设备形式分类

炉顶设备可按上料方式、装料方式、布料方式和炉顶煤气压力的不同来分类。

（1）按上料方式，分为料车式及皮带运输机式。

（2）按装料方式，分为料钟式、钟阀式及无料钟炉顶。其中料钟式炉顶又分为双钟式、三钟式和四钟式几种。增加料钟个数的目的是为了加强炉顶煤气的密封，但使炉顶装料设备的结构更加复杂化。我国高炉普遍采用双钟式炉顶结构。钟阀式炉顶是在双钟式炉顶的基础上发展起来的，其主要目的也是为了加强炉顶煤气的密封。钟阀式炉顶由于贮料罐个数的不同又分为双钟双阀和双钟四阀两种，目前这两种炉顶我国高炉均有采用。无料钟炉顶很好地解决了高炉炉顶的密封问题，而且还为灵活布料创造了条件。无料钟炉顶已成为目前国内外大型高炉优先选用的炉顶装、布料方案。无料钟炉顶由于贮料罐位置的不同，分为双罐并联式和双罐串联式，而双罐串联式有代替双罐并联式的趋向。

（3）按炉顶布料方式，主要有马基式布料器、空转及快速布料器以及溜槽布料等。其中马基式布料器由于密封复杂，又容易损坏而逐步被淘汰。空转和快速布料器二者结构基本相同，但布料操作方式各异，前者为不带料旋转，后者为带料旋转。溜槽布料由于布料调节更加灵活方便，为国内高炉广泛采用。

（4）按炉顶煤气压力高低，分为常压炉顶和高压炉顶。高压炉顶结构比常压炉顶复杂，它包括均压系统。由于高压炉顶操作有利于高炉强化冶炼，国内外大小炉容的高炉均普遍推广采取高压炉顶操作。炉顶压力的提高是依靠高压调节阀组的操纵来实现的。

## 12.2　料钟式炉顶设备

### 12.2.1　炉顶设备组成及装料过程

马基式布料器双钟式炉顶是钟式炉顶设备的典型代表。如图 12-1、图 12-2 所示。

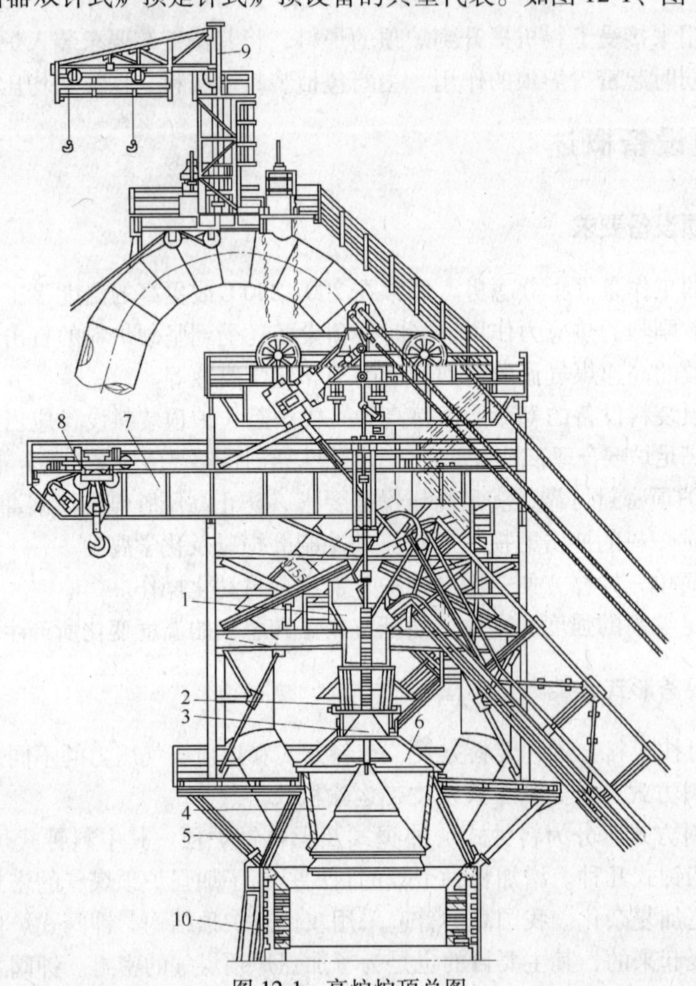


图 12-1　高炉炉顶总图

1—受料漏斗；2—布料器漏斗；3—小钟；4—大料斗；5—大钟；6—煤气封罩；7—安装梁；8—安装小车；9—旋转式起重机；10—炉喉钢砖

#### 12.2.1.1　设备组成

炉顶装料设备主要由以下几部分组成：受料料斗、布料器（由小料钟和小料钟料斗等组成）、装料器（由大料钟、大钟料斗和煤气封罩等组成）、料钟平衡和操纵设备（也有采用液压控制的，从而取消平衡装置）、探料设备。

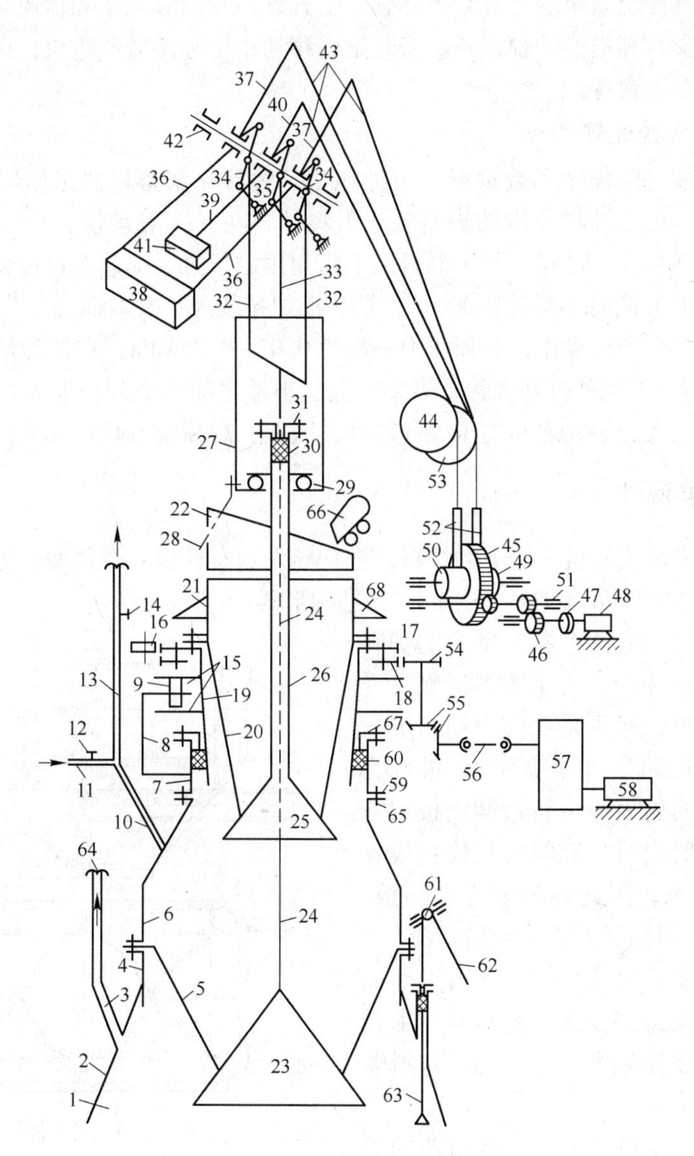

图 12-2 炉顶装料设备详细示意图

1—炉喉；2—炉壳；3—煤气上升管；4—炉顶支圈；5—大钟料斗；6—煤气封罩；7—支托环；8—托架；9—支托辊；10—均压放散管；11—均压煤气管；12—大钟均压阀；13—小钟均压放管；14—小钟均压放散阀；15—外料斗法兰（上有环行轨道）；16—水平挡辊；17—外料斗上缘法兰；18—大齿圈；19—外料斗；20—小钟料斗；21—小钟料斗上段；22—受料漏斗；23—大料钟；24—大钟拉杆；25—小料钟；26—小钟拉杆；27—小料钟吊架；28—防扭杆；29—止推轴承（平球架）；30—大小料钟拉杆之间的密封填料；31，67—填料压盖；32—大钟吊杆；33—小钟吊杆；34—大钟吊杆导向器；35—小钟吊杆导向器；36—大钟平衡杆长臂；37—大钟平衡杆短臂；38—大钟平衡重锤；39—小钟平衡杆长臂；40—小钟平衡杆短臂；41—小钟平衡重；42，51—轴承；43—钢丝绳；44—小料钟导向滑轮；45—料钟卷扬机大齿轮；46—传动齿轮；47—联轴器；48，58—电动机；49—大钟卷筒；50—小钟卷筒；52—板式关节链条；53—大钟导向滑轮；54—齿轮；55—锥齿轮；56—万向联轴节；57—减速箱；59—连接螺栓；60—布料器密封填料；61—探尺导向滑轮；62—通探尺卷扬机的钢丝蝇；63—探尺；64—煤气放散阀；65—煤气封罩上法兰；66—上料小车；68—防尘罩

炉顶还有煤气导出系统的上升与下降管，上升管顶端设有均压和休风时放散炉喉煤气的放散阀，用于安装和更换炉顶设备的安装梁、移动小车和旋臂起重机，以及为维护和检查炉顶设置的大小平台等。

12. 2. 1. 2　装料过程

炉料由料车按一定程序和数量倒入小钟料斗，然后根据布料器工作制度旋转一定角度，打开小料钟，把小钟料斗内的炉料装入大料钟料斗。一般来说，小料钟工作四次以后，大料钟料斗内装满一批料。待炉喉料面下降到预定位置，提起探料设备，同时发出装料指示，打开大钟（此时小料钟应关闭），把一批炉料装入炉喉料面。

现代高炉都实行高压操作，炉顶压力一般为 0. 07 ~ 0. 25MPa，在这种情况下，大钟受到很大的浮力。为+了顺利打开大钟，需要在大、小钟之间的空间内通入均压煤气，为顺利打开小钟，要把大、小钟之间均压煤气放掉，因此，炉顶设有均压和放散阀门系统。

### 12. 2. 2　固定受料漏斗

受料漏斗用来承接从料车卸下的炉料，把它导入到布料器。受料漏斗的形状与上料方式有关。图 12-3 是用料车上料时采用的一种结构形式。

它的作用是使左右两个料车倒出的炉料顺利地进入小钟漏斗内。为了下料通畅，受料漏斗的倾斜侧壁，特别是在四个拐角上与水平面应有足够的角度（至少 45°，最好为 60°）。焊接外壳的内表面由铸造锰钢板用螺栓固定，作为耐磨内衬。迎料的几块衬板容易损坏，更换困难，因此缝隙处焊有挡板，形成“料打料”，以延长衬板的使用寿命。

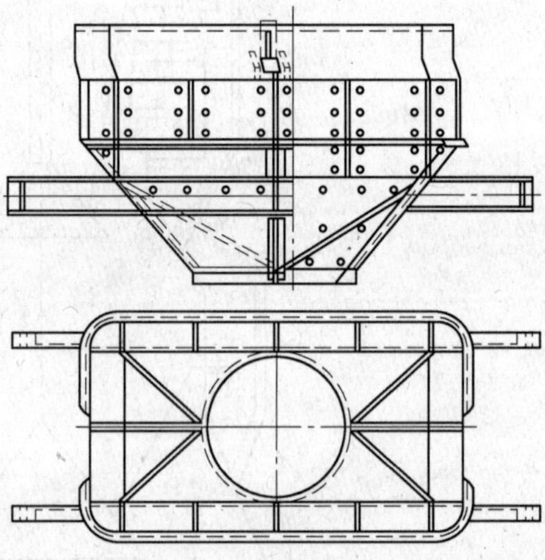

图 12-3　受料漏斗

为了便于安装，通常受料漏斗沿纵断面分为两半，用螺栓连接。整个受料漏斗由两根槽钢支持在炉顶框架上，它与旋转布料器不连接在一起。

维修岗位人员要每周检查一次料斗的壳体和衬板的磨损情况，检查是否有疲劳裂纹、变形、碰伤等缺陷。

### 12. 2. 3　布料器组成及基本形式

12. 2. 3. 1　合理布料的意义和要求

从炉顶加入炉料不只是一个简单的补充炉料的工作，因为炉料加入后的分布情况影响着煤气与炉料间相对运动或煤气流分布。如果上升煤气和下降炉料接触好，煤气的化学能和热能得到充分利用，炉料得到充分预热和还原，此时高炉能获得很好的生产技术经济指标。煤气流的分布情况取决于料柱的透气性，如果炉料分布不均，则煤气流自动地从孔隙较大的大块炉料集中处通过，煤气的热能和化学能就不能得到充分利用，这样不但影响高炉的冶炼技术经济指标，而且会造成高炉不顺行，产生悬料、塌料、管道和结瘤等事故。

根据高炉炉型和冶炼特点，炉顶布料有下列几方面要求：

（1）周向布料应力求均匀。

（2）径向布料应根据炉料和煤气流分布情况进行径向调节。

（3）要求能不对称布料，当高炉发生管道或料面偏斜时，能进行定点布料或扇形布料。

料车式高炉炉顶装料设备的最大缺点是炉料分布不均。料车只能从斜桥方向将炉料通过受料漏斗装入小料斗中，因此在小料斗中产生偏析现象，大粒度炉料集中在料车对面，粉末料集中在料车一侧，堆尖也在这侧，炉料粒度越不均匀，料车卸料速度越慢，这种偏析现象越严重，如图 12-4 所示。这种不均匀现象在大料斗内和炉喉部分仍然重复着。为了消除这种不均匀现象，通常采用的措施是将小料斗改成旋转布料器，或者在小料斗之上加快速旋转漏斗和空转定点漏斗。

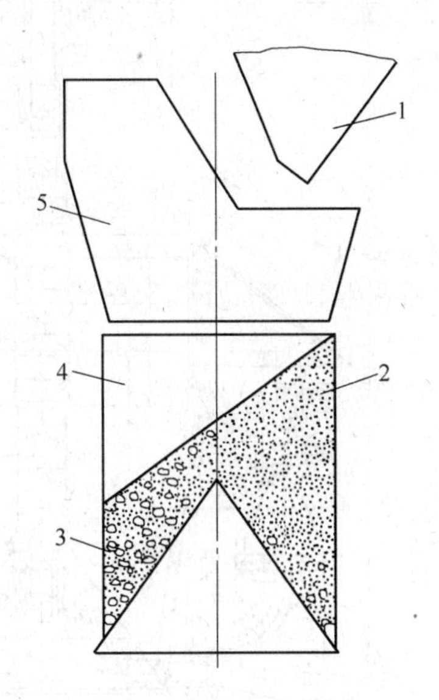


图 12-4 原料在小钟料斗内的不均匀性
1—料车；2—小块原料集中于堆尖；
3—大块原料滚到最低处；
4—小钟料斗；5—受料漏斗

12.2.3.2 马基式布料器

马基式布料器的结构如图 12-5 所示。

马基式布料器曾经是料车式上料的高炉炉顶普遍采用的一种布料设备。它由小料斗、小料钟、布料旋转斗的支撑及传动机构以及密封装置等几部分组成。布料旋转斗的支撑是通过它上面的滑道支撑在三个辊轮上，辊轮固定在其外壳的支座上。布料斗的旋转是通过它上面的与传动机构相连的传动大齿轮的转动来带动的。布料旋转斗与外壳之间的煤气密封，一般采用石棉绳通油润滑密封。

马基式布料器布料时，电动机驱动布料斗旋转，依靠小料斗与小料钟之间的摩擦力使小料钟和小钟拉杆一起转动。当小料斗内的炉料的堆尖位置达到一定的角度时打开小料钟将炉料卸下，达到布料的目的。布料过程中，小料钟之所以能够旋转是因为小料钟拉杆与其吊挂结构之间是采用平面止推轴承连接的。

小料斗每装一车料后旋转不同角度，再打开小料钟。通常后一车料比前一车料旋转递增 60°，即 0°、60°、120°、180°、240°、300°。有时为了操作灵活，在设计上有的做成 15°一个点。为了传动迅速，当转角超过 180°时，采用反方向旋转的方法，如 240°就可变为向反方向旋转 120°。

（1）小钟漏斗（小料斗）。小钟漏斗（小料斗）分上下两部分，上部分是单层，下部分分内外料斗。下部分外料斗的上缘固定着两个法兰，在法兰之间装有三个支撑辊。

外料斗由铸钢 ZG35 或 ZG50Mn2 制成，下部圆筒部分也可由厚钢板卷成焊接。外料斗起密封和固定大齿圈的作用。为防止煤气漏出，在外料斗外表面需光滑加工，以减少填料密封的摩擦阻力和保证密封效果（如图 12-6 所示）。外料斗的寿命比内料斗约长两倍。

内料斗上部圆筒部分是用钢板焊成的，其内表面用锰钢板保护。下部是铸钢件，与小钟接触的表面上堆焊有硬质合金，并加以磨光。内料斗承受炉料的冲击和摩擦。

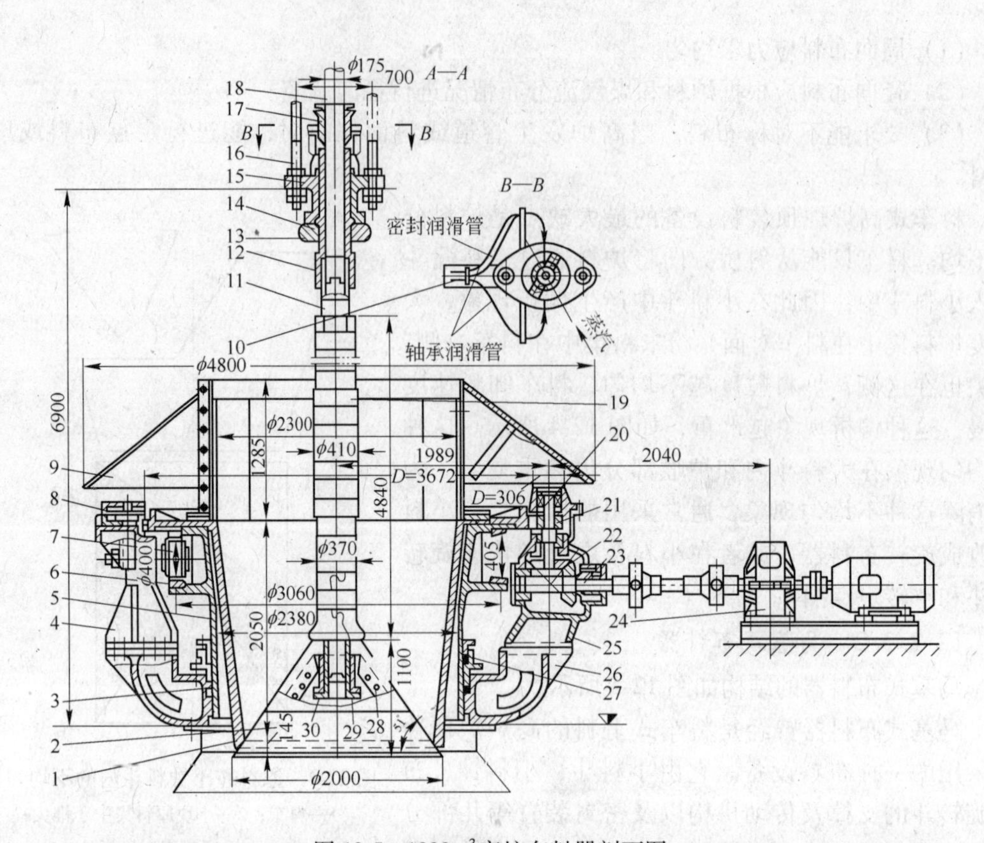


图 12-5 1033m³高炉布料器剖面图

1—小料斗（小钟漏斗）；2—小钟；3—下填料密封；4—支座；5—旋转圆筒；6—跑道；7—支撑辊；8—定心辊；9—防尘罩；10—润滑管；11—小钟拉杆；12—小钟拉杆的上段；13—填料；14—止推轴承；15—两半体的异形夹套；16—小钟吊杆；17—密封装置；18—大钟拉杆；19—拉杆保护套；20—齿圈；21—小齿轮；22—锥齿轮；23—水平轴；24—减速机；25—立式齿轮箱；26—布料器支座；27—上填料密封；28—小钟两半体的连接螺栓；29—铜套；30—锁紧螺母

（2）小钟及其拉杆。小钟为锥状。小钟一般采用焊接性能好的 ZG35Mn2 锰钢铸成，为了增加抗磨性，也有用 ZG50Mn2 铸钢件。大、中型高炉的小钟为便于拆卸，一般做成纵向分两半体，安装时在内侧用螺栓连接成整体，但也有采用整体浇铸的。考虑到小钟下部段密封面需要加工、拆换方便，目前不少高炉的小料钟做成横向分上下两段，在内侧用螺栓连接成整体。

小钟直径尺寸大小主要应考虑小钟打开卸料时卸下的炉料首先落在大钟与大料斗接触处附近，随后落下的炉料落在先卸下的炉料面上。这样可以减少下落炉料对大钟和大料斗的冲击磨损，也可减少炉料的破碎。小料钟锥面水平夹角为 50°~55°，为了加强小钟与小料斗接触处的密封，小钟也可以采取与大料钟相类似的双折角，即锥面水平夹角下部为 65°，上部为 50°~55°。

小钟和小钟料斗的接触表面用“堆 667”等硬质合金堆焊，也有把整个表面都堆焊的。但除接触表面外，无需加工磨光。

小钟拉杆是中空的，用厚壁无缝钢管焊成，大钟拉杆通过其中心，它的外径可达 220mm，壁厚达 22mm，长达 10m 以上。为了防上炉料冲击，拉杆上套有许多由两半体扣搭起来的锰钢保护套。小钟拉杆的上端，通过拉杆上接头架在止推轴承上，下端则通过螺纹与小钟固接。

（3）小钟拉杆与小料钟的连接装置。小钟拉杆与小料钟的连接装置见图 12-7。小钟拉杆穿进小钟后用螺纹与下接头连接，为了防止螺纹松扣在小钟拉杆下端开有犬牙形的沟槽，沟槽内装有具有同样犬牙沟槽的防松环，两犬牙交错地插在一起。下接头底部用螺栓与法兰盘连接在一起，法兰盘与大钟拉杆之间装有定心铜瓦，定心铜瓦与大杆之间一般有 1.5~2.0mm 的间隙。为了防止高压煤气从小钟连接处逸出，造成割断小钟事故，在小钟拉杆和小钟装好以后再焊上密封板，焊死各漏煤气处。

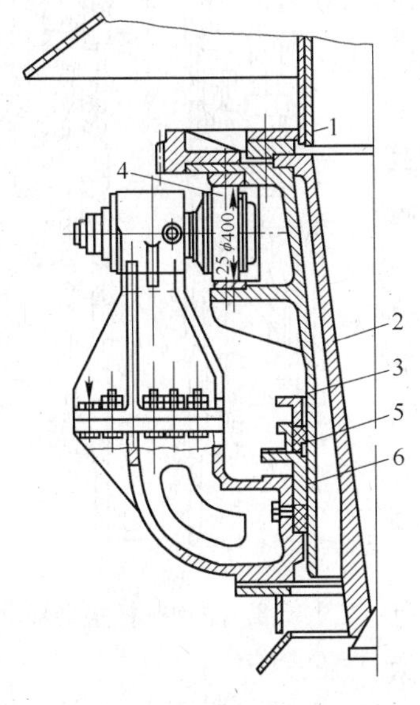


图 12-6 布料器的支撑和密封
1—料斗上部的加高部分；2—小钟料斗；
3—外料斗；4—支撑辊；
5—填料密封；6—迷路密封

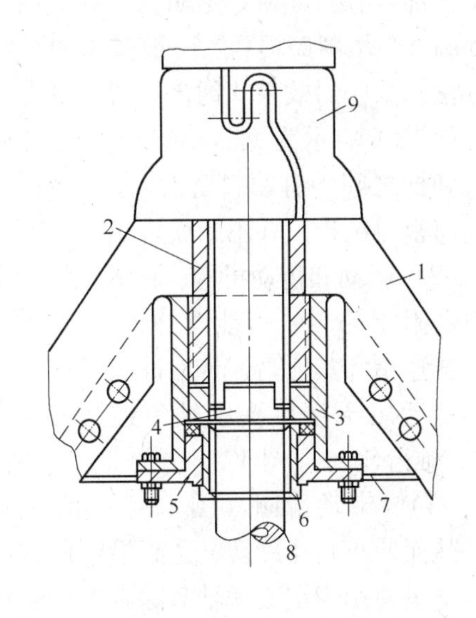


图 12-7 小钟拉杆与小钟连接装置
1—小钟；2—小钟拉杆；3—小钟拉杆下接头；
4—带犬牙形沟槽的防松环；5—法兰盘；
6—定心瓦；7—密封板；8—大钟拉杆；
9—小钟拉杆护瓦

（4）支托装置。在图 12-5 中，布料器的环形支座固定在煤气封罩上，环形支座上装有三个支撑辊和三个定心辊，三个支撑辊在一般情况下只和外料斗的上法兰的跑道接触以支撑小钟料斗，支撑辊的下辊面与下面导轨之间间隙为 2~3mm。当钟间容积过高时，布料器被托起，这时支撑辊和下跑道接触以承受炉顶煤气的托力。在支撑辊的架子上安有水平挡辊，它们对布料器起定心作用，防止布料器旋转时偏离高炉中心线。定心辊和支撑辊的材质为 45 钢或 40 钢，辊面硬度 HRC>40。支撑辊轴为 40Cr，支撑辊的锥角取 16°。

（5）小钟拉杆与吊架的连接装置。小钟拉杆与吊架的连接装置如图 12-8 所示。小钟拉杆通过螺纹与小钟拉杆突缘连接在一起，小料斗旋转时，由于摩擦力的作用，小钟及其拉杆也随之旋转，拉杆突缘通过止推轴承将小钟拉杆和小料钟吊挂在轴承盒上，轴承盒上端法兰与吊杆连接。这样小钟拉杆就可自由旋转。为了安全保险，在轴承盒下部，有一个专门的铰链点，与防扭槽钢相连，该槽钢插入受料漏斗的窗口内，只许吊杆上下移动，限制它随小钟拉杆一起转动。另外，如果由于某种原因使吊杆发生偏转，防扭装置会自动地触动一个开关，使布料器驱动系统断电停止运转，同时发出报警讯号。

（6）密封装置。布料器需要做回转运动；大小钟拉杆要做上下来回相对运动，运动部件的密封也就显得至关重要，密封不好，带有压力的脏煤气会加速对设备的冲刷和磨损。

如图 12-6 所示为布料器旋转漏斗的密封，外料斗与支托环之间采用二道“干封法”，即用内加铜丝的石棉绳作为填料，上面用法兰盘压紧。为了减少摩擦，填料中大都放有石墨粉并定期加入润滑脂。填料总高度达 200mm，当填料磨损后，一般可采用重新调整压盖螺栓的办法提高密封效果。约 3~6 个月更换一次。

图 12-8 所示为大、小钟拉杆之间密封。在轴承上下、钟杆之间均有填料密封。定心铜套 8 和 10 可以做成迷路密封结构，并不断通入蒸汽。

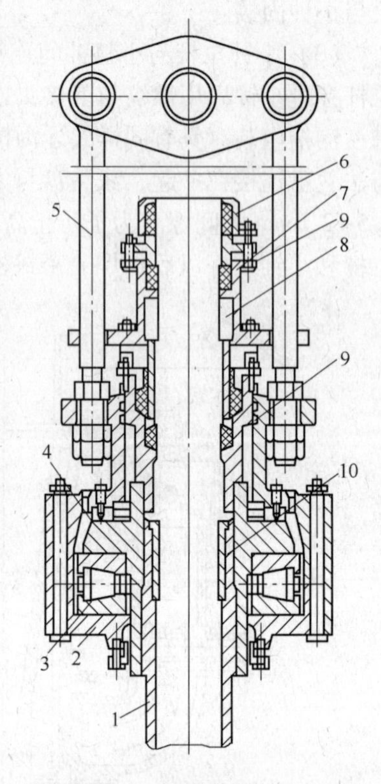


图 12-8　小钟拉杆止推轴承部件
1—小钟拉杆；2—轴承盒；3—止推轴承；4—小钟拉杆突缘；5—吊杆；6，7，9—填料密封；8，10—定心铜套

（7）驱动和传动机构。传动系统的布置应注意避免布料器附近的煤气可能燃烧以及烟尘的污染，故把电机、减速箱和其他高速传动件放置在远离布料器的房间内，然后用十字接头联轴节经传动轴（图 12-5 中的 23）、锥齿轮对（图 12-5 中的 22）和小齿轮（图 12-5 中的 21）、带动齿圈（图 12-5 中的 20），使外漏斗旋转，从而使小料斗旋转，达到沿圆周方向均匀布料的目的。这里使用十字头联轴节除考虑加长传动距离外，还应考虑到布料器由于某些原因（如高炉开炉温度升高，布料器随高炉上涨）使布料器产生轴向窜动时仍能保证正常传动。安装时把布料器装得比圆柱齿轮箱那一端低一些。

马基式布料器具有必要的布料调节手段，运行较平稳。对于使用冷矿常压炉顶操作的高炉，基本上能满足布料要求。马基式布料器的主要缺点是：布料斗与其外壳之间的填料密封维护困难，寿命短，难以满足高压炉顶操作要求，小料钟拉杆的平面止轴承容易磨损，维护、检修困难。因此，新设计的高炉区不再采用马基式布料器。

#### 12.2.3.3　快速布料器和空转布料器

快速布料器和空转布料器的结构、布料原理基本相同。不同的是快速布料器为连续布料，布料斗带料连续旋转，而空转布料器为定点布料，布料斗不带料旋转；快速布料器为双卸料口，而空转布料器为单卸料口。

（1）快速布料器。快速旋转布料器实现了旋转件不密封、密封件不旋转。它在受料漏斗与小料斗之间加一个旋转漏斗，当上料机向受料漏斗卸料时，炉料通过正在快速旋转的漏斗，使料在小料斗内均匀分布，消除堆尖。其结构示意如图 12-9（a）所示。

快速旋转布料器的容积为料车有效容积的 0.3~0.4 倍，转速与炉料粒度及漏斗开口尺寸有关，过慢布料不均，过快由于离心力的作用，炉料漏不尽，部分炉料剩余在快速旋转布料器里，当漏斗停止旋转后，炉料又集中落入小料斗中形成堆尖，一般转速为 1.0~

2.0r/min。

快速旋转布料器开口大小与形状，对布料有直接影响，开口小布料均匀，但易卡料，开口大则反之，所以开口直径应与原燃料粒度应相适应。

（2）空转布料器。空转布料器与快速布料器的构造基本相同，只是旋转漏斗的开口做成单嘴，并且旋转时不卸料，卸料时不旋转，如图12-9（b）所示。小料钟关闭后，旋转漏斗单向慢速（3.2 r/min）空转一定角度，然后上料系统再通过受料漏斗、静止的旋转漏斗向小料斗内卸料。若转角为60°则相当于马基式布料器，所以一般采用每次旋转53°、57°或63°。这种操作制度使高炉内整个料柱比较均匀，料批的堆尖在炉内成螺旋形，不像马基式布料器那样固定，而是扩展到整个炉喉圆周上，因而能改善煤气的利用。有的厂，例如某钢厂2000m³高炉的布料器，既能快速旋转，也能定点布料，但必须有两套传动装置。

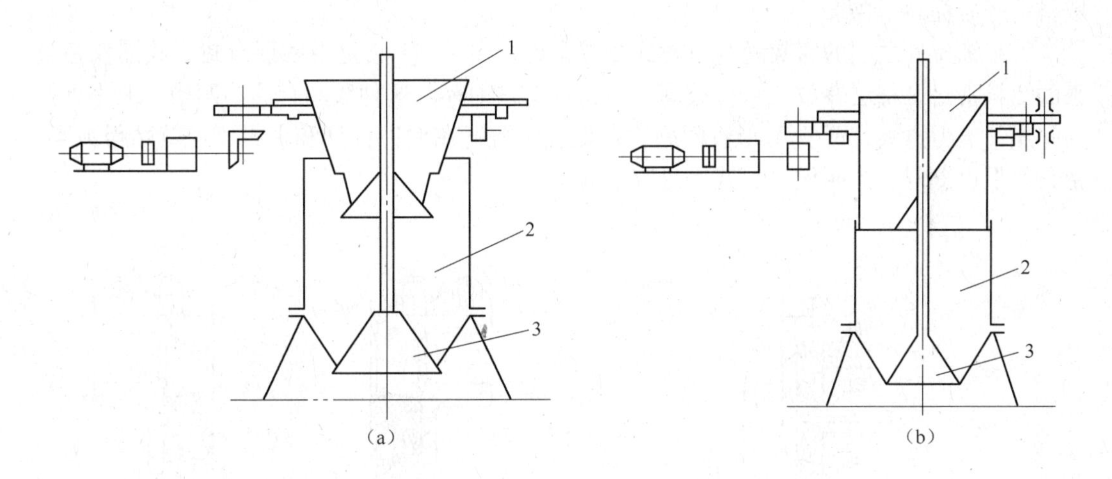


图12-9　布料器结构示意图

（a）快速旋转布料器；（b）空转螺旋布料器

1—旋转漏斗；2—小料斗；3—小钟

空转布料器与马基式布料器比较，具有下列优点：

（1）布料旋转斗设置在小料斗上面，不需要考虑设置布料密封装置，为高压炉顶操作创造了条件。

（2）由于取消了密封装置，结构简单，工作可靠性增加，易于维护，检修方便，寿命长。

（3）布料器不带料旋转而以低速空转，能耗低，磨损小。

由于旋转漏斗容积较小，没有密封的压紧装置，所以传动装置的动力消耗较少。例如，255 m³高炉用马基式布料器时传动功率为11kW，用快速旋转漏斗时为7.5 kW，而空转螺旋布料器只需2.8 kW。2000m³高炉这三者分别是30kW、10kW、4.2kW。

因此，我国目前中、小型高炉都普遍采用空转布料器布料。快速布料器由于在布料时容易出现卡料、布料偏析严重等事故，同时对炉料粒度的要求也比较严格，因此国内高炉目前已很少采用快速布料器进行快速布料操作，有的高炉已将快速布料器改成了空转布料器操作。

#### 12.2.3.4 旋转布料器的维护

旋转布料器能够保证长期正常运行，在很大程度上取决于良好的维护保养。旋转布料器的维护保养着重点是密封、润滑、紧固、调整和清扫等几方面。

布料器密封装置的作用在于防止煤气从间隙中漏出，从而减少由带尘煤气的冲刷所造成的设备磨损。旋转布料器有两个部位需要密封，一是转动的外料斗与不动的支托环之间的密封，二是大钟拉杆和小钟接杆之间的密封。

为了建立“高压”生产，人们经过不断的努力，使密封有了很大改进。

为了克服双层填料密封容易漏气和不好维护的缺点，转动的外料斗与不动的支托环之间的密封采用了三层填料密封，如图12-10所示，为不停风更换上层填料创造了便利条件。在布料器减速箱的低速轴上安装一链轮，通过它和一对齿轮带动一台柱塞油泵，布料器每转动一次，油泵就工作一次，把润滑油送到填料与旋转漏斗之间。这种办法可使石棉填料的寿命提高一倍。

大小钟拉杆之间的密封通过自封式胶圈密封，图12-11它是由两层自封式胶圈代替过去的填料密封。每层叠放三个橡胶圈，中间设有进油环。这种胶圈有两个凹槽，大小钟拉杆间煤气压力愈大，两侧Y形胶圈唇边在煤气压力下在大钟拉杆和密封座上就贴得愈紧，密封效果也愈好，故叫做自封式密封胶圈。

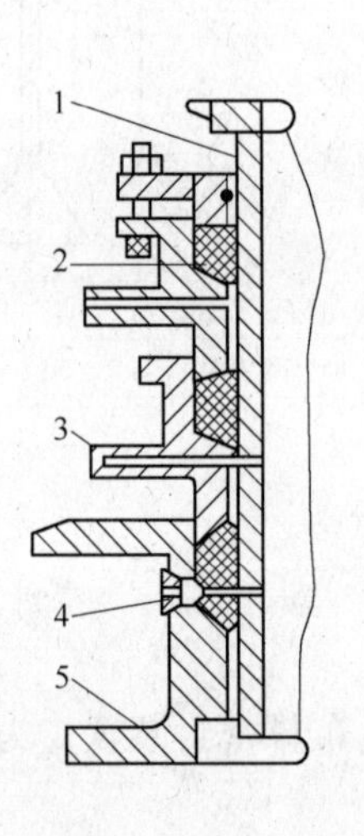


图12-10 布料器的三层填料密封
1—旋转漏斗；2—石棉填料；3—填料法兰；
4—润滑管接头；5—布料器底座

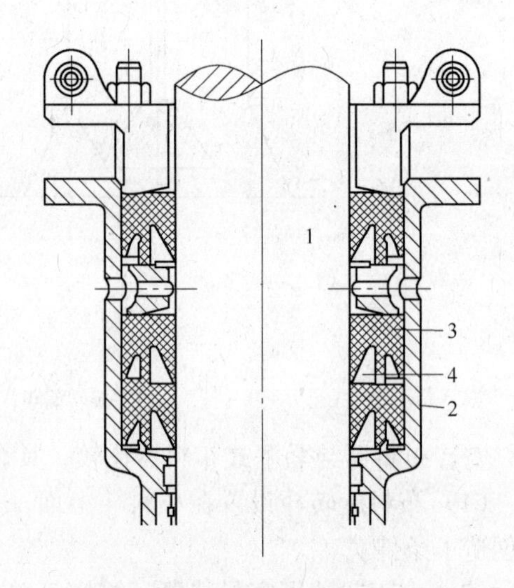


图12-11 自封式胶圈密封装置图
1—大杆；2—密封座（填料盒）；
3—密封胶圈；4—胶圈凹槽

自封式胶圈密封的优点是工作可靠，密封效果好，能满足炉顶煤气压力为0.13MPa高压炉顶大小钟拉杆之间的密封要求。值得注意的是，为了防止工作温度过高而使橡胶圈老化，要求其环境温度要低于200℃，并用足够量的稀油加以润滑。稀油润滑既起到减小摩擦的作用，又能起到冷却降温作用。

炉顶煤气压力大于0.13MPa的高炉，其大小料钟拉杆之间的密封，在采取上述机械密封的同时，还在机械密封部位通入高压氮气，切断炉内煤气流进入大小料钟拉杆之间的缝隙，这种双重密封方式使密封更加可靠。我国宝钢一号高炉大小料钟拉杆之间采用这种机械、通氮气双重密封结构，使高炉的炉顶煤气压力能保持在0.25MPa。

布料器填料密封处、各支撑辊和水平挡辊的滚动轴承等处的润滑为油脂润滑，供油方式有集中和分散两种形式。大中型高炉一般采用集中润滑，由电动油泵自动给油。油脂润滑站设在主卷扬机室内，沿斜桥铺设两条给油主管，将油送到炉顶及绳轮轴承。中型高炉可采用手动给油泵供油，手动给油站一般设在炉顶布料器电动机机房内。布料器减速箱的润滑采用稀油润滑。

布料器在工作过程中，对各部连接螺栓必须经常地进行检查、紧固，绝不允许有任何松动现象。

布料器在运转过程中，对各传动齿轮的啮合间隙应定期进行检查和调整，保证各零部件的正常使用而不致损坏，确保设备的正常运行，对于密封装置，经常检查其密封效果，或增加填料，或压紧压盖螺栓。要检查气封的蒸汽是否畅通，蒸汽压力是否足够。

布料器各部位应保持清洁，由设备维护人员负责清扫，每周应清扫2~3次。

12.2.3.5 旋转布料器常见故障与处理方法

旋转布料器常见故障及处理方法见表12-1。

**表12-1 旋转布料器常见故障及处理方法**

| 故障 | 故障原因 | 处理方法 |
|---|---|---|
| 布料器在运转过程中电流偏高 | 布料器注油密封圈润滑油少，或金属密封环圈破裂 | 检查注油孔是否畅通，给油设备是否完好，检查确认后再注以适量油，或更换密封环 |
| | 布料器橡胶密封圈的压兰螺栓拧得过紧 | 适当卸松法兰螺栓，但不能过松，防止胶圈吹出或漏煤气，调好后再把定位顶丝拧牢 |
| | 传动减速机轴承坏（用听、摸来判断） | 更换轴承 |
| | 大齿圈与小齿轮的顶间隙过小 | 移动角形减速机，调整齿顶间隙到合适位置 |
| | 卸开电机与减速机接手螺栓，电机空转，电流值偏高，则肯定电气故障，若空转电流值正常，可能是机械故障引起，也可能是电气故障引起 | 排除电气故障，或者同时排除机械和电气故障 |
| 布料器旋转时产生异响 | 万向接手铜套磨损间隙偏大 | 更换铜套 |
| | 角型减速机地脚螺栓松 | 紧固减速机地脚螺栓 |
| | 布料器托辊磨损严重，间隙偏大 | 更换托辊 |
| | 角型减速机齿轮坏，或轴承磨损严重 | 更换角型减速机或轴承 |
| | 开式齿轮啮合不好 | 调整开式齿轮啮合间隙，使之符合要求 |
| 布料器支撑托辊卡住不转 | 支撑辊内轴承损坏 | 更换轴承 |
| | 支撑持辊不圆 | 更换支撑辊 |
| | 布料器轨道不平 | 查明原因后处理 |
| | 固定螺栓松动 | 拧紧螺栓 |

续表 12-1

| 故　障 | 故障原因 | 处理方法 |
| --- | --- | --- |
| 布料器振动大 | 支撑辊不圆 | 更换支撑辊 |
| | 开式齿轮啮合不好 | 调整和更换小齿轮 |
| | 支撑辊轴承损坏 | 更换支撑辊 |
| 布料器电动机声音不正常 | 轴承缺油 | 加油 |
| | 地脚螺栓松动 | 拧紧 |
| | 布料器密封太紧 | 调整 |
| 布料器锥齿轮箱上轴承声音异常 | 缺油 | 加油 |
| | 环境温度高，无法保持润滑 | 检修、改进 |

### 12.2.4 装料器组成及维护

装料器用来接受从小料斗卸下的炉料，并把炉料合理地装入炉喉。装料器主要由大钟、大料斗、大钟拉杆和煤气封罩等组成，如图 12-12 所示，它是炉顶设备的核心。要求密封性能好、耐腐蚀、耐冲击、耐磨、还要耐高温。它应满足常压高炉和炉顶压力不很高（小于 0.15MPa）的高炉的基本要求。

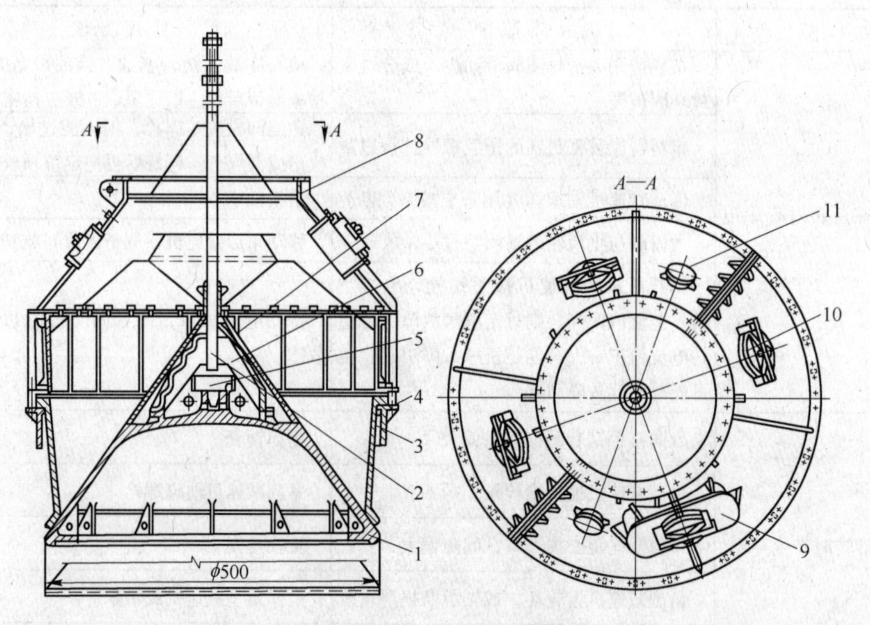


图 12-12 装料器结构

1—大钟；2—大钟拉杆；3—大钟料斗；4—炉顶支圈；5—楔块；6—保护钟；7—保护罩；8—煤气封罩；9，10—检修孔；11—均压管接头

#### 12.2.4.1 大料斗

大钟料斗是配合大钟进行炉喉布料的主要部件，它直接托在炉顶钢圈上。其有效容积能容纳一个料批的炉料（3~6 车）。材质由铸钢 ZG35 整体铸造，常用高炉壁厚 50~60mm，高压高炉可达 80mm，料斗壁的倾角为 85°~86°。大料斗的料斗下缘没有加强筋，

使其具有良好的弹性。这样，高压操作时，在大钟向上的巨大压力下，可以发挥大料斗的弹性作用，使两者紧密接触，做到弹性大料斗和刚性大料钟的良好配合。

为了加强密封，增强大料斗和大料钟接触面处的抗磨能力，在大料斗和大钟的接触表面焊有硬质合金，经过研磨加工，装配后的间隙不大于 0.05mm。

对于大型高炉而言，大料斗由于尺寸很大，加工运输困难，所以常做成两段体。这样当大料斗下部磨损时，可以只更换下部，上部继续使用。

12.2.4.2 大钟

大钟是炉喉径向布料的关键部件，悬挂于大钟拉杆上，采用 ZG35 整体铸造，壁厚不能小于 50mm，一般为 60~80mm。大钟的倾角，由理论计算可知，落料最快时的最佳倾角为 52°~53°，一般取 53°。

目前大型高炉已普遍采用双折角大钟，如图 12-13 所示。与大料斗的接触面常加工成 60°~68°。注意角度不能过大，只要小于 $90°-\rho$ 就不会楔住（$\rho$ 为钢与钢的摩擦角）。通过计算，$\beta$ 角最大 73°。

采用双折角大钟的好处：

（1）这样炉料落下时能跳过密封接触面而落入炉内，减少对接触面的磨损，起“跳料台”的作用。

（2）增加大钟关闭时对大料斗的压紧力，使钟和斗密合得更好。计算表明，当 $\beta$ 角由 53°增大到 62°，大钟对大料斗的压紧力增大约 28%，使大料斗更容易变形，进一步发挥刚性钟柔性斗的优越性。

（3）由于大钟下面的倾角比上面大，减轻了导入的煤气对大钟上表面的吹损。

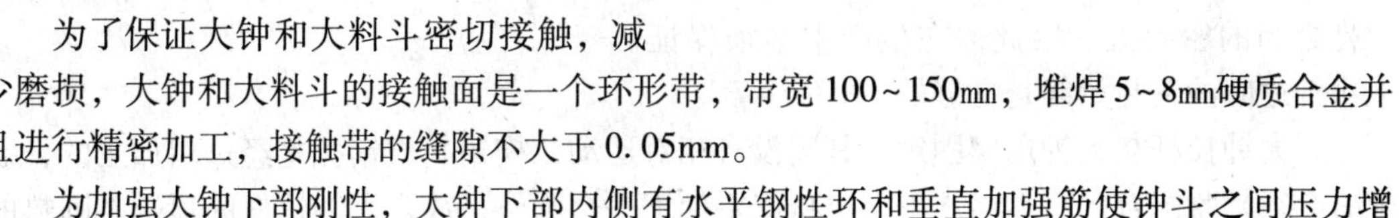


图 12-13 双折角大钟

为了保证大钟和大料斗密切接触，减少磨损，大钟和大料斗的接触面是一个环形带，带宽 100~150mm，堆焊 5~8mm硬质合金并且进行精密加工，接触带的缝隙不大于 0.05mm。

为加强大钟下部刚性，大钟下部内侧有水平钢性环和垂直加强筋使钟斗之间压力增大，有利于发挥刚性钟柔性斗的优越性。

12.2.4.3 大钟与拉杆的连接

大钟与钟杆的连接方式有铰式连接与刚性连接两种。

铰式连接采用铰链连接或球面头连接，大钟可以自由活动，如图 12-14 所示。当大钟与大料斗中心不一致时，大钟仍能将大料斗关闭。但是若大钟上面料不均匀，大钟下降时会偏料和摆动，使炉料分布不均。

刚性连接是大钟与大钟杆之间用楔子来固定，如图 12-15 所示，这样可以减少摆动，从而保证炉料更合理地装入炉内，也可以减少大钟关闭时对大料斗的偏心冲击，但是刚性连接在下述三种情况时易使大钟拉杆弯曲：大钟上下气体压力差过大而要强迫大钟下降，炉内炉料装得过满而强迫大钟下降，大钟一侧表面黏附着炉料时下降。

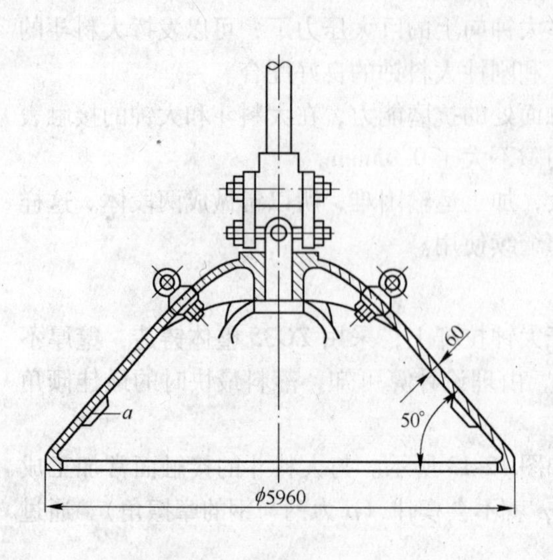


图 12-14 铰式连接的大钟结构

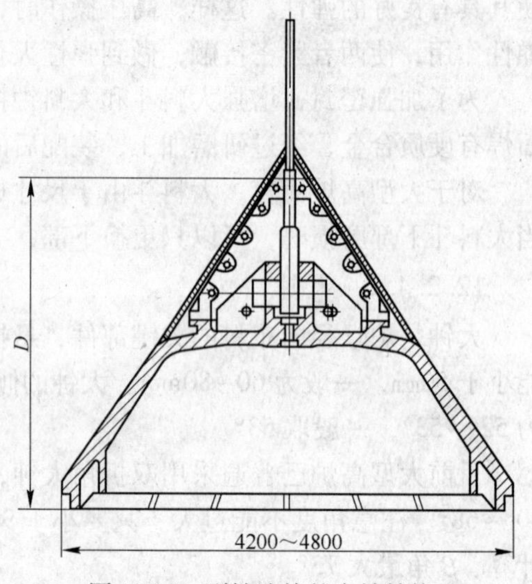


图 12-15 刚性连接的大钟结构

为了保护连接处不受损害，在大钟上有铸钢的保护钟和钢板焊成的保护罩。保护钟分成两半，用螺栓连接，保护钟与大钟之间的连接如图 12-16 所示。保护罩则焊成整体，以便形成光滑表面，避免炉料的积附。

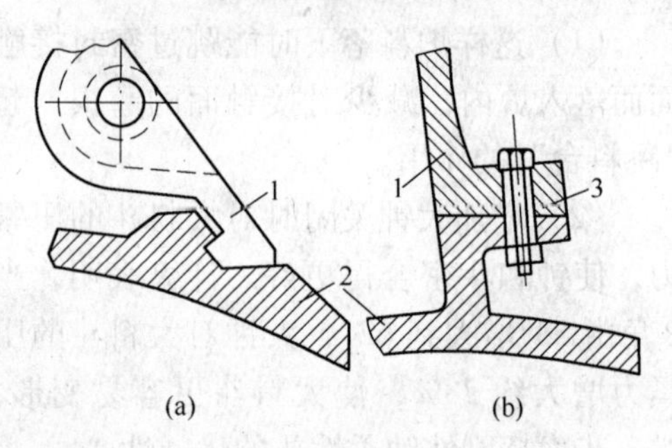


图 12-16 大料钟和保护钟之间的两种连接

（a）直接连接；（b）螺栓连接

1—保护钟；2—大钟；3—螺栓

12.2.4.4 大钟拉杆

大钟拉杆的长度可达 14～15m，直径为 175～200mm，加工，运输和存放时都必须十分小心，防止弯曲。由于在工作中容易被脏煤气吹损，特别是在下端小钟定心瓦处及大、小钟拉杆之间的密封处。因此，在生产中必须保证大小钟之间的密封始终是良好的。

若大钟拉杆与大钟用楔固定，其间没有相对运动，楔销与楔销孔是经过精加工的，装配时必须是紧配合，一旦出现配合过松就要加工一个圆垫，放入大钟拉杆的顶端。圆垫的厚度要依拉杆顶端与大钟配合孔深度的间隙而定。其目的是使大钟拉杆的顶端在楔销固定后能顶住大钟。为了拆卸方便开有检修孔，拆卸时从孔中打入专用楔铁而使拉杆松动。

12.2.4.5 煤气封罩

煤气封罩与大料斗相连接，是封闭大小料钟之间的外壳，一般用钢板焊接成两半式锥体结构。为了使料钟间的有效容积能满足最大料批同装的要求和强化冶炼的需要，设计要求其应为料车有效容积的 6 倍以上。它由两部分组成，上部为圆锥形，下部为圆柱形。在锥体部分有两个均压阀的管道接头孔和四个人孔，如图 12-17 所示。四个人孔中三个小的人孔为日常维修时的检视孔，一个大的椭圆形人孔用来检修时，放进或取出半个小料钟。

煤气封罩的上端由法兰盘与布料器支托架相连接，下端也由法兰盘与炉顶钢圈相连接。安装时下法兰与炉顶钢圈用螺栓固定，为保证其接触处不漏煤气，除在煤气封罩下法兰与炉顶钢圈法兰之间加伸缩密封环外，还要在大钟料斗法兰上、下面加石棉绳，如图12-18所示。

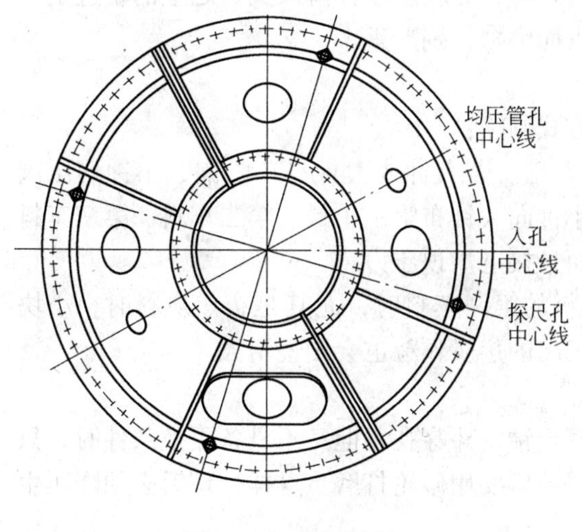


图 12-17 煤气封罩

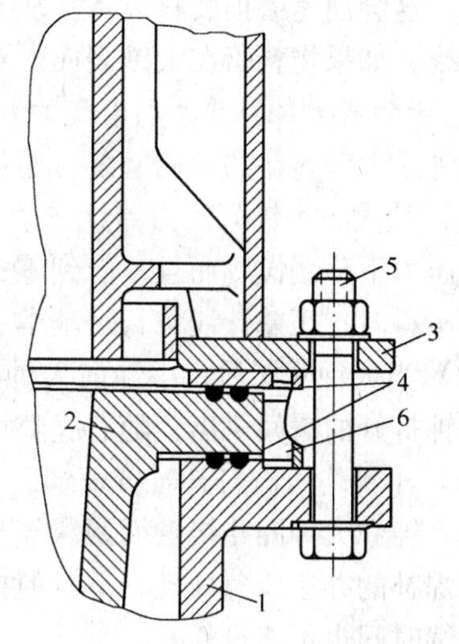


图 12-18 煤气封罩、大料斗和炉顶钢圈之间的连接

1—炉顶钢圈；2—大料斗；3—煤气封罩；4—石棉绳；5—螺栓；6—伸缩密封环

近年来，为了简单，有的厂将伸缩密封环改为钢板，直接焊于煤气封罩法兰与炉顶钢圈法兰上。有的厂取消了钢板和大钟漏斗法兰上的石棉绳，直接将大钟漏斗法兰的上下法兰缝焊接起来。即在大、小钟定心和找正工作完成，法兰螺栓都已装上后，才能开展焊接工作，焊完以后，通过试漏来检查焊缝是否焊好。一般是先关闭大、小钟及相关阀门，然后打开大、小钟间的蒸汽阀门，以此来检查确定。

12.2.4.6 装料器维护

A 大钟和大料斗损坏原因

大钟在常压下可以使用3~5年，大料斗可以工作8~10年。可是在高压操作（当炉顶压力大于0.2 MPa）时，大钟一般只能工作一年半左右，有的甚至只有几个月。大钟和大料斗损坏的主要原因是荒煤气通过大钟与大料斗接触面的缝隙时产生磨损，以及炉料对其工作表面的冲击磨损。高压操作时装料器一旦漏气，就会加速损坏。更换装料器时要拆卸整个炉顶设备，需时一周，直接影响高炉的生产率。大钟与大料斗产生缝隙的主要原因：

（1）设备制造及加工带来的缺陷。大钟和大料斗无论质量还是体积都很大，加工制造较困难，不合格的设备不得应用于高炉，更不能用于高压操作。要求间隙小于0.08 mm，75%以上的长度应小于0.03mm，各厂在提高装料设备的寿命上，往往提出了更高的要求。

（2）安装设备时质量上的问题。为了保证安装质量应该在各方面提出严格要求，如在运输和吊装过程中要避免碰撞和变形，准确地按照高炉中心线安装大料斗，大料斗与炉顶法兰应同心。大料斗与大钟的中心必须吻合，否则会出现局部冲击变形，产生缝隙。

（3）原料的摩擦对设备的损坏。大型高炉每天有万吨以上炉料通过大小料钟。由于高炉不断强化，单位时间内加入的原料数量不断增加；焦比不断降低，矿石和烧结矿量相对增加，这会加速磨损装料设备。从下落炉料来看，炉料从小钟落入大钟之上的轨迹是一个抛物线，如果物料落在大钟表面，对大钟表面磨损特别严重。

B　大钟或大钟料斗冲刷磨漏的判断

大钟或大钟料斗的冲刷磨漏可通过如下方式判断：

（1）从大、小钟间压力差计图表上可以看出。若大钟或大钟料斗吹漏，小钟均压阀打开，压力下降缓慢，而且不能到零；并且小钟向大钟布第一车料、第二车料、第三车料或第四车料时，压差计线条长短基本一致，而且接近炉顶压力。

（2）当大钟吹漏后，小钟向大钟布一批料的第一车料时，尤其是布焦炭料时，小块焦在小钟打开的瞬间飞出，随着缝隙增大，飞出的焦炭颗粒也会慢慢增大。

（3）小钟均压阀打开时冒黄烟。

当大钟和大钟漏斗接触面漏煤气严重，甚至钟、斗穿孔，但又不具备更换条件时，只有采取焊补的办法应急处理一下。但接触面焊补后要用砂轮打磨，这样处理后必须降压生产，持续时间也不能过长。

C　提高大钟和大料斗性能的措施

（1）采用刚性大钟与柔性大料斗结构。在炉喉温度条件下，大钟在煤气托力和平衡锤的作用下，给大料斗下缘一定的作用力，大料斗的柔性使它能够在接触面压紧力的作用下，发生局部变形，从而使大钟与大料斗密切闭合。

（2）采用双倾斜角的大钟，即大钟下部的倾角为53°，下部与大料斗接触部位的倾角为60°。

（3）在接触带堆焊硬质合金，提高接触带的抗磨性，大钟与大料斗间即使产生缝隙，也因有耐磨材质的保护而延长寿命。

（4）在大料斗内充压，减小大钟上、下压差。向大料斗内充入半净化煤气或氮气，使得大钟上、下压差变得很小，甚至没有压差。由于压差的减小和消除，通过大钟与大料斗间缝隙的煤气流速减小或没有流通，也就减小或消除了磨损。

### 12.2.5　料钟操纵设备

料钟操纵设备的作用就是按照冶炼生产程序的要求及时准确地进行大、小料钟的开闭工作。按驱动形式分，有电动卷扬机驱动和液压驱动两种。

#### 12.2.5.1　电动卷扬机驱动料钟操纵系统

对于双钟高炉，大小料钟周期性启闭通常采用平衡杆装置完成。平衡杆是料钟的吊挂装置和驱动装置之间的中间环节。

根据布料工艺及密封的要求，钟与杆须垂直运动，因此在钟杆吊挂系统中必须有直线运动机构。按料钟下降方式，可分为自由下降和强迫下降两种。

自由下降式是用挠性件（如链条）挂在扇形板上，如图12-19（a）所示。料钟借自重和料重下降，料钟永远保持在扇形板水平半径的切线上。结构简单，但当炉顶压力大于0.15MPa时，料钟受煤气浮力作用，下降困难。

强迫下降式如图12-19（b）所示。料钟升降时的直线运动是由近似直线机构（瓦特双曲线直线机构）来实现的。它是靠传动钢绳迫使料钟下降的，因为它的结构都是刚性零件，当料钟卡塞时，容易使钟杆压弯。不加料时，料钟是关闭的，要求严密可靠，所以钟是往上压紧在料斗上，但不能“紧锁”，所以钟杆上的抬力，除了负担料钟上的炉料荷重和料钟连同吊杆及悬挂装置的荷重外，还要有相当的料钟与料斗的贴紧力，这个力来源于平衡重锤的重力、高炉内煤气的压力对钟的托力。

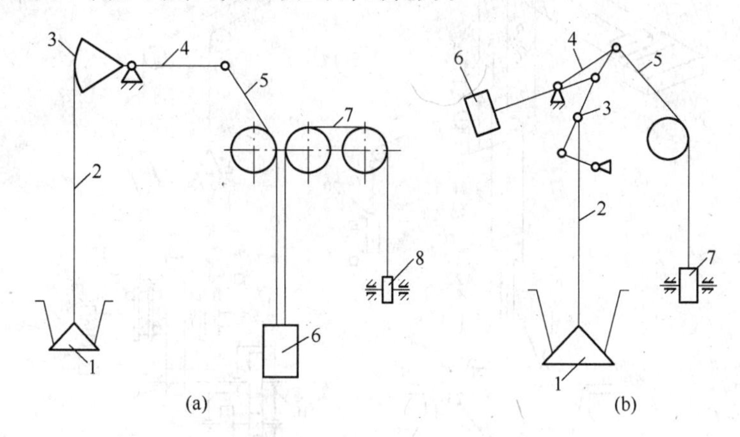


图 12-19 料钟传动直线机构

（a）料钟自由下降式；（b）料钟强迫下降式

1—料钟；2—料钟吊架；3—直线机构；4—平衡杆；5—操纵钢绳；6—平衡重锤；7—料钟卷扬机

（1）传动系统。图 12-20 为强迫下降料钟卷扬机传动示意图。料钟操纵设备主要由平衡杆系统、吊挂系统和卷扬机系统三部分组成。操纵料钟的驱动设备（卷扬机系统）通常是安装在料车卷扬机室内，而以钢绳与平衡杆相联系。料钟卷扬机通过链条、张力限制器及导向绳轮与平衡杆连接，以打开或关闭大小料钟。

（2）平衡杆。平衡杆的构造见图 12-21。平衡杆是用以升降大小料钟的杠杆，短臂悬挂着料钟，在它的前端系有通到电动卷扬机的钢绳，长臂上的平衡锤保证在料钟上有料的情况下，料钟仍能压向料斗，在料钟开启下料后，能将料钟迅速关闭。只有修理时将钢绳放松，并用小车支撑住平衡杆，这样可使料钟处于半开的状态。

平衡杆一般用焊接的板梁制成，大钟平衡杆做成弓形杠杆，互相间以平衡锤连接，并固定在公共轴上，该轴在轴承中转动，以保证大小钟能相对运动而不同时动作。轴承应很好地密封，平衡杆轴承座可前后左右调节其位置，以便调节料钟的位置，使其与料斗中心线吻合，为此，轴承座的梁要做成可移动的，用十个左右水平布置的千斤顶定位器来调整移动，其允许调整范围为 150~200mm。

平衡杆比较简单和紧凑，但是料钟和吊杆的定心和调整比较麻烦费时，虽然在操纵钢绳上设置了张力限制器等安全设备，但万一钢绳拉断，没有缓冲器来减轻料钟对料斗的冲击，这是它的不足之处。

（3）料钟卷扬机。图 12-22 是复合式料钟卷扬机简图。电动机通过减速箱带动人字齿轮。齿轮 4 和长轴固结在一起，在同一轴上，齿轮 4 的两侧空套着两个卷筒。齿轮 4 的两侧固定有偏心凸块 10，它们通过卷筒上的凸块 11 带动卷筒。操纵料钟的板式链从卷筒的顶点引出，通过钢绳与炉顶的平衡杆相连。当齿轮 4 向一方转动时，只能使一边的凸块

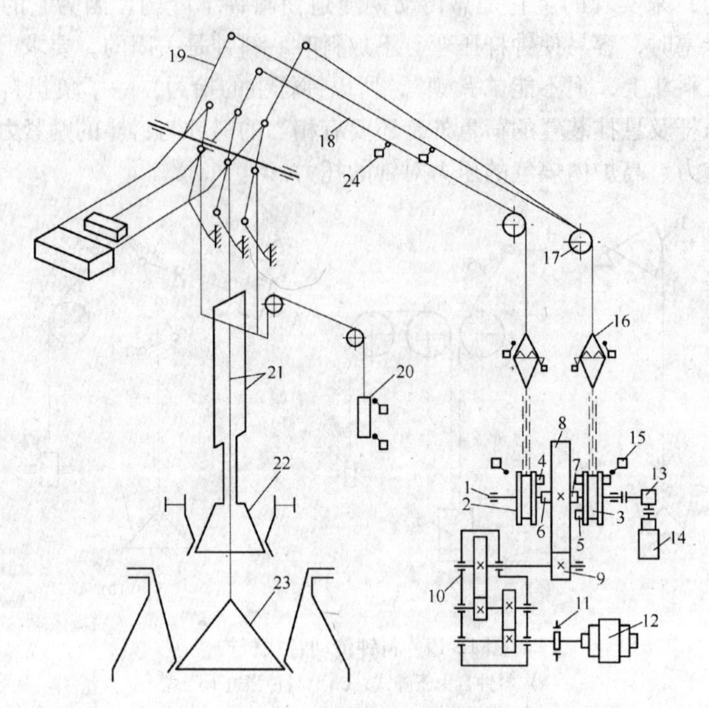


图 12-20 强迫下降料钟卷扬机传动示意图

1—载重轴；2—小料钟卷筒；3—大料钟卷筒；4~7—凸块；8—大齿轮；9—小齿轮；10—减速器；11—制动器；12—电动机；13—减速机，14—主令控制器；15—限位开关；16—张力限制器；17—绳轮；18—钢绳；19—平衡杆；20—大料钟防止假开装置；21—大小料钟拉杆；22—小料钟；23—大料钟；24—钢绳防松装置

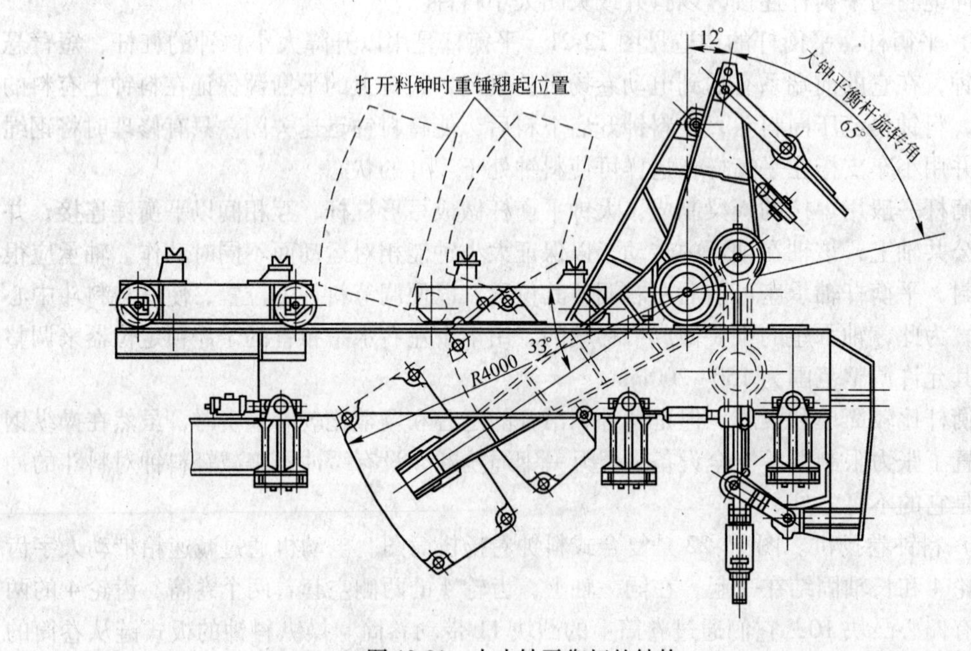


图 12-21 大小钟平衡杆的结构

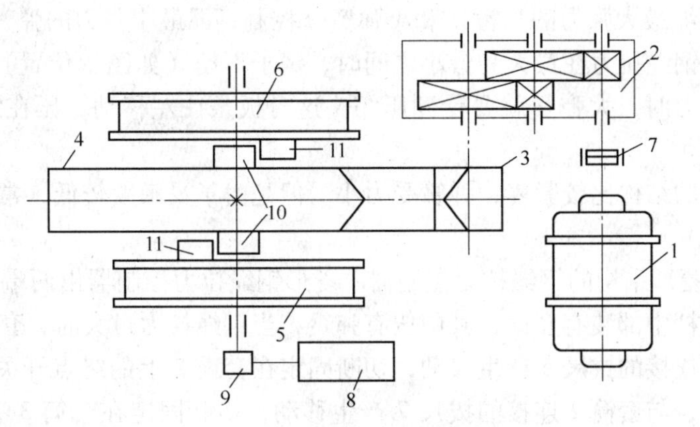


图 12-22 复合式料钟卷扬机

1—电动机；2—减速箱；3，4—人字齿轮；5，6—卷筒；7—制动器；8—主令控制器；9—角度减速机；10，11—凸块

10 和 11 互相接触，使该边的卷筒转动。而另一边的凸块 10 和 11 则互相分离，故这边的卷筒静止不动。当齿轮 4 反转回到原位时，卷筒由平衡锤经钢绳传给链条一个拉力，卷筒在该拉力的作用下，也跟着返回到原位。当齿轮 4 向另一方转动时，和上述情况相反，带动另一个卷筒，使另一个料钟动作。由于两个卷筒的工作转角都小于 320°，因此不会同时带动两个卷筒旋转，从而保证两个料钟不会同时动作。

（4）料钟吊架。图 12-23 是料钟吊架装置。它是料钟拉杆与平衡杆之间的连接装置。一般大、小钟均有各自独立的吊架装置，为了在出现误动作或被它物卡住时，强迫大、小钟同时打开。为避免大、小钟拉杆撇弯，要求小钟吊杆中间的两个螺帽卸松或去掉。

（5）钢绳张力控制器。卷扬机传动系统中的钢绳张力控制器、链条防扭转装置、限位开关等都是用来保证系统工作可靠和安全的。主令控制器是用来控制卷扬机的运行速度和停车的。

料钟操纵设备在生产中，有时会因某种原因，造成钢绳张力突然增大，导致钟对斗产生很大的冲击力。为了防止或减少上述现象，可以在卷扬机的板式链条和钢绳之间安装钢绳张力控制器，当钢绳拉力过大或过小的时候，料钟卷扬机的工作都会自动停止，同时还能缓冲钢绳张力。

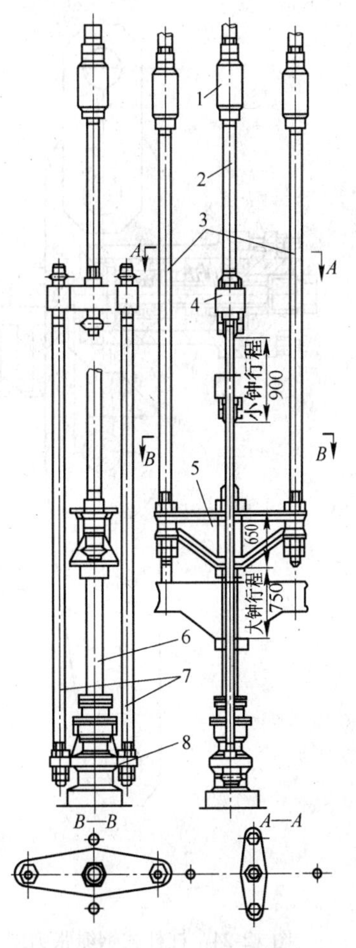


图 12-23 料钟吊架

1—调节螺母；2—小钟吊杆；3—大钟吊杆，4—小钟吊杆横梁；5—大钟吊杆横梁；6—大钟拉杆；7—小钟小吊杆；8—小钟拉杆轴承座

钢绳拉力控制器有杠杆式和菱形结构式两种形式。图 12-24 所示为杠杆式拉力控制器的结构图。搭板和杠杆之间用铰链直接连接，在搭板上固定有套筒，内装有

大弹簧（控制钢绳最大张力的弹簧）和小弹簧（控制钢绳最小张力的弹簧），杠杆的位置由销子决定。当钢绳拉力在最大和最小之间时，销子不动（如图示位置）。当钢绳拉力大于预调的最大拉力时，大弹簧就要受到压缩，这时板条往左移动，压在终点开关的滚子上，卷扬机停车。

这种控制器的结构比较紧凑，弹簧受力小。但是由于灵敏度较低，常用于620m$^3$以下的高炉。

图12-25为菱形结构的钢绳拉力控制器。菱形钢绳拉力控制器由两端用铰链连接的四根拉杆组成。拉杆中部装有套筒，其中压有弹簧，当钢绳拉力过大时，套筒压缩弹簧互相接近，与套筒3连接的拔尺5产生移动，切断固定在套筒2上的终点开关6。钢绳松弛时会引起弹簧伸长，与套筒2连接的拔尺7产生移动，切断固定在套筒3上的终点开关8，停止卷扬机工作或自动反转重新拉紧钢绳。

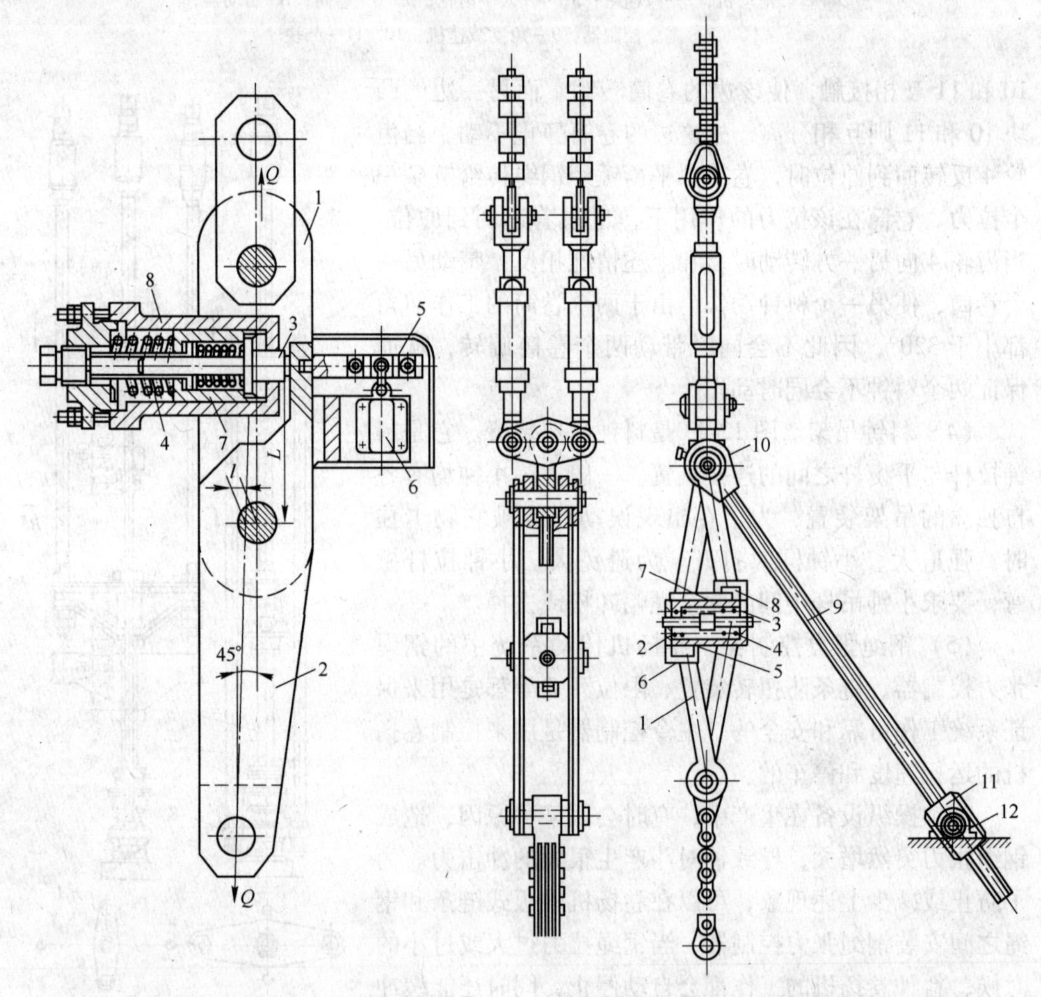


图12-24 杠杆式钢绳张力限制器

1—搭板；2—杠杆；3—销子；4—控制钢绳最大张力的弹簧；5—板条；6—终点开关；7—控制钢绳最小张力的弹簧；8—套筒

图12-25 菱形结构的钢绳张力控制器

1—拉杆；2，3，11—套筒；4—弹簧；5，7—拔尺；6，8—终点开关；9—连杆；10—铰链点；12—轴承座

由于钢绳拉紧时会中现扭转现象，为此安装了专门的防扭装置。它由连杆、铰链、套筒 11 和轴承座等组成。连杆通过铰链和张力控制器连接在一起。当钢绳升降时，连杆可以在套筒 11 内滑动，由于套筒 11 通过轴承座固定在金属结构上，因此套筒只能相对于轴承转动。

（6）电动卷扬机驱动料钟操纵系统特点。用电动卷扬机操纵平衡杆的主要优点是工作可靠。主要缺点缺点是在关闭大小钟时，对炉顶结构产生强烈冲击，有些高炉甚至在风口工作平台都能感到强烈振动，甚至导致许多设备事故。由于冲击负荷过大，使炉顶装料设备的大料斗、炉顶法兰和煤气封盖的连接处密封经常被冲裂，小料斗法兰也经常裂开，破坏了炉顶装料设备的气密性，还使炉顶框架和斜桥强烈振动，加重了炉体框架的负荷。为了克服这个缺点，采取了两项重要措施：

1）料钟卷扬机用直流电动机传动，慢速关钟，控制关钟末速度。

2）在大小料钟的吊挂系统中安装环形缓冲弹簧，如图 12-26 所示，加入弹簧之后虽然降低了吊挂系统的刚性，但减少了平衡锤对炉顶设备的冲击。实践表明，采用这两项措施是比较有效的，可大大减轻对炉顶的冲击和振动。

#### 12.2.5.2 液压驱动料钟操纵系统

液压传动具有许多优点：（1）可省去大小钟卷扬机、平衡杆及导向绳轮等部件，炉顶高度和炉顶质量大大减小，节省投资。（2）传动平稳，避免冲击和振动，易于实现无级调速。（3）自行润滑，有利于设备维护。（4）元件易于标准化、系列化。因此目前基本采用大小料钟液压传动系统。

应用较多的料钟液压传动结构形式有：扁担梁-平衡杆式、扁担梁式、扁担梁-拉杆式，如图 12-27 所示。

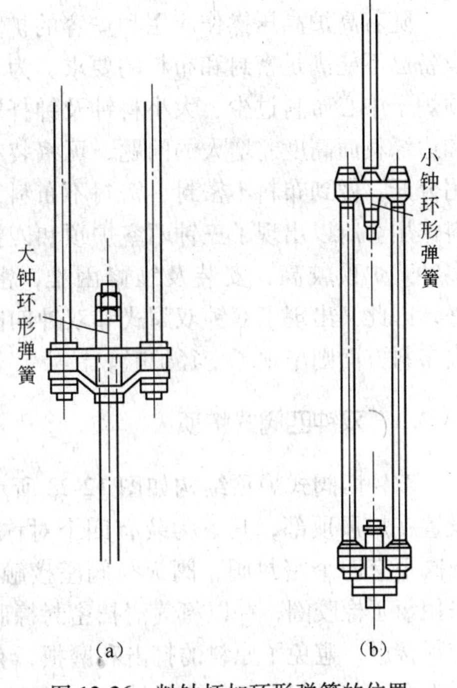

图 12-26 料钟杆加环形弹簧的位置

（a）大料钟；（b）小料钟

扁担梁-平衡杆式是取消了大料钟平衡杆，保留小料钟平衡杆。即大料钟的开闭采用双横梁双拉杆结构，由两组四个柱塞式液压缸驱动。拉杆靠上下导向装置保持垂直运动，拉杆与横梁之间为刚性连接，横梁与柱塞之间用铰链连接，每组油缸由刚性梁同步，两组油缸之间由液压同步。小料钟是靠在小料钟平衡杆的支撑轴与平衡杆尾端的配重之间设置一个柱塞式液压缸来驱动开钟，借助配重来关钟和压紧。小料钟打开装料后依靠液压缸保持闭锁。

扁担梁式取消了大小料钟平衡杆，大小料钟传动结构均采用双横梁双拉杆结构。每个料钟由两组四个柱塞式液压缸驱动升降，每组的两个液压缸柱塞与横梁刚性连接，并采取液压同步升降，两组液压缸升降也靠液压同步。

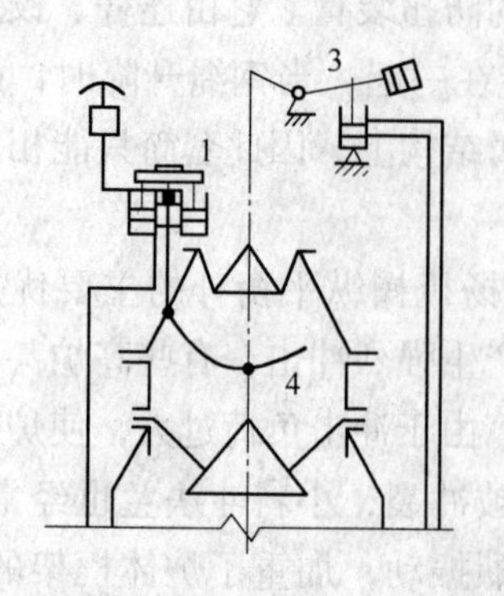

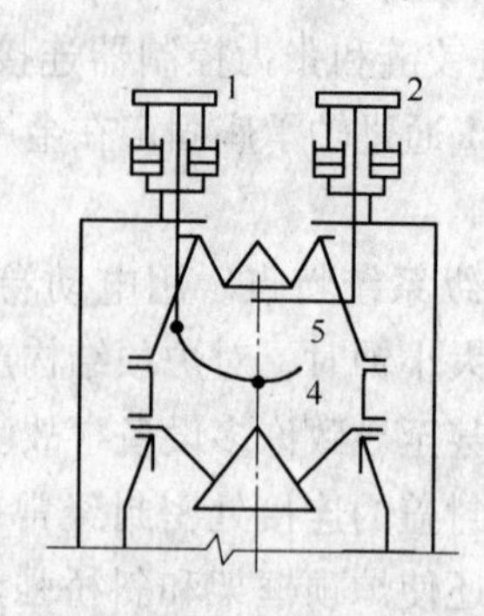

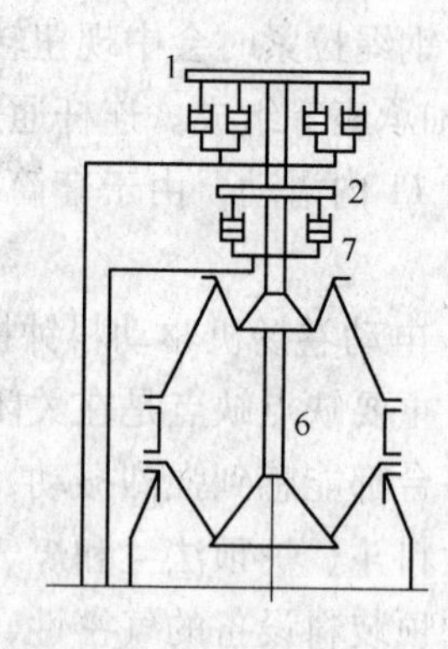


图 12-27 大、小钟液压驱动炉顶结构图

(a) 扁担梁-平衡杆式；(b) 扁担梁式；(c) 扁担梁-拉杆式

1—大钟扁担状横梁；2—小钟扁担状横梁；3—小钟平衡杆；

4，5—大小钟托梁；6—大钟拉杆；7—小钟拉杆

## 12.3 钟阀式炉顶设备

随着高炉高压操作应用和炉容的扩大，双钟式炉顶设备已不能满足密封和布料的要求。为了解决双钟式炉顶炉子中心布料过少、大小料钟及钟杆磨损严重、中心和边缘料面高度差增大的问题，可将装料设备的两大作用分开，做到布料不密封，密封不布料，大钟只起到布料作用。所以出现了三钟两室炉顶和四钟三室炉顶，但多钟式炉顶较高，安装及维修困难，密封性不如阀门好，因此又出现了双钟双阀式和双钟四阀式炉顶。在解决布料方面则出现了变径炉喉。

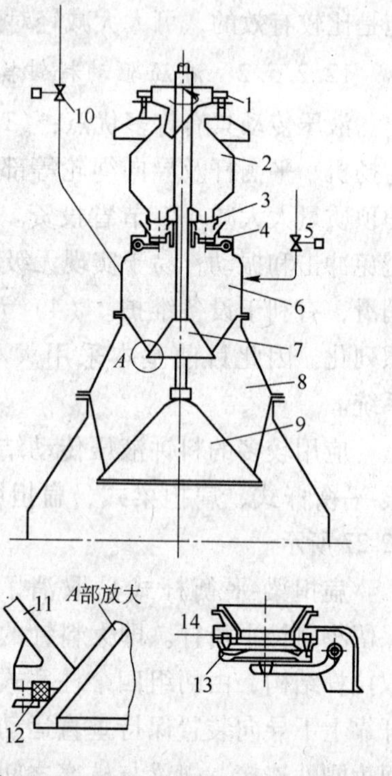

### 12.3.1 双钟四阀式炉顶

双钟四阀式炉顶结构如图 12-28 所示。旋转布料器设置在炉顶顶部，其下为装有四个对称闸阀的贮料斗。闸阀下有四个密封阀，阀板与阀座接触部分为软密封，采用氯丁橡胶圈，并以氮气清扫密封橡胶面，密封阀不与料接触，避免了原料的打击和磨损，有利于密封和延长寿命。密封阀下面是小料钟和小料斗，其接触面采用了软硬密封，硬密封用 25Cr 铸铁密封环，环的下部设环槽，内镶嵌硅橡胶，即软密封环，此环可使炉顶压力能达到 0.25MPa。大料钟与大料斗内为炉喉煤气压力，大料钟不起密封作用，只起布料作用。

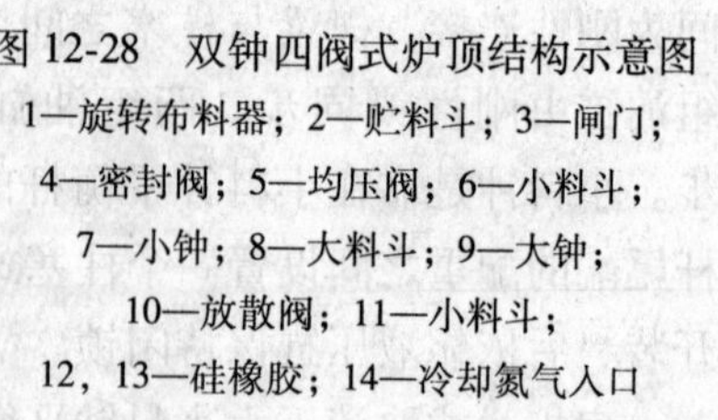


图 12-28 双钟四阀式炉顶结构示意图

1—旋转布料器；2—贮料斗；3—闸门；4—密封阀；5—均压阀；6—小料斗；7—小钟；8—大料斗；9—大钟；10—放散阀；11—小料斗；12，13—硅橡胶；14—冷却氮气入口

双钟四阀式炉顶装料设备，可以满足炉顶煤气压力为 0.25MPa 的高压操作要求，并且安全可靠。我国某钢 1 号高炉采用双钟四阀式炉顶装料设备，炉顶操作压力为 0.25MPa，生产长期稳定。

## 12.3.2 变径炉喉

变径炉喉又称活动炉喉，分为改变内径的移动式和改变锥度的摆动式两种。

### 12.3.2.1 移动式变径炉喉

A 克虏伯式活动炉喉

克虏伯式活动炉喉如图 12-29 所示。保护板由 18 片耐磨钢板组成，可分为内外两圈，互相遮盖组成圆筒形状，外围的保护板下端有凸缘，当料打击到保护板时，凸缘便冲击固定在炉喉钢壳上的环圈。保护板悬挂在三角形的臂 2 上，臂可以绕支架上的轴旋转，臂与连杆和拉环用铰链连接在一起。拉环由三个拉杆伸出炉外，与三个传动机构（液压缸）相接，炉喉直径可在 5.6~6.7m 之间变化。

B 日本钢管式（NKK）活动炉喉

日本钢管式（NKK）活动炉喉如图 12-30 所示。沿炉喉圆周共布置 20 组水平移动式炉喉板，每组炉喉板均由单独的油缸直接驱动，可使其在轨道上前进后退，行程距离常用范围在 700~800 mm。由于每组炉喉板单独驱动，可以使炉喉板全部动作或部分动作，从而可随意调节炉喉布料情况，改善煤气分布。

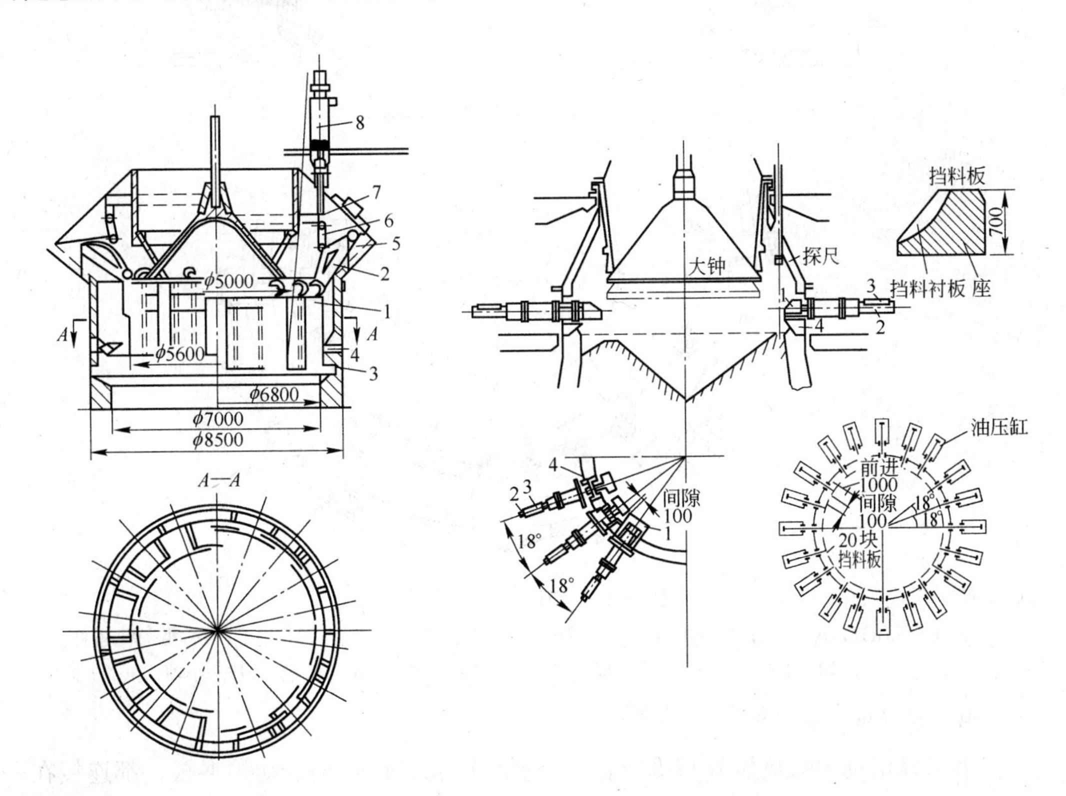


图 12-29 克虏伯式活动炉喉保护板
1—保护板；2—臂；3—凸缘；4—环圈；
5—支架；6—连杆；7—拉环；
8—传动机构（液压缸）

图 12-30 日本钢管式（NKK）活动炉喉保护板
1—炉喉板；2—油压缸；
3—限位开关箱；4—炉喉板导轨

### 12.3.2.2　摆动式活动炉喉

A　德国 GHH 活动炉喉

德国 GHH 活动炉喉如图 12-31 所示。油压缸推动环梁，在内挡辊、下托辊、外挡辊所限定的曲线内转动，从而带动固定的摇臂上的辊子旋转，并带动摇臂沿轴转动，通过连杆，使推杆前进或后退，推动外侧炉喉板和内侧炉喉板，以小轴为中心前后摆动，达到改变炉喉直径的目的。

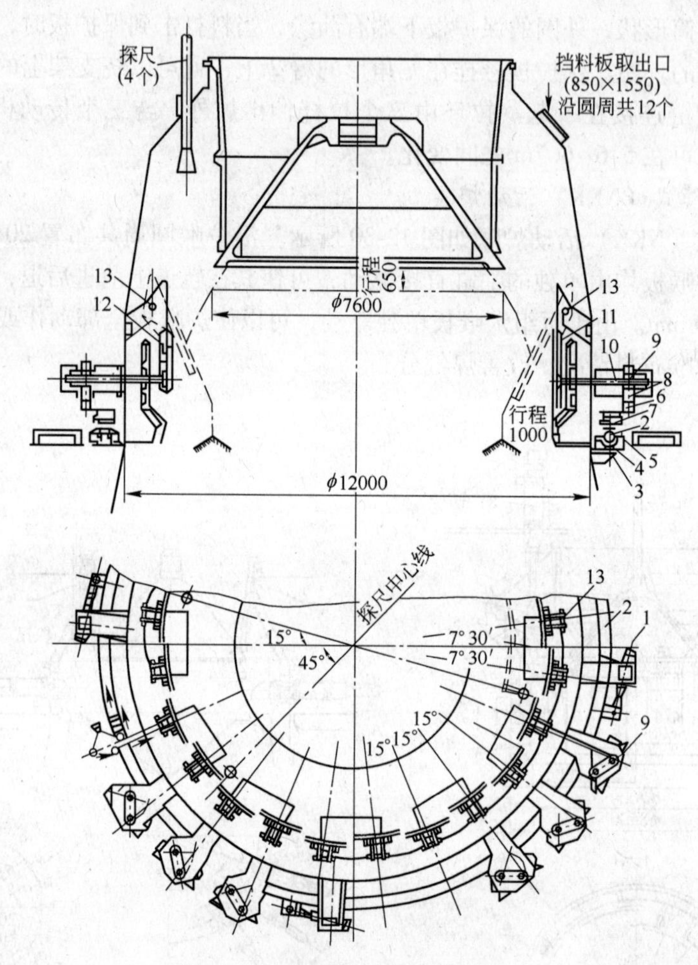


图 12-31　GHH 式活动炉喉板装置

1—油压缸；2—环梁；3—内挡辊；4—下托辊；5—外挡辊；6—摇臂；7—辊子；8—轴；9—连杆；10—推杆；11—外侧炉喉板（12 块）；12—内侧炉喉板（12 块）；13—小轴

B　新日铁活动炉喉板

新日铁活动炉喉板如图 12-32 所示。它沿圆周共有 24 组活动炉喉板，都连接在一个环上，在环梁下面有三个油压缸驱动环梁升降，使炉喉板摆动，从而达到改变炉喉直径的目的。炉喉板摆动位置可根据操作自动选择，通过电气系统自动控制油缸的开动和停止及升降高度，在出轴处装有一个指针，人们可以从指针的读数上判断出炉喉所在的位置。

变径炉喉得到了广泛应用，高炉容积越大使用变径炉喉效果越好，如某钢 $4063m^3$ 的钟阀式炉顶高炉，配了新日铁式的变径炉喉，效果较好。而对无料钟炉顶来说，变径炉喉没有意义。

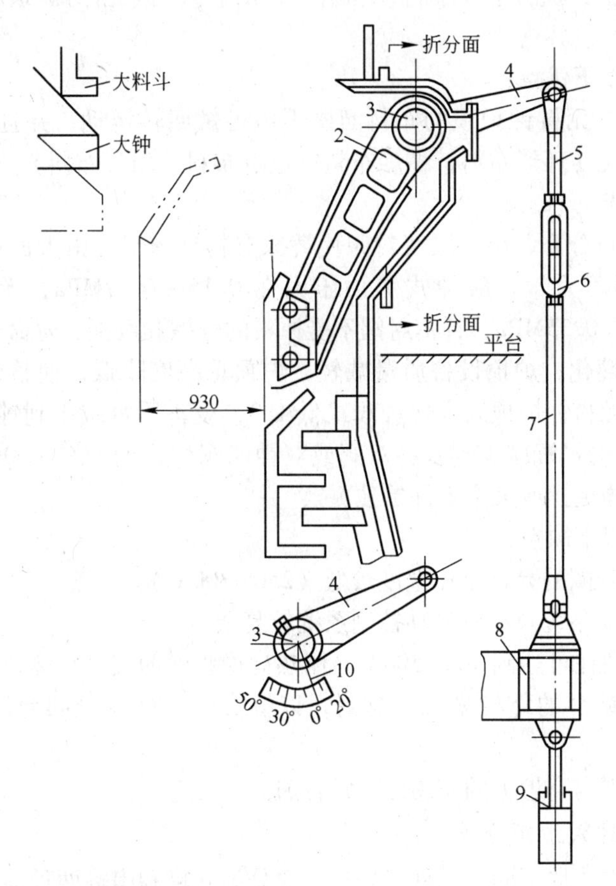


图 12-32 新日铁式活动炉喉板

1—炉喉板；2—板座；3—轴；4—转臂；5—上拉杆；6—调节螺母；7—下拉杆；8—环梁；9—油压缸；10—指针

## 12.4 无钟式炉顶设备

### 12.4.1 无钟式炉顶特点及分类

#### 12.4.1.1 无钟式炉顶特点

钟式炉顶和钟阀式炉顶虽然基本满足高炉冶炼的需要，但仍由小钟、大钟布料。随着高炉的大型化和炉顶压力的提高，炉顶装料设备日趋庞大和复杂。一是大型高炉大钟直径6000 mm以上，大钟和大料斗重达百余吨，加工、运输、安装、检修都极为不便；二是为了更换大钟，炉顶上设有大吨位的吊装工具，使炉顶钢结构庞大；三是随着大钟直径日益增大，在炉喉水平面上被大钟遮盖的面积愈来愈大，布往中心的炉料就减少，因而在高炉大型化初期出现了不顺行、崩料多等现象。20世纪60年代末通过使用可调炉喉，上述现象得以好转。但炉顶装置却进一步复杂化，不能满足大型化高炉进一步强化所需要的布料手段。为了进一步简化炉顶装料设备、改善密封状况、增加布料手段，卢森堡的PW公司于1972年在联邦德国蒂森1445 m$^3$高炉上首先推出了无料钟炉顶装置，彻底解决了布料和密封问题。主要特点是取消了大小料钟和料斗，依靠阀门来密封炉顶煤气并用旋转溜槽布料。

无钟式炉顶有以下优点：

（1）布料灵活。无料钟炉顶的布料溜槽不但可做回转运动，并且可做倾角的调控，因此有多种布料型式（环形布料、螺旋布料、定点布料、扇形布料）。布料效果理想，能满足炉顶调剂的要求。

（2）布料与密封分开，用两层密封阀代替原有料钟密封，由大面积密封改为小面积密封，提高了炉顶压力。一般钟式炉顶压力在 0.15～0.17MPa，无钟炉顶一般可达 0.25MPa，最高可达 0.35MPa，且密封阀不受原料的摩擦和磨损，寿命较长。

（3）炉顶结构简化，炉顶设备质量减轻，炉顶总高度降低，使整个炉顶设备总投资减少，维修方便。无料钟炉顶高度比钟阀式低 1/3，设备质量减小到钟阀式高炉的 1/3～1/2。整个炉顶设备的投资减少到双钟双阀或双钟四阀炉顶的 50%～60%。阀和阀座体积小且轻便，可以整体更换或某个零件单独更换。

无钟式炉顶有以下缺点：

（1）耐热硅橡胶圈的允许工作温度较低（250～300℃）。

（2）布料器传动系统及溜槽自动控制系统较复杂。

高炉炉喉温度往往可达到 400～500℃，耐热硅橡胶圈的表面吹冷却气冷却，也可以采用硬封或软硬封相结合的结构来代替软封，以解决耐热硅橡胶圈允许工作温度较低的问题。

无料钟炉顶在国内高炉上的应用已非常普遍。

12.4.1.2 无钟式炉顶分类

按照料罐布置方式的不同，无种式炉顶主要分为并罐和串罐两种形式，也有设计成串并罐形式的。

PW 公司早期推出的无钟炉顶设备是并罐式结构，直到今天，仍然有着广泛的市场。串罐式无料钟炉顶设备出现得较晚，是 1983 年由 PW 公司首先推出的，并于 1984 年投入运行，它的出现以及随之而来的一系列改进，使得无料钟炉顶装料设备有了一个崭新的面貌。

（1）并罐式无料钟炉顶。并罐式无料钟炉顶结构如图 12-33 所示。

并罐式无料钟炉顶特点是两个贮料罐并列安装在高炉中心线两侧，卸料支管中心线与中心喉管中心线成一定夹角。当从贮料罐卸出的炉料较少时，通过中心喉管卸下的炉料容易产生不均匀下落，即炉料偏向于卸料罐的对面或呈蛇形状态落下，以致通过溜槽布入炉喉的炉料出现体积和粒度的不均匀，影响布料调节效果。另外，并罐式炉顶的贮料罐下密封阀安装在阀箱中，充压煤气的上浮力作用会使贮料罐称量值的准确性受到影响，必须进行称量补偿。当一个料罐出现故障时，另一个还可以维持生产。

（2）串罐式无料钟炉顶。串罐式无料钟炉顶如图 12-34 所示。

串罐式无料钟炉顶的特点是炉顶由布置在高炉中心线上的旋转料罐和其下面的密封料罐串联组成，密封贮料罐卸料支管中心线与波纹管中心线以及高炉中心线一致。因此避免了下料和布料过程中的像并罐式那样的粒度和体积偏析。并且这种炉顶结构的下罐为称量料罐，它与下密封阀是硬连接在一起的，料罐的充压与卸压均不会影响称量值的准确性。

当一个料罐出现故障时，高炉要休风，但投资少，结构简单，事故率低，维修量相对较少。串罐式比并罐式更具有优越性。

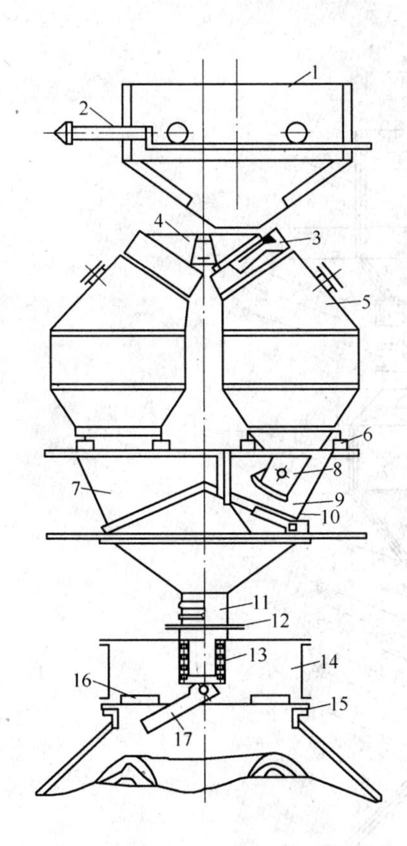


图 12-33　并罐式无料钟炉顶

1—移动受料漏斗；2—液压缸；3—上密封阀；4—叉形漏斗；5—固定料仓；6—称量传感器；7—阀箱；8—溜嘴；9—料流调节阀；10—下密封阀；11—波纹管；12—眼镜阀；13—中心喉管；14—布料器传动气密箱；15—炉顶钢圈；16—冷却板；17—布料溜槽

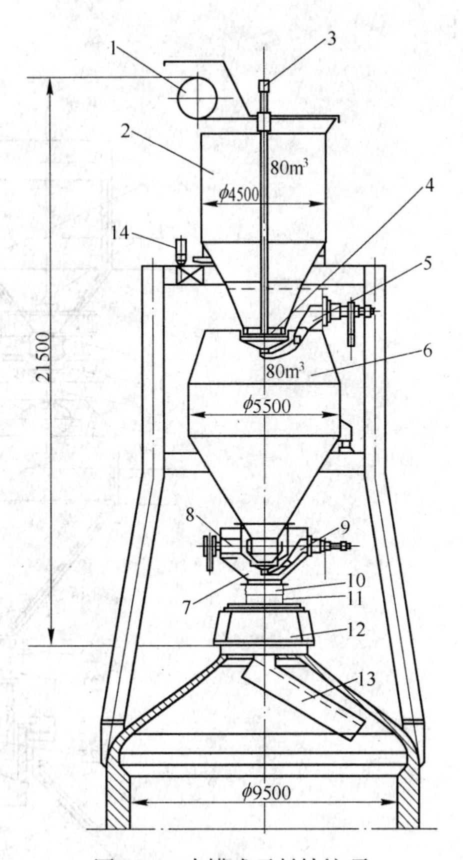


图 12-34 串罐式无料钟炉顶

1—带式上料机；2—旋转料罐；3—油缸；4—托盘式料门；5—上密封阀；6—密封料罐；7—卸料漏斗；8—料流调节阀；9—下密封阀；10—波纹管；11—眼镜阀；12—气密箱；13—溜槽；14—驱动电机

（3）串并罐式无料钟炉顶。串并罐式无料钟炉顶由至少两个并列的受料罐与其下面的一个中心密封贮料罐串联成上、下两层贮料罐，如图 12-35 所示。

并罐式、串罐式及串并罐式无料钟炉顶结构，除料罐的布置位置不同外，它们主要部分的构造都大体相同。

## 12.4.2　并罐式无钟式炉顶结构

并罐式无钟式炉顶主要由受料漏斗、料罐、密封阀、料流调节阀、中心喉管、眼镜阀、溜槽及驱动装置等组成。

### 12.4.2.1　受料漏斗

受料漏斗有带翻板的固定式和带轮子可左右移动的活动式两种。带翻板的固定式受料漏斗通过翻板来控制向哪个称量料罐卸料；带有轮子的受料漏斗，可沿滑轨左右移动，将炉料卸到任意一个称量料罐。受料漏斗外壳系钢板焊接结构，内衬为含 25% 的高铬铸铁衬板。

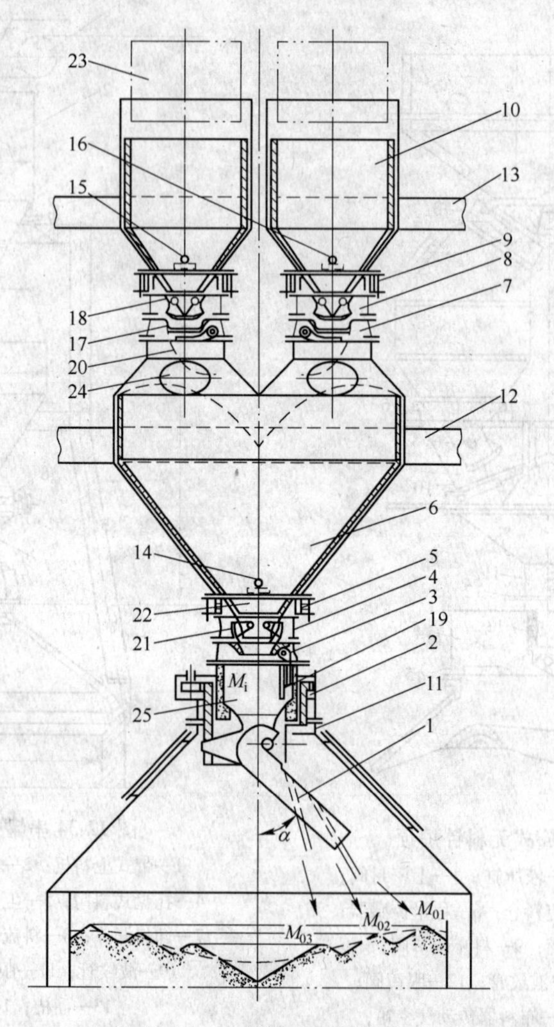


图 12-35　串并罐式无料钟炉顶

1—溜槽；2—传动箱；3，7—密封阀；4，8—节流阀；5，9—波纹管；6—中心料罐；10—受料罐；11—钢圈；12，13—炉顶钢架；14~16—γ 射线装置；17，18—流线形漏斗；19—下密封阀盖；20—上密封阀轨迹；21—双扇形料门；22—波纹管漏斗；23—料车；24—入孔；25—空腔

受料漏斗检修包括准备、拆卸或更换以及清洗检查等内容。

（1）准备。准备的内容包括：

1）熟悉受料斗的构造和工作原理。2）安排检修进度，确定责任人。3）制定换、修零件明细表。4）准备需更换的备件和检修工具。5）清除料斗中剩余炉料。6）上、下密封阀处于关的位置并加机械锁锁定，切断电源。7）均压阀、充氮阀关闭，彻底与无料钟隔开。8）均压放散阀、紧急排气阀均处于打开的位置。9）用切断阀断开液压系统，电磁阀断开电路。10）经煤气监测人员检查确认，安全无误后方准进行工作。

（2）拆卸或更换。拆卸或更换的内容与步骤有：

1）确认系统停电，断开液压系统，无煤气后工作。2）拆除受料斗。3）将受料斗放置在平台。4）解体斗体，拆除连接螺栓，取出耐磨衬板。

（3）清洗检查。清洗检查的内容包括：

1）检查斗体的磨损情况，重点检查下锥体的磨损情况，磨损不严重可补焊，严重时可更换衬板。2）检查斗体是否有疲劳裂纹、变形、碰伤等缺陷。3）检查连接螺栓的使用情况，必要时更换。

（4）安装调试。安装调试的内容与步骤有：

1）按照与拆卸相反的顺序进行组件、部件的装配及系统的总装。2）调试完毕后，清理检修现场，整理和分析检测数据及备件消耗情况。3）休风检修中，更换的紧固螺栓，送风后应逐个紧固，不得松动。

12.4.2.2 料罐

料罐的作用是接受、贮存炉料并充当均压室，其内壁有耐磨衬板加以保护。称量料罐上口设有上密封阀，下部装有下密封阀，在下密封阀的上部设有料流调节阀，也称下截流阀。每个料罐的有效容积为最大矿石批重或最大焦批重的1.0~1.2倍。考虑到受料漏斗接过来的炉料应尽量在30s内装入料罐，上密封阀直径可取大些，一般取1400~1800mm。下密封阀直径和下截流阀水力学半径要合适，过大易造成下料流量偏大，造成布料周向偏析，过小造成卡料，且影响生产能力，下密封阀直径一般为700~1000 mm。与叉形漏斗的连接中间为一段不锈钢做成的波纹管，不能进行刚性连接。

料罐设有电子秤，用以监视料罐料满、料空、过载和料流速度等情况，同时发出信号指挥上下密封阀的开启、关闭动作和料流调节阀的开度，指挥布料溜槽在螺旋布料方式下何时进行倾动。有的高炉料罐没有电子秤，但有雷达或放射性同位素$^{60}Co$来测量料罐料满、料空信号。

料罐检修包括以下内容：

（1）更换或拆卸。更换或拆卸的主要步骤与内容为：

1）确认系统停电，断开液压系统，无煤气后工作。

2）拆除罐体下锥体外部紧固螺栓，每个紧固螺栓都配置了密封盒。密封盒由上座和盖组成，法兰结合面上用石棉橡胶板密封。

3）拆除上封顶板垂直引出煤气均压管和放散管接口，接口方式为法兰。

4）将受料斗放置在平台。

5）将拆下的各连接螺栓、垫片、键、密封件等分类存放。

（2）清洗检查。清洁检查工作包括：

1）清除各零件表面的油污、锈层、旧漆、密封胶等。重点检查密封情况。

2）检查罐体等结构件的表面质量，是否有疲劳裂纹、变形、磨损、碰伤等缺陷，内衬磨损严重要更换。

（3）注意事项。料罐检修要注意以下几项：

1）检修应按要求挂牌操作，在检修区域设置醒目的安全标志。

2）拆吊设备时要与其他相邻设备同时进行，设专人指吊，手势规范，禁止斜拉横拽。

3）拆卸时注意保护零件不受损伤。

4）处理缺陷时，不少于两人，其中一人进行安全监护。

5）建立维护记录，详细记录发生故障、事故的原因，采取的措施及效果，维护时间等。

6）特别注意休风检修中，更换的紧固螺栓，送风后应逐个紧固，不得松动。

12.4.2.3 料流调节阀

图12-36为原料从料流调节阀流出示意图。料流调节阀是由一块弧形板所组成，由液压缸驱动。安装在料罐下部料口的端头。料流调节阀的作用有两个，一是避免原料与下密封阀接触，以防止密封阀磨损；二是可调节阀的开度，控制料流大小，与布料溜槽合理配合而达到各种形式布料的要求。用来承受和与炉料接触的地方采用耐磨衬板。

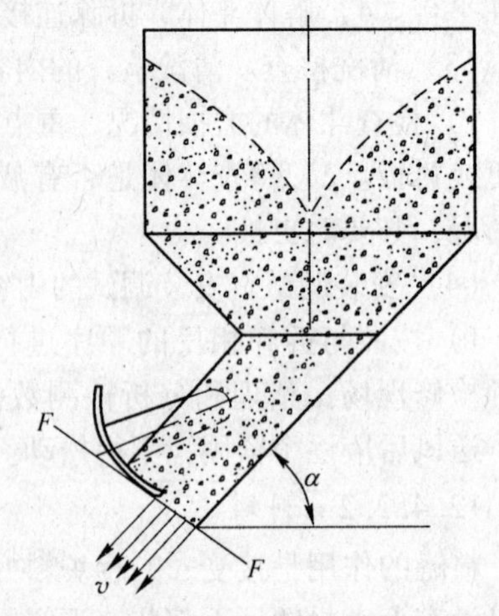

图12-36 原料从料流调节阀流出示意图

料流调节阀常见故障及处理方法见表12-2。

表12-2 料流调节阀常见故障及处理方法

| 故障 | 故障原因 | 处理方法 |
| --- | --- | --- |
| 挡料阀移位 | 大块原料卡住 | 清除阀中料块 |
| | 轴承损坏 | 检查轴承及供油状况或更换轴承 |
| | 液压系统有故障 | 检查液压缸及液压系统的压力是否变化，如有泄漏应处理 |

12.4.2.4 中心喉管

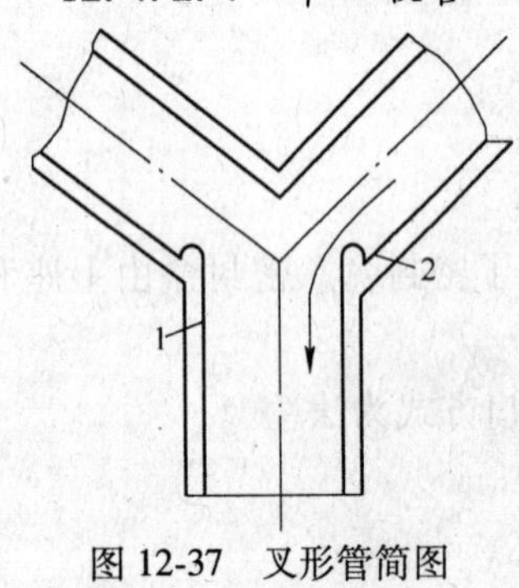

图12-37 叉形管简图
1—叉形管；2—挡板

中心喉管是料罐内炉料入炉的通道，它上面设有一叉形管和两个称量料罐相连。中心喉管和叉形管内均设有衬板。为减少料流对中心喉管衬板的磨损及防止料流将中心喉管磨偏，在叉形管和中心喉管连接处，焊上一定高度的挡板，用死料层保护衬板，结构如图12-37所示，但是挡板不宜过高，否则会引起卡料。中心喉管的高度应尽量长一些，一般是其直径的两倍以上，以免炉料偏行，中心喉管内径应尽可能小，但要能满足下料速度，并且又不会引起卡料，一般为500~700mm。

12.4.2.5 密封阀

A 结构特点及工作原理

密封阀用于料罐密封，保证高炉压力操作。因此对它的性能要求为密封性能好，耐磨性能好。根据不同位置，分为上密封阀和下密封阀，两者结构完全一样，只是安装时阀盖和阀座的位置不同。密封面采用软硬接触，阀座采用合金钢制造，接触面为牙齿形，阀座外围装设有一个电加热圈，阀座加热过程中产生弱振动使其不黏料，不积灰垢。阀盖上装有硅橡胶圈，以保证密封严密。传动装置采用液压油缸，行程位置由接近开关控制。图12-38为密封阀总图，这种阀密封性能好，不黏料。但切忌杂物卡住，一旦卡住，高压煤气流就冲刷接触面，破坏密封性。

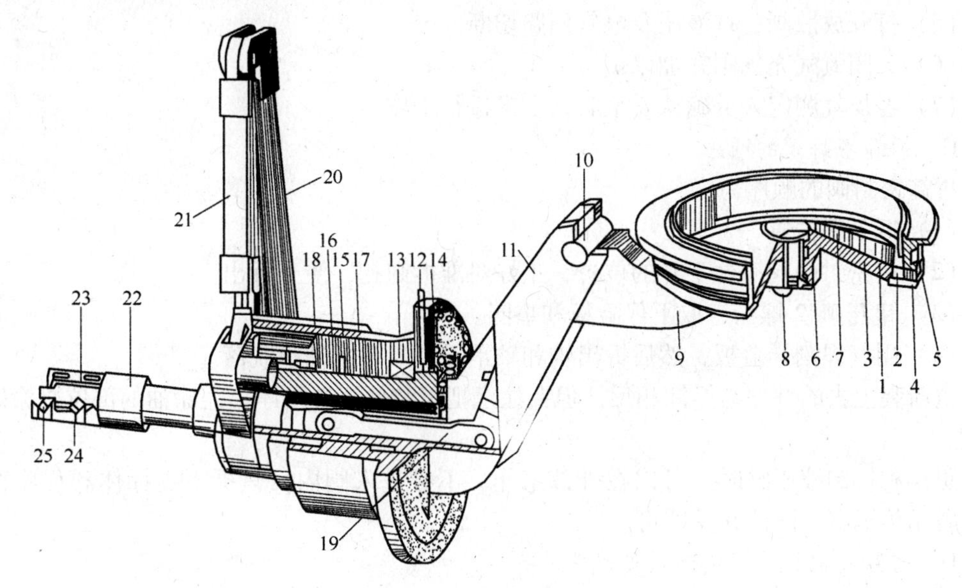


图 12-38 密封阀总图

1—阀瓣；2—硅橡胶圈；3—盖板；4—加热圈；5—阀体；6—轴；7—轴承；8—保护罩
9，11，19—连杆；10—小轴；12，18—密封；13—滚柱轴承；14—主轴外壳；15—空心轴；
16—滚柱轴承；17—轴颈；20—弧线运动支臂；21，22—液压缸；
23—程序控制器；24—备用传送器；25—限位开关

阀瓣开时，先从阀座上垂直离开 10~12mm，然后再以轴心绕弧线运动把阀瓣全开，为装入炉料创造条件。关的动作与此相反，先是弧线运动，后垂直运动。开、关的动力是两个液压缸，其中一个是专管阀瓣的离合、垂直运动，另一个是专管阀瓣的弧线运动。密封阀的开、关机构是一个空心轴，它装在阀壳密封轴颈中。此轴中心有连杆 9 和 11，它们支撑着阀瓣、硅橡胶圈、盖板、轴、轴承、保护罩六个部件。此轴中心有一个连杆 19 可做往复运动。

轴颈上也有一个连杆与液压缸 21 相连，液压缸作往复运动，使空心轴做旋转运动，把阀瓣全开或全关。

液压缸 22 与空心轴内的连杆 19 相连。液压缸动作时，连杆产生推或拉的动作使阀瓣作上、下垂直运动，从阀座上离开 10~12mm。如果是上密封阀，液压缸和连杆往回收是开，下封阀往里推是开。在关的时候其动作与开相反。

控制机构上的电控设备均有两个接近型限位开关，它指示密封阀阀门的开或关的位置，并把此信号传到主控室的仪表盘上，其中一个为备用。

B 检修注意事项

在检修密封阀之前，必须采取以下安全措施，并经安全检查部门确认无误之后，方准进行工作。

（1）关闭眼镜阀，并切断液压管路和电气回路。

（2）把上、下密封阀均打开并加机械锁定，将液压系统管路切断。

（3）料流调节阀关闭并加以锁定，将液压管路切断。

（4）均压阀关闭并锁定，将液压及电气回路切断。

（5）打开放散阀，将液压及电气回路切断。

（6）关闭氮气充气阀并加以锁定。

（7）经煤气测定人员确认安全时，方准进行工作。

C　拆卸密封阀的顺序

拆卸密封阀的顺序为：

（1）拆下保护罩。

（2）使密封阀阀瓣处于开的位置，正好对准拆卸孔，便于拆出。

（3）卸开 M42 螺栓，取下保险板和垫圈。

（4）用气焊割开盖板，然后拆出轴和轴承，但要防止轴承脱落。

重新装上去的顺序与拆卸相反，但要注意把组装件清洗干净，需涂油的部位要涂好润滑脂。

更换和拆卸液压缸时，可以在外部工作，不必进入阀内，只拆下支撑体和程序控制器、备用传送器、限位开关即可。

D　密封阀常见故障判断及处理方法

CF900 型密封阀常见故障判断及处理方法见表 12-3。

**表 12-3　CF900 型密封阀常见故障及处理方法**

| 故　障 | 故　障　原　因 | 处　理　方　法 |
|---|---|---|
| 漏煤气 | 加热环损坏，不能加热，唇圈附着粉尘 | 检查加热环的电阻，如确认损坏，应更换新件 |
| | 硅橡胶密封环损坏，唇圈被损坏或断裂 | 检查硅橡胶密封圈，如有磨损或断裂，应更换新件 |
| | 限位器的位置不准 | 应检查限位器开、关的位置是否指示正确，如有误差，应调准确 |
| | 阀座吹损 | 更换阀座 |
| | 阀体轴端填料损坏 | 更换密封填料 |
| | 料仓受料口损坏 | 检修或更换受料口 |
| | 料仓受料口磨损 | 更换受料口 |
| 有煤气从控制机构中漏出 | 密封圈被磨损或缺少润滑油 | 检查密封圈是否有缺损，检查供油量是否充足 |
| | 中空轴的连杆 9 密封不好 | 检查连杆有否断裂、密封件有否磨损，以上各项如有缺损，应更换新件 |
| 阀门开、关困难 | 转动部位润滑不良 | 改善润滑条件，使之畅通 |
| | 驱动臂轴承损坏 | 更换驱动臂轴承 |
| | 液压系统压力不够或液压油缸内泄，油缸耳轴轴衬卡住 | 查清系统压力不足的原因后处理或更换油缸，更换油缸耳轴轴衬 |
| | 阀上黏有炉料或其他杂物 | 检查料流阀是否关闭严密，有问题及时处理，再清除炉料和杂物 |
| | 料罐内料位高 | 手动操作排料后即可排除故障 |

E　维护检查周期

CF900 型密封阀上、下密封阀维护检查周期见表 12-4。

表 12-4 CF900 型密封阀上、下密封阀维护检查周期

| 检查点 | 每 8h | 每 24h | 每 7d | 每 30d | 每 180d |
|---|---|---|---|---|---|
| 有否杂音 | △ | | | | |
| 自动加油 | △ | | | | |
| 液压缸 | △ | | | | |
| 液压系统 | | | △ | | |
| 行程限位器 | | | △ | | |
| 锁定件及紧固件 | | | △ | | |
| 漏煤气否 | | △ | | | |
| 阀座及密封件 | | | | △ | |
| 控制机构组件 | | | | | △ |

### 12.4.2.6 眼镜阀

A 结构特点及工作原理

眼镜阀的作用是在高炉休风时，把无料钟部分与炉内隔开。即使是在有轻微煤气或蒸汽的状态下，更换料斗衬板；更换各种阀、中心喉管及其他部件，确保都能安全作业。

图 12-39 所示为眼镜阀立体示意图。该阀的特点是阀板具有通孔端及盲板切断端，形似眼镜，其上有 4 个冲程油缸，阀板上、下都有密封胶圈，阀的上部法兰上装有膨胀节。传动部分采用液压马达带动链轮转，以此来拖动阀板前后移动。即由一个带轨道框架和链轮槽道、两个阀板（一个盲板，一个是通孔板，其两面均有硅橡胶圈）、一个带链轮的驱动油马达、四个冲程油缸组成。

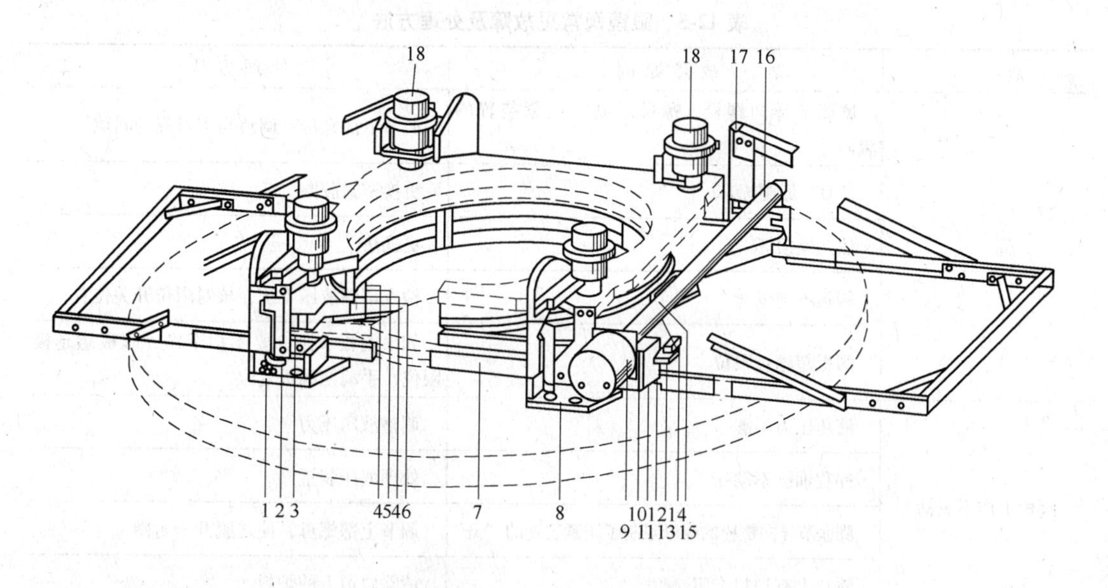


图 12-39 眼镜阀立体示意图

1—支架；2—导轮托架轨道；3—导向轮；4—“O” 形密封圈；5—阀板；6—阀板支架（上、下法兰）；7—导轨；8—托架；9—液压马达；10—耦合器；11—压盖；12—轴承；13—链轮；14—托架；15—轴套；16—传动轴；17—支架；18—冲程油缸

眼镜阀动作包括顶开阀板和移动阀板两个动作。启动冲程油缸，则固定在齿轮箱法兰上的四个冲程油缸首先将阀的上法兰6顶开7.5mm，使之与阀板脱开。同时随着上行的还有与膨胀节法兰固定在一起的阀板5及升降轨道2，当轨道2上升到7.5mm时，轨道与导向轮接触时，油缸活塞继续上升，不仅导轨7，眼镜阀上法兰6，阀板5上升，轨道2也跟着继续上行，同时与轨道接触的导向轮3及阀板5也开始上行，脱离下法兰，这样再行8.5mm，活塞到位，升降轨道与外轨道平齐，而且阀板与上法兰间隙7.5mm，与下法兰间隙8.5mm，阀板可以自由移动，此时启动液压马达，带动阀板移动，移动距离由限位开关控制，到位后冲程油缸泄压。由于这四个冲程油缸装有预压紧力弹簧，在弹簧力的作用下，阀板恢复到原位，密封圈又被压紧。这里要说明的是，阀板中间有实体和空心之分，起隔断和连通作用。但不管是隔断还是连通，圆周的密封结构形式是相同的。

为了安全保险，还设置了手摇泵。当停电检修时可用手摇泵开、关眼镜阀。

B 维修注意事项

维修注意事项有：

（1）阀板每次动作前，要保证其表面清洁。不得在阀板上的密封圈未吹扫干净时就动作阀板，否则密封圈将被损坏。

（2）当炉顶压力不高时（小于0.05MPa），要检查阀的密封性。若密封性不好，用液压装置略微移动一下冲程油缸，通过法兰和阀板间隙吹一点高炉煤气，吹掉杂质，再使冲程油缸动作，压紧阀板，就可以密封了。但如果是“O”形圈损坏，就会漏煤气，并只有等休风时才能更换“O”形圈。

C 眼镜阀常见故障及处理方法

眼镜阀常见故障及处理方法见表12-5。

**表12-5 眼镜阀常见故障及处理方法**

| 故障 | 故障原因 | 处理方法 |
|---|---|---|
| 漏气 | 膨胀节导向螺栓、螺母限制了压紧装置的紧固 | 调节下部螺母，调整与密封圈的间隙 |
| | “O”形圈损坏 | 更换密封胶圈 |
| | 法兰座损坏 | 更换法兰 |
| | 阀板不到位 | 检查调整液压系统，核对限位开关位置 |
| | 阀板超越极限位 | 如果阀板卡阻，要吹扫干净，阀板超越极限位，手动使阀板复位 |
| 阀板工作不灵活 | 液压压力不够 | 调整液压压力 |
| | 冲程油缸不动作 | 处理液压装置 |
| | 膨胀节导向螺栓的螺母限制了压紧装置的“开” | 调节上部螺母，使之脱开密封圈 |
| | 轨道上有炉料卡阻 | 清除轨道上的炉料 |
| 阀板动作后，冲程油缸不关闭 | 阀芯卡阻 | 手捅阀芯至灵活或拆下清洗阀芯 |
| | 阀座和阀板间有脏物 | 清除杂物并检查密封圈，损坏件要更换 |

12.4.2.7 布料器

A 布料器传动机构

根据布料要求，布料器的旋转溜槽应有绕高炉中心线的回转运动和在垂直平面内改变溜槽倾角的运动，这两种运动可以同时进行，也可分别独立进行。

(1) 图12-40是布料器传动方案之一。布料器传动系统由行星减速箱 $A$（包括结构1~9）和气密箱 $B$（包括结构10~27）两大部件组成。布料器气密箱通过壳体27支持在高炉炉壳28上。行星减速箱支持在气密箱的顶盖26上。气密箱直接处于炉喉顶部，为了保证轴承和传动零件的工作温度，箱内工作温度不应超过50℃，所以必须通冷却气体进行冷却，冷却气的压力比炉喉压力应大0.01~0.015MPa，以防炉内荒煤气进入气密箱内。冷却气由密封箱底板与气密箱侧壁之间的间隙 $C$ 排入炉内。行星减速箱处于大气环境中工作，不必通冷却气体，只有齿轮10和11的同心轴伸入气密箱内，因此需要转轴密封。

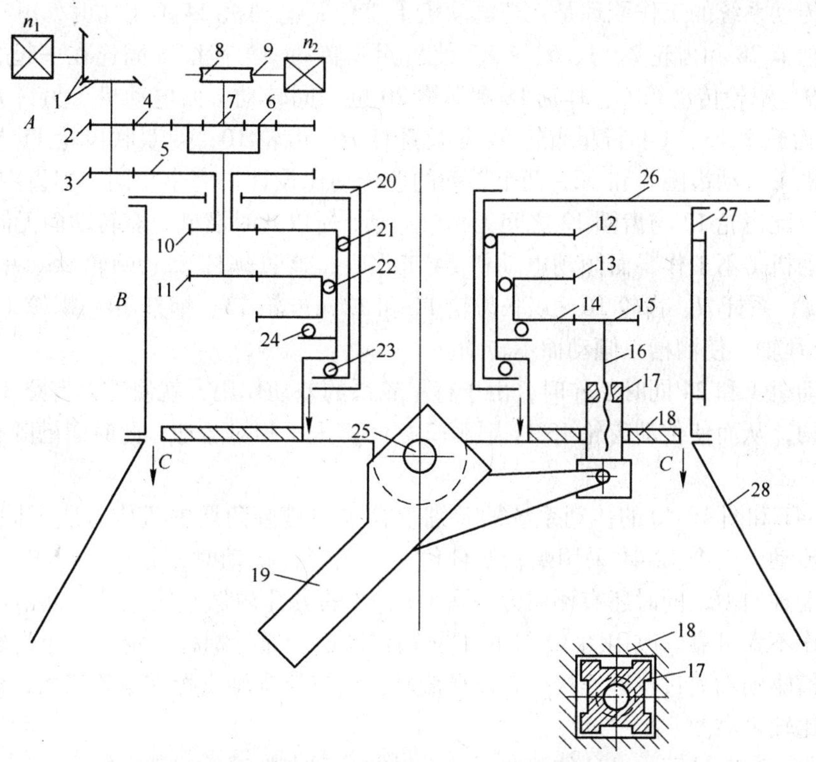


图12-40 溜槽倾角采用尾部螺杆传动时的布料器传动系统

$n_1$—主电机；$n_2$—副电机；1~5，7，10~15—齿轮；6—行星齿轮（共3个）；
8，9—蜗轮蜗杆；16—螺杆；17—升降螺母；18—旋转屏风；19—溜槽；
20—中心喉管；21，22—径向轴承；23，24—推力向心轴承；25—溜槽回转轴；26—顶盖；
27—布料器外壳；28—炉喉外壳

布料器的旋转圆筒上部装有大齿轮12，由主电机经锥齿轮对和两对圆柱齿轮（3和5，10和12）使其旋转。旋转圆筒下部固定有隔热屏风18，跟着一起旋转。

旋转圆筒下部的溜槽回转轴25伸入炉内，它是布料溜槽19的悬挂和回转点。溜槽的尾部通过螺杆16和方螺母17与浮动齿轮14相连。当溜槽环形布料时，它和旋转圆筒一起转动，倾角不变。这时副电机不动，运动由主电机经两条路线使气密箱内的两个大齿轮12和13转动。即一条路线是由齿轮3、5和10使大齿轮12转动，另一条由齿轮2、4（齿轮4有内外齿）、行星齿轮6和齿轮11使浮动大齿轮13转动。这时，两个大齿轮以及旋转圆筒都以同一速度旋转。小齿轮15、螺杆16和螺母17也一起绕高炉中心线旋转，不发生相对运动，这时溜槽的倾角不变。

溜槽的倾角可以在布料器旋转时变动，也可以在布料器不旋转时变动。当需要调节倾角时，开动副电机，使中心的小太阳齿轮7转动，从而使行星齿轮6的转速增大或减小（视电机转动的方向而定），使浮动齿轮13和14（双联齿轮）的转速大于或小于大齿轮12（亦即旋转圆筒）的转速。这时齿轮15沿浮动齿轮14滚动，使螺杆16相对于旋转圆筒产生转动，带动螺母17在屏风18的方孔内作直线运动，溜槽的倾角发生变化。

（2）图12-41是国外使用的无料钟炉顶布料器的立体简图和传动系统简图。

溜槽传动系统的工作原理是：当电动机1工作，电动机24不工作时，电动机1一方面通过联轴节28和齿轮2、3、5、6、7使齿圈8转动。与齿圈8固连在一起的旋转圆筒9、底板29、蜗轮传动箱*C*、耳轴18和溜槽20也一同转动。而电动机1另一方面通过联轴节28、齿轮2、3、4和行星齿轮*b*、*g*及系杆*H*、齿轮10，使双联齿轮11与12转动。由于电动机1带动齿圈8和12，两个转动的总传动比设计得完全相同，即齿圈8和12是同步的，因此齿轮13与齿圈12之间无相对运动，所以此时溜槽只有转动而无倾动。

当电动机1不工作，而倾动电动机24工作时，通过蜗杆25、蜗轮26、中心齿轮*a*、行星齿轮*g*、系杆*H*、齿轮10、双联齿轮11和12、齿轮13、蜗杆14、蜗轮15、齿轮16与17以及耳轴，使溜槽只倾动而不转动。

当电动机1和24同时工作时，由于行星轮系的差动作用，就使得大齿圈8和12之间也产生差动，从而使传动齿轮13与齿圈12之间产生了相对运动，此时溜槽既有转动又有倾动。

图12-41和图12-40的传动系统的差别仅在于溜槽倾角调整机构有所不同。图12-40是用螺杆传动，而图12-41采用蜗轮蜗杆传动。用螺杆传动时，方杆螺母17（图12-40）不但要承受轴向力，同时还有侧向力，在屏风18的方孔内做直线运动，润滑不便，摩擦较大，工作不太可靠。改用图12-41的蜗轮箱传动后，通过蜗杆、蜗轮、小齿轮和扇形齿轮，使溜槽驱动轴通过花键连接带动溜槽旋转。溜槽驱动轴支撑在蜗轮箱内，润滑条件较好，工作比较可靠。

（3）图12-42是国内设计使用的一种无料钟炉顶布料器的传动系统。

它与国外传动系统不同之处是：1）上部主电机通过锥齿轮$Z_1$、$Z_2$，太阳轮$Z_a$和齿轮$Z_7$、$Z_8$带动圆筒旋转，比原结构减少了一层齿轮，少了一对分箱面，使行星箱简化，安装调整比较方便。2）溜槽的摆动采用双边驱动，以增加传递扭矩，但需解决传动时，两边受力均衡问题。3）下部隔热屏风采用固定式，不再与圆筒一起旋转。它可以通水冷却，使炉喉的辐射热不易传入气密箱内，并减少冷却气的用量。

B 气密箱

气密箱是布料器的主体部件，设计时寿命应尽可能达到一代炉龄。为了保证布料器正常工作，布料器的最高温度不得超过70℃，正常温度应控制在40℃左右，必须对箱体内不断通入冷却气（氮气或半净煤气）。对冷却气的要求有：（1）进气温度一般低于30℃，

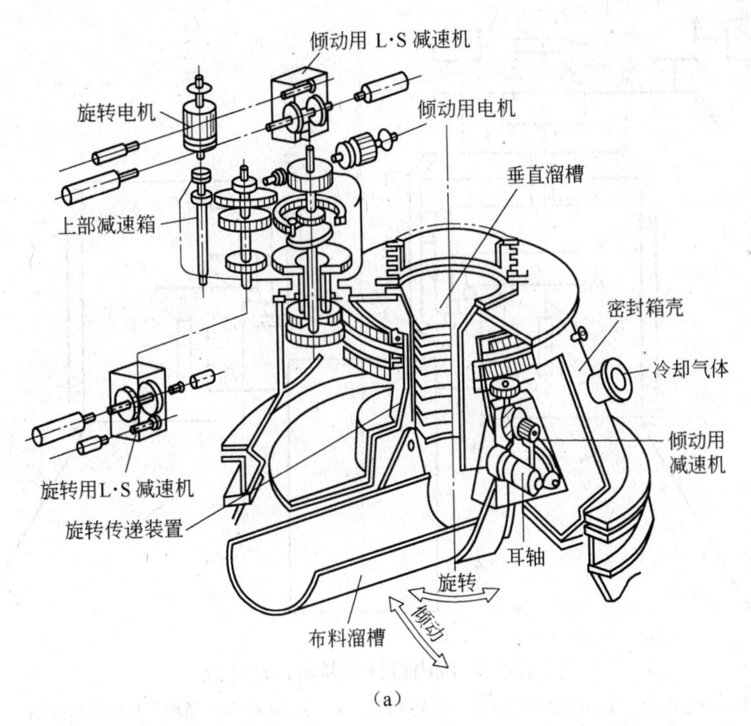


(a)

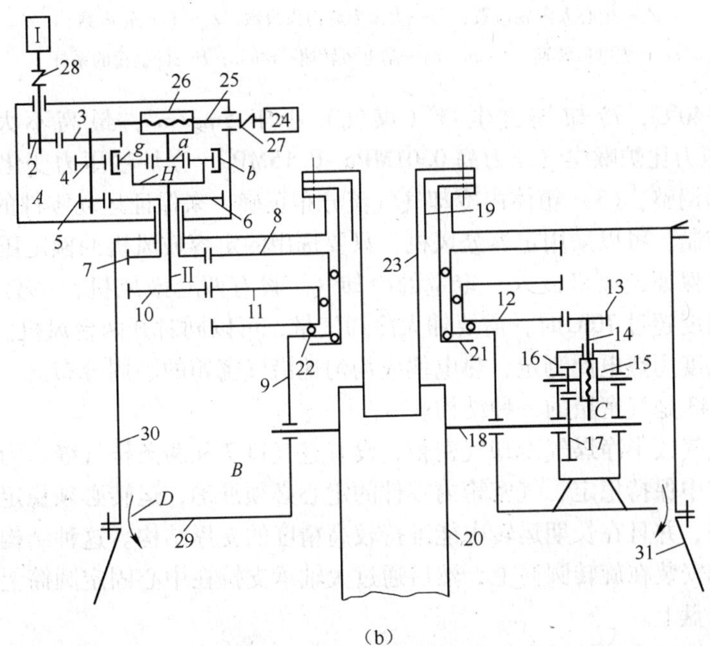

(b)

图 12-41 无料钟炉顶布料器的立体简图和传动系统简图

(a) 立体简图；(b) 传动系统简图

1—旋转电机；2~5，8，10，13，16，17—圆柱齿轮；6，7，11，12—双联齿轮；9—旋转圆筒；14，25—蜗杆；15，26—蜗轮；18—耳轴；19—套管；20—溜槽；21—固定喉管；22—滚动轴承；23—中心喉管；24—溜槽摆动电机；27，28—联轴器；29—气密箱底板；30—气密箱壳；31—高炉外壳；$a$，$b$，$H$，$g$—行星轮系

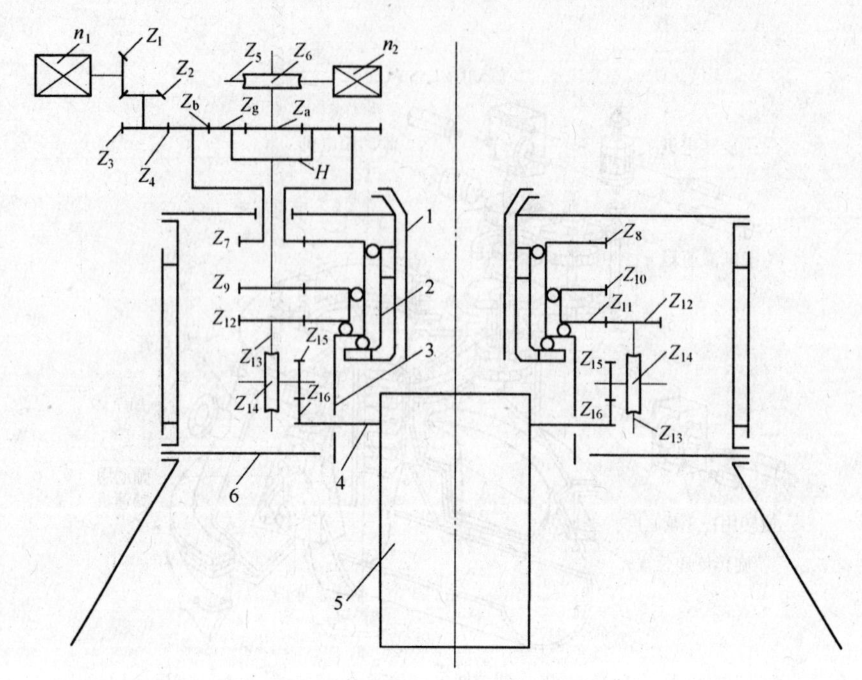


图 12-42 国内设计布料器传动系统

1—中心喉管；2—固定圆筒；3—旋转圆筒；4—驱动轴；5—溜槽；6—冷却屏风；
$Z_a$—中心太阳轮齿数；$Z_b$—大太阳轮内齿齿数；$Z_g$—行星轮齿数；
$n_1$—主电机转速，r/min；$n_2$—副电机转速，r/min；H—行星轮的系杆

最高不得高于40℃，冷却气含尘量（煤气）小于5mg/m$^3$，最高不大于10mg/m$^3$。（2）冷却气的压力比炉喉煤气压力高0.01MPa~0.15MPa。当炉喉压力变化时，冷却气的压力也应能自动调整。（3）箱体内冷却气气流分布正确，来保证运动零件的正常温度。

为了简化控制，可以采用定容鼓风机，只要选用的定容鼓风机的额定压力超过炉喉最高压力，就可以保证鼓风机鼓入一定量的冷却气。设有两套鼓风机，一套工作，一套备用。当气密箱温度超过70℃时，需要加大冷却气量，可以同时开两台风机。

气密箱的温度用热电偶测定，热电偶应均匀地沿气密箱的圆周分布。

（1）图12-43是气密箱的一种结构。

为了通入氮气或半净煤气冷却气密箱，设有进气口7和两条排气缝。为了使两条排气缝的宽度在运转中保持稳定，气密箱内零件的定心必须准确，运转必须稳定。应采用结构紧凑、支持牢靠、并且在长期运转中能维持较高精度的支撑结构。这种结构的气密箱把所有的运动零件都安装在旋转圆筒上，然后通过大轴承支持在中心固定圆筒上，中心固定圆筒挂在固定法兰盘上。

旋转圆筒通过两个大轴承支撑在固定圆筒上。下面是推力向心轴承，主要是为了承受轴向力，同时也可以承受径向力。上面的轴承是纯径向轴承，可以承受齿轮传动的径向力，也可以和推力轴承一起抵抗溜槽的倾翻力矩。

浮动大齿轮（双联齿轮）也是采用两个同类型的轴承支撑在旋转圆筒上。采用这种轴承的优点除了可以承受轴向和径向力外，主要是安装和使用过程中不必调整轴承间隙，能长期保持运转精度。缺点是采用四个完全不同的轴承，制造工作量加大。

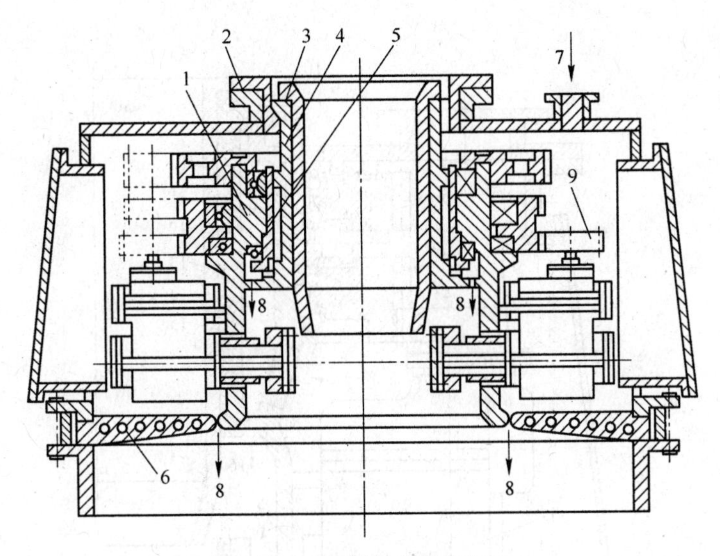


图 12-43　布料器气密箱的结构一

1—旋转圆筒；2—固定法兰；3—中心喉管；4—中心固定圆筒；5—中心固定圆筒的外套；
6—水冷却屏风；7—冷却气入口；8—排气缝；9—蜗轮箱主动小齿轮

中心固定圆筒的外套上有三个径向供油孔，上下层油孔分别供给径向轴承和推力轴承，中层油孔穿过旋转圆筒润滑双联齿轮的两个轴承。

（2）图 12-44 是气密箱的另一种结构。

这种结构不但通入冷却气，而且在底部有水冷却屏风，中心喉管的外围也设有水冷固定圆筒，这样冷却气用量大为减少。

这种气密箱采用四个相同的推力向心球轴承，由于轴承型号相同，有利于订货和制造。四个轴承布置在同一直径上，有利于中心喉管直径的扩大，大型高炉采用这种结构比较有利。为了使成对使用的推力轴承在安装时能够方便地调整轴承间隙，可在顶盖和轴承座法兰盘的法兰面之间加可调垫片。

轴承座法兰是用螺栓连接把载荷传递到顶盖上的。由于螺栓处于冷却区域内，又有水冷却的中心固定圆筒保护，所以不会产生蠕变现象。

大轴承采用干油润滑。干油通过输油管（在圆周上共有四个）进入气密箱内的上面两个大轴承，然后通过连接法兰盘的孔进入下面两个轴承。两个大齿轮同样用干油润滑（图中未画出）。两个蜗轮箱上的小齿轮 3 和弹性齿轮 4 也有同样的润滑油进行润滑。蜗轮箱内部的零件采用稀油润滑，在箱体上安有稀油泵，其动力由蜗杆轴通过小齿轮对传动。当调整溜槽倾角时，通过小齿轮对带动稀油泵 2。稀油泵把辅助油箱的润滑油吸出，经过滤油器和油管送到蜗轮箱内部，喷到蜗轮蜗杆和齿轮上。

两个蜗轮箱支撑在旋转圆筒的托架（筋板）上，它和旋转圆筒一起旋转。因此，滤油器和辅助油箱（因涡轮箱的存油量很少）都要安装在托架上跟着一起转动。如果要简化润滑，也可以考虑采用干油润滑，在高炉休风时打开气密箱的工作孔用油枪打入干油。

国外第一个无料钟炉顶的溜槽是单边传动的，由于驱动轴对溜槽的扭矩较大，容易使溜槽开裂。图 12-43 和图 12-44 采用了双边传动。但由于制造和安装等原因，双边传动受力可能不均匀，甚至于只有一边驱动，另一边反而形成阻力。可以采取以下两项措施来解

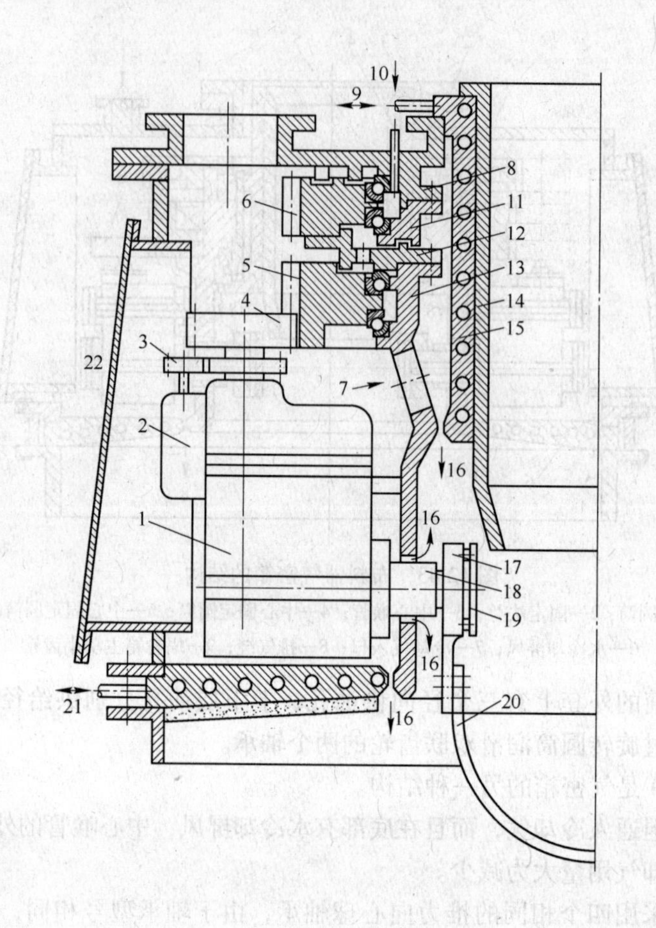


图12-44　布料器气密箱的结构二

1—蜗轮减速箱；2—稀油泵；3—小齿轮；4—弹性齿轮；5—浮动大齿轮；6—大齿轮；7—冷却气通道；8—顶盖；9—冷却水入口和出口；10—干油润滑入口；11—轴承座法兰盘；12—连接法兰盘；13—旋转圆筒；14—中心喉管；15—水冷固定圆筒；16—冷却气排出口；17—溜槽驱动臂；18—花键轴保护套；19—驱动臂保护板；20—溜槽；21—冷却水入口和出口管；22—工作孔

决双边传动均衡问题：

1）蜗杆轴上的小齿轮（图12-43的9或图12-44的4）的键槽不事先加工出来，可以在装配试调合适后画线再加工。这一措施只能解决双边传动和溜槽的装配问题，但由于零件制造有误差，传动过程中受力仍会出现不均匀，还必须采取第2）项措施。

2）把蜗杆轴上的小齿轮做成弹性结构，如图12-45所示。它由齿圈和轮芯组成，齿圈和轮芯之间的径向力通过轮芯的辐板和突缘直接传递，齿圈和轮芯之间的扭矩则要通过弹簧（共有三对）传递。为了限制弹簧的最大负荷，在弹簧内装有套筒。当弹簧压缩到一定程度以后，齿圈的凸块碰到套筒可以直接传递扭力。

C　溜槽驱动轴和溜槽的悬挂结构

图12-46是溜槽驱动轴和溜槽的悬挂结构图。

溜槽的驱动轴是花键轴，溜槽和驱动轴连接的部位受扭力较大，一般宜单独制作，选用较好的耐热合金钢或普通镍铬合金钢，这一部分称为驱动臂。驱动臂和溜槽之间有滑道

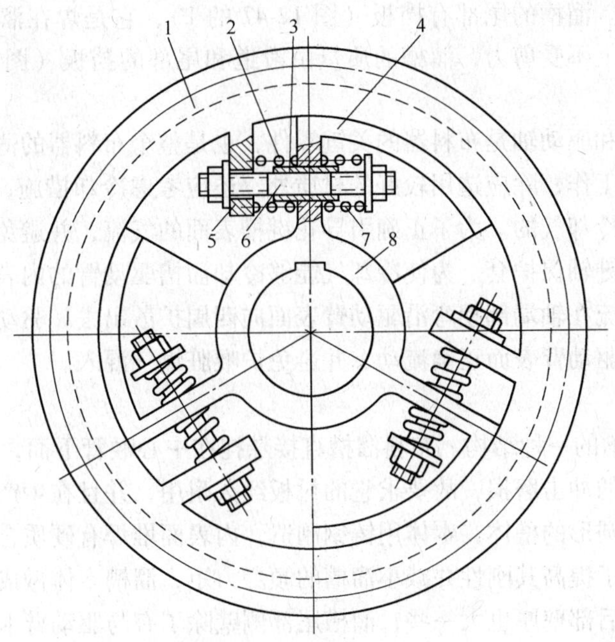


图 12-45　弹性小齿轮

1—齿圈；2，7—弹簧；3—套筒；4—轮芯的辐板和突缘；5—齿圈的凸块；6—双头螺栓；8—轮芯

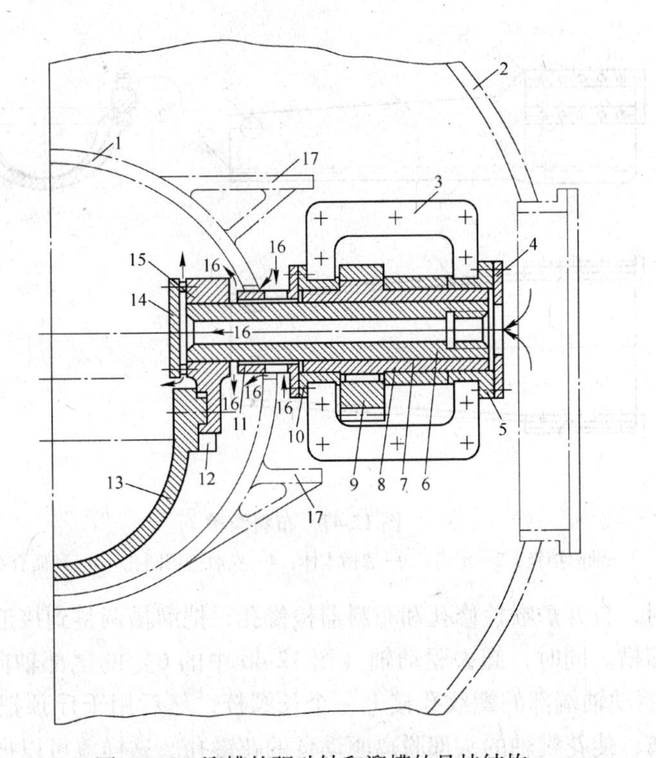


图 12-46　溜槽的驱动轴和溜槽的悬挂结构

1—旋转圆筒；2—气密箱外壳；3—蜗轮箱；4—轴向限位板；5—轴向定位衬套；6—花键轴；7—内花键轴；8—套筒；9—扇形齿轮；10—轴向定位衬套；11—花键轴保护套；12—溜槽尾端挡板；13—溜槽；14—驱动臂保护板；15—驱动臂；16—冷却气路；17—蜗轮箱托架

相配，用螺栓连接。溜槽的尾部有挡板（图12-47的1），它是焊在溜槽端部的。通过上述结构，螺栓基本上不受剪力，溜槽的质量由滑道和尾部的挡板（图12-47中的2和1）传递到驱动臂上。

溜槽的驱动臂和驱动轴是布料器的关键零件，也是整个布料器的薄弱环节，受扭矩较大，又处在炉喉内工作，除应选用较好的材质外，还应考虑冷却措施，图12-46驱动轴的外表面和内部是通冷却气的。为了正确引导花键槽表面的气流，并避免冷却气和炉内的脏煤气相混，设有花键轴保护套。为使冷却气能够冷却溜槽驱动臂的内表面，把花键轴做成空心的。通过的气流在轴端部拐弯沿驱动臂表面向四周扩散出去。驱动臂内侧保护板可以保证上述冷却气沿驱动臂表面正确流动，并避免炉喉脏煤气混入。

D 溜槽本体

图12-47为溜槽的一种结构。布料溜槽直接悬挂在中心喉管下面，既要承受高温的辐射，还要承受炉料的冲击磨损，故要求它的衬板经久耐用，并且在生产过程中拆卸、安装方便。它是一个半圆形的槽体，本体用铸钢制造，内表面堆焊有硬质合金，它的衬板是呈阶梯形安装的。为了提高其刚性并减小溜槽的倾翻力矩，溜槽本体做成锥形，即前端小一些，后部大一些。后部壁厚也大一些，溜槽尾部侧壁除了有与驱动臂卡靠用的导轨外，还有与其连接用的螺钉孔。

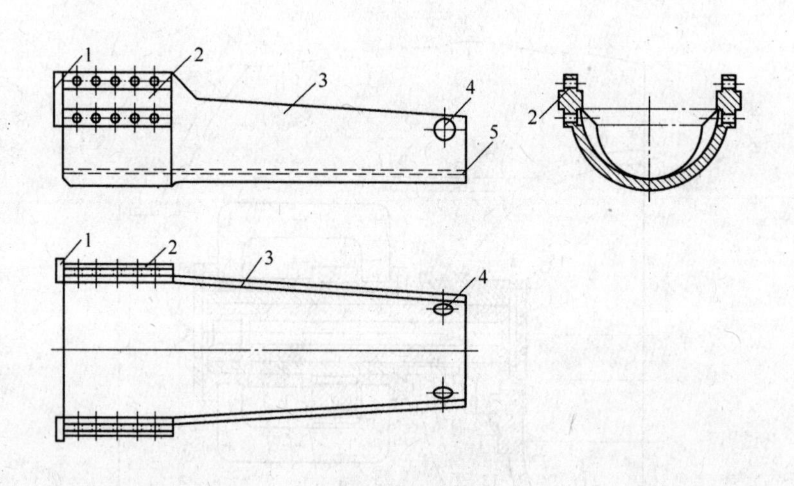


图12-47 布料溜槽

1—轴向挡板；2—滑道；3—溜槽本体；4—换溜槽用圆孔；5—硬质合金层

更换溜槽时，打开炉喉检修孔和布料器检修孔，把溜槽调整到接近水平位置，然后用专用吊具吊平溜槽。同时，卸去驱动轴（图12-46中的6）的尾部轴向限位板（图12-46中的4），利用驱动轴端部的螺纹孔接上一个长螺杆，然后用千斤顶把两个驱动轴同时往外抽移一段距离，使花键轴的头部脱离驱动臂的花键孔。这样就可以把溜槽及其上的驱动臂一起吊出炉外。换新溜槽的顺序和上述过程相反。

E 布料器常见故障及处理方法

布料器常见故障及处理方法见表12-6。

表 12-6 布料器常见故障和处理方法

| 故障 | 故障原因 | 处理方法 |
|---|---|---|
| 旋转困难 | 电磁制动器未打开或间隙小 | 调整间隙，使之均匀 |
| | 减速机缺油 | 加润滑油，并检查自动供油装置是否有问题，给予相应的处理，保证连续自动加油 |
| | 减速机温度过高 | 检查氮气冷却及炉顶自动打水装置等，进行相应处理 |
| | 高炉料位过高 | 暂停上料，并检查垂直探尺检测的料位是否正确 |
| 倾动困难 | 除与旋转减速机相同的原因（旋转困难的原因）外还有：溜槽倾动的齿轮传动系统有异常 | 检查自由倾动 |
| 行星减速机的电动机工作时振动 | 电机与减速机轴线不同心 | 重新调整、校正电机和减速机轴线使其同心 |
| | 地脚螺栓松动 | 紧固地脚螺栓 |
| | 电动机故障 | 处理或更换电机 |

## 12.4.3 无钟式炉顶布料与控制

### 12.4.3.1 溜槽布料方式

无料钟炉顶的布料溜槽不但可做回转运动，并且可做倾角的调控，因此有多种布料方式：环形布料、定点布料、螺旋布料、扇形布料。如图 12-48 所示。

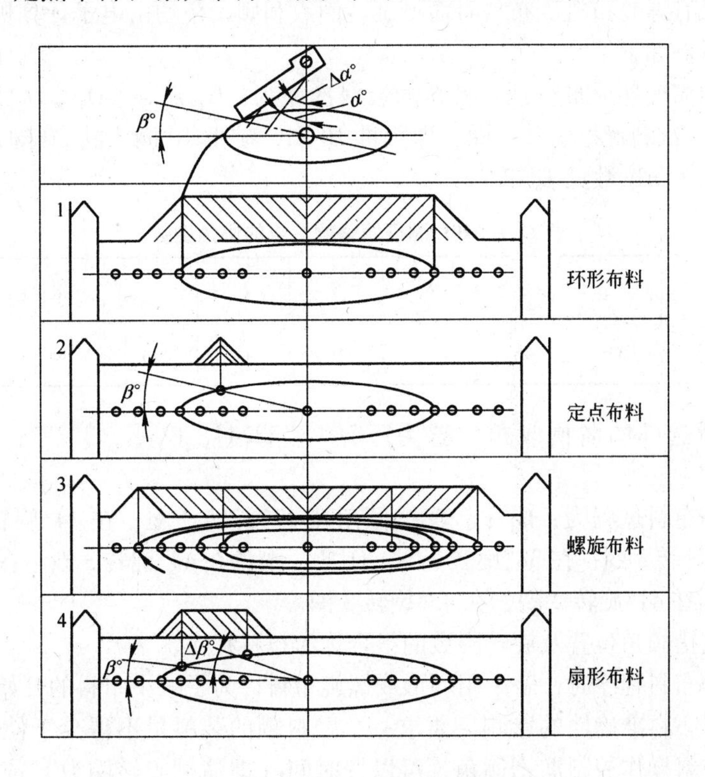


图 12-48 四种典型的布料方式

（1）环形布料。环形布料是使布料溜槽以一定的倾角 $\alpha$ 做环形旋转运动，将炉料布在炉喉的一定半径的环带上。由于能自由选择溜槽倾角 $\alpha$，可以在炉喉半径的任一部位做单环、双环和多环布料。在一次布料过程中，如果只选用一个溜槽倾角位置称单环布料，选用两个倾角位置称双环布料，选用三个以上的倾角位置称多环布料。环形布料还可以通过改变溜槽的旋转速度，使不同种类和不同质量的炉料达到相同布料层数的目的。

（2）定点布料。在高炉生产过程中，炉子截面的某一部位的煤气出现管道等不正常现象，需要将炉料集中地布到炉喉截面的某一点位置时，使用定点布料。定点布料操作是靠人工手动控制固定溜槽的倾斜角 $\alpha$ 和方位角 $\beta$，将炉料布到所要求的点上。

（3）螺旋布料。螺旋布料时布料器的主、副电动机同时启动，溜槽做匀速旋转运动的同时，溜槽倾角 $\alpha$ 还做渐变或跳变径向运动，使炉料形成变径螺旋形分布。螺旋布料时溜槽倾角 $\alpha$ 的改变，一般是采取由外向内跳变。这种布料方式能将炉料布到炉喉截面上的任一部位，并可根据需要调整料层的厚度，以获得较为平坦的料面。

（4）扇形布料。扇形布料是在炉料发生偏行和产生局部崩料时所采取的一种布料方法。扇形布料时，溜槽的方位角 $\beta$ 在 10°~12°范围内往复旋转，同时溜槽倾角 $\alpha$ 不断变化，使炉料在炉喉的某一区域内形成扇形分布。

除了以上四种基本布料方式外，在环形布料和螺旋布料的基础上，还有不均匀环形布料、不均匀螺旋布料，以及环形和螺旋形混合布料等。不均匀环形布料是在环形布料过程中几个或每个溜槽倾角 $\alpha$ 位置上的布料圈数不相等，不均匀螺旋布料是在螺旋布料过程中溜槽在各倾角位置上的布料圈数不相同，环形和螺旋形混合布料则是在一次布料过程中既有环形布料又有螺旋布料。布料时溜槽旋转圈数和倾动角均由电子计算机自动选定。

溜槽布料举例如下：

某高炉采用溜槽环形布料，一批料的装料次序为：$C_1\downarrow C_2\downarrow O_1\downarrow O_2\downarrow$（C 为焦，O 为矿），设每下一次料溜槽旋转 5 圈，即焦批 10 圈，矿批 10 圈，共 20 圈，设定 10 个溜槽倾角位置点的倾角度数见表 12-7。

**表 12-7 10P 溜槽倾角位置点的倾角度数**

| 倾角位置点号 | 1 | 2 | 3 | 4 | 5 | 6 | 7 | 8 | 9 | 10 |
|---|---|---|---|---|---|---|---|---|---|---|
| 倾角度数/(°) | 49 | 47 | 46 | 44 | 43 | 41 | 38 | 35 | 31 | 24 |

布一批料所选择的溜槽倾角位置为：$C_1\downarrow$，22244；$C_2\downarrow$，33377；$O_1\downarrow$，44455；$O_2\downarrow$，66555。

即一批料的布料过程为：$C_1\downarrow$，溜槽倾角在 47°旋转 3 圈，在 44°旋转 2 圈。$C_2\downarrow$，溜槽倾角在 46°旋转 3 圈，在 38°旋转 2 圈。$O_1\downarrow$，溜槽在 44°旋转 3 圈，在 43°旋转 2 圈。$O_2\downarrow$，溜槽倾角在 41°旋转 2 圈，在 43°旋转 3 圈。

一批料的溜槽倾角位置及旋转圈数的组合称为布料程序。

在考虑溜槽布料程序时，若采用环形或螺旋布料，为了减小布料的开始和终了由于下料量变化较大对布料准确性的影响，要求一个贮料罐的装料量不得少于使溜槽旋转 3~4 圈的料流量。布料操作控制溜槽倾角，可以按时间（即溜槽旋转圈数）或按料罐质量的变化来进行。一般采取控制溜槽旋转圈数的方式较多，只有在称量检测水平较高的高炉上才有采用按质量变化的方法来控制溜槽倾角位置的。布料过程中的料流量是依靠调节料流阀的开度控制的，而料流量还与炉料的粒度等性质有关，难以用理论计算出料流阀的准确开度，生产中料流量与料流阀开度之间的关系一般都是通过实际测定得到的。提高料流阀的制造精度和控制系统的控制准确性是实现准确控制料流量的基本条件。

12.4.3.2 无钟式炉顶优点

无钟式炉顶与有钟式炉顶的布料相比有下列优点：

（1）可以把原料布到整个料面上，包括在大钟下面的广大面积。图 12-49 为料钟式炉顶布料和无钟式炉顶布料的对比，料钟式只能环形布料，无料钟式炉顶可以把料布到炉喉的整个料面。

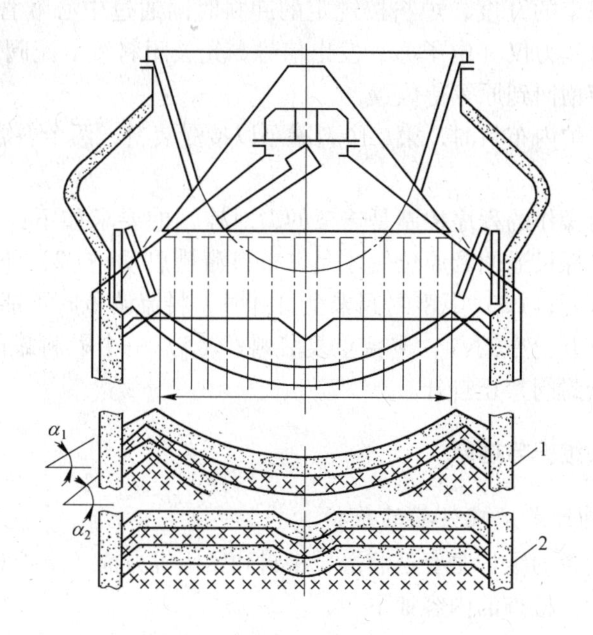


图 12-49 用大钟布料和旋转溜槽布料的对比（$\alpha_1 < \alpha_2$）

1—大钟布料；2—旋转溜槽布料（无钟式炉顶布料）

（2）围绕高炉中心线可以实现任何宽度的环形布料，每次布料的料层厚度可以很薄。

（3）可以减少原料的偏析和滚动，各处的透气性比较均匀。

（4）由于原料由一股小料流装入炉内，不影响炉喉煤气的通道，因此由煤气带出的炉尘比料钟装料煤气带出的炉尘少。用大钟装料时，原料猛然从大钟上一起落下，减小了煤气的通道，增加了煤气的速度，从而增加炉尘的吹出量。

（5）有利于整个高炉截面的化学反应。采用“之”字形装料，即把环形装料和螺旋布料结合起来，使高炉煤气在炉内上升时，走曲折的道路，延长煤气和炉料的接触时间，有利于煤气能量的利用。

（6）可以实现非对称性的布料，如定点布料或定弧段的扇形布料。当高炉料柱发生偏行或管道时，可以及时采取有效的补救措施。

12.4.3.3 装料、布料操作

装料操作包括装料方法和均压制度。并罐式无料钟炉顶向贮料罐装料，一般采取焦矿左右料罐轮换装料。均压制度一般分为正常均压制和辅助均压制。正常均压制是当贮料罐上密封阀关闭后立即充压，辅助均压制是在贮料罐下密封阀打开前才进行充压。均压时向料罐充压，一般是用半净煤气进行一次充压，用氮气进行二次充压。

并罐式炉顶设备的装料、布料顺序如下：

装料前将受料斗移至对应罐之上，打开该罐放散阀，开启上密封阀，装完一批料后，关闭上密封阀和放散阀，此时如果料罐电子秤发出超重信号，将不允许关闭上密封阀，只能在非联锁状态下放料，处理好后再向料罐内均压。

当料线下降到需装料位置时，探尺提起至安全坡位位置，同时溜槽启动旋转，料罐均压阀打开，均压好后打开下密封阀。待布料溜槽转到预定的布料起始位置时，控制系统使料流调节阀打开到规定的开度，炉料按规定的卸料时间通过中心喉管经布料溜槽布入炉内。当料仓卸空后由测力仪（电子称）发出信号，先关闭料流节流阀，再关闭下密封阀，然后打开放散阀，溜槽回到原等待位置。

当第一个料罐往炉内布料时，第二个料罐可以接受装料，两个料罐交替工作，使炉顶装料具有足够的能力。

一般装料与布料操作的程序控制是连锁的，对连锁的要求如下：（1）垂直探料尺提升到机械零位，水平探尺退回到原位后才允许布料溜槽启动；（2）下密封阀未关闭严密时，上密封阀不能打开；（3）下密封阀未全打开时，料流调节阀不能打开；（4）贮料罐内有炉料时，禁止打开上密封阀，避免重复装料；（5）一个贮料罐的下密封阀打开时，另一个贮料罐的下密封阀禁止打开。

### 12.4.4　无钟式炉顶维护与检修

#### 12.4.4.1　无料钟式炉顶设备的维护

无料钟式炉顶设备的维护主要是润滑、密封和紧固等方面。维护和操作人员应按时按规定进行检查和维护。检查的内容如下：

（1）受料漏斗的油缸有无泄露，销轴是否窜位或严重磨损，轴承有无卡阻，车轮转动是否灵活，衬板有无严重磨损。

（2）上、下密封阀和料流调节阀的油缸有无渗漏，销轴有无窜位或严重磨损，操作杆有无窜动或弯曲，轴承有无卡阻，填料是否漏气，阀体与胶圈有无损伤或渗漏。

（3）眼镜阀的密封有无渗漏，各部螺栓是否齐全且无松动，各焊点有无炸裂，各运动部件是否转动灵活。

（4）行星减速机的散热孔有无堵塞，密封有无渗漏，润滑是否良好，油温是否正常（应不高于65℃），各部螺栓是否齐全无松动。

（5）气密箱的各接口处有无漏气，声音是否正常，各部螺栓是否齐全无松动。

（6）均压阀和球阀的密封、润滑油路有无泄漏，各部螺栓是否齐全无松动，各运动部件运动是否灵活。

（7）布料溜槽的衬板是承受从中心喉管下来的料流冲击和摩擦的易损件。特别是正对喉管下方的三块衬板磨损最为严重。因此，必须每56天至70天检查一次，如果发现这三块衬板有较严重的磨损，那就要在下一次检查周期内，把备用溜槽换上去。

#### 12.4.4.2 无料钟式炉顶设备的检修

无料钟式炉顶装料设备主要易损零部件的寿命与更换所需时间见表 12-8。

表 12-8 主要易损零部件的寿命与更换所需时间

| 零部件名称 | 平均寿命/年 | 更换时间/h | 零部件名称 | 平均寿命/年 | 更换时间/h |
|---|---|---|---|---|---|
| 上密封阀 | 1.5 | 2 | 中心喉管 | 1.0 | 4 |
| 下密封阀 | 1.0 | 2 | 布料溜槽 | 2~3 | 2~3 |
| 密封阀胶圈 | 0.6~0.8 | 2 | 料仓衬板 | 2 | 6~8 |
| 叉形管 | 1.0 | 4 | 料流调节阀 | 3 | 4 |

从表 12-7 可知，由于易损零部件的寿命大多数都在一年以上，而且更换均在 8h 以内完成，因此，更换易损零部件的工作可在高炉计划休风时间完成。无料钟式炉顶装料设备的检修拆卸和部件更换可利用炉顶专用起重机进行。检修拆卸步骤以图 12-50 为例进行说明。

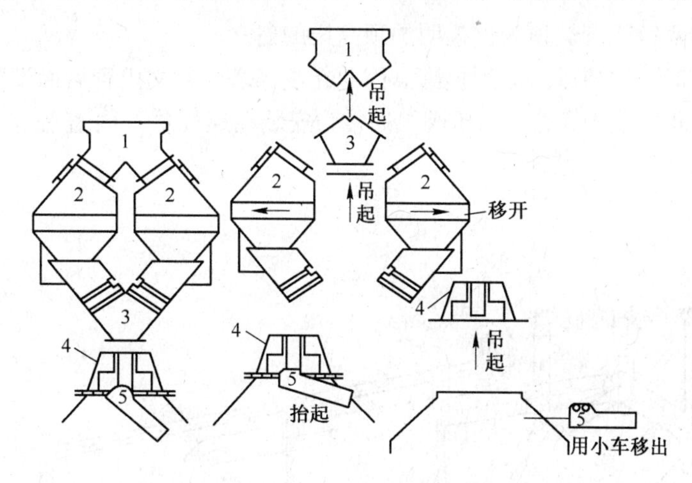


图 12-50 无料钟炉顶料设备的解体过程示意图

1—受料漏斗；2—料仓；3—叉形管；4—气密箱；5—旋转溜槽

（1）拆掉上密封阀处的法兰螺栓，将受料漏斗移开或吊走。

（2）拆掉下密封阀处的法兰螺栓，把左右两个料仓沿着轨道移向两侧。

（3）拆掉叉形管与气密箱之间的连接螺栓，吊走叉形管。

（4）利用吊装工具把旋转溜槽抬起一定倾角，将检修小车从入孔移入炉内，然后卸下溜槽销钉，溜槽即由小车运出炉外。

（5）拆掉气密箱底部法兰上的螺栓，把气密箱整体吊走，以进行内部检修和更换。

对各有关零部件进行检修或更换后，可按照拆卸时的步骤进行安装。

### 12.4.5 均压系统设备

为了强化高炉冶炼，冶炼时应加大风量。但鼓风量加大使煤气流速加快，这样不仅使煤气在炉内停留时间短，不能充分利用其化学能和热能，而且由于煤气流速加大对炉料的托力也增大，使炉料不易下降而产生悬料、崩料等事故。为使炉料顺行，可以从料和风两个角度来加以解决。一是用精料，以改善料柱透气性，从而增大鼓风量。二是增加炉内的气流压力，因气流压力提高，如果鼓风量不变，则煤气体积会缩小，密度增大，气流速度也降低，煤气流在炉内停留时间就长，这样可改善其化学能与热能的充分利用，同时也减少对料柱的托力，促使炉料顺行下降。如果把高压操作时的压头损失保持在常压时的压头损失，就能从风口鼓入更多的风量，以提高冶炼强度。国内外有关资料表明，炉顶压力由0.01MPa增加到0.1MPa后，一般产量能提高10%~15%，降低焦比6%，减少炉尘吹出量30%~50%。如果把炉顶煤气压力提高到0.2~0.3MPa，可以获得更大的收益。因此，目前大型高炉设计的炉顶压力均为0.25~0.3MPa。

高压炉顶操作的高炉，为了使料钟或密封阀能顺利打开装料，必须采取炉顶均压措施。均压的方法是在大小料钟之间或上下密封阀之间用半净煤气和氮气进行充压和排压。均压系统就是用来完成炉顶均压任务的设备。均压系统的主要设备是均压阀、排压阀、管道及其他附属设备等。

12.4.5.1 炉顶高压建立

以某钢1号双钟四阀炉顶为例说明炉顶高压的建立。

在高压操作时，炉顶压力必须提高。因此在洗涤塔或在文氏管后面设置调压阀组，如图12-51所示，进行煤气节流。调压阀组通常为安装在煤气总管内五根平行管子，如图

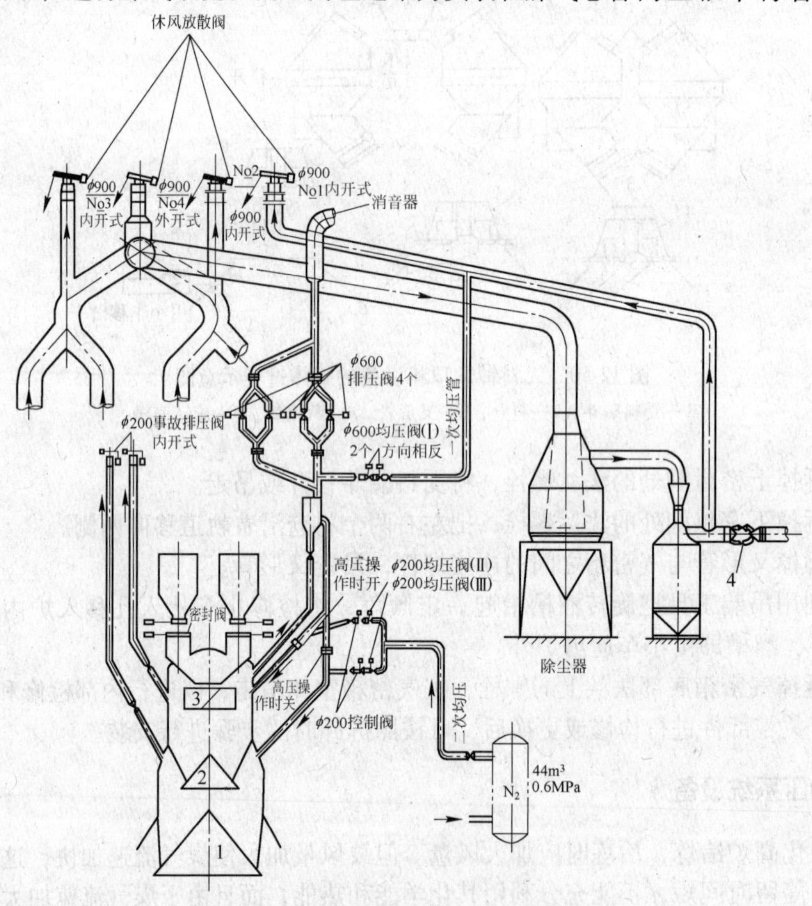


图12-51 炉顶压力控制系统示意图

1—大钟；2—小钟；3—布料器；4—调压阀组

12-52 所示，其中四根管子中设有蝶形阀。调节和开关这些蝶形阀就可调节炉顶压力。

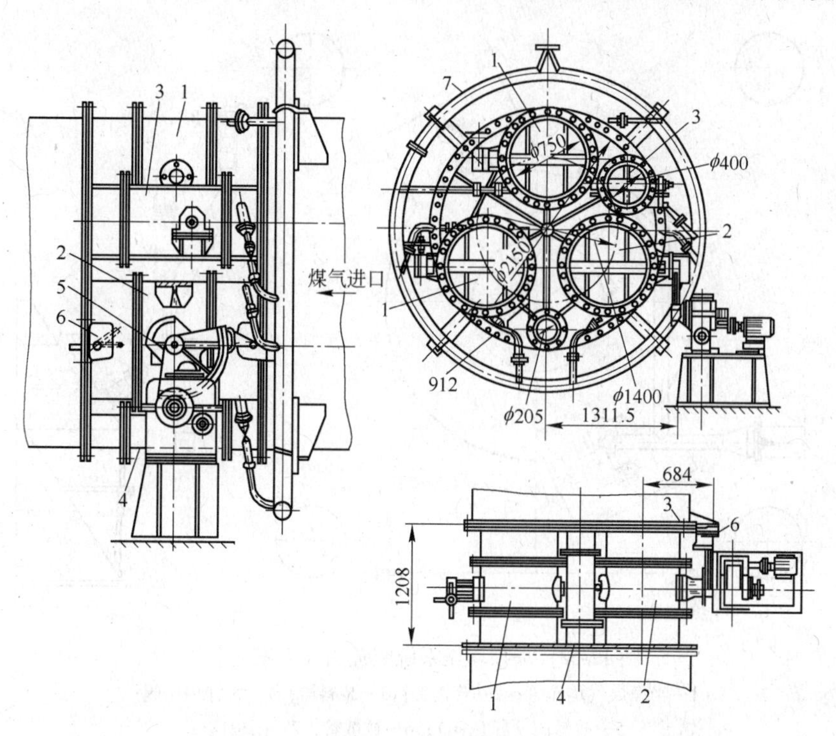


图 12-52 调压阀组

1—手动调节阀；2—电动调节阀；3—自动控制调节阀；4—常通管；5—传动扇形齿轮；6—行程开关；7—喷水环管

在常压操作时，四个蝶形阀全部打开。高压操作时其中三个直径相同的蝶形阀是关闭的（其中两个手动，一个电动）。另一个尺寸较小，控制比较灵敏的蝶形阀调节是自动控制的，通过它来建立和保持炉顶所需的煤气压力。它的操作由高炉值班室遥控操作。

高压操作时，凡属压力调节阀分系统，包括鼓风机、冷风管道、热风炉、热风围管、高炉以及压力调节阀前的煤气除尘系统，都处于高压状态。

为了防止调节阀组的管子和蝶形阀黏结灰尘，应不断喷水冲洗。因此，压力调节阀组在一定程度上也起煤气净化作用。调节阀组最下面一根管子为不设阀门的常通管，它的作用是排除污水，并在炉内煤气压力突然升高而其他管子都呈关闭状态时，起到降压作用，防止设备的损坏。

#### 12.4.5.2 炉顶均压装置

##### A 均压系统布置

在大钟打开以前，将炉顶的高压煤气充入大、小钟之间，使得大钟便于打开。引入的均压煤气一般是半净煤气，经过管道引进炉顶。由于半净煤气在管道中流动时有压力损失，其压力比炉喉煤气低约 0.01MPa。所以在新建造的大型高炉要经过二次均压，就是先用半净煤气通入装料装置，然后再把经过煤气压缩机增压的净煤气或高压氮气充入大、小钟之间，大钟上下压力均衡或大于炉喉压力，使大钟顺利打开，并防止料钟及密封零件被脏煤气冲刷，从而延长设备的寿命。

双钟炉顶均压系统布置如图 12-53 所示。

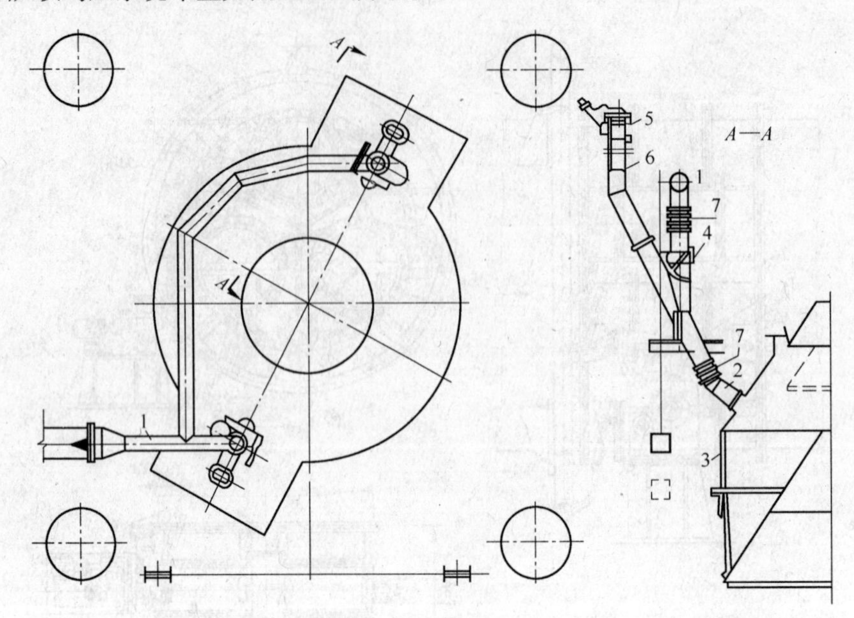


图 12-53 炉顶均压系统配置图（方案之一）
1—半净煤气均压管；2—管接头；3—装料器；4—大钟均压阀；
5—放散阀（排压阀）；6—放散管；7—闸板阀

在大钟煤气封罩上设有两个均压阀，放散管道可以在两条均压支管上接出，也可以独立地从大气罩上接出。放散阀一般设在放散管的顶部，并采用外开式放散阀。为了使放散阀在结构上和均压管统一，同时便于采用消音措施，也可把放散阀放在放散管内部。

采用两套均压或放散阀（排压阀），一套工作，另一套检修备用。当均压阀或放散阀（排压阀）修理时可以关闭闸板阀，使其与高压气体隔绝。

B 均压阀、放散阀（排压阀）的结构

a 均压阀

图 12-54 是均压阀的结构。均压阀由阀盖、可拆的阀座和阀壳组成。阀盖和阀座的接触面堆焊有硬质合金。在阀轴上装有扇形轮，其上固有两根钢绳和。一根与操纵卷扬机的卷筒相连或与操作油缸相连，是用来开启阀门的。传动装置安装于卷扬室。当卷筒缠绕操纵钢绳时，该绳向上带动扇形轮和轴转动，使阀盘顺时针方向旋转 90°，打开阀门，另一根钢绳（平衡锤钢绳）与平衡锤相连接。当放松操纵钢绳时，阀盘在平衡锤的作用下逆时针方向旋转，关闭并压紧在阀座上，关闭阀门。轴与壳体之间用填料密封。阀盖和接触面焊有硬质合金。

对于 1000~1500m$^3$ 的高炉，阀孔内径等于 250mm，因此又称 $\phi$250 均压阀。

这种阀安全可靠，事故率较小，但其管道时有吹漏的现象，特别是拐弯处。平时生产中不能焊，休风时间短也焊不了，正常的焊补待赶煤气后才能焊。在休风时间较长，又不赶煤气的情况下，先将洗涤塔处与均压管连通的阀门关闭，再将水管打开，使均压管里充水，一直灌到水位接近炉顶拐弯处，然后焊补，焊完后把水放掉。这种方法只能焊补炉顶部分。

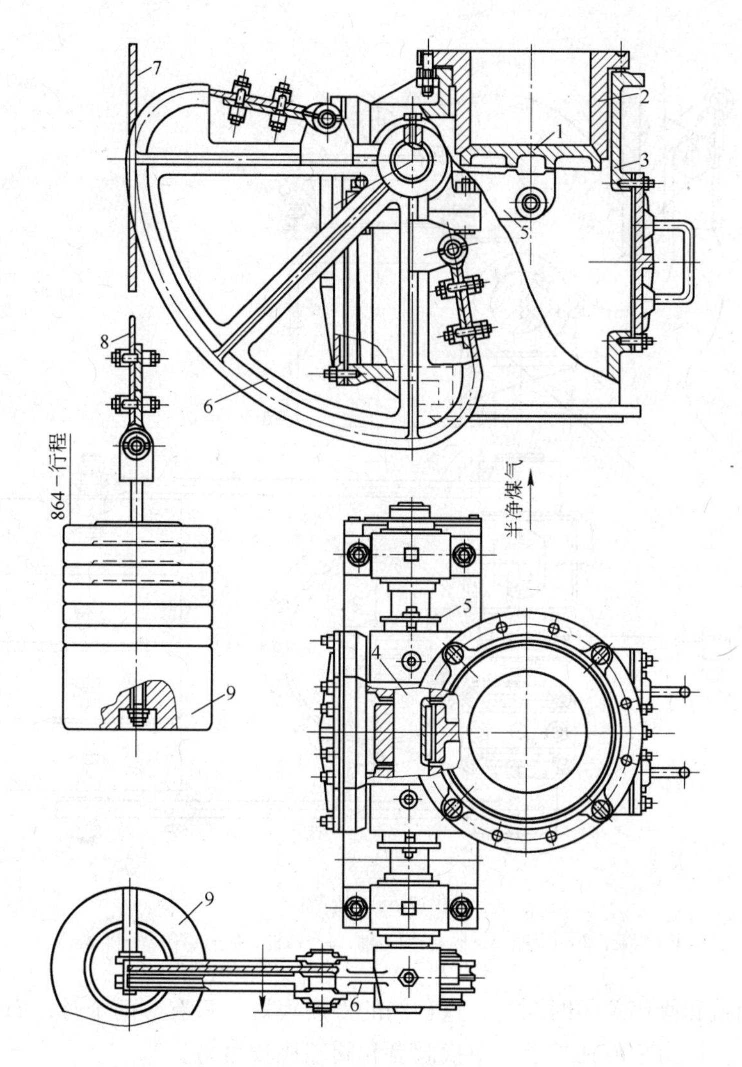


图 12-54 均压阀

1—阀盖；2—阀座；3—阀壳；4—轴；5—填料密封；6—扇形轮；
7—操纵钢绳；8—平衡锤钢绳；9—平衡锤

b 放散阀（排压阀）

在小钟打开以前，将大、小钟之间的煤气放散，使小钟下的压力与大气压力平衡，便于小钟开启。放散阀的开关次数比均压阀多，直径比均压阀要大，以便煤气迅速排除。对放散阀的要求更严格，密封性能要好些，转动要灵活，寿命要长，工作要可靠。

由于放散阀（排压阀）放出的是脏煤气，因此采用大气阀型（设在炉顶煤气上升管的顶部），只是直径比大气阀小一些。图 12-55 是放散阀（排压阀）的结构。

放散阀（排压阀）主要部分是阀盖、阀座、阀壳和轴组成。在轴上装有曲柄和支撑平衡锤的两根杠杆。阀门由卷扬机或油缸通过钢绳打开，靠平衡锤关闭。传动装置安装于卷扬室。

这种放散阀由于设在放散管的顶部，因此当阀门打开时，可避开放气口逸出的气流，避免阀盖被带尘气流吹蚀磨损。但在打开的瞬间，在先开启的一侧，仍然遭到气流的冲刷

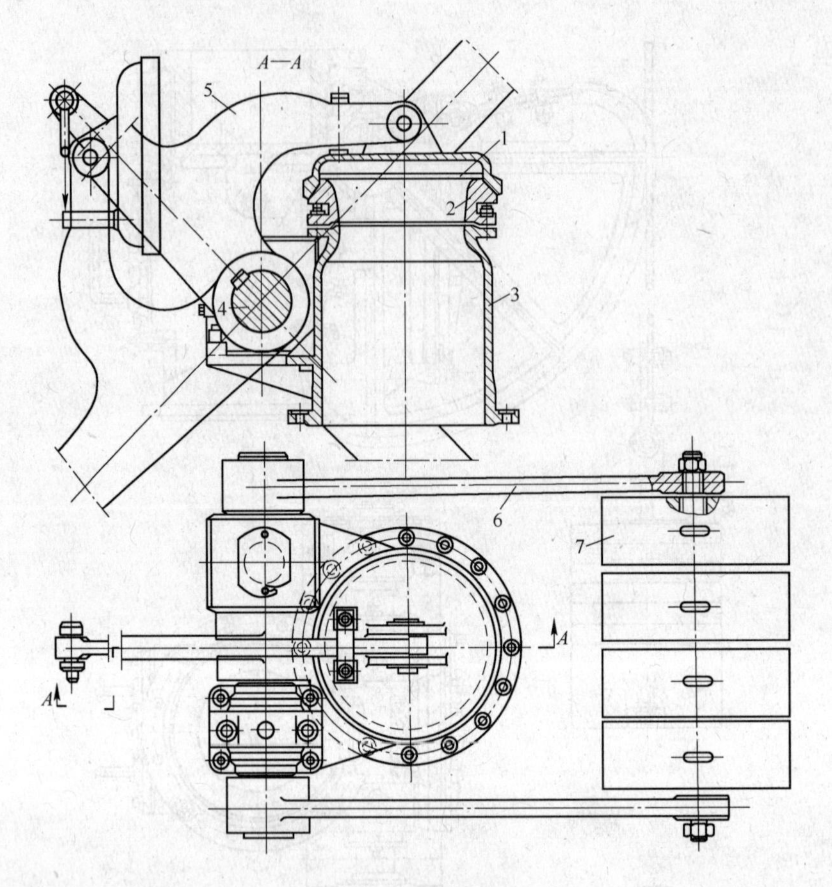


图 12-55 放散阀

1—阀盖；2—阀座；3—阀壳；4—轴；5—曲杆；6—杠杆；7—平衡锤

而磨损，使阀盖和阀座关闭时漏气。这种阀的寿命很短，只有一两个月，而且用于关闭的平衡锤质量大，但由于放在炉顶，更换阀盘和阀座比较容易。

为了减轻磨蚀作用，把阀的直径（$\phi$400mm）做得比均压阀（$\phi$250mm）大一些，以降低气流的动能。

与小钟放散阀相连的放散管时有吹漏时，不休风的焊补方法是同高炉工长、卷扬司机联系好后，赶料线到最高值时，并改“小钟辅助制”，即四车料开一次大钟过程中，除第一车料倒下之前，小钟放散阀打开之外，其他三车料倒下之前均不开小钟均压阀，利用这段不开小钟均压阀的间隙时间焊补。如果一次不够，在大钟开时避开，等到第二个循环时再焊，直到焊好为止。

c 某钢使用的均压阀和放散阀

为了使放散阀在结构上和均压阀统一，同时便于采用消音措施，现在开始把放散阀放在放散管的内部，如图 12-53 所示。

图 12-56 是某钢使用的均压阀和放散阀的结构简图。其结构形式一样，但安装时必须注意阀盖关闭的方向要和气流的方向一致。阀盖的启闭是由液压缸驱动的。活塞杆和齿条相连，齿条在滑道上滑动，使大齿轮和轴转动，因此使阀盖启闭。在阀座和阀盖的接触表面上焊有硬质合金层，然后研磨加工成球面接触。此外，在阀盖上固定有一圈硅橡胶制成

的软密封。这种软硬密封相结合的均压和放散阀，密封性良好。

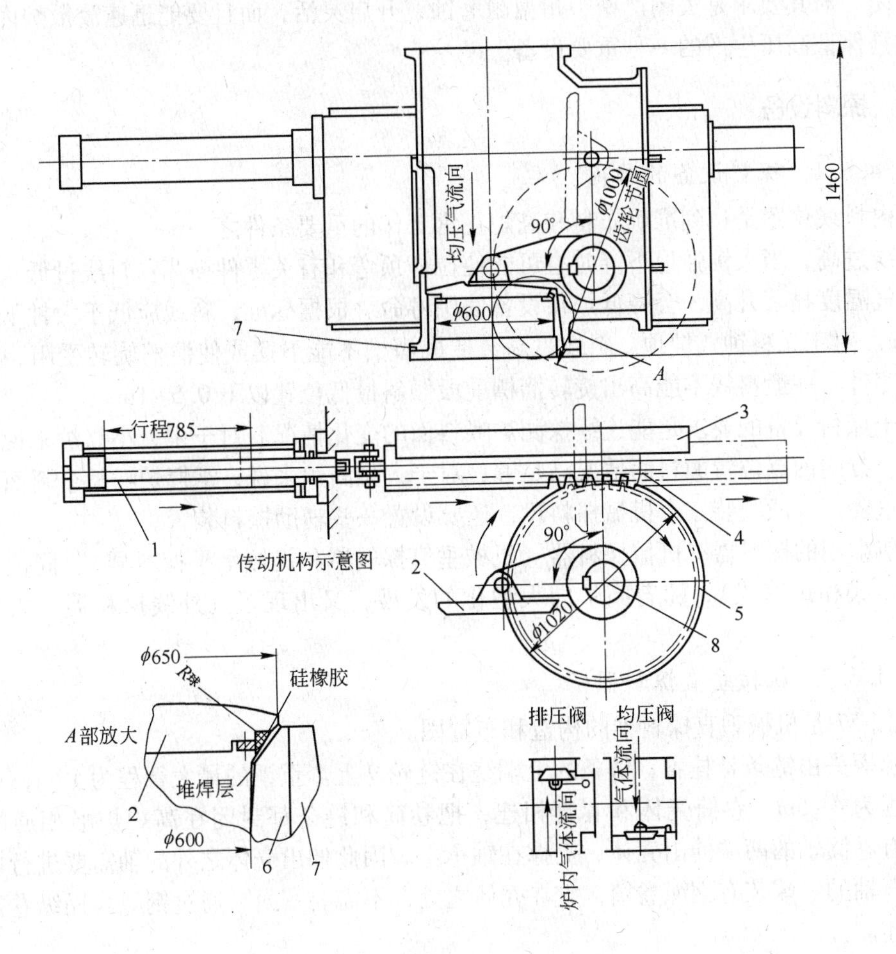


图 12-56 ϕ600 均压和放散阀

1—油压缸；2—阀盖；3—滑道；4—齿条；5—大齿轮；6—阀座；7—阀体；8—轴

某钢 1 号高炉均压系统（图 12-51）中，在一条均压管道上，都装有两个均压阀。两者的安装方向相反，以防炉内煤气产生倒流。此外，为了降低气流通过放散阀（排压阀）时的速度，在一根放散管上采取两个放散阀（排压阀）并联。这不但可以使放散阀（排压阀）采用与均压阀同样的结构，而且在尺寸上可以完全相同。

由于放散阀（排压阀）开启瞬间有很大的噪音，需要采取消音措施。图 12-51 表示四个放散阀（只有两个工作）共用一个消音器。有两个事故排压阀，当大小料斗内的压力大于炉顶压力 0.01MPa 时，通过自动控制系统将阀门自动打开进行排压，用以保护炉顶设备的安全。

C 炉顶放散阀（休风放散阀）

由图 12-51 还可以看出，在炉顶煤气上升管和半净煤气管的最高处设有四个大气阀，又称休风放散阀。其中三个是内开式的，一个是外开式的。外开式大气阀需用较大的平衡锤，内开式由于炉喉煤气或半净煤气的压力是有助于阀盖关闭的，故平衡锤的质量较轻。

炉顶放散阀在出现设备事故或其他威胁生产的事故、紧急休风或正常休风时使用，正常生产时关闭。对其要求是关闭严密，耐温耐磨蚀，开启灵活，而且要能迅速放散炉内高压煤气，它是保证高压生产的一种重要设备。

### 12.4.6　探料设备

#### 12.4.6.1　探料设备的作用

炉内料线位置是达到准确布料和高炉正常工作的重要条件之一。

料线过高，当大钟强迫下降时有可能使拉杆顶弯和有关零件损坏；料线过低，又会使炉顶煤气温度显著升高，会降低炉顶设备使用寿命。根据标准，料线应低于大钟下降位置1.5~2m。对于无料钟式炉顶，料线过高会造成溜槽不能下摆或使溜槽旋转受阻，损坏有关传动零件。一般料线不能高出旋转溜槽前段倾斜最低位置以下0.5~1m。

对于探料设备的要求是能连续探测炉喉料面的变化情况。对于中、小高炉来说，掌握炉喉直径方向两点位置的料面情况已足够；对于大型高炉来说，掌握炉喉整个料面的情况越来越重要。一般安装三个机械探料尺，还要设置一些辅助探料装置。

目前常用的探料器有机械探料器（机械垂直探料器和机械水平探料器）、同位素探料器（固定式和跟踪式），随着高炉向大型化的发展，又出现了红外线探料器、激光探料器等。

#### 12.4.6.2　机械垂直探料器

图12-57是机械垂直探料器的构造和布置图。

重锤探头由链条悬挂着，链条的上端绕在链轮9上。重锤的最大行程为12m，一般的工作行程为4~5m，卷筒壳体和套管相连，把卷筒和链条都封闭在高炉炉喉相通的空间内。只有卷筒轴的两端伸出壳体，支撑在轴承上。因此伸出壳体之外的轴需要进行填料密封。卷筒轴的一端装有钢绳卷筒，它在壳体之处，不需要密封，通过钢绳与操纵卷扬机的卷筒相连。

当重锤探头（习惯上称为探尺砣）烧坏需要更换时，可以把它升到最高位置，然后把旋塞阀关上使其和炉内煤气隔绝，再打开孔盖进行更换修理。但在现场使用中，由于旋塞阀平时很少用，一旦需要用时，不是关不严就是关不了，容易漏煤气或影响工作，因此，操作时必须十分小心。

当探尺砣随料线下降到规定的数值时，探尺砣被提起到极限位置（习惯上称坡“n”位，它定在大钟关闭后底部水平线以上200~800mm左右，料也打不着，大钟开、关时也碰不上，所以一般又把它称为安全位），同时发出联锁信号，即可装料入炉。炉料入炉以后，探尺砣又被放下，接触料面后随料下降，并发出料线高度指示，当料线到达规定值后，又一次被提起，周而复始，自动重复地做这些工作。

探尺砣脱落时，与之相连的传动钢绳必会松弛，以至松脱。但钢绳松脱并不说明探尺砣已经脱落，还需要证实。首先检查炉顶卷筒上钢绳是否脱落，如果脱落就需将钢绳缠绕于卷筒上，然后把探尺卷扬抱闸人为打开，再用手盘动卷扬，使松脱的钢绳完全缠绕于卷扬的卷筒上，继续盘动卷扬，如果钢绳仍呈松弛状态，则证明探尺砣已经脱落，否则就不是。

机械垂直探料器常见故障判断及处理见表12-9。

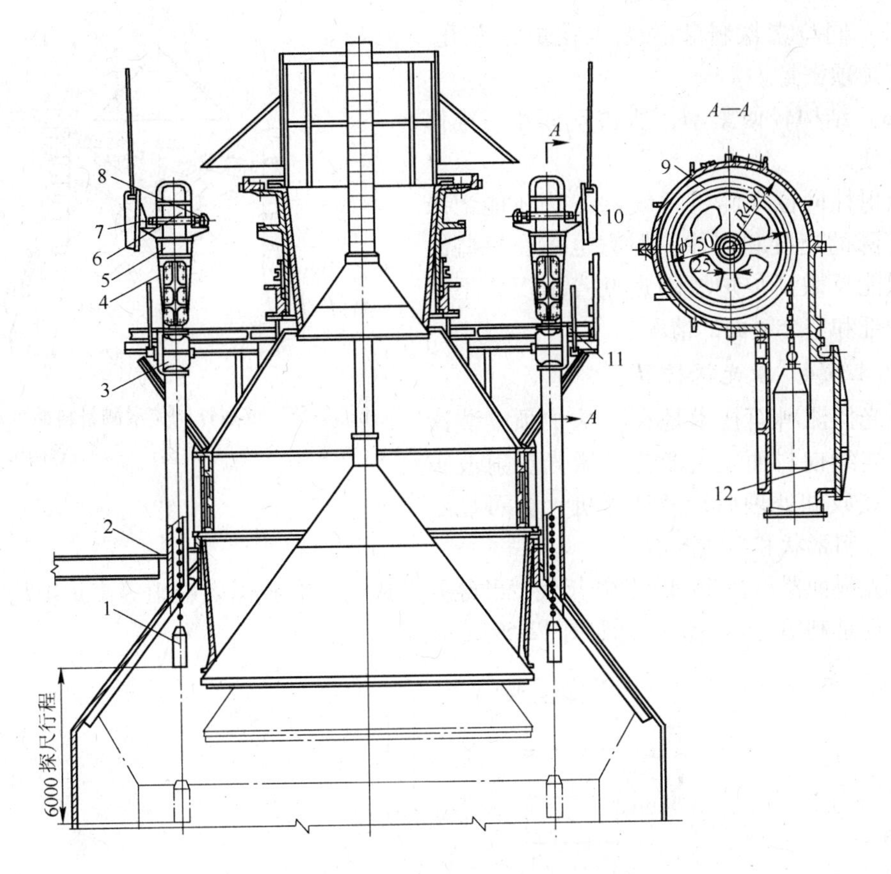


图 12-57 炉喉料面机械探料器的布置和结构

1—重锤；2—密封管；3—旋塞阀；4—套管；5—密封外壳；6—密封盏；7—卷筒轴；8—轴承；9—链轮；10—钢绳卷筒；11—手柄；12—换重锤孔盖

**表 12-9 探料器常见故障和处理方法**

| 故 障 | 故 障 原 因 | 处 理 方 法 |
|---|---|---|
| 探尺砣往下放时无信号 | 探尺砣及链条熔化，此时用手盘动卷扬机，反向提起探尺一点也不费劲 | 更换探尺砣及链条 |
| | 链轮箱轴承坏，反向提起探尺时相当费力 | 更换轴承 |
| | 钢绳卡子碰撞滑轮，反向运转时正常 | 钢绳卡子移位 |
| | 电气故障 | 由电气专业人员排除故障 |

12.4.6.3 同位素探料装置

当放射性同位素发出的射线通过炉喉时，有料的地方射线被吸收，因此到达射线接收器的强度就弱，而没有料的地方射线顺利通过并且全部被射线接收器所接收，因而强度就大，从而指示出有料和无料的位置。

图 12-58 所示为固定位置式同位素探料器的工作原理。

同位素探料装置有以下突出的优点：

(1) 同位素管和计数管耐高温，不会被烧掉，其他仪器均在计器室内。

（2）同位素探料装置无需在炉顶开孔，有利于炉顶密封。

（3）结构轻便紧凑，所占空间小，维修管理方便。

放射性同位素测量料线的方法还能记录炉料下降的速度和规律。但它也存在一些缺点，只能反映高炉炉墙附近几点情况，不能测量中部和整个料面的情况。

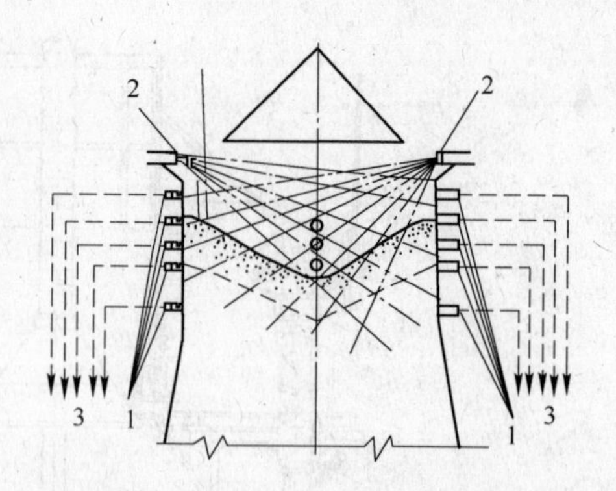


图 12-58　放射性同位素测量料面示意图

1—计数器；2—辐射能源；3—通往检测仪的电线

12.4.6.4　激光探料器

激光探测料面技术是在高炉炉顶安装激光器，连续向料面发射激光，激光反射波被接收器接收和处理后，经计算机计算可显示出炉喉布料形状和料线高度。

激光料面器早在20世纪80年代就已经开发成功，在我国的鞍山等高炉上均有使用，工作原理是利用光学三角法，如图12-59所示。

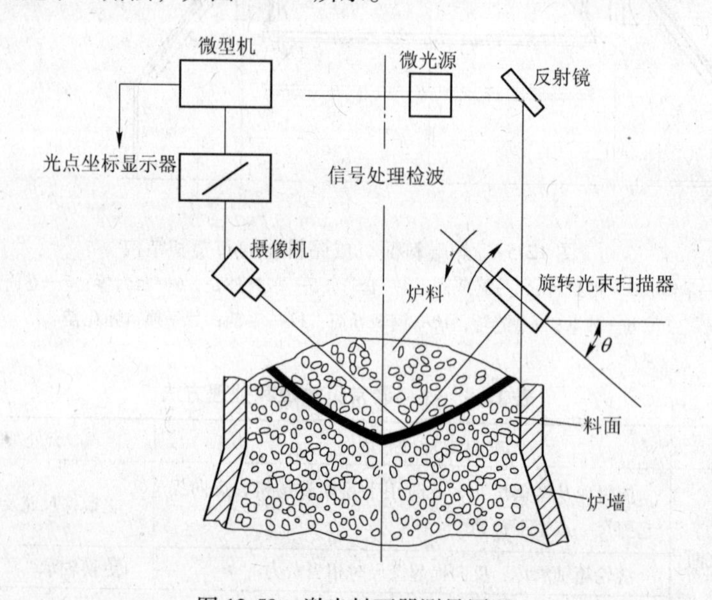


图 12-59　激光料面器测量原理

12.4.6.5　红外线探料器

现代高炉料面红外线技术是用安装在炉顶的金属外壳微型摄像机获取炉内影像，通过具有红外线功能的CCD芯片将影像传到高炉值班室监视器上，在线显示整个炉内料面的气流分布图像，如将上述图像送入计算机，经过处理还可得到料面气流分布和温度分布状况的定量数据，绘制出各种图和分布曲线。

红外线摄像仪工作的优点是：

（1）红外线摄像仪直接测得料面温度，真实反映炉顶的煤气和炉料的分布。

（2）红外线摄像仪可根据操作者的需要显示任何位置上的径向温度分布，消除了十字测温装置温度曲线的局限性。

（3）红外线摄像仪可在高炉值班室内观察布料溜槽或大钟工作状况和料流流股情况。

（4）红外线摄像仪还可监视高炉料柱内管道、塌料等异常情况。

12.4.6.6 料层测定磁力仪

料层测定磁力仪是利用矿石和焦炭透磁率相差较大的特点，在高炉炉壁埋设具有高敏感度的磁性检测仪，用来测试矿石层与焦炭层的厚度及其界面移动情况。这对了解下料规律及焦、矿层分布很有意义。

# 铁、渣处理设备

铁、渣处理系统的主要设备包括：风口平台与出铁场、开铁口机、堵铁口机，堵渣口机、换风口机、渣罐车、铁水罐车、铸铁机以及炉渣水淬设施等。

## 13.1 风口平台与出铁场

### 13.1.1 风口平台与出铁场

在高炉下部，沿高炉炉缸风口前设置的工作平台为风口平台。为了操作方便，风口平台一般比风口中心线低1150~1250mm，应平坦并且还要留有排水坡度，其操作面积随炉容大小而异。操作人员在这里可以通过风口观察炉况、更换风口、检查冷却设备、操纵一些阀门等。

出铁场是布置铁沟、安装炉前设备、进行出铁放渣操作的炉前工作平台。出铁场和操作平台上设置有以下设备：渣铁处理设备、主沟铁沟等修理更换设备、能源管道（水、煤气、氧气、压缩空气管道）、风口装置和更换风口的设备、炉体冷却系统和燃料喷吹系统的设备、起重设备、材料和备品备件堆置场、集尘设备、人体降温设备、照明设备以及炉前休息室、操作室、值班室等。设计时要考虑在出铁场上把这些布置合理，这样可方便使用，减轻体力劳动，改善环境，保证出铁出渣等操作的顺利进行。为了减轻劳动强度，采用可更换的主沟和铁沟，开口机换杆、泥炮操作、吊车操作采用遥控，铁水罐车自动称量，渣铁口用电视监视等。设置大容量效果好的炉前集尘设备可改善环境。渣铁沟和流嘴加设保护盖，除出铁开始及终了时以外，渣铁是见不到的，这改变了炉前的操作状况。

出铁场一般比风口平台约低1.5m。出铁场面积的大小，取决于渣铁沟的布置和炉前操作的需要。出铁场长度与铁沟流嘴数目及布置有关，而高度则要保证任何一个铁沟流嘴下沿不低于4.8m，以便机车能够通过。根据炉前工作的特点，出铁场在主铁沟区域应保持平坦，其余部分可做成由中心向两侧和由铁口向端部随渣铁沟走向一致的坡度。

出铁场布置形式有以下几种：一个出铁口一个矩形出铁场、双出铁口一个矩形出铁场、三个或四个出铁口两个矩形出铁场和四个出铁口两个圆形出铁场。出铁场的布置随具体条件而异。目前1000~2000$m^3$高炉多数设两个出铁口、2000~3000$m^3$高炉设2~3个出铁口，对于4000$m^3$以上的巨型高炉则设四个出铁口，轮流使用，基本上达到连续出铁。

图13-1为某钢1号高炉出铁场的平面布置图。某钢1号高炉是4063$m^3$巨型高炉，出铁场可以处理干渣、水渣两种炉渣，设有两个对称的出铁场，四个铁口，每个出铁场上设置两个出铁口。出铁场分为主跨和副跨，主跨跨度28m，铁沟及摆动溜嘴布置在主跨；副

跨跨度 20m，渣沟、残铁罐设置在副跨。每个出铁口都有两条专用的鱼雷罐车停放线，并且与出铁场垂直，这样可以缩短铁沟长度，减小铁沟维修工作量，减小铁水温度降。

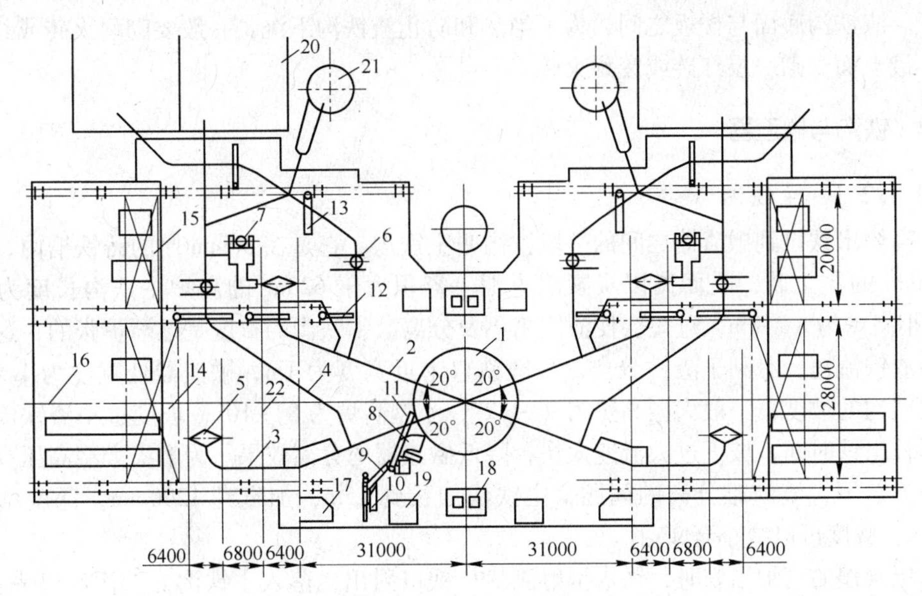


图 13-1　某钢 1 号高炉出铁场的平面布置

1—高炉；2—活动主铁沟；3—支铁沟；4—渣沟；5—摆动流嘴；6—残铁罐；7—残铁罐倾翻台；8—泥炮；9—开铁口机；10—换钎机；11—铁口前悬臂吊；12—出铁场间悬臂吊；13—摆渡悬臂吊；14—主跨吊车；15—副跨吊车；16—主沟、摆动流嘴修补场；17—泥炮操作室；18—泥炮液压站；19—电磁流量计室；20—干渣坑；21—水渣粗粒分离槽；22—鱼雷罐车停放线

图 13-2 为日本福山厂 4 号高炉（$4197m^3$）出铁场的平面布置图。

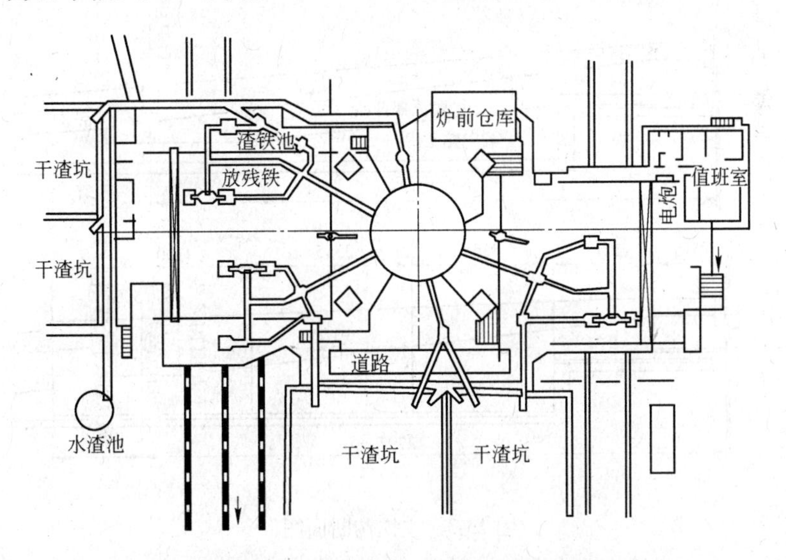


图 13-2　日本福山厂 4 号高炉出铁场布置

风口平台和出铁场的结构有两种：一种是实心的，两侧用石块砌筑挡土墙，中间填充卵石和砂子，以渗透表面积水，防止铁水流到潮湿地面上，造成“放炮”现象，这种结

构常用于小高炉；另一种是架空的，它是支承在钢筋混凝土柱子上的预制钢筋混凝土板或直接捣制成的钢筋混凝土平台，其下面可作为仓库和存放沟泥、炮泥，填充1.0~1.5m厚的砂子。渣铁沟底面与楼板之间，为了绝热和防止渣铁沟下沉，一般要砌耐火砖或红砖基础层，最上面立砌一层红砖或废耐火砖。

### 13.1.2 铁沟与撇渣器

#### 13.1.2.1 主铁沟

从高炉出铁口到撇渣器之间的一段铁沟叫主铁沟。它是在80mm厚的铸铁槽内，砌一层115mm的黏土砖，上面捣以炭素耐火泥。容积大于620m$^3$的高炉主铁沟长度为10~14m，小高炉为8~11m，过短会使渣铁来不及分离。主铁沟的宽度是逐渐扩张的，这样可以减小渣铁流速，有利于渣铁分离，一般铁口附近宽度为1m，撇渣器处宽度为1.4m左右。主铁沟的坡度，一般大型高炉为9°~12°，小型高炉为8°~10°，坡度过小渣铁流速太慢，延长出铁时间，坡度过大流速太快，降低撇渣器的分离效果。为解决大型高压高炉在剧烈的喷射下，渣铁难分离的问题，主铁沟加长到15m，加宽到1200mm，深度增大到1200mm，坡度可以减小至2°。

高压操作的高炉出铁时，铁水呈射流状从铁口射出，落入主铁沟处的沟底最先损坏，修补频繁。为此大型高炉采用贮铁式主铁沟，沟内贮存一定深度的铁水，使铁水射流落入时不直接冲击沟底。此外，贮铁式主铁沟内衬还避免了大幅度急冷急热的温度变化，实践证明，贮铁式主铁沟寿命比干式主铁沟长久。大型高炉主铁沟贮铁深度450~600mm，沟顶宽度1100~1500mm。

某厂4号高炉干式主铁沟与贮铁式主铁沟断面尺寸如图13-3所示。

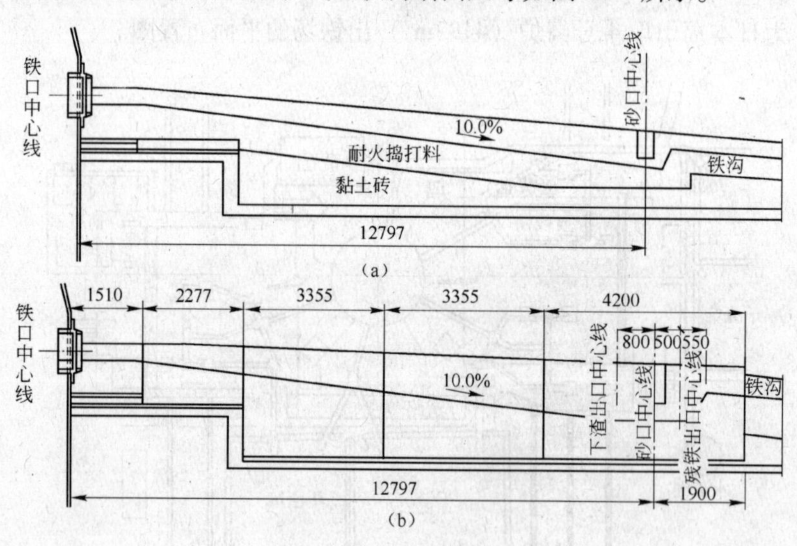


图13-3 主铁沟断面图

(a) 干式；(b) 贮铁式

#### 13.1.2.2 撇渣器

撇渣器（渣铁分离器）又叫砂口或小坑，它是保证渣铁分离的装置，其构造如图13-4

所示。利用渣铁密度的不同，用挡渣板把渣挡住，铁水从下面穿过，达到渣铁分离的目的。近年来由于不断改进撇渣器（如使用炭捣或炭砖砌筑的撇渣器），其寿命可达几周至数月，大大减轻了工人的劳动强度，而且工作可靠性增加。为了使渣铁很好地分离，必须有一定的渣层厚度，通常是控制大闸开孔的上沿到铁水流入铁沟入口处（小坝）的垂直高度与大闸开孔高度之比，一般为 2.5~3.0，有时还适当提高撇渣器内贮存的铁水量（一般在 1t 左右），上面盖以焦末保温。每次出铁可以轮换出铁，数周后才放渣一次以提高撇渣器的寿命。现在有的高炉已做成活动的主铁沟和活动的砂口，可以在炉前冷却的状态下修好，更换时吊起或按固定的轨道拖入即可。

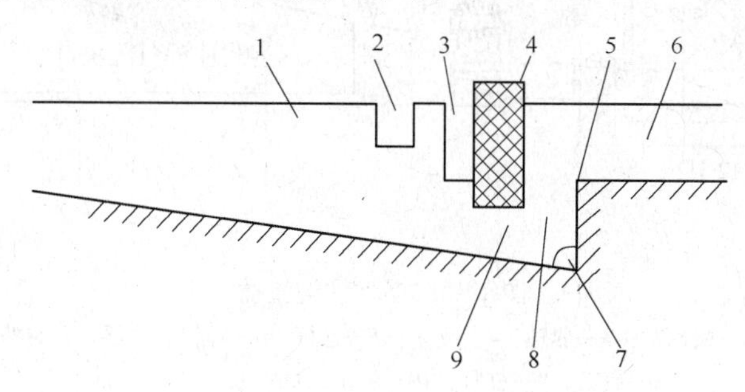


图 13-4 撇渣器构造

1—主铁沟；2—下渣沟砂坝；3—残铁沟砂坝；4—挡渣板；5—沟头；6—支铁沟；7—残铁孔；8—小井；9—砂口眼

13.1.2.3 支铁沟和渣沟

支铁沟是从撇渣器后至铁水摆动流槽或铁水流嘴的铁水沟。大型高炉支铁沟的结构与主铁沟相同，坡度一般为 5°~6°，在流嘴处可达 10°。

渣沟的结构是在 80mm 厚的铸铁槽内捣一层垫沟料，铺上河砂即可，不必砌砖衬，这是因为渣液遇冷会自动结壳。渣沟的坡度在渣口附近较大，约为 20°~30°，流嘴处为 10°，其他地方为 6°。下渣沟的结构与渣沟结构相同。

### 13.1.3 流嘴

流嘴是指铁水从出铁场平台的铁沟进入到铁水罐的末端那一段，其构造与铁沟类似，只是悬空部分的位置不易炭捣，常用炭素泥砌筑。小高炉出铁量不多，可采用固定式流嘴。大高炉渣沟与铁沟及出铁场长度要增加，所以新建的高炉多采用摆动式流嘴。要求渣铁罐车双线停放，以便依次移动罐位，大大缩短渣铁沟的长度，也缩短了出铁场长度。

摆动铁沟流嘴如图 13-5 所示，它由曲柄连杆传动装置、沟体、摇枕、底架等组成。内部有耐火砖的铸铁沟体支撑在摇枕上，而摇枕套在轴上，轴通过滑动轴承支撑在底架上，在轴的一端固定着杠杆，通过连杆与曲柄相接，曲柄的轴颈联轴节与减速机的出轴相连，开动电动机，经减速机、曲柄带动连杆，促使杠杆摆动，从而带动沟体摆动。沟体摆动角度由主令控制器控制，并在底架和摇枕上设有限制开关。为了减轻工作中出现的冲击，在连杆中部设有缓冲弹簧。在采用摆动铁沟时，需要有两个铁水罐并列在铁轨上，可按主罐列和辅助罐列来分，辅助罐列至少需要由两个铁水罐组成。摆动铁沟流嘴一般摆动角度 30°，摆动时间 12s，驱动电动机 8kW。

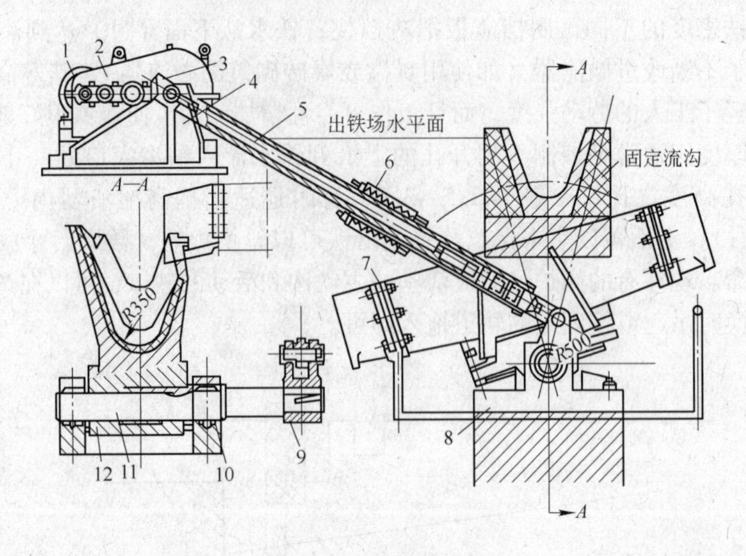


图 13-5 摆动铁沟流嘴

1—电动机；2—减速机；3—曲轴；4—支架；5—连杆；6—弹簧缓冲器；7—摆动铁沟沟体；8—底架；9—杠杆；10—轴承；11—轴；12—摇枕

### 13.1.4 出铁场的排烟除尘

在开出铁口时将产生粉尘。在出铁过程中，高温铁水流经的路径都会产生烟尘，以出铁口和铁水流入铁水罐时产生的烟尘最多。为了保证出铁场的工作环境和工作人员的身体健康，必须在出铁场设置排烟除尘设备。

排烟除尘系统由烟尘收集设备、烟尘输送设备、除尘设备、粉尘输送设备等组成。其作用主要是将出铁场各处产生的烟尘收集起来，经烟尘输送管道送到除尘器进行除尘。其设备有吸尘罩、管道和抽风机等。

目前较完善的出铁场烟尘的排除设备包括以下三部分：

(1) 出铁口、铁水沟、挡渣器、摆动铁沟及渣铁罐处都设有吸尘罩，将烟尘抽至管道中。

(2) 出铁口及主铁水沟的上部设有垂幕式吸尘罩，将烟尘排至管道中。

(3) 出铁场厂房密闭，屋顶部位设有排烟尘管道。

将以上三部分烟尘管道连在一起组成总管道，将烟尘汇集排送到除尘器进行除尘。

烟尘收集设备主要是吸尘罩。吸尘罩主要包括垂幕式吸尘罩和伞形吸尘罩两种。高炉除出铁场除采用垂幕式吸尘罩外，其他各尘源点均采用伞形吸尘罩。

出铁口和主铁沟上方设有垂幕式吸尘罩。垂幕罩由罩垫、幕布和炉体形成一个较高大的空间，将烟尘收集起来，并排至烟尘管道中。垂幕罩只在打开出铁口和堵出铁口时才使用，因为这时产生的烟尘量最多。为此垂幕应能升降，当不用时将垂幕升起。每面的垂幕均设有独立的卷扬设备能够将垂幕升起。垂幕由幕布、幕布连接件、保险链及吊挂件等组成。垂幕布是用石棉和玻璃纤维制成，表面附以铝箔贴面，以提高其耐热性能。这种垂幕罩的吸尘效果好，经济性也好。

抽风机是布袋式除尘器中的关键设备，用于抽集烟尘输送给除尘器进行除尘及反吹清除黏附在布袋上的粉尘。除尘用抽风机为双吸口离心式抽风机，清灰用抽风机为单吸口离心式抽风机。

除尘器为出铁场排烟除尘系统的主体设备，从各尘源点收集起来的烟尘均抽送给除尘器进行除尘。

## 13.2 开铁口机

设在高炉炉缸一定部位的铁口，是用于排放铁水的孔道。在孔道内砌筑耐火砖，并填充耐火泥会封住出口。在铁口内部有与炉料及渣铁水接触的熔融状态结壳，结壳外是呈喇叭状的填充耐火泥，在其周围为干固的旧堵泥套和渣壳及被侵蚀的炉衬砖等，如图 13-6 所示。打穿铁口出铁时要求孔道按一定倾角开钻，放出渣铁后能在炉底保留部分铁水，这部分铁水俗称死铁层，目的是保持炉底温度，防止炉底结壳不断扩大而影响出铁量。

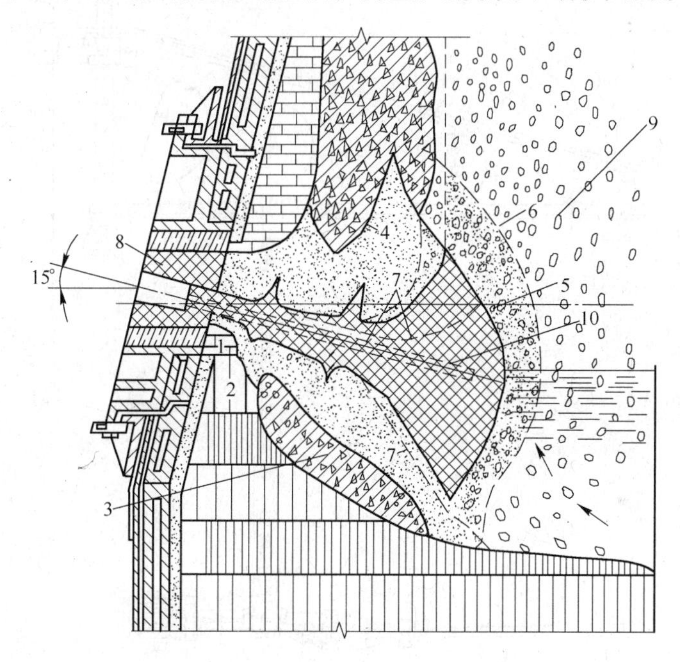


图 13-6 出铁口内堵口泥的分布状况

1，2—砌砖；3—渣壳；4—旧堵口泥；5—堵口时挤入的新堵口泥；6—堵口泥最多时可能达到的位置；7—出铁后被侵蚀的边缘线；8—出铁泥套；9—炉缸中焦炭；10—开穿前出铁口孔道

在实际生产中，打开出铁口方法可有下面几种：

（1）用钻头钻到赤热层后退出，然后通过人工，用气锤或氧气打开或烧穿赤热层。

（2）用钻杆送进机构，一直把铁口钻通，然后快速退回。

（3）采用具有双杆的开口机，先用一钻孔杆钻到赤热的硬层，然后用另一根捅杆把铁口打开，以防止钻头被铁水烧坏。

（4）在泥炮堵完泥后，立即用钻头钻到一定深度，然后换上捅杆捅开口，捅杆留在铁口不动，待下次出铁时，由开口机将捅杆拔出。

开口机按动作原理可分为钻孔式开口机和冲钻式开口机，但不管何种开口机，都应满足下列条件：

（1）开孔的钻头应在出铁口中开出具有一定倾斜角度的直线孔道，其孔道孔径应小于100mm。

（2）在开铁口时，不应破坏覆盖在铁口区域炉缸内壁上的耐火泥。

（3）开铁口的一切工序都应机械化，并能进行远距离操纵，保证操作工人的安全。

（4）开口机尺寸应尽可能小，并在开完铁口后远离铁口。

### 13.2.1 钻孔式开口机

#### 13.2.1.1 结构特点

这种开口机在我国已沿用了几十年，虽已改进为各种形式，但变化不是很大。它主要由三部分组成，如图13-7所示。

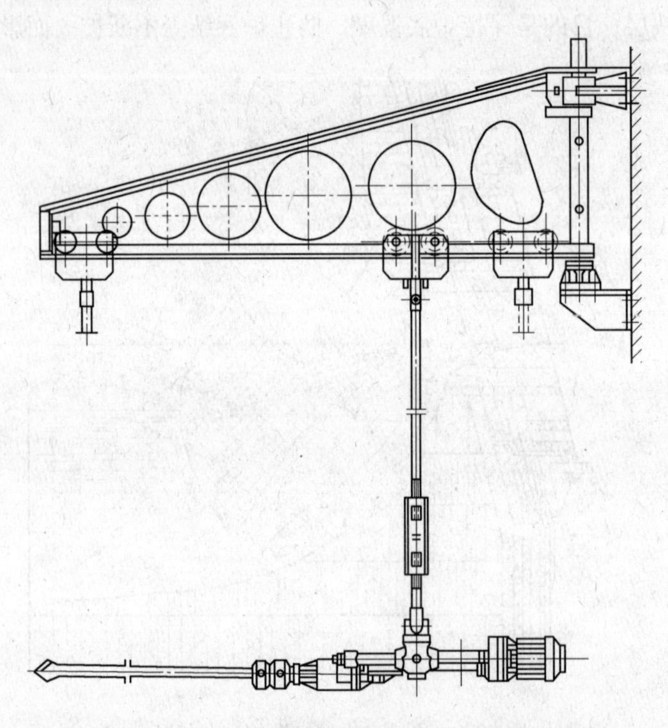

图13-7 某重型机械厂设计的钻孔机总图

（1）回转机构。回转机构由电动机驱动回转小车，带着可绕固定在炉皮上的转轴运动的一根主梁，沿着弧形轨道运动。

（2）移送机构。移送机构主要包括电动机、减速机、小卷筒、导向滑轮、牵引钢绳、走行小车和吊挂装置。吊挂长短可以调整，用来改变开口机的角度。

（3）钻孔机构。钻孔机构主要由电动机、减速机、对轮、钻杆及钻头组成。钻杆和钻头是空心的，以便通风冷却，排除钻削粉尘。这种开口机经常要更换左旋和右旋钻杆、钻头，以改变旋向，弥补孔眼钻偏。

钻孔式开口机的特点：

（1）结构简单、操作容易，但它只能旋转不能冲击。

（2）钻头钻进轨迹为曲线，铁口通道呈不规则孔道，给开口带来较大阻力。

（3）当钻头快要钻到终点时，需要退出钻杆，人工捅开铁口，劳动强度大，具有较大危险性。

13.2.1.2 检修

钻孔式开口机检修的主要内容有：

（1）开口机钻杆减速机灌铁。这是平时检修比较多的，主要原因有两种：一种是风压低于炉内压力时容易灌铁，另一种是操作工提前关风所致。灌铁后只有更换减速机。

（2）传动中钢绳磨损。特别是卷筒磨损有坑槽时，钢绳更换更频繁。因此，提高卷筒的耐磨性，保持卷筒接触钢绳面的完整是减少钢绳磨损的有效途径。

（3）各焊点开焊。补焊要求打坡口，清除旧焊缝，焊缝要连续均匀，高度为0.5mm。

13.2.1.3 钻孔式开铁口机常见故障及处理方法

钻孔式开铁口机常见故障及处理方法见表13-1。

**表13-1 钻孔式开铁口机常见故障及处理方法**

| 故 障 | 故 障 原 因 | 处 理 方 法 |
| --- | --- | --- |
| 弧形轨小车走到某一段后卡轨，行车困难 | 弧形轨道产生局部变形，增加小车运动阻力 | 处理局部变形 |
| | 弧形轨道曲率半径不规范，即曲率半径与小车的回转半径局部不吻合。多发生在更换的新轨道上 | 处理轨道或调整小车轮子左右间隙 |
| | 电气故障 | 由电气专业人员解决有关问题 |

## 13.2.2 冲钻式开铁口机

13.2.2.1 结构和工作原理

这种开铁口机是在钻机钻头旋转钻削的基础上，使钻头在轴向附加一定的冲击力，这样可以加快钻进速度。结构如图13-8所示。

开铁口时，移动小车使开口机移向出铁口，并使安全钩脱钩，然后开动升降机构，放松钢绳，将轨道放下，直到锁钩勾在环套上，再使压紧气缸动作，将轨道通过锁钩固定在出铁口上。这时钻杆已对准出铁口，开动钻孔机构风动马达，使钻杆旋转，同时开动送进机构风动马达使钻杆沿轨道向前运动。当钻头接近铁口时，开动冲击机构，开口机一面旋转，一面冲击，直至打开出铁口。

当铁口打开后应立即使送进机构反转（当钻头阻塞时，可利用冲击机构反向冲击拔出钻杆），使钻头迅速退离铁口。然后开动升降机构使开口机升起，并挂在安全钩上，用移动小车将开口机移离铁口。可将冲钻式开铁口机分为以下几个机构：

（1）横向移动机构。钻机主梁上的移动小车，在横移轨道上移动将冲钻带到铁口正上方位置。移动小车通过其专用卷扬系统拖动。

（2）钻机升降机构。在主梁上的升降卷扬系统拖放钢绳，通过吊杆的下降，将钻机本体下降到工作位置，通过调节连杆的调整，使冲钻机轨道与理论钻孔轴线平行，同时使钻杆与理论钻孔轴线同轴。

（3）锁紧机构。在钻机下降至终点位置时，锁钩落入设在铁口上方的环套中，抵消

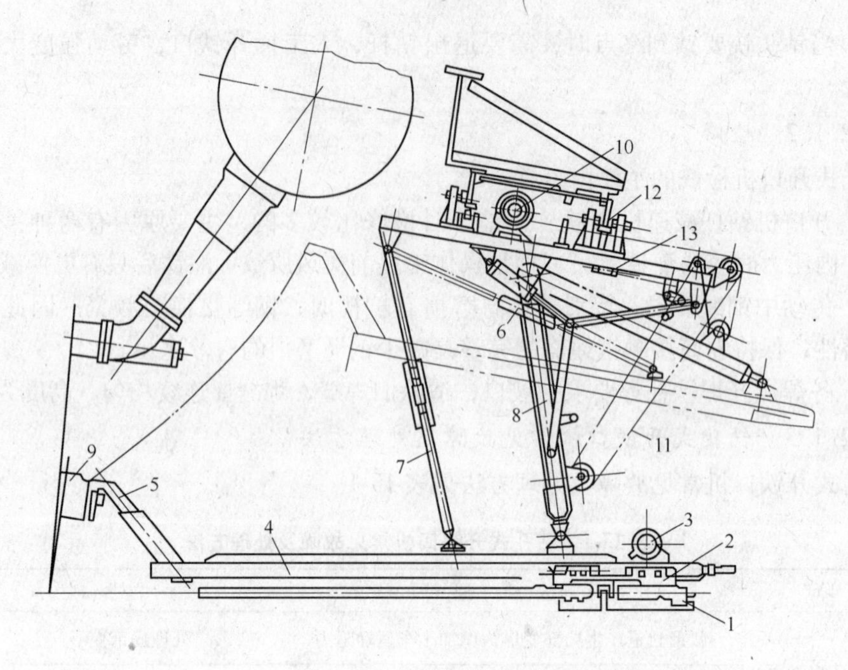


图 13-8 冲钻式开铁口机

1—钻孔机构；2—送进小车；3—风动马达；4—轨道；5—锁钩；6—压紧气缸；7—调节连杆；8—吊杆；9—环套；10—升降卷扬机；11—钢绳；12—移动小车；13—安全钩气缸

冲钻时钻机产生的反作用力。

（4）压紧机构。压紧气缸推动撑杆，支撑住吊杆，防止正在作业时机体向上弹跳。

（5）送进机构。通过送进风动马达运转，将钻机沿轨道移向出铁口。

（6）钻孔机构。通过钻孔风动马达运转，带动钻杆回转进行钻削。

（7）冲击机构。打开通气阀门，将压缩空气通入钻机配气系统推动冲击锤头撞击钻杆挡块，使钻杆产生冲击运动，加快钻削速度。

13.2.2.2 冲钻式开铁口机维护

冲钻式开铁口机的维护内容主要包括：

（1）保证金属软管不与其他部位相碰，发现漏气及时更换。

（2）定期加润滑油和润滑干油。

（3）每季检查、清洗活塞导向套及活塞杆。

（4）马达在安装一个月后进行第一次清洗或更换，以后每季度一次。

13.2.2.3 冲钻式开铁口机常见故障及处理方法

冲钻式开铁口机常见故障及处理方法见表 13-2。

现在有部分厂家炉前设一液压站，液压系统为高炉液压泥炮、堵渣机和开口机提供压力油源，保证液压泥炮、堵渣机和开口机的正常工作。炉前液压开口机由设置在液压操作台上的四个操作手柄进行控制，分别为回转手柄、送进手柄、转钎手柄、冲击手柄。其钻头有液压冲击器实现冲击运动，并有使钻杆旋转的钻孔机构。同时又有使钻孔机构送进/后退用的移送机构以及使开口机旋转和摆钎机构。

对于液压开口机的维护保养等可参考液压泥炮（13.3.3 节）。

表 13-2 冲钻式开铁口机常见故障及处理方法

| 故 障 | 故 障 原 因 | 处 理 方 法 |
|---|---|---|
| 钻杆不旋转 | 风压低于规定值 | 调整风压至规定值 |
| | 控制阀缺油或损坏 | 加油或更换控制阀 |
| | 管路泄漏 | 处理管路泄露 |
| | 内斜花键套及其轴磨损严重或卡死 | 更换相应零部件或相应处理 |
| 振动器不工作 | 气体中有杂质或压力不符合要求 | 除杂质或调整压力 |
| | 相关阀门位置不当或损坏 | 调整有关阀门的位置或换阀门 |
| | 振动器缺油或杂物卡死 | 注入清洁油或取出杂物 |

## 13.3 堵铁口机

高炉在出铁完毕至下一次出铁之前，出铁口必须堵住。堵塞出铁口的办法是用泥炮将一种特制的炮泥推入出铁口内，炉内高温将炮泥烧结固状而实现堵住出铁口的目的。下次出铁时再用开口机将出铁口打开。在设置泥炮时应满足下列要求：

（1）有足够的一次吐泥量。除填充被铁渣水冲大了的铁口通道外，还必须保证有足够的炮泥挤入铁口内。在炉内压力的作用下，这些炮泥扩张成蘑菇状贴于炉缸内壁上，起修补炉衬的作用。

（2）有一定的吐泥速度。吐泥过快，使炮泥挤入炉内焦炭中，形不成蘑菇状补层，失去修补前墙的作用。吐泥过慢，容易使炮泥在进入铁口通道过程中失去塑性，增加堵泥阻力，炉缸前墙也得不到修补。

（3）有足够的吐泥压力。为克服铁口通道的摩擦阻力、炮泥内摩擦阻力、炉内焦炭阻力等，泥炮应具有足够的吐泥压力。

（4）操作安全可靠，可以远距离控制。由于高炉大型化并采用了高压操作，出铁后炉内喷出大量的渣铁水，所以要求堵口机一次堵口成功，并能远距离控制堵口机各个机构的运转。

（5）炮嘴运动轨迹准确。经调试后，炮嘴一次对准出铁口。

### 13.3.1 液压泥炮特点

按驱动方式可将泥炮分为气动泥炮、电动泥炮和液压泥炮三种。气动泥炮采用蒸汽驱动，由于泥缸容积小，活塞推力不足，已被淘汰。随着高炉容积的大型化和无水炮泥的使用，要求泥炮的推力越来越大，电动泥炮已难以满足现代大型高炉的要求，只能用于中、小型常压高炉。现代大型高炉多采用液压矮式泥炮。

液压泥炮具有如下特点：

（1）有强大的打泥压力，打泥致密，能适应高炉高压操作，压紧机构具有稳定的压紧力，不易漏泥。

（2）体积小，质量轻，不妨碍其他炉前设备工作，为机械化更换风口、弯管创造了条件。

（3）工作平稳、可靠，由于采用液压传动，机件可自行润滑，且调速方便。

（4）结构简单，易于维修，由于去除了大量机械传动零部件，大大减轻了机件的维修量。

### 13.3.2 矮式液压泥炮

图 13-9 为 2380kN 矮式泥炮液压传动系统图。泥炮由打泥、压炮、锁炮和回转机构四部分组成。其中打泥、压炮、开锁（锁炮是当回转机构转到打泥位置时，由弹簧力带动锚钩自动挂钩，将回转机构锁紧）均是液压缸传动，而回转机构则是液压马达通过齿轮传动。

工艺参数见表 13-3。

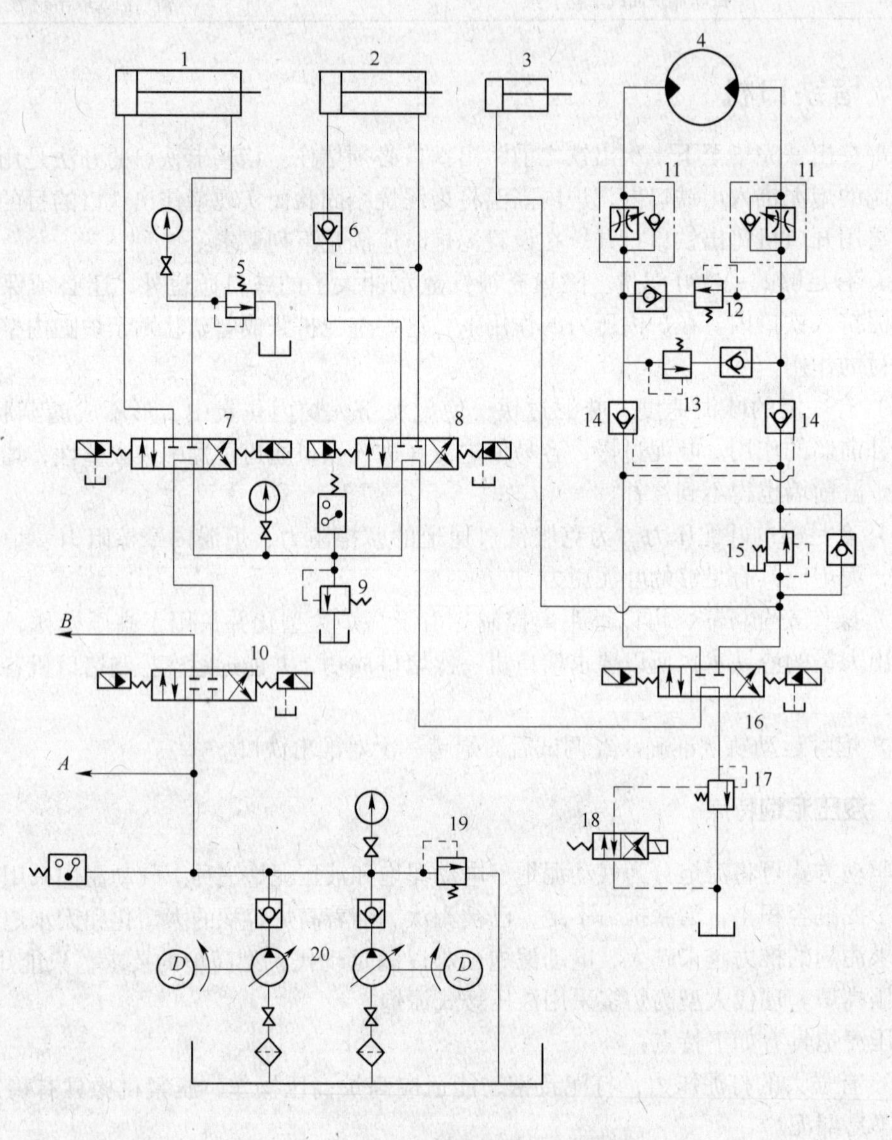


图 13-9 2380kN 矮式泥炮液压传动系统

1—打泥缸；2—压炮缸；3—开锁缸；4—回转液压马达；5，9，12，13，17，19—溢流阀；6，14—液控单向阀；7，8，10，16—电液换向阀；11—单向调速阀；15—单向顺序阀；18—二位四通换向阀；20—柱塞泵

表 13-3 2380kN 矮式泥炮液压传动系统工艺参数

| | | |
|---|---|---|
| 打 泥 机 构 | 泥缸容积/$m^3$ | 0.25 |
| | 泥缸直径/mm | 540 |
| | 最大推力/kN | 2380 |
| | 炮身倾角/（°） | 19 |
| | 炮嘴出口直径/mm | 150 |
| | 炮嘴吐泥速度/$m \cdot s^{-1}$ | 0.2 |
| 压 炮 机 构 | 最大压炮力/kN | 210 |
| | 送炮时间/s | 10 |
| | 回程时间/s | 6.85 |
| 回 转 机 构 | 最大回转力矩/kN·m | 17.5 |

13.3.2.1 液压传动系统参数

液压传动系统参数见表 13-4。

表 13-4 液压传动系统参数

| | | | |
|---|---|---|---|
| 液压系统 | 打泥回路工作压力/MPa | | 21 |
| | 压炮回路工作压力/MPa | | 14 |
| | 开锁回路工作压力/MPa | | 4 |
| | 回转回路工作压力/MPa | | 14 |
| 轴向柱塞泵 | 额定压力/MPa | | 32 |
| | 额定流量（每台）/$L \cdot min^{-1}$ | | 160 |
| | 传动功率/kW | | 55 |
| | 转速/$r \cdot min^{-1}$ | | 1000 |
| | 打泥缸尺寸/mm×mm | | $\phi$380×1100 |
| | 压炮缸尺寸/mm×mm | | $\phi$125×700 |
| | 开锁缸尺寸/mm×mm | | $\phi$50×100 |
| 回转液压马达（径向柱塞式） | 单位流量/$L \cdot r^{-1}$ | | 1.608 |
| | 额定转速/r·min -1 | | 0~150 |
| | 工作压力 | 额定/MPa | 16 |
| | | 最大/MPa | 22 |
| | 扭 矩 | 额定/kN·m | 3.75 |
| | | 最大/kN·m | 5.16 |
| | 图 13-9 中溢流阀 5 的预调压力/MPa | | 8 |
| | 图 13-9 中溢流阀 12、13 的预调压力/MPa | | 15 |
| | 图 13-9 中溢流阀 17 的预调压力/MPa | | 0.5 |

13.3.2.2 系统工作原理

系统各回路的工作压力，由有关溢流阀或顺序阀调定（其预调压力见前）。柱塞泵提供的压力油除供给本图所示泥炮使用以外，还从 $A$ 出口供给其他一台同样的泥炮使用，从 $B$ 出口供给本高炉的堵渣机等使用。本系统的特性是在同一时间内，只允许一个用油点工作（这与生产工艺是符合的）。因此，当一个系统或一个系统内一个用油点工作时，必须把其他系统或同系统内其余用油点的换向阀一律置于“0”位。

系统工作时，图13-9中的电液换向阀10的右端接电处于右阀位，打泥缸的打泥压力，由图13-9中的溢流阀19调定，压炮缸和回转马达的工作压力由图13-9中的溢流阀9调定。在压炮回路中，设有液控单向阀，防止泥炮在打泥时，压炮缸活塞后退，压不住铁口泥套，引起跑泥。

在打泥完毕回转机构返回运动之前，必须先把锁炮锚钩打开，回转液压马达方能启动，因此，在回路中设有单向顺序阀，其作用是当图13-9中的电液换向阀16处于右阀位时，先向开锁缸进油，打开锚钩。当锚钩完全打开时，活塞停止前进，回路压力上升，达到4MPa时，单向顺序阀打开，液压马达才开始进油，进行回转运动。液压马达的回转速度由单向调速阀进行回油调节。液压马达在停止时，由于惯性作用在排油侧所产生的冲击压力，由图13-9中的溢流阀12或13进行溢流限制，所溢出的油液通过单向阀向进油侧进行补充。液压马达在停止后，由图13-9中的两个液控单向阀14进行锁紧。

在一次打泥工作循环结束后，各有关电液换向阀（图13-9中的7、8、16）均恢复到中间“0”位。此时，如果其他系统未工作，还有一个换向阀（图13-9中的10）仍处于右阀位，则泵的排油通过各换向阀卸荷运转。

### 13.3.3 液压泥炮维护

#### 13.3.3.1 工作油的维护使用

A 工作油的性质

泥炮液压系统采用纯三磷酸酯作为工作油。这种油不易燃烧，即使燃烧也能立即扑灭，不会发生大的火灾。但对一般矿物油液压系统中使用的零件、材料不适用，它对非金属材料的影响尤为显著。一般矿物油用的密封圈、垫圈和涂料用于本工作液压系统中在短时期内会膨胀、变形和溶解。此油具有毒性，使用时要特别注意对皮肤和眼睛的危害。

B 工作油的检验

每六个月应对工作油进行一次检验。检验工作油应从油箱、油管途中和执行装置三个部位取样，以确定是部分更换还是全部更换工作油。

C 工作油的使用

使用工作油时应注意：

（1）注油时必须经滤油器向油箱注油。

（2）排除的回收油必须经制造厂净化后才可使用。

（3）油箱要经常保持正常油位，防止液压泵把空气吸入到系统中引起工作油的劣化和其他故障。

（4）泥炮长期不使用时，为防止工作油在管内滞留时间过长，应每三个月使其工作油在管内强行循环一次。

#### 13.3.3.2 其他设备维护

除了工作油，还要对其他设备进行维护：

（1）泥炮使用六个月后应清洗一次油箱，更换新油，以后每隔一年清洗一次，并更换新油。在清洗油箱的同时应清洗或更换滤油器的滤芯，正常使用时如滤油器警报装置发出信号，应及时更换滤芯。

（2）泥炮使用一个月后应将泥炮炮体和液压站的各处螺栓全部拧紧一次，以后隔三个月检查拧紧一次。

（3）当泥炮出现故障需要检修时，用备件将炮身或油缸整体换下，运至机修车间进行检修。不管油缸密封件是否损坏，一般在六个月左右将油缸换下，检查或更换密封圈，更换备件时注意各接头的洁净。

（4）炮身安装完毕后要注意检查两极限位置，压下炮后达规定倾角，停炮后应水平。

（5）炮身上的各润滑点应每周注两次润滑油。

（6）每天检查工作油缸是否平稳，是否有泄漏。

（7）每天检查系统各阀及油路是否泄漏。

（8）每天检查炮身泥饼有无倒泥现象，如严重倒泥应及时更换。

（9）每天检查炮嘴，若发现两端烧坏，及时更换炮嘴帽或炮嘴。

### 13.3.4 液压泥炮常见故障及处理方法

为了尽早发现故障，应首先对以下项目进行初步检查和处理：

（1）泥炮液压系统是否按操作规程进行。

（2）电动机旋转方向是否正确。

（3）液压泵工作是否正常。

（4）油箱油量是否适当。

（5）截止阀开闭是否正确。

（6）油路是否有泄漏。

液压泥炮常见故障及处理方法见表 13-5。

**表 13-5 液压泥炮常见故障及处理方法**

| 故 障 | 故 障 原 因 | 处 理 方 法 |
|---|---|---|
| 油缸不动作或转速太慢 | 安全阀故障 | 更换、检查、修理、调整 |
| | 单向阀故障 | |
| | 换向阀故障 | |
| | 油缸内漏 | |
| 打泥时动作太慢 | 油缸内漏 | 更换修理 |
| | 流量阀故障 | 清洗修理流量阀 |
| 泥缸跑泥严重 | 活塞与缸体间隙过大 | 更换泥炮活塞，缩小间隙 |
| 泥炮嘴对不上铁口 | 悬挂拉杆调节螺母角度不正确 | 调整其相应角度 |

## 13.4 堵渣口机

### 13.4.1 渣口装置

高炉渣口用于出渣。通常渣口（图 13-10）由青铜小套、青铜三套、铸铁二套、铸铁大套和法兰盘等组成。为便于更换，用锥面相互连接，防止炉内压力使这些零件产生轴向移动，设置了挡块，挡块一端支撑在相应零件的底面，另一端用螺栓和楔块固定在法兰上。

由于渣口装置处于高温区域，要求小套、三套、二套和大套都使用压力循环水冷却，青铜冷却器的挡块也用水冷却，此时进水管和出水管兼起挡板作用。在渣口装置内侧砌耐火砖，炉渣经渣口内套和耐火砖砌的孔直接流入渣沟。

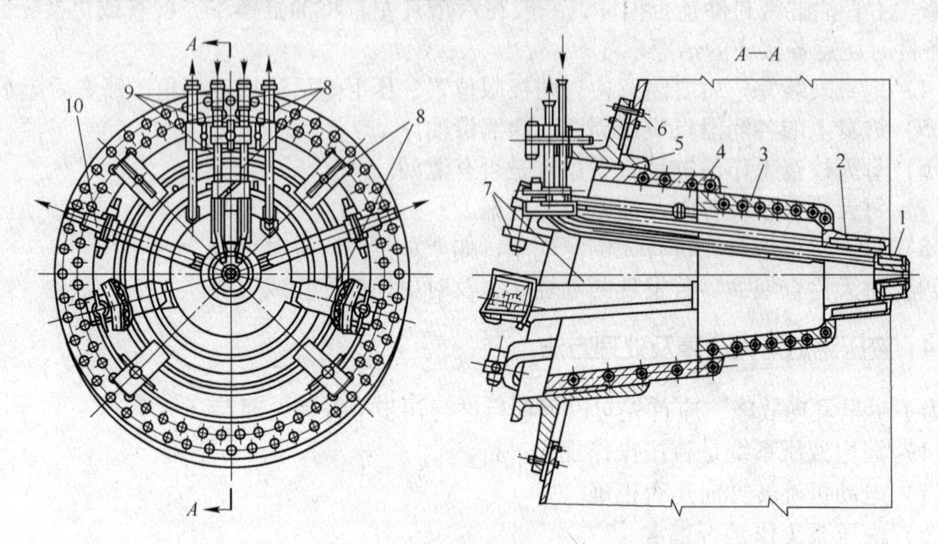


图 13-10　渣口装置

1—青铜小套；2—青铜三套；3—铸铁二套；4—铸铁大套；5—法兰盘；6—铆钉连接；7—支撑挡块；8—冷却水进水管；9—出水管；10—青铜冷却器的支撑挡块

### 13.4.2　堵渣口机

高炉的渣口要求在出渣后迅速堵住。在堵渣口时，要求堵渣口机械工作可靠，结构紧凑，可以远距离操作，塞头进入渣口的轨迹应近似于一条直线。

目前国内外研制的堵渣口机结构形式较多，按驱动方式可分气动、电动和液压三种。国内使用较多的为连杆式堵渣口机和液压折叠式堵渣口机。

#### 13.4.2.1　连杆式堵渣口机

图 13-11 为连杆式堵渣口机结构。

连杆式堵渣口机的主要部分是铰接的平行四连杆，四连杆的下杆件延伸部分是带塞头的塞杆。平行四连杆的每一根斜杆都用两根引杆与支撑框架连接起来，支撑框架固接于高炉炉壳上。用汽缸通过操纵钢绳将塞杆拉出，并提起连杆机构。当从汽缸上部通入压缩空气时，汽缸活塞向下运动，从而带动操纵钢绳，钢绳拉着连杆机构绕固定心轴回转，整个机构被提起而靠近框架。在连杆机构被提起位置，用钩子把机构固定住，以待放渣时进行操作。

为了堵住渣口，把压缩空气通入汽缸下部，活塞上升，操纵钢绳松弛，然后操纵钩子的钢绳，使钩子脱钩。此时，连杆机构在自重和平衡重的作用下，向下伸入渣口，塞头紧

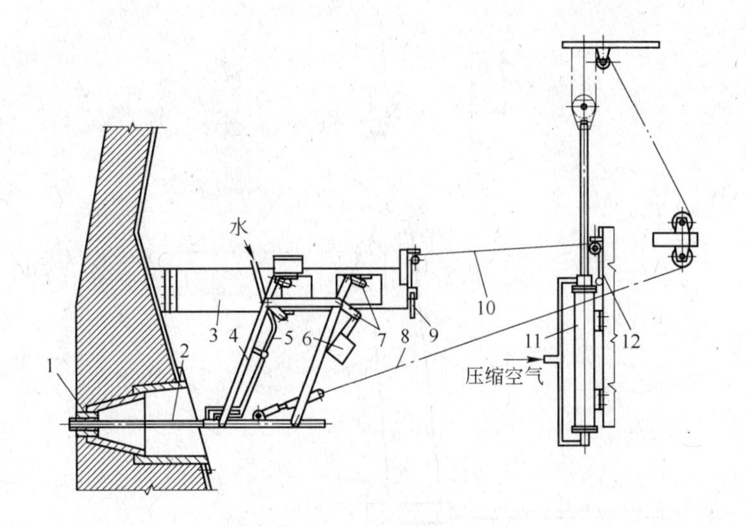


图 13-11　连杆式堵渣口机

1—塞头；2—塞杆；3—框架；4—平行四连杆；5—塞头冷却水管；6—平衡重；7—固定心轴；8—操纵钢绳；9—钩子；10—操纵钩子的钢绳；11—汽缸；12—钩子的操纵端

紧堵塞在渣口内套上。冷却塞杆和塞头的冷却水从塞头冷却水管通入。为了避免塞头楔住，塞头设有挡环，而且塞头和内套都应有10°~15°锥度。

近年来，许多高炉将压缩空气缸驱动改为电动机卷扬驱动。

四连杆堵渣口机的塞杆和塞头是空心的，内通循环水冷却。放渣时，堵渣口机塞头离开渣口后，人工用钢钎捅开渣口放渣，很不方便，也不安全，因此将其改进为吹风式。即塞杆和塞头中心有一个孔道，堵渣时，高压空气通入孔道吹入高炉炉缸内。为了防止渣液倒灌入通风管，在塞头中心孔连续不断地吹入压缩空气，并在通风管前端装一小型逆止阀，若逆止阀被渣堵死，可以拧下更换。这样渣口始终不会被熔渣封闭，放渣时拔出塞头自动放出，无须再用人工捅渣口，操作方便。塞头内通压缩空气不仅冷却塞头，而且吹入炉内的压缩空气还能消除渣口周围的死区，延长渣口寿命。

通风式堵渣口机塞头结构如图 13-12 所示。

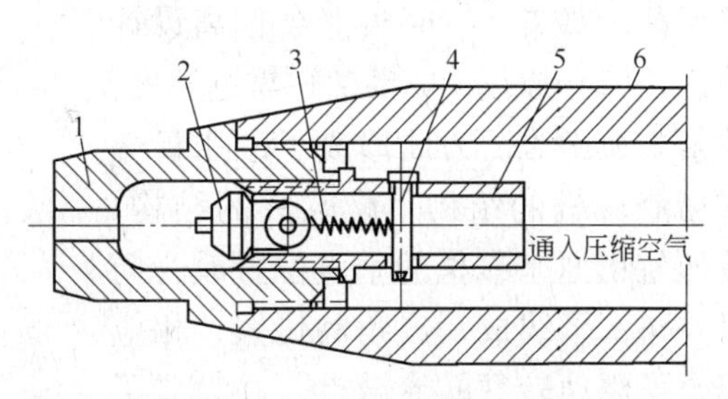


图 13-12　通风式塞头结构图

1—小塞头；2—逆止阀；3—拉力弹簧；4—销轴；5—阀芯管；6—大塞头

四连杆式堵渣口机的主要特点是结构简单，工作可靠，可以远距离操作。其缺点是：外形尺寸大，占据空间大，机构受热易变形；连杆结构铰接点太多，容易磨损；妨碍炉前机械化更换风口。

#### 13.4.2.2　液压折叠式堵渣口机

##### A　结构和工作原理

液压折叠式堵渣口机结构如图 13-13 所示。

开启渣口时，液压缸活塞向下移动，推动刚性杆 $GFA$ 绕 $F$ 点转动，将堵渣杆抬起。在连杆（图 13-13 中的 2）未接触到滚轮时，连杆（图 13-13 中的 4）绕铰接点 $D$（$DEH$

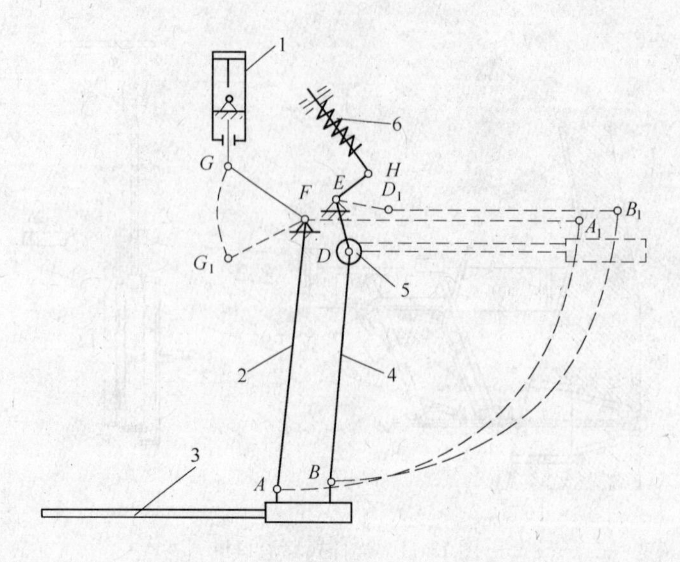


图 13-13 液压折叠式堵渣口机结构

1—摆动油缸；2，4—连杆；3—堵渣杆；5—滚轮；6—弹簧

杆为刚性杆，此时 $D$ 点受弹簧的作用不动）转动。当连杆（图 13-13 中的 2）接触滚轮后就带动连杆（图 13-13 中的 4）和 $DEH$ 杆一起绕 $E$ 点转动，直到把堵渣杆抬到水平位置。$DEH$ 杆转动时弹簧受到压缩。堵渣杆抬起最高位置离渣中心线可达 2m 以上。堵出渣口时，液压缸活塞向上移动，堵渣杆得到与上述相反的运动，迅速将渣口堵住。

在这种堵渣口机也采用了通风式塞头。

这种堵渣口机的主要优点：（1）结构简单，外形尺寸小，放渣时堵渣杆可提高到 2m 以上的空间，这为炉前操作机械化创造了有利的条件；（2）采用通风式塞头，放渣时拔出堵渣杆，渣液自动流出。

主要缺点：（1）堵渣杆与连杆都较长，铰接点多，连杆机构的刚度不易保证，塞头运行时可能会偏离设计轨迹；（2）原设计驱动油缸靠近炉皮，检修更换困难。为此修改了液压折叠式堵渣口机的结构，修改后的结构，液压缸由原来靠里的垂直位置改为向外并与水平线成一夹角的位置，相应修改了驱动转臂的铰链点，并设置了隔热板。因修改的需要，撤除了产生弹簧平衡力矩的一些零件，如图 13-14 所示，利用平衡杆系重心产生的力矩作平衡力矩，增加滚轮的轴长作定位销轴，增设定位挡块，以保证机构转化时 $O_2$点的固定位置。

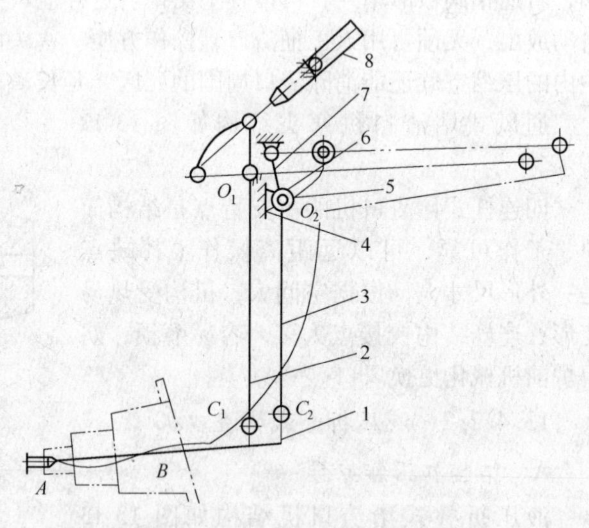


图 13-14 改进后的折叠式堵渣口机

1—堵渣杆；2—转臂；3—平衡杆；4—定位挡块；5—定位销轴；6—滚轮；7—平衡转臂；8—液压缸

B 液压折叠式堵渣口机维护

液压折叠式堵渣口机的维护内容包括：

（1）本设备在液压、气动系统及所配置的管路正常的条件下才能安全工作，因此必须做到：

1）保证液压油清洁度，保证气动元件的干燥及正常润滑；

2）经常检查设备上管的接头是否松动，若造成渗漏应及时紧固或更换；

3）经常检查液压站各元件及气动系统各元件是否正常，有无泄漏，发现问题及时更换；

4）炉前环境恶劣容易造成液压软管损坏，必须及时检查和更换。

（2）经常检查各气、液配管是否损坏或泄漏，发现问题及时修补或更换。

（3）液压缸维修应该在干净的场所进行。

（4）设备上若有机械零件损坏，必须在完全停机的状态下才能进行检修和更换。

C 液压折叠式堵渣口机常见故障及处理方法

液压折叠式堵渣口机常见故障及处理方法见表13-6。

**表13-6 压液折叠式堵渣口机常见故障及处理方法**

| 故 障 | 故 障 原 因 | 处 理 方 法 |
|---|---|---|
| 油缸不动作 | 油缸内漏，流量不足，压力太低 | 更换油缸内密封件，调节流量、工作压力 |
| | 电磁换向阀故障 | 更换、清洗及修理 |
| 堵渣机塞头不对渣口 | 角度不正确 | 调整角度：高度方向上用平衡杆的螺母及平衡转杆上的调节限位螺母来实现，在水平方向上由堵渣杆的燕尾槽来调节 |
| 电磁阀不动作 | 电磁阀故障 | 检查电磁线是否损坏 |
| | 电路故障 | 检查电路电源 |

## 13.5 换风口机与换弯管机

### 13.5.1 换风口机

高炉风口烧坏后必须立即更换。过去国内高炉普遍采取人工更换风口，不仅工作艰巨，而且更换时间长，影响高炉生产。随着高炉容积的大型化，风口数目增多，质量增加，要求更换风口的时间减短，人工更换风口已不能适应高炉操作的要求。因此，目前国内外大型高炉已都采用换风口机来更换风口。对换风口机的要求是灵活可靠，操作简单方便，运转迅速、适应性强，耐高温耐冲击性好。

换风口机按其走行方式，可分为吊挂式和地上走行式两类。我国高炉采用的换风口机一般为吊挂式，国外高炉多采用走行式。

13.5.1.1 吊挂式换风口机

吊挂式换风口机由北京钢铁设计研究总院和首钢炼铁厂共同研制，它的主要优点是机构性能良好，操作时间短，采用这种换风口机，更换一个风口大约需要12min左右，操作人员少，一般情况下只需要2~3人就可完成操作。

如图13-15所示，吊挂式换风口机由小车运行机构、立柱回转和升降机构、挑杆伸缩机构、挑杆摆动机构、挑杆冲击机构、卷扬机构和油泵站等组成。

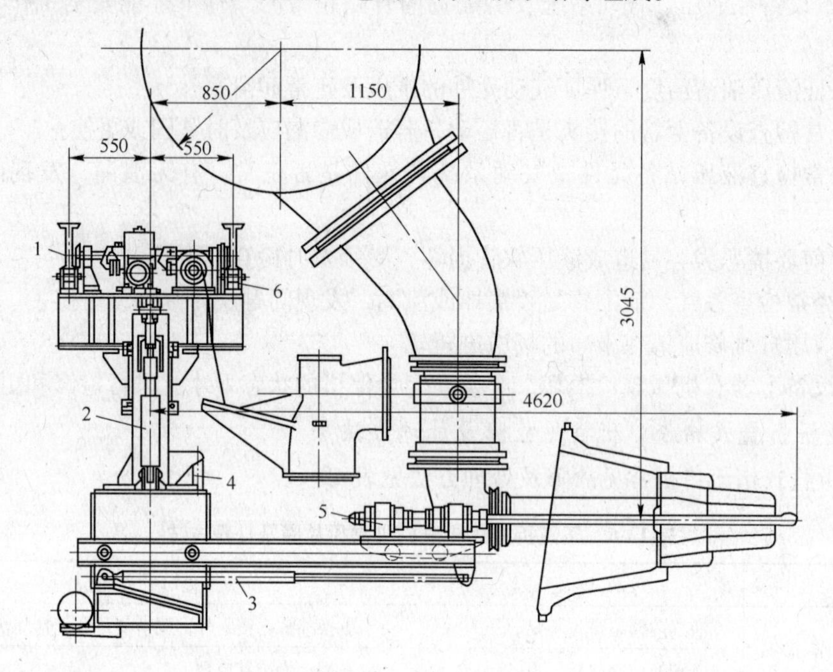


图13-15 换风口机结构

1—小车运行机构；2—立柱回转和升降机构；3—挑杆伸缩机构；4—挑杆摆动机构；5—挑杆冲击机构；6—卷扬机构

风口大都与渣、铁水和炉壁黏在一起，不宜用静拉的方法取出。一般都用冲击力使风口和炉壁冷却器的结合松动，然后再取出风口。所以应采用液压锤来冲击挑杆，使风口和炉壁冷却器的结合松动。

（1）小车运行机构。换风口机各机构均吊挂在小车上，小车在工字梁轨道上运行，此轨道环绕在高炉周围。换风口时，换风口机可通过小车移到高炉周围任意一个风口处。平时换风口机停在高炉旁的机库里。

（2）立柱回转和升降机构。在换风口的操作过程中，挑杆需要绕立柱中心线做回转运动或垂直升降运动来完成拆、装风口工作。立柱的回转运动是手动的，立柱的升降运动是用液压缸来完成的。

（3）挑杆伸缩机构。在取下（或装上）风口及直吹管时，挑杆需伸缩移动。取下风口时，要求伸缩臂完全伸出，同时装有挑杆的小车走到伸缩臂头部，使拉风口的拉钩伸入炉内勾住风口。立柱回转时，由于风口区域位置窄小，要求伸缩臂缩回，装有挑杆的小车退回到伸缩臂尾部。这样小车的总行程为3m左右，而伸缩臂油缸活塞行程为1m，为此采用了动滑轮钢绳传动，传动比为3，可满足上述要求。其传动结构如图13-16所示，驱动油缸和定滑轮固定在立柱的架体上，油缸活塞杆的一端与伸缩臂的头部固定，伸缩臂的头部还装有动滑轮。钢绳一端固定在伸缩臂上，另一端绕过定滑轮及动滑轮固定在装有挑杆的小车上，小车可在伸缩臂上前后移动。当活塞杆向前伸出时，固定在活塞杆上的伸缩臂和动滑轮也向前移动，小车由钢绳牵引向前移动，其移动行程为活塞杆的三倍。同理，活塞杆向后缩回时，挑杆又得向后移动，其移动行程仍为活塞杆行程的三倍。

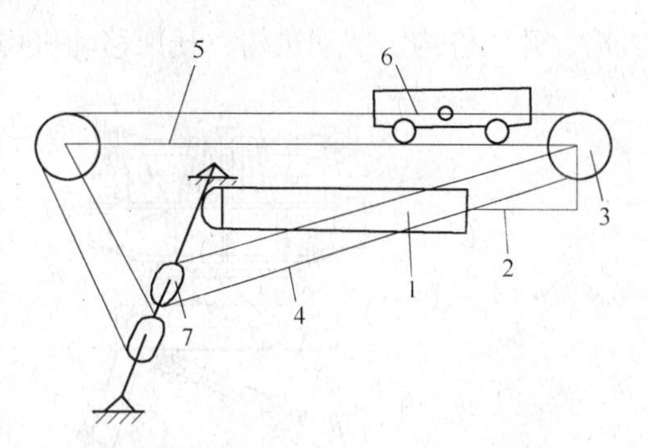


图 13-16 伸缩臂钢绳传动示意图

1—驱动油缸；2—活塞杆；3—动滑轮；4—钢绳；5—伸缩臂；6—小车；7—定滑轮

（4）挑杆摆动机构。利用挑杆挑起或放下风口及直吹管时，均要求挑杆做上下摆动运动。挑杆摆动是用两个油缸来完成的（图 13-15 中 4）。

（5）挑杆冲击机构。换风口时，利用液压锤冲击挑杆使风口松动或撞紧风口。卸风口是利用挑杆前端的拉钩勾住风口，然后用液压锤冲击挑杆，使风口受到冲击力直到风口松动，再用挑杆将风口拉出，装风口也需用液压锤给挑杆以相反方向的冲击力，撞紧新装上的风口。

（6）卷扬机构。卸风口时，需要用卷扬机先将弯头吊起，然后卸吹管和风口。

13.5.1.2 吊挂式换风口机

日本 IHI 更换风口装置属于此类。它可以更换高炉进风弯管、直吹管及风口，如图 13-17 所示。行走车有三个轮子（一个尾轮，两个前轮），走行在风口工作平台上。操纵柄可使尾轮转动，尾轮上设有驱动机构，驱动电机为 2.2kW，走速为 10m/min。它的作业顺序是用连杆取下弯管和直吹管，然后旋转台旋转 180°，将被换的风口用钩子勾出来，再将新风口送进原来的位置。

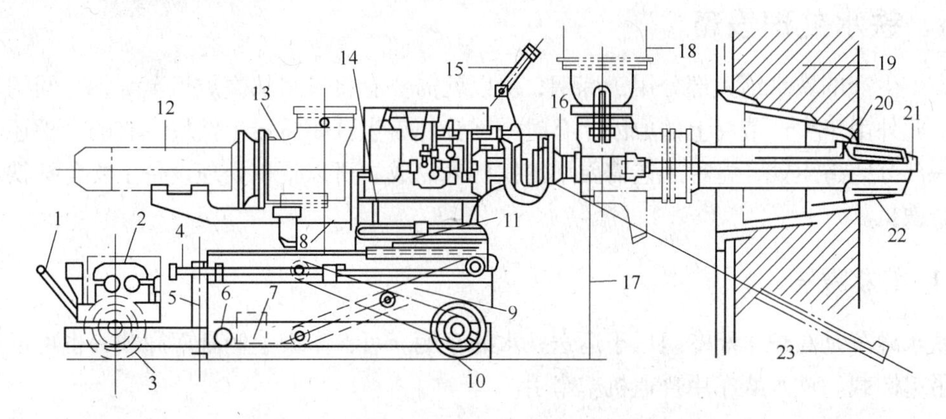


图 13-17 走行式换风口机

1—操作柄；2—驱动机构；3—驱动轮；4—前后移动油缸；5—液压千斤顶；6—液压泵；7—油箱；8—连杆；9—前后行程；10—车轮；11—左右移动油缸；12—直吹管；13—进风弯管；14—旋转台；15—倾斜油缸；16—空气锤气缸；17—旋转台提升高度；18—进风支管；19—高炉内衬；20—安装时钩子位置；21—更换时钩子位置；22—风口；23—取新风口时钩子位置

## 13.5.2 换弯管机

我国某重型机械厂设计的换弯管机的结构如图 13-18 所示。它由小车运行机构、回转机构、升降机构、摆动机构、托架移动机构和托架摆动机构等几部分组成。

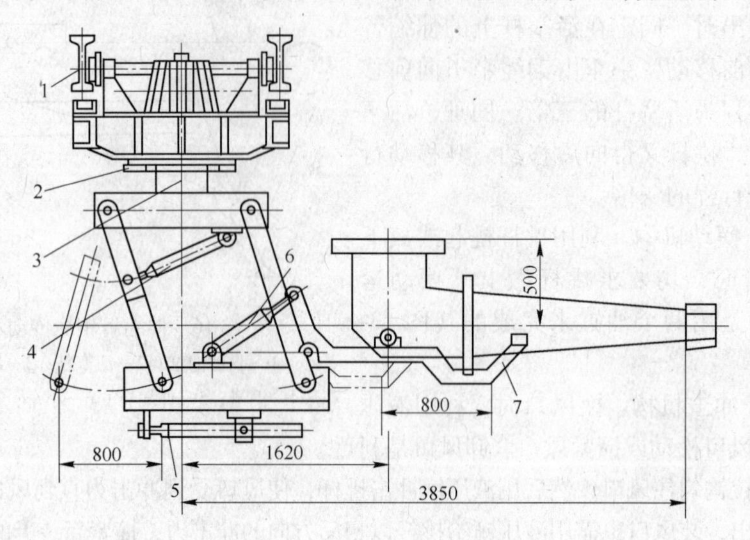


图 13-18 换弯管机结构示意图

1—运行机构；2—回转机构；3—升降机构；4—摆动机构；5—托架移动机构；6—托架摆动机构；7—托架

为了配合换风口机工作，国内还设计了换弯管机。换弯管机也是通过小车吊挂在更换风口机运行的环形轨道上运行。换弯管机工作时，将卸下的弯管和直吹管用托架托起，并运送离开风口区。再用换风口机拆卸和安装风口，新的风口安装好后，再用换弯管机将弯管及直吹管托运来，放于待装位置。

## 13.6 铁水处理设备

高炉生产的铁水绝大部分用于炼钢，所以就需要有将铁水从高炉运至炼钢车间的铁水罐车。此外由于生产节奏上的原因，有时一部分炼钢生铁要铸成生铁块。有的高炉还专门生产一部分铸造生铁，这种工艺需要用铸铁机来完成。所以生铁处理设备主要包括铁水罐车和铸铁机。

### 13.6.1 铁水罐车

铁水罐车是高炉车间专门用于运送铁水的车辆。可在车架上倾翻而卸载，也可以用起重机吊起卸载。铁水罐车用普通机车牵引。

#### 13.6.1.1 对铁水罐车的要求

铁水罐车应满足如下要求：

（1）单位长度上有最大的容量，以降低铁口标高和缩短出铁场的长度，保证最大装入量。

（2）足够的稳定性，重心要低于枢轴，保证运行平稳，不得自行倾翻，而当需要倾翻时，倾翻所需的功率应尽量小。

（3）外形合理，适合保温，热损失小，能够承受热应力，维修方便。

（4）有足够的强度，安全可靠，结构紧凑合理，自重小。

13.6.1.2 铁水罐车的类型

铁水罐车按铁水罐外形结构可分为圆锥形、梨形和混铁炉式三种。

(1) 锥形铁水罐。锥形铁水罐的优点是构造简单、砌砖容易、清理罐内凝铁容易。缺点是热损失大，容量小（一般仅50~70t），使用寿命短（仅50~300次）。多用于小型高炉。

目前我国高炉广泛采用的铁水罐车结构形式如图13-19所示。车架为焊接双弯梁式，两端由支座支撑罐体，通过心盘将负荷传给转向架。铁水罐的上部为圆柱形，底部为半球形，如图13-20所示。这种形式的铁水罐清理废铁和铁瘤以及观察罐内破损情况比较方便。

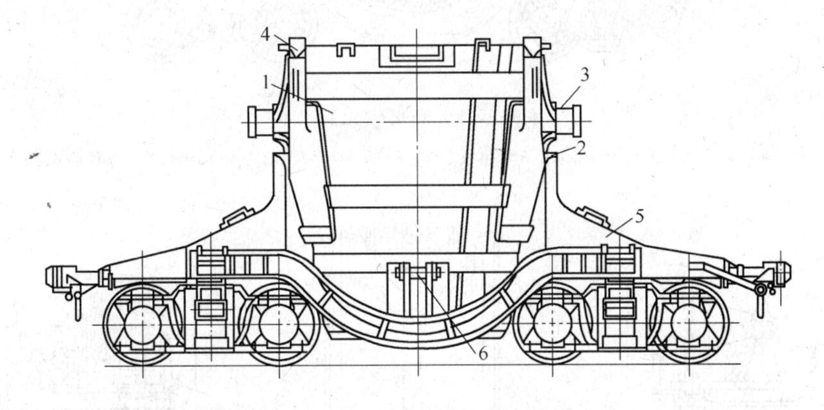


图13-19 锥形铁水罐车

1—锥形铁水罐；2—枢轴；3—耳轴；4—支撑凸爪；5—平台；6—小轴

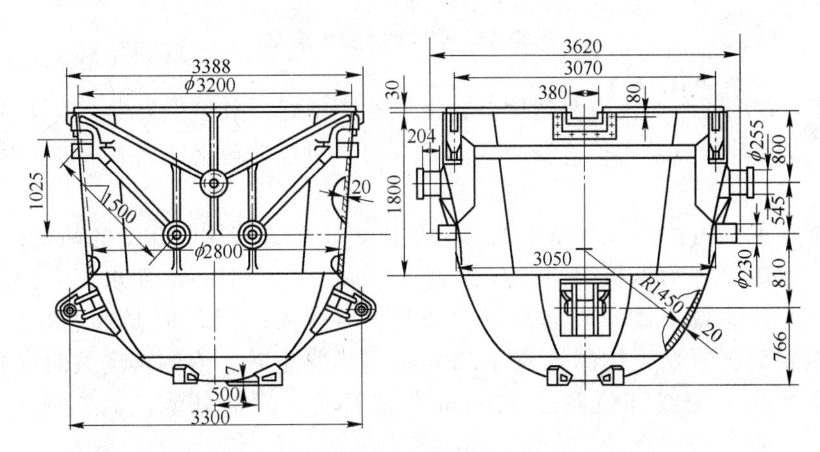


图13-20 65t铁水罐外形

(2) 梨形铁水罐。这种铁水罐外形似梨状，如图13-21所示。其散热面积小，散热损失减少，容量一般只有100t左右，底部呈半球形，倒罐后残铁量少，内衬寿命较长，一般为100~500次。但是梨形铁水罐由于口部尺寸较小，清理废铁和铁瘤不方便，也不便观察内部砖衬的破损情况，因此，在国内未广泛采用。

(3) 混铁炉式铁水罐。混铁炉式铁水罐，外形呈鱼雷状，故又称鱼雷式铁水罐车，如图13-22所示。

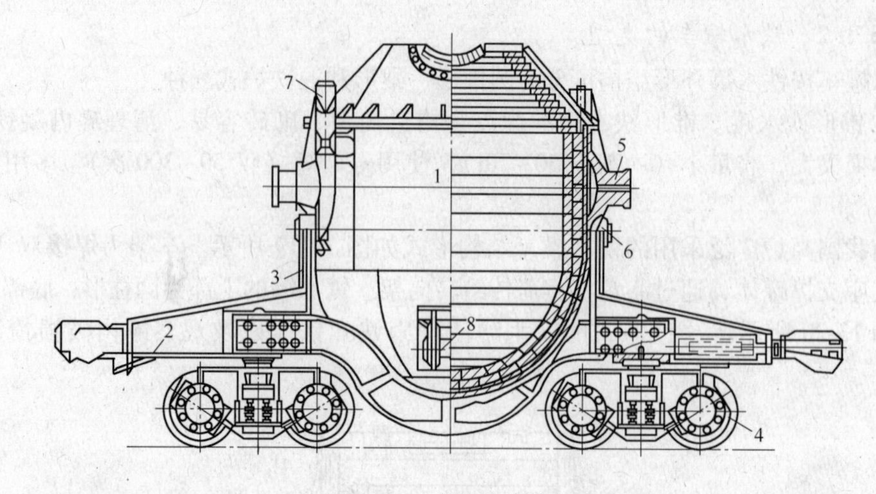


图 13-21 梨形铁水罐车

1—罐体；2—车架；3—吊架；4—车轮；5—吊轴；6—支轴；7—支爪；8—吊耳座销轴

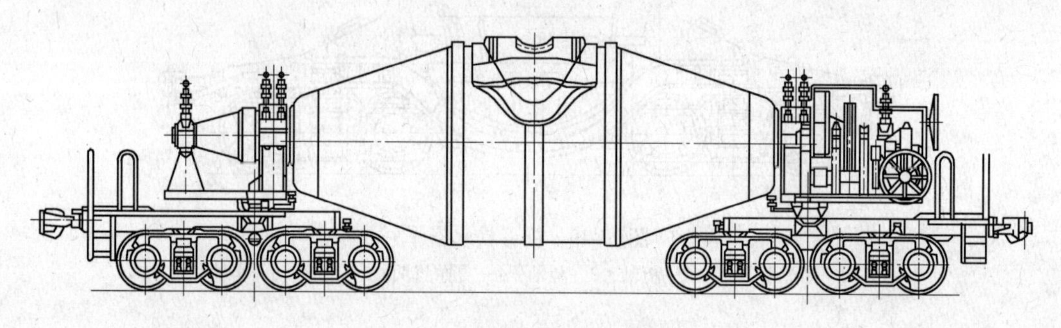

图 13-22 混铁炉式铁水罐车

混铁炉式铁水罐车的优点是封闭好，保温性能良好，散热损失少，残铁量少，容量大，一般一座高炉只设置 2~3 个这种铁水罐即可，可以缩短出铁场的长度，对铁水有混匀作用等。

铁水罐车主要由铁水罐和车架两部分组成。铁水罐依靠壳体上的两对枢轴支撑在车架上。铁水罐壳体为钢板焊成，罐内砌筑耐火砖衬。中小型铁水罐内砌筑 1~2 层黏土砖，大型铁水罐内砌筑较厚的耐火砖衬，对耐火砖质量的要求也较高。如某大型鱼雷罐内衬为：紧贴壳体砌筑两层 230mm 厚的黏土砖，内侧再砌筑两层 230mm 厚的高密度黏土砖，渣线部位砌以 400mm 莫来石砖，罐口处浇注高铝质不定形耐火材料。

#### 13.6.1.3 铁水罐需要数量计算

有关铁水罐的计算包括：

（1）每座高炉出一次铁所需铁水罐数为：

$$N_{\mathrm{tg}} = \frac{\alpha P}{na} \tag{13-1}$$

式中 $P$ ——高炉昼夜出铁量，t；

$n$ ——高炉昼夜出铁次数；

$\alpha$——出铁不均匀系数；可取 1.2；

$a$——每个铁水罐有效容量，t。

（2）工作的铁水罐数量为：

$$N_1 = N_{tg} \frac{\tau_t n}{24} \alpha S \tag{13-2}$$

式中 $N_1$——车间同类型高炉工作的铁水罐数（若高炉的出铁制度和工作条件不同时，车间的铁水罐数量应按炉分别计算确定）；

$N_{tg}$——每座高炉铁水罐数量；

$\tau_t$——铁水罐平均周转期，一般取 2.5～3.0h；

$n$——每座高炉昼夜出铁次数；

$\alpha$——出铁不均匀系数；可取 1.2；

$S$——同类型高炉座数。

（3）检修铁水罐数为：

$$N_2 = N_1 \frac{t_1 + t_2}{t_1 T_1} \tag{13-3}$$

式中 $N_2$——检修铁水罐数；

$t_1$——铁水罐大修时间，h；

$t_2$——铁水罐中修时间，h；

$T_1$——铁水罐两次大修期间的内衬寿命，次。

（4）备用铁水罐数量 $N_3$。采用一座高炉出一次铁所需铁水罐数 $N_{tg}$。

（5）高炉车间铁水罐总数 $N$ 为：

$$N = N_1 + N_2 + N_3 \tag{13-4}$$

### 13.6.2 铸铁机

铸铁机是把铁水连续铸成铁块的机械化设备。铸铁机布置如图 13-23 所示。

铁水车进入铸铁车间之后由专门的倾翻机构将铁水罐倾翻，铁水经流铁槽流到铸铁机的铸铁模里。为减少从铁水罐流到流铁槽中的飞溅损失，设置前方支柱。它在倾翻铁水罐时，用来做铁水罐凸爪的支撑点，并使铁水罐的浇注口靠近流铁槽。流铁槽的出口和铸铁模之间的空隙不应超过 50mm。流铁槽应将铁水直接注入铸铁模的整个表面上，这样可减少铁水的飞溅损失和对铸铁模的冲刷，铸铁模磨损得均匀些。

当用混铁炉式铁水罐浇注铁块时，可不用前方支座，这时可直接驱动罐体倾动机构，使罐内铁水通过流铁槽均匀地流入铸铁机的两排铸铁模内。铸铁模平行排列，相互紧贴，并与两边的链条连接组成一条循环的运输带。

铸铁机的尾部装有运输带的驱动机构（电动机、减速器和链轮）和卸铁机构。卸铁机构是由同主动链轮装在一起的凸轮带动，使锤子不断敲击端部模子里的铁块，使铁块脱落后通过下面旋转导向槽，把生铁块卸到铁路的平车上。在链带的前部还设有调节链带的张紧装置。

在传动链返回时，在铸铁机下面设有石灰浆的喷射设备，可将石灰浆喷洒在空铁模内，以防铁水和模子黏结。为加快铸铁块冷却，提高铸铁质量，在铸铁块上面采用喷水冷

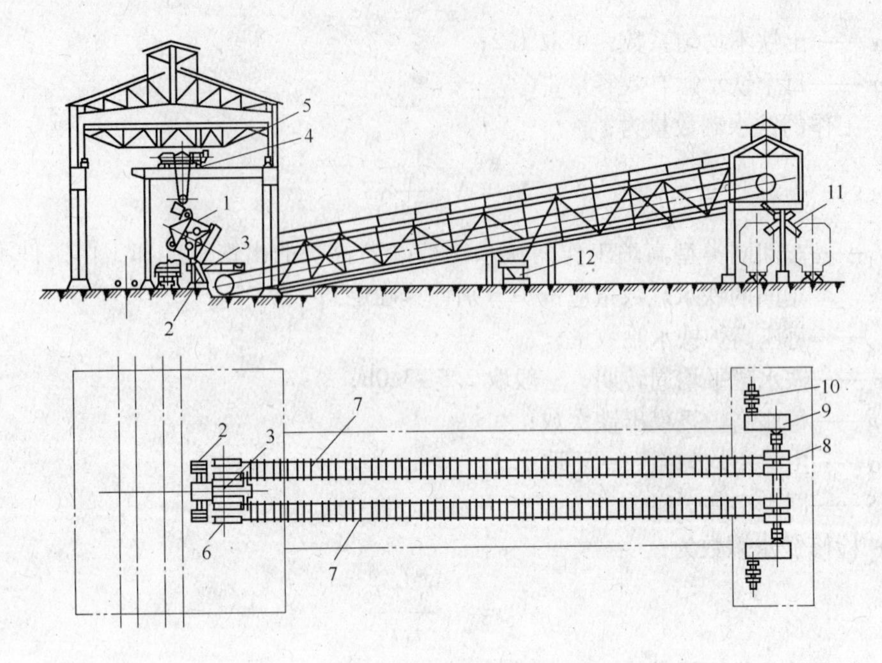


图 13-23 铸铁机布置

1—铁水罐；2—前方支柱；3—流铁槽；4—倾翻机构；5—起重机；6—星形轮；7—运输带；8—卸铁机构；9—减速器；10—电动机；11—导向槽；12—喷灰装置

却，喷头设在链带中后部。喷水量应先小后大，逐步增加。

13.6.2.1 铸铁模

铸铁模如图 13-24 所示，能容 25~35kg 的生铁。每个模子边缘必须盖住前一个模子的边缘，如果模中铁水装得太满（铁水面超过 *a-a* 面）时，铁水就流到下面的铸铁模中去。铸铁模用铸铁或软钢铸成。铸铁模里铸入加固用的圆钢棒，使铸铁模不易断开。

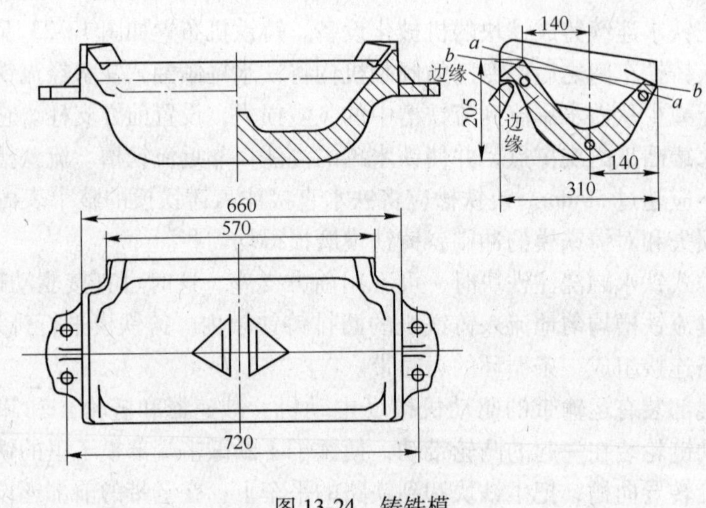


图 13-24 铸铁模

国内很多厂生产小块铸铁块，每个铸铁模可浇铸 6 小块铁块，每小块质量为 3.5~4.5kg。

采用小铁块铸铁模生产时，由于化铁炉再熔化时，时间短可比大块铁节约焦炭约5%，日产量提高20%左右。其次搬运装卸方便，破碎工作量减少。由于小铁块冷却速度快，所以也缩短了铸铁机的长度或可加快链带的运行速度，提高生产率。

当采用小块铁铸铁模生产时，由于小块铁散热面大，冷却快，并且铸铁模的周转周期短，故铸铁模的温度比大块铁高，因而必须加强小铁块的冷却措施。为了提高小块铁模的使用寿命，一般都选用厚度大的铸铁模或铸钢模。为保证顺利脱模，应适当增加喷浆的浓度。

#### 13.6.2.2 链带

链带结构目前常用的有两种形式，一种是滚轮移动式，其结构形式如图13-25所示。其特点是滚轮随链带移动，链环节部件用小轴在两边连接，小轴上装有转动的滚轮。当链带运动时，滚轮就在导轨上滚动。在链环节部件的槽中放有连接板，铸铁模的凸耳用螺栓固定在它们的上面。连接板上焊有筋板，以防止连接板轴向移动。盖板用装在连接板上的开口销固定，保护板的作用是防止铁水溅入部件和轮子之间，影响滚轮在轨道上滚动，加速滚轮和导轨的磨损。当滑动的轮子很多时，链带的驱动负荷过大，容易造成损坏。

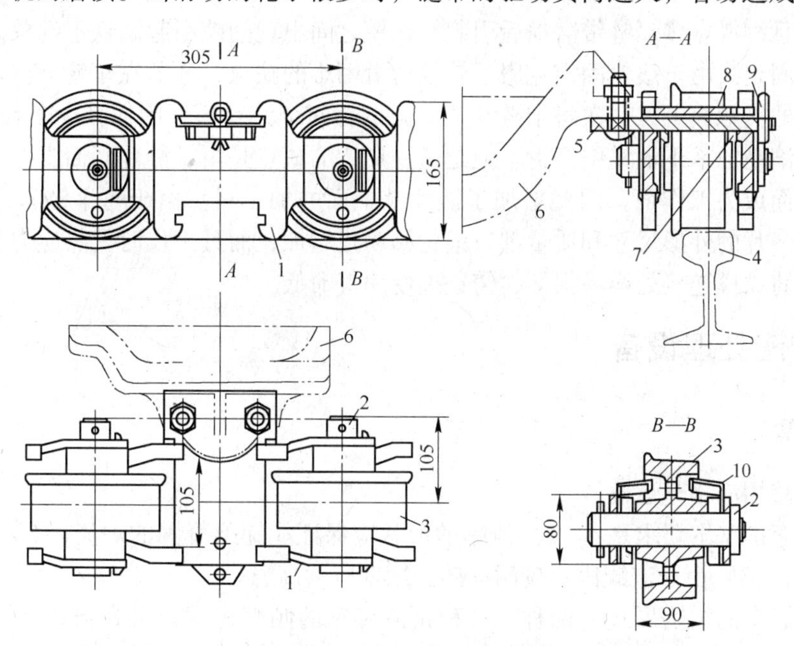


图 13-25 滚轮移动式链带结构

1—链环节部件；2—小轴；3—滚轮；4—导轨；5—连接板；6—凸耳；7—筋板；8—盖板；9—开口销；10—保护板

链带的另一种结构是滚轮固定式，其结构如图13-26所示。链板在固定的滚轮上移动。链板用钢板模锻压而成，在链板上焊有角钢，两个铸铁模的凸耳固定在角钢上。链板铰接着一个带有方形凸缘的轴套，凸缘防止轴套在链板里旋转。这种铰接装置的摩擦面不在链板和小轴之间，而是在轴套和圆环之间。轴套和圆环用耐磨锰钢制成。连接轴用来固定链带，以防止链带歪斜，使链带在水平面上具有较大的刚性。

实际生产证明，以上两种链带形式各有优缺点。滚轮移动式由于滚轮移动，销轴处润

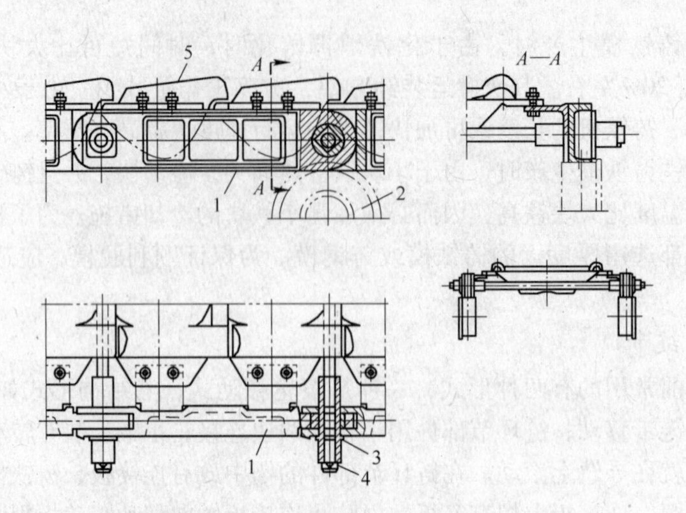


图 13-26　滚轮固定式链带结构

1—链板；2—滚轮；3—轴套；4—连接轴；5—铸铁模

滑困难，而且润滑点多，链带磨损后引起铸铁模之间出现间隙引起漏铁水现象，影响正常生产。滚轮固定式由于滚轮固定克服了轮轴润滑困难的缺点，环节在车轮上行走，铁水不易进入轮轴的接触面上；其次每个链环节上固定有两个铸铁模，因而减少了环节点数目，滚轮可采用滚动轴承干油集中润滑。但是这种形式的缺点是由于链片底面支撑在滚轮上移动，链片底面成为工作面，因此增加了链片上下面的加工量。由于每个链节设两个铸铁模，不但使链片的外形尺寸和质量都较滚轮移动式增加，而且工作时受热应力和变形的影响，链片与铸铁模连接处容易损坏，铸铁模使用寿命低。

## 13.7　炉渣处理设备

### 13.7.1　渣罐车

高炉熔渣用渣罐车运输。

对渣罐车的基本要求是：（1）渣罐的形状应保证能卸下凝固的炉渣；（2）保证有足够的稳定性；（3）由于渣罐内不砌耐火砖，罐壁应耐高温。

我国渣罐车的结构形式有两种，一种是渣罐车的倾翻机构设置在渣罐车上，型号为 ZZD，另一种是渣罐车上无倾翻机构，翻罐靠渣场上的起重设备完成，型号为 ZZF。

ZZD 型渣罐车的结构如图 13-27 所示。它由渣罐、支撑环、车架、倾翻机构和运行车轮等组成。

渣罐为椭圆形截面，固定在支撑环上。支撑环的两侧有两个与它铸成一体的滚动轮。滚动轮可沿装在车架上的导轨滚动，并保证扇形齿轮与固定在车架上的齿条正常啮合。

倾翻机构使支撑环轴线与车架轴线产生相对运动时，这种啮合能保证支撑环与渣罐一起往相应的方向移动和倾翻。渣罐倾翻机构的示意图如图 13-28 所示。

渣罐倾翻机构工作情况如下：电动机通过联轴节、减速机和齿轮使丝杠旋转。丝杠与螺母滑块相啮合，在螺母滑块的槽中插入扇形齿轮的枢轴。而扇形齿轮和齿条相啮合，并与支撑环的滚动轮刚性连接。滚动轮支在导轨上滚动轮的直径和扇形齿轮的节圆直径是相

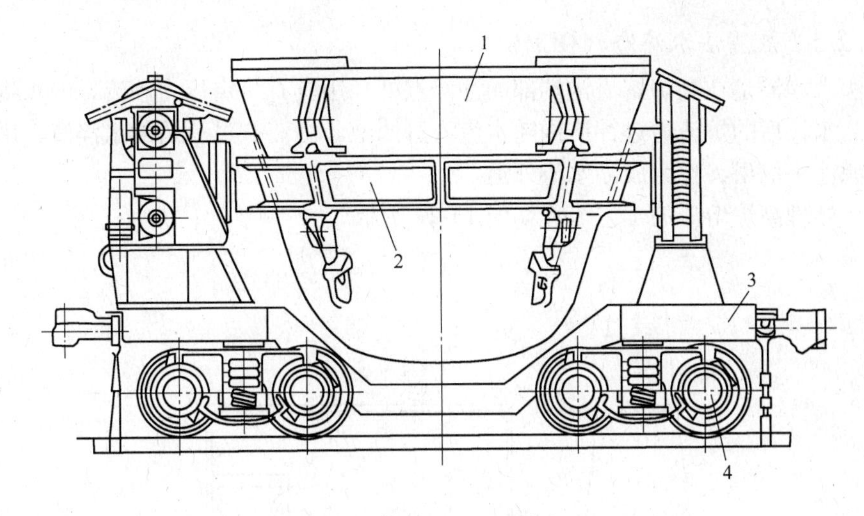


图 13-27 ZZD 型渣罐车

1—渣罐；2—支撑环；3—车架；4—车轮

等的。

当丝杠旋转时，螺母滑块通过枢轴把扇形齿轮往一边移动。由于与固定齿条啮合，扇形齿轮在移动的同时，还得到回转运动。回转和直线两种运动由扇形齿轮经滚动轮传给支撑环和渣罐。因此当渣罐倾翻时，它同时从车架的中间移向边缘，这样可使从渣罐倒出的熔渣远离渣车和轨道。

为了避免渣或铁黏在罐壁上，须用喷浆装置在它的上面喷涂一层石灰浆。罐内壁温度常达 800℃，而且是反复受热，故热应力的作用很严重。为了使应力分布均匀，罐都做成圆形，也有为了增大容量而做成椭圆形的。

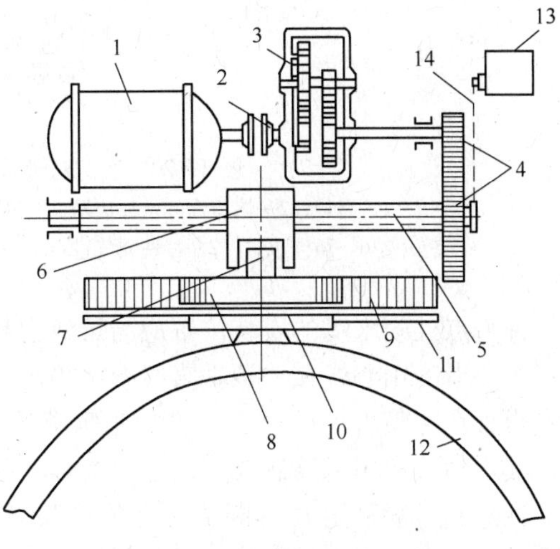

图 13-28 渣罐倾翻机构示意图

1—电动机；2—联轴节；3—减速机；4—齿轮；5—丝杠；6—螺母滑块；7—枢轴；8—扇形齿轮；9—齿条；10—滚动轮；11—导轨；12—支撑环；13—润滑油管；14—润滑油箱

### 13.7.2 水淬渣生产

高炉炉渣可以作为水泥原料、隔热材料以及其他建筑材料等。高炉渣处理方法有炉渣水淬、放干渣及冲渣棉。目前，国内高炉普遍采用水冲渣处理方法，特殊情况的采用干渣生产，在炉前直接进行冲渣棉的高炉很少。

水淬渣按过滤方式的不同可分为以下几种方式：

（1）过滤池过滤。有代表性的有 OCP 法和我国大部分高炉都采用的改进型 OCP 法，即沉渣池法或沉渣池加底过滤池法。

（2）脱水槽脱水。有代表性的是 RASA 法、永田法。

（3）机械脱水。有代表性的是螺旋法、INBA 法、图拉法。

13.7.2.1　底滤法水淬渣（OCP）

底滤法水淬渣是在高炉熔渣沟端部的冲渣点处，用具有一定压力和流量的水将熔渣冲击而水淬。水淬后的炉渣通过冲渣沟随水流入过滤池，沉淀、过滤后的水淬渣，用电动抓斗机从过滤池中取出，作为成品水渣外运。

底滤法处理高炉熔渣的工艺流程如图13-29所示。

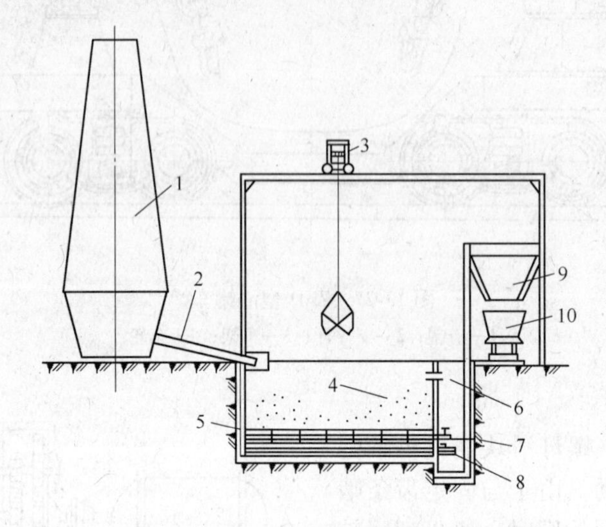


图13-29　底滤法处理高炉熔渣的工艺流程

1—高炉；2—熔渣沟和水冲渣槽；3—抓斗起重机；4—水渣堆；5—保护钢轨；6—溢流水口；7—冲洗空气进口；8—排出水口；9—贮渣仓；10—运渣车

冲渣点处喷水嘴的安装位置应与熔渣沟和冲渣沟位置相适应，要求熔渣沟、喷水嘴和冲渣沟三者的中心线在一条垂直线上，喷水嘴的倾斜角度应与冲渣沟坡度一致，补充水的喷嘴设置在主喷水嘴的上方，主喷水嘴喷出的水流呈带状，水带宽度大于熔渣流股的宽度。喷水嘴一般用钢管制成，出水口为扁状或锥状，以增加喷出水的速度。

冲渣沟一般采用U形断面，在靠近喷嘴10~15m段最好采用钢结构或铸铁结构槽，其余部分可以采用钢筋混凝土结构或砖石结构。冲渣沟的坡度一般不小于3.5°，进入渣池前5~10m段，坡度应减小到1°~2°，以降低水渣流速，有利于水渣沉淀。

冲渣点处的水量和水压必须满足熔渣粒化和运输的要求。水压过低，水量过小，熔渣无法粒化而形成大块，冲不动，堆积起来难以排除。更为严重的是熔渣不能迅速冷却，内部产生蒸汽，容易造成打炮事故。冲渣水压一般应大于0.2~0.4MPa，渣、水质量比为1∶8~1∶10，冲渣沟的渣水充满度为30%左右。

水温对冲渣也有影响，水温高容易产生渣棉和泡沫渣。为防止爆炸，要求上、下渣不能大量带铁。

高炉车间有两座以上的高炉时，一般采取两座高炉共用一个冲渣系统。冲渣沟布置于高炉的一侧，并尽可能缩短渣沟，增大坡度，减少拐弯。

13.7.2.2　图拉法水淬渣

图拉法水淬渣工艺的原理是用高速旋转的机械粒化轮配合低转速脱水转鼓处理熔渣，工艺设备简单，耗水量小，渣水比为1∶1，运行费用低，可以处理铁含量小于40%的熔渣，不需要设干渣坑，占地面积小。唐钢 2560m³高炉、济钢 1750m³高炉炉渣处理系统采用了该工艺。

图拉法水淬渣的工艺流程如图 13-30 所示。

高炉出铁时，熔渣经渣沟流到粒化器中，被高速旋转的水冷粒化轮击碎，同时，从四周向碎渣喷水，经急冷后渣粒和水沿护罩流入脱水器中，被装有筛板的脱水转筒过滤并提升，转到最高点落入漏斗，滑入皮带机上被运走。滤出的水在脱水器外壳下部，经溢流装置流入循环水罐中，补充新水后，由粒化泵（主循环泵）抽出进入下次循环。循环水罐中的沉渣由气力提升机提升至脱水器再次过滤，渣粒化过程中产生的大量蒸汽经烟囱排入大气。在生产中，可随时自动或手动调整粒化轮、脱水转筒和溢流装置的工作状态来控制成品渣的质量和温度。成品渣的温度为 95℃左右，利用此余热可以蒸发成品渣中的水分，生产实践证明可以将水分降到 10%以下。

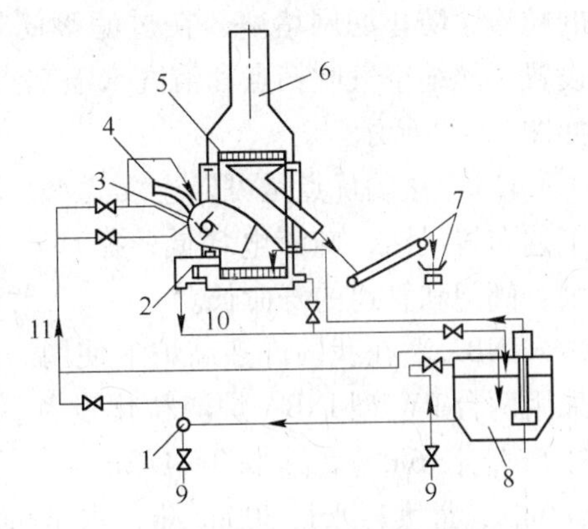


图 13-30 图拉法水淬渣工艺流程
1—粒化泵；2—溢流装置；3—粒化器；4—渣沟；5—脱水器；6—烟囱；7—皮带运输机；8—循环水罐；9—新水；10—循环水；11—用于粒化的水

### 13.7.2.3 INBA 法

INBA 法是由卢森堡 PW 公司开发的一种炉渣处理工艺，其工艺流程如图 13-31 所示。

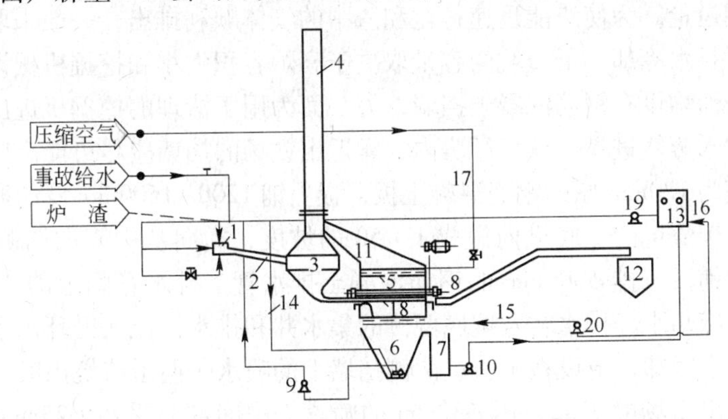


图 13-31 回转圆筒式冲渣工艺（INBA 法）
1—冲渣箱；2—水渣沟；3—水渣槽；4—烟囱；5—滚筒过滤；6—集水斗；7—热水池；8—排料胶带机；9—底流泵；10—热水泵；11—盖；12—成品槽；13—冷却塔；14—搅拌水；15—洗净水；16—补给水；17—洗净空气；18—分配器；19—粒化泵；20—清洗泵

从渣沟流出的熔渣经冲渣箱进行粒化，粒渣和水经水渣沟流入渣槽，蒸汽由烟囱排出，水渣自然流入设在过滤滚筒下面的分配器内。分配器沿整个滚筒长度方向布置，能均匀地把水渣分配到过滤滚筒内。水渣随滚筒旋转由搅动叶片带到上方，脱水后的粒渣滑落在伸进滚筒上部的排料胶带机上，然后由输送胶带机运至粒渣槽或堆场。滤出的水经集水斗、热水池、热水泵站送至冷却塔冷却后进入冷却水池，冷却后的冲渣水经粒化泵站送往水渣冲制箱循环使用。

设置在过滤筒外面的滤网孔径较小，使较细的粒渣附着在滤网上也起过滤作用。为了清扫搅动叶片上积存的粒渣，防止滤网堵塞，在过滤滚筒外侧的不同位置，设置了压缩空气吹扫点和清洗水喷洗点。脱水部分结构如图13-32所示。

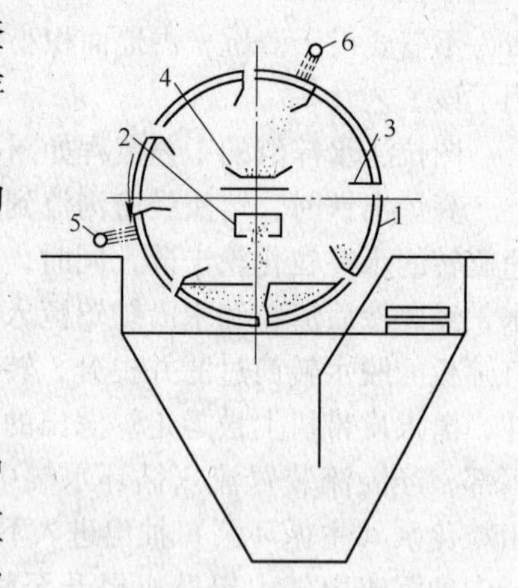


图13-32　INBA法脱水部分结构
1—过滤滚筒；2—分配器；3—搅动叶片；4—排料皮带；5—清洗水；6—压缩空气

INBA法的优点是可以连续滤水，环境好，占地少，工艺布置灵活，吨渣电耗低，循环水中悬浮物含量少，泵、阀门和管道的寿命长。

INBA法在我国许多高炉上使用。某钢3200m$^3$高炉采用两台PW型INBA炉渣粒化设备。脱水过滤滚筒直径5m，长6m，转速0.3~1.2r/min，最大处理能力为8t/min，最大耗水量500m$^3$/h，水压0.3MPa，耗压缩空气800m$^3$/h，压力0.8MPa，最大作业率97%，处理后水渣含水率15%~20%，冲渣水闭路循环使用。

### 13.7.3　干渣生产

干渣坑作为炉渣处理的备用手段，用于处理开炉初期炉渣、炉况失常时渣中带铁的炉渣以及在水冲渣系统事故检修时的炉渣。

干渣生产时将高炉熔渣直接排入干渣坑，在渣面上喷水，使炉渣充分粒化，然后用挖掘机将干渣挖掘运走。为使渣能迅速粒化和渣中的气体顺利排出，一般采取薄层放渣和多层放渣，要及时打水冷却。干渣坑的容量取决于高炉容积大小和挖掘机械设备的形式。

干渣坑的三面均设有钢筋混凝土挡墙，另一面为用于清理的挖掘机进出端。为防止喷水冷却时坑内的水蒸气进入出铁场厂房内，靠近出铁场的挡墙应尽可能高些。为使冷却水易于渗透，坑底为120mm厚的钢筋混凝土板，板上铺1200~1500mm厚的卵石层。考虑到冷却水的排集，干渣坑的坑底纵向做成1∶50的坡度，横向从中间向两侧为1∶30的坡度。底板上横向铺设三排$\phi$300mm的钢筋混凝土排水管，排水管朝上的240°范围内设有冷却水渗入孔，冷却水经排水管及坑底两侧的集水井和排水沟流入循环水系统的回水池。

干渣采用喷水冷却，由设在干渣坑两侧挡墙上的喷水头向干渣坑内喷水。宝钢1号高炉的干渣坑在进出铁场的头部采用$\phi$32mm的喷嘴，中间部分采用$\phi$25mm喷嘴，尾部采用双层$\phi$25mm喷嘴，喷嘴间距为2m，耗水量为3m$^3$/t。

### 13.7.4　渣棉生产

在渣流嘴处引出一股渣液，以高压蒸汽喷吹，将渣液吹成微小飞散的颗粒，每一个小颗粒都牵有一条渣丝，用网笼将其捕获后再将小颗粒筛掉即成渣棉。

渣棉容重小，热导率低，耐火度较高，800℃左右，可做隔热、隔音材料。

### 13.7.5　膨渣生产

膨胀的高炉渣渣珠，简称膨渣。它具有质轻、强度高、保温性能良好等特点，是理想的建筑材料，目前已用于高层建筑。

膨渣生产工艺如图 13-33 所示。高炉渣由渣罐倒入或直接流入接渣槽，由接渣槽流入膨胀槽，在接渣槽和膨胀槽之间设有高压水喷嘴，熔渣被高压水喷射、混合后立即膨胀，沿膨胀槽向下流到滚筒上，滚筒以一定速度旋转，使膨胀渣破碎并以一定角度抛出，在空中快速冷却然后落入集渣坑中，再用抓斗抓至堆料场堆放或装车运走。

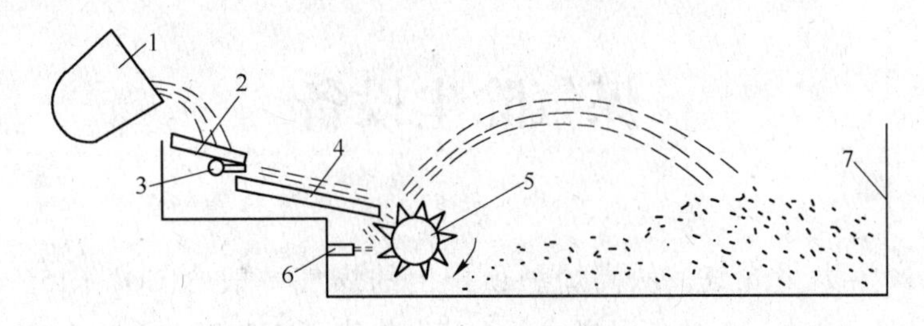


图 13-33　膨渣生产工艺

1—渣罐；2—接渣槽；3—高压喷水管；4—膨胀槽；5—滚筒；6—冷却水管；7—集渣坑

生产膨渣，要尽量减少渣棉生成量，而膨胀槽和滚筒的距离对渣棉的产生有重要影响，如果距离近则会排出一股风，容易将熔渣吹成渣棉，所以距离要远些，以减小这股风力，减少渣棉量。

# 煤气除尘设备

高炉冶炼产生大量煤气。从高炉炉顶排出的煤气一般含 $CO_2$（15%～20%）、CO（20%～26%）、$H_2$（1%～3%）等可燃成分，其发热值可达 3000～3800kJ/m³。焦炭等燃料的热量，约有三分之一通过高炉煤气排出。因此，高炉煤气可以作为热风炉、加热炉、烧结、锅炉等的燃料加以充分利用。但从炉顶排出的粗煤气中含有粉尘，必须经过除尘器将粉尘去除，否则煤气就不能很好地利用。

## 14.1 煤气处理的要求

从炉顶排出的煤气（又称荒煤气），其温度为 150～300℃，含有粉尘约 10～40g/m³。高炉煤气虽然是一种良好的气体燃料，但其中含有大量的灰尘，不经处理，用户就不能直接使用，因为煤气中的灰尘不仅会堵塞管道和设备，还会引起耐火砖的渣化和导热性变坏，甚至污染环境。同时从炉顶排出的煤气还含有饱和水，易降低煤气的发热值，煤气温度较高，管道输送也不安全。因此，高炉煤气需经除尘降温脱水后才能使用。

高炉煤气中的灰尘主要来自矿石和焦炭中的粉末，含有大量的含铁物质和含碳物质，回收后可以作为烧结原料加以利用。

高压高炉煤气中的压力能，可采用余压透平发电加以利用。

煤气中灰尘的清除程度，应根据用户对煤气质量的要求和能达到的技术条件而定。一般经过除尘后的煤气含尘量应降至 5～10mg/m³。为了降低煤气中的饱和水，提高煤气的发热值，煤气温度应降至 40℃以下。

## 14.2 煤气除尘设备

### 14.2.1 煤气除尘设备分类

按除尘方法，除尘设备可以分为：

（1）干式除尘设备。如惯性重力除尘器、旋风式除尘器和袋式除尘器。

（2）湿式除尘设备。如洗涤器和文氏管洗涤器等。

（3）电除尘设备。如管式电除尘器和板式电除尘器。电除尘有干式和湿式之分。

按除尘后煤气所能达到的净化程度，除尘设备可分为：

（1）粗除尘设备。如重力除尘器、旋风式除尘器等。能去除粒径在 60～100μm 及其以上大颗粒粉尘，效率可达 70%～80%，除尘后的煤气含尘量在 2～10g/m³的范围内。

（2）半精除尘设备。如各种形式的洗涤塔、一级文氏管等。能去除粒径大于 20μm 粉尘，效率可达85%~90%，除尘后的煤气含尘量小于0.05~1g/m$^3$。

（3）精除尘设备。如电除尘设备、布袋除尘器、二级文氏管等。能去除粒径小于20μm粉尘，除尘后的煤气含尘量小于10mg/m$^3$。

按除尘器借用的外力可分为：

（1）惯性力除尘设备，当气流方向突然改变时，尘粒因具有惯性力继续前进而被分离出来。

（2）加速度力除尘设备，即靠尘粒具有比气体分子更大的重力、离心力和静电引力而分离出来。

（3）束缚力除尘设备，主要是用过滤和过筛的办法，挡住尘粒继续运动。

### 14.2.2　评价煤气除尘设备的主要指标

评价煤气除尘设备的主要指标包括：

（1）生产能力。生产能力是指单位时间处理的煤气量，一般用每小时所通过的标准状态的煤气体积流量（m$^3$/h）来表示。

（2）除尘效率。除尘效率是指标准状态下单位体积的煤气通过除尘设备后所捕集下来的灰尘质量占除尘前所含灰尘质量的百分数。

部分除尘设备对不同粒径的灰尘除尘效率见表14-1。

**表14-1　部分除尘设备的除尘效率**

| 除尘器名称 | 除尘效率/% | | |
|---|---|---|---|
| | 灰尘粒度≥50μm | 灰尘粒度为5~50μm | 灰尘粒度为1~5μm |
| 重力除尘器 | 95 | 26 | 3 |
| 旋风除尘器 | 96 | 73 | 27 |
| 洗涤塔 | 99 | 94 | 55 |
| 湿式电除尘 | >99 | 98 | 92 |
| 文氏管 | 100 | 99 | 97 |
| 布袋除尘器 | 100 | 99 | 99 |

（3）压力降。压力降是指煤气压力能在除尘设备内的损失，以入口和出口的压力差表示。

（4）水的消耗和电能消耗。水、电消耗一般以每处理1000m$^3$标态煤气所消耗的水量和电量表示。

评价除尘设备性能的优劣，应综合考虑以上指标。对高炉煤气除尘的要求是生产能力大、除尘效率高、压力损失小、耗水量和耗电量低、密封性好等。

### 14.2.3　常见煤气除尘系统

#### 14.2.3.1　湿法除尘系统

湿法除尘系统就是在除尘系统中至少使用一种洗涤塔、文氏管等用水除尘的设备。

我国1000m$^3$以上的高炉曾经普遍采用的煤气除尘系统如图14-1所示。从炉喉出来的煤气先经重力除尘器进行粗除尘，然后经过洗涤塔进行半精除尘，再进入文氏管进行精除尘。除尘后的煤气经过脱水器脱水后，进入净煤气总管。

随着炉顶操作压力的提高，促进了文氏管除尘效率的提高。对于大型高压高炉，应优先采用双级文氏管系统。双级文氏管系统如图 14-2 所示。以第一级溢流文氏管作为半精除尘设备，代替了洗涤塔。实践证明，双级文氏管系统与塔后文氏管系统相比，显著的优点是操作、维护简便，占地少，可节约基建投资 50%左右。但在相同的操作条件下，煤气出口温度高 3~5℃，煤气压力多降低 2~3kPa。无论是高压操作还是高压转常压操作，两个系统的除尘效率相同。高压操作时，净煤气含尘量均能达到 $5mg/m^3$ 以下；常压操作时，净煤气含尘量在 $15mg/m^3$ 以下。因此对于高压高炉，应优先采用双级文氏管系统。

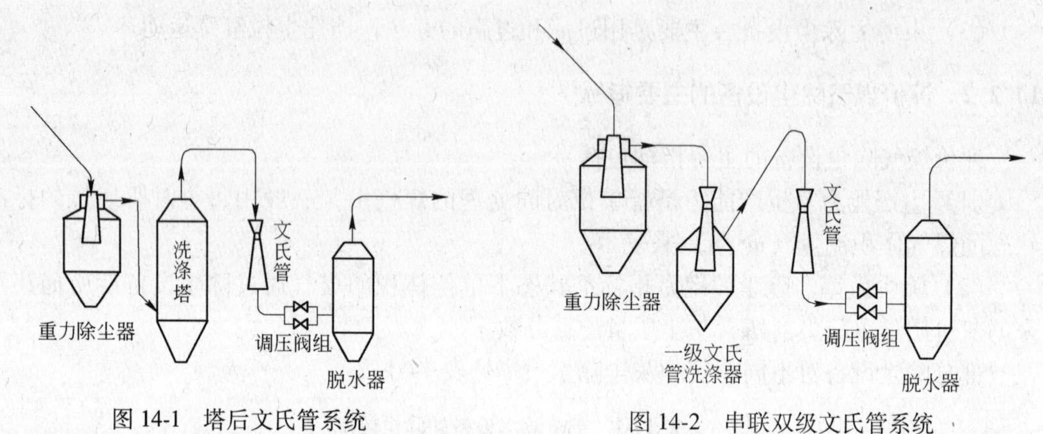


图 14-1　塔后文氏管系统　　图 14-2　串联双级文氏管系统

国内某厂 $4063m^3$ 高炉的煤气除尘系统如图 14-3 所示。高炉煤气经文氏管精除尘后，再经过煤气透平把煤气余压回收后送往煤气总管，供给热风炉或做他用。

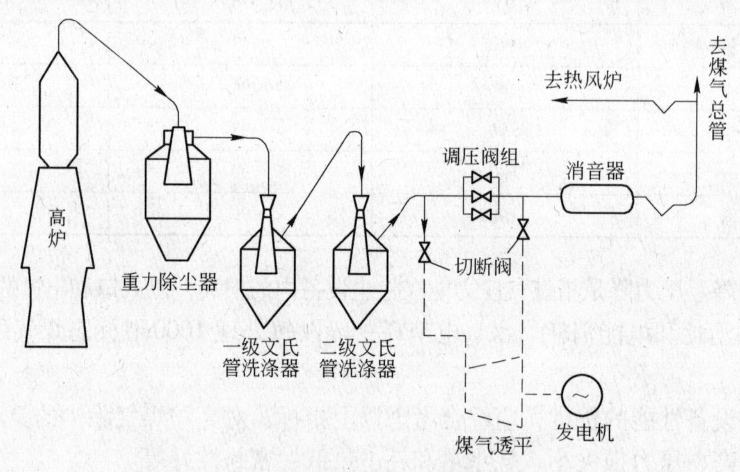


图 14-3　国内 $4063m^3$ 高炉煤气除尘系统

国内 $620m^3$ 以下的中小型高炉一般都是常压操作，炉顶压力为 20~30kPa。当炉顶压力在 20kPa 以下时，一般都采用重力除尘器、塔后调径文氏管或塔前溢流定径文氏管及电除尘系统，如图 14-4 和图 14-5 所示，其中的文氏管仅作为预精除尘装置。如果炉顶煤气压力经常保持在 20kPa 以上，煤气只供高炉热风炉和锅炉使用，对煤气除尘质量要求不是很高时，也可采用重力除尘器、一级溢流文氏管和二级调径文氏管系统，省去电除尘设备。如果需进一步提高煤气质量供焦炉使用和混合加压后供轧钢系统使用时，宜增设电除尘器。

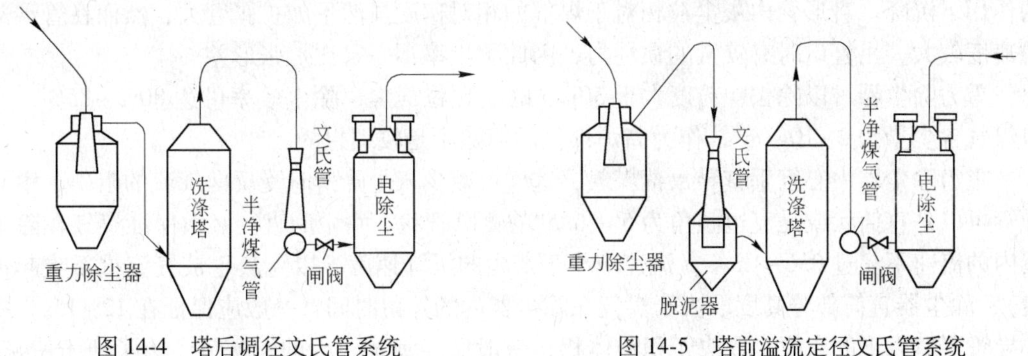


图 14-4 塔后调径文氏管系统　　图 14-5 塔前溢流定径文氏管系统

14.2.3.2 干法除尘系统

干法除尘系统如图 14-6 所示。干法除尘系统的优点是工艺简单，不消耗水，不存在水质污染问题，保护环境，除尘效果稳定，不受高炉煤气压力与流量波动的影响。净煤气含尘量能经常保持在 10mg/m$^3$ 以下。但要严格控制煤气在布袋入口处的温度（不超过 350℃），出口处温度仍较高。

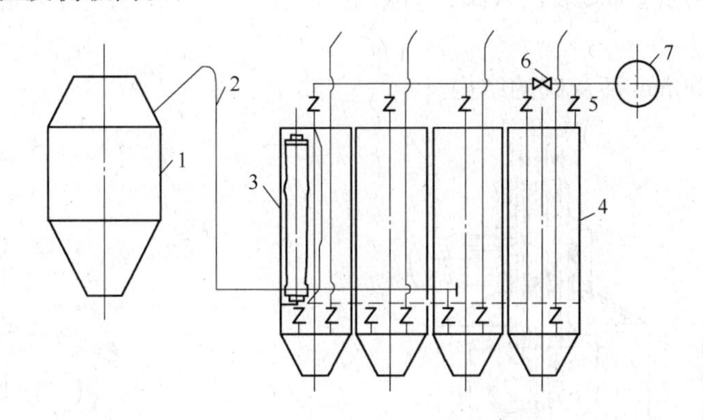


图 14-6 高炉煤气干式除尘系统

1—重力除尘器；2—脏煤气管；3—一次布袋除尘器；4—二次布袋除尘器；
5—蝶阀；6—闸阀；7—净热煤气管道

## 14.2.4 粗除尘设备

14.2.4.1 重力除尘器

A 重力除尘器结构和工作原理

高炉煤气自上升管道、下降管道通入重力除尘器顶部管道。带灰尘的煤气，在炉喉压力作用下沿垂直管自上而下冲入重力除尘器内腔后回转向上，由顶部侧出管排出通入下一级除尘设备。其除尘原理是利用煤气流通过重力除尘器时，由于管径的变化流速突然降低和气流的转向，较大粒度的灰尘沉降到容器底部失去动能，较细的灰尘被回升气体夹带出重力除尘器。降至底部的灰粒，通过清灰阀和螺旋清灰器定期排出。

重力除尘器的结构型式可分为直管形或扩张形，如图 14-7 所示。

煤气进入扩张形的管中，速度因管径增大而减慢，灰尘有一定的时间在惯性力和重力的作用下沉降。直形管内灰尘粒相对于煤气的相对速度虽然不如扩张管大，然而在管端部的速度较大，出管口时有较大的惯性力，因此除尘率不一定比扩张形差。

重力除尘器可以除去颗粒度大于30μm的大颗粒灰尘，除尘效率可达80%~85%，出口煤气含尘量为2~10g/m$^3$，作为高炉煤气的粗除尘是较理想的。

重力除尘器中心管垂直导入荒煤气，这样可减少灰尘降落时受反向气流的阻碍，中心导管可以是直筒状或是直边倾角为5°~6.5°的喇叭管状。除尘的直径必须保证煤气在除尘器内的流速不超过0.6~1m/s（流速应小于灰尘的沉降速度，以免灰尘被气流重新吹起带走），除尘器直筒部分高度取决于煤气在除尘器内的停留时间，一般应保证在12~15s。中心导管下口以下的高度，取决于积灰体积，一般应能满足三天的贮灰量。为了便于清灰、除尘器底部做成锥形，其倾角不小于50°。

重力除尘器的外壳一般用厚为6~12mm的Q235钢板焊接而成。重力除尘器内侧，过去采用砌筑一层耐火黏土砖保护，由于砌砖容易脱落卡住清灰阀口，给清灰造成困难，目前重力除尘器内一般不再砌耐火砖。

B 重力除尘器的清灰阀

在重力除尘器的底部安装清灰阀，当除尘器里积有一定量的瓦斯灰后就打开该阀，把灰放掉。

图14-8为$\phi$350mm清灰阀的结构。

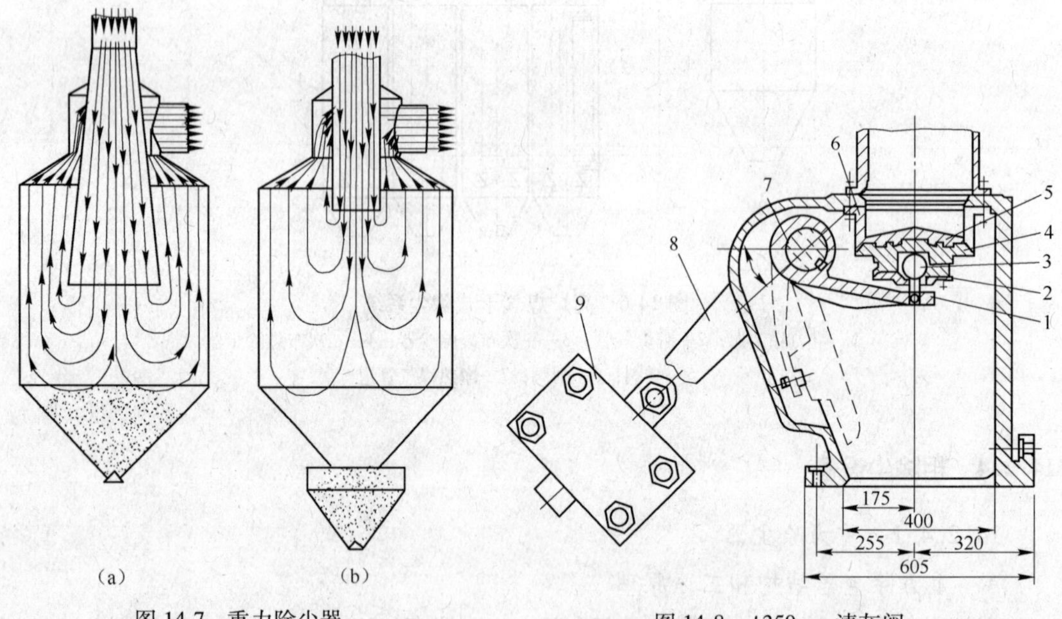


图14-7 重力除尘器
(a) 扩张形；(b) 直管形

图14-8 $\phi$350mm清灰阀
1—臂杆；2—压盖；3—顶杆；4—阀盖；5—保护板；6—阀座；7—转轴；8—配重杆；9—配重

为了使转动盖板阀关闭严密，支持盖板座的顶杆采用球形体，转动灵活，以便于对准。为了延长阀盖的寿命，在阀盖上装有耐磨板，承受瓦斯灰的磨损。依靠配重使阀盖紧紧地盖在阀座上。需要打开时，利用电动卷扬带动钢绳，拉开阀盖。

这种清灰阀在放灰时会尘土飞扬，当煤气压力高时更是严重。因此，高压操作的大型高炉一般采用螺旋清灰器（搅龙），如图 14-9 所示。它通过开启清灰阀将高炉灰从排灰口经圆筒给料器均压给到出灰槽中，在螺旋推进的过程中加水搅拌，最后灰泥从下口排出落入车皮中运走，蒸汽再从排气管排出。螺旋清灰器不但解决了尘土飞扬的问题，还可按一定的速度排灰。

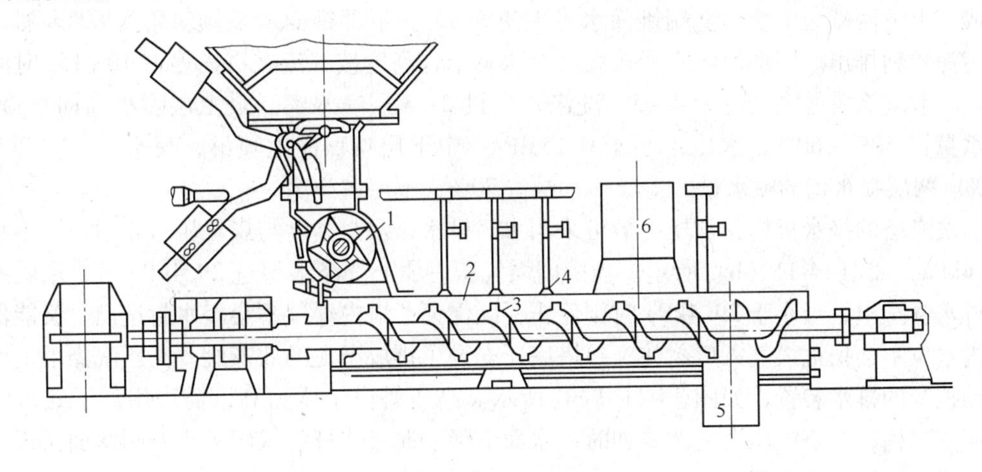


图 14-9　螺旋清灰器

1—筒形给料器；2—出灰槽；3—螺旋推进器；4—喷嘴；5—水和灰泥的出口；6—排气管

14.2.4.2　旋风除尘器

旋风除尘器如图 14-10 所示，旋风除尘器的除尘原理是煤气流以 $v=10\sim20\text{m/s}$ 的速度沿除尘器的切线方向引入，利用煤气流的部分压力能，使气流沿器壁向下做螺旋形运动，灰尘在离心力作用下，与器壁接触失去动能，沉积在壁上，然后落入除尘器底部。煤气流旋转到底部后则转向上，在中心部位形成内旋气流往上运动，最后从顶部的出气口排入下一级除尘设备。

旋风除尘器用来去除 20~100μm 的粉尘。

在重力作用下产生的加速度为 $g$，在离心力作用下产生的加速度 $\frac{v^2}{r}$ 通常比 $g$ 大几倍到十几倍，因此它比重力除尘器效果好得多，除尘效率达 95%以上。但煤气的压力损失也相应提高 500~1500Pa，器壁磨损很快。

目前一般高炉炼铁煤气除尘系统已不用旋风除尘器。而冶炼铁合金的高炉，还在重力除尘器的后面使用旋风除尘器。

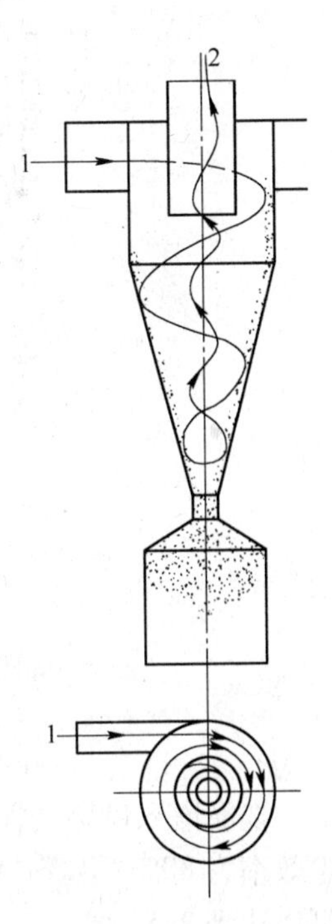


图 14-10　旋风除尘器除尘原理示意图

1—煤气进口；2—煤气出口

### 14.2.5　半精除尘设备

目前常用的半精除尘设备是洗涤塔和一级文氏管。

14.2.5.1　洗涤塔

洗涤塔的工作原理是煤气自洗涤塔下部入口进入，自下而上运动时，遇到自上向下喷洒的水滴，煤气中的灰粒和水进行碰撞而被水吸收，同时煤气中携带的灰尘被水滴湿润，灰尘彼此凝聚成大颗粒，由于重力作用，这些大颗粒灰尘便离开煤气流随水一起流向洗涤塔下部，由塔底水封排走。与此同时，煤气和水进行热交换，煤气温度降低。最后，经冷却和洗涤后的煤气由塔顶部管道导出。

如图14-11（a）所示，洗涤塔的结构是圆柱形塔身，外壳用6~12mm厚的Q235钢板焊成，上下两端为锥形。上端锥面水平夹角为45°，下部锥面水平倾斜角为60°左右，以便污泥顺利排出。圆形筒体直径按煤气流速确定，高度按气流在塔内停留10~15s时间考虑。一般洗涤塔的高径比为4~5。洗涤塔内设2~3层喷水嘴。最上层喷水嘴向下喷淋，喷水量占50%~60%，水压不小于0.15MPa；中下层喷嘴向上喷淋，喷水量各占20%~30%。两层喷水嘴的喷水量，上层喷水量占70%，下层占30%。

洗涤塔的排水机构，常压高炉可采用水封排水，水封高度与煤气压力相适应，不小于29.4kPa，如图14-11（b）所示。当塔内煤气压力加上洗涤水超过29.4kPa时，水就不断从排水管排出，当小于29.4kPa时则停止，既保证了塔内煤气不会经水封逸出，又能保证塔内水位不会把荒煤气入口封住。在塔底还安设了排放淤泥的放灰阀。高压洗涤塔上设有自动控制的排水装置，如图14-11（c）所示。高压塔由于压力高，需采用浮子式水面自动调整机构，当塔内压力突然增加时，水面下降，通过连杆将蝶阀关小，则水面又逐步回升。反之，则将蝶阀开大。

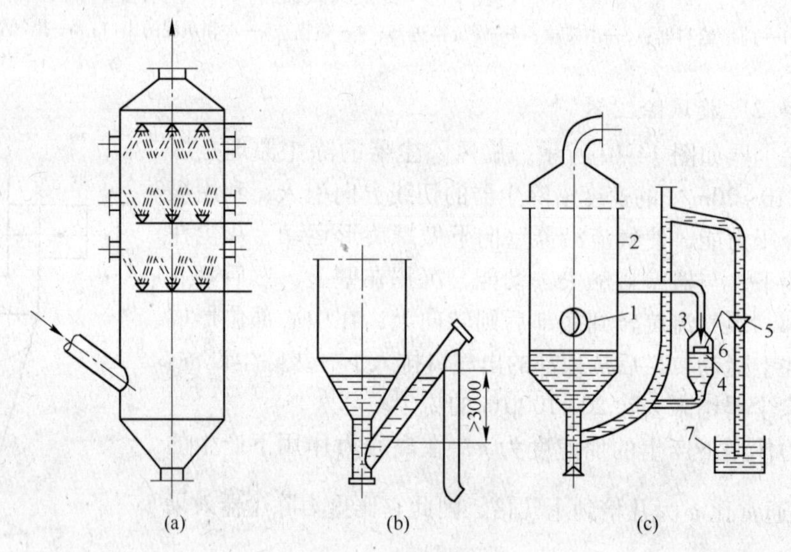


图14-11 空心洗涤塔

（a）空心洗涤塔的结构；（b）常压洗涤塔水封装置；（c）高压洗涤塔水封装置

1—煤气导入管；2—洗涤塔外壳；3—水位调节器；4—浮标；5—蝶形调节阀；6—连杆；7—排水沟

洗涤塔入口煤气含尘量一般为2~10g/m$^3$，清洗后煤气含尘量常为0.8g/m$^3$左右，除尘效率为80%~90%，压力损失为100~200Pa。塔内煤气流速一般为1.5~2.0m/s，高的可以达到2.5m/s。

14.2.5.2 一级文氏管（溢流文氏管）

目前高炉煤气除尘系统中采用的文氏管有如图14-12所示的四种。

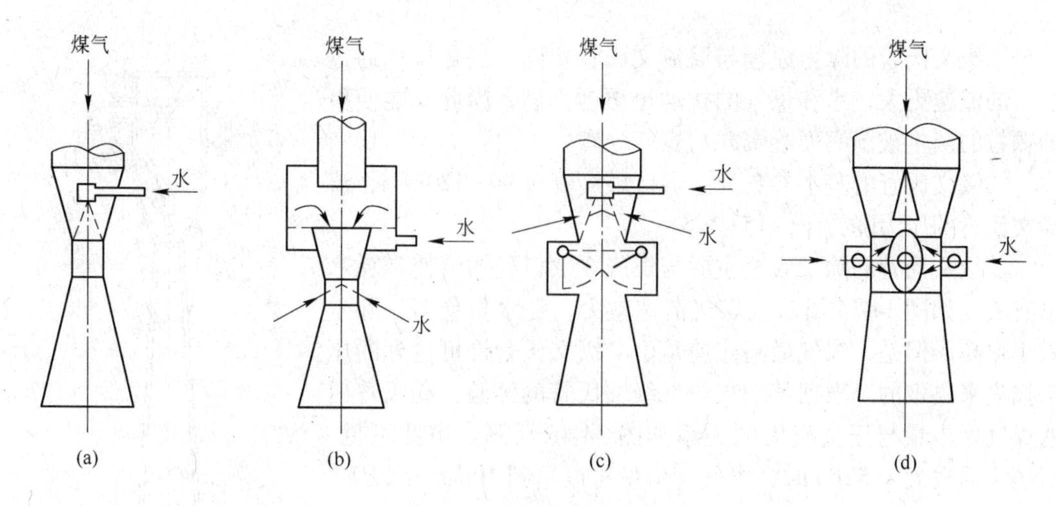


图 14-12 四种形式文氏管简图

（a）无溢流文氏管；（b）溢流文氏管；（c）叶板式可调文氏管；（d）椭圆板可调文氏管

文氏管本体由收缩管、喉口和扩张管三部分组成。

文氏管的工作原理是利用高炉炉顶煤气所具有的一定压力，通过文氏管喉口时形成高速气流，水被高速煤气流雾化，雾化水和煤气充分接触，使水和煤气中的尘粒凝聚在一起，在扩张段因高速气流顿时减速，使尘粒在脱水器内与水分离沉降并随水排出。排水机构和洗涤塔相同。

溢流文氏管一般放在重力除尘器后面，作为半精除尘使用，多用于清洗高温未饱和脏煤气。溢流式文氏管在较低喉口流速（50~70m/s）和低压头损失（3500~4500Pa）的情况下不仅可以部分地去除煤气中的灰尘，使含尘量从 2~10g/m$^3$ 降至 0.25~0.35g/m$^3$，而且还可有效地冷却煤气（从 300℃降至 35℃）。因此，目前我国的一些高炉多采用溢流文氏管代替洗涤塔作半精除尘设备。

溢流文氏管主要的设计参数：收缩角 20°~25°、扩张角 6°~7°，喉口长度 300mm，喉口流速 40~50m/s，喷水单耗 3.5~4.6t/m$^3$，溢流水量 0.4~0.5t/m$^3$。

溢流文氏管在生产中收到良好的效果，与洗涤塔比较，溢流文氏管具有以下特点：

（1）构造简单，高度低，体积小，其钢材消耗量是洗涤塔的 1/3~1/2。

（2）在除尘效率相同的情况下，要求的供水压力低，动力消耗少。

（3）水的消耗比洗涤塔少，一般为 4t/m$^3$。

（4）煤气出口温度比洗涤塔高 3~5℃，煤气压力损失比洗涤塔大 3~4kPa。

文氏管在高压高炉上可以起到精细除尘的效果，在常压高炉上只起半精细除尘的作用。

### 14.2.6 精除尘设备

精除尘设备包括二级文氏管（高能文氏管）、布袋除尘器和电除尘器。

#### 14.2.6.1 二级文氏管

A 二级文氏管结构和工作原理

二级文氏管又称高能文氏管或喷雾管，是我国高压操作高炉上唯一的湿法精细除尘设备。常用的二级文氏管如图 14-13 所示。

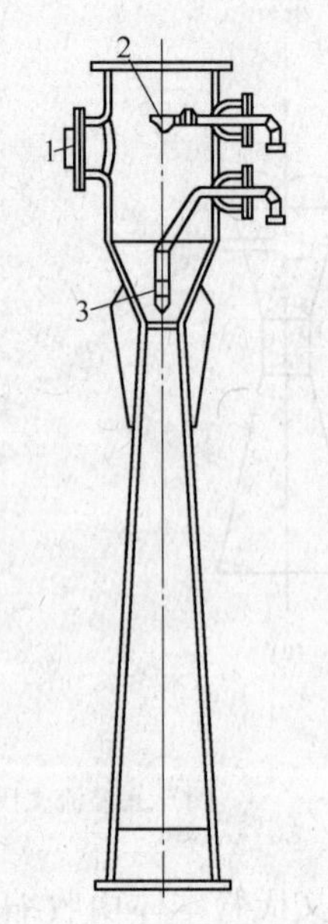

图 14-13 二级文氏管
1—入孔；2—螺旋形喷水嘴；3—弹头式喷水嘴

二级文氏管的除尘原理与溢流文氏管相同，只是煤气通过喉口的流速更大，水和煤气的扰动也更为剧烈，因此，能使更细颗粒的灰尘被湿润而凝聚并与煤气分离。

二级文氏管的基本参数为：喉口煤气流速 90~120m/s，流经文氏管的压力降为 12~15kPa。

二级文氏管的除尘效率主要与煤气在喉口处的流速和耗水量有关，如图 14-14 所示。煤气流速愈大，耗水量愈多，除尘效率愈高。但是，煤气最高流速是由二级文氏管许可达到的压头损失来决定的。根据某钢高炉二级文氏管的经验，文氏管后的煤气含尘量与压头损失的关系如图 14-15 所示。由此可见，当压头损失大于 5kPa 时，煤气含尘量可以达到 $10mg/m^3$ 以下，达到了精细除尘的效果。只要炉顶压力不小于 20kPa，煤气含尘量可以达到 $5mg/m^3$。

高炉冶炼条件的变化，常使煤气发生很大的波动，这将影响二级文氏管除尘效率。为了保持文氏管操作稳定，可采用多根异径（或同径）文氏管并联来调节。当煤气量大大减少时，可以关闭 1~2 根文氏管，保证喉口处煤气流速相对稳定，亦可采用调径文氏管。调径文氏管在喉口部位装设调节机构，可以改变喉口断面面积，以适应煤气流量的改变，保证喉口流速恒定，保证除尘效率。调径文氏管调径机构如图 14-16 所示。

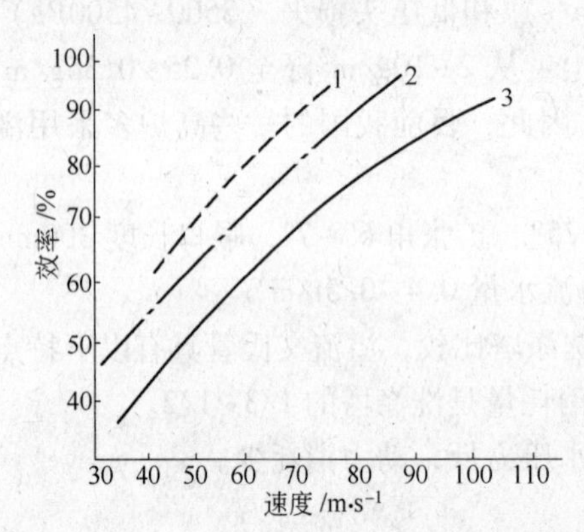

图 14-14 文氏管除尘效率与煤气速度的关系
1—水耗 $1.44m^3/m^3$；2—水耗 $0.96m^3/m^3$；3—水耗 $0.48m^3/m^3$

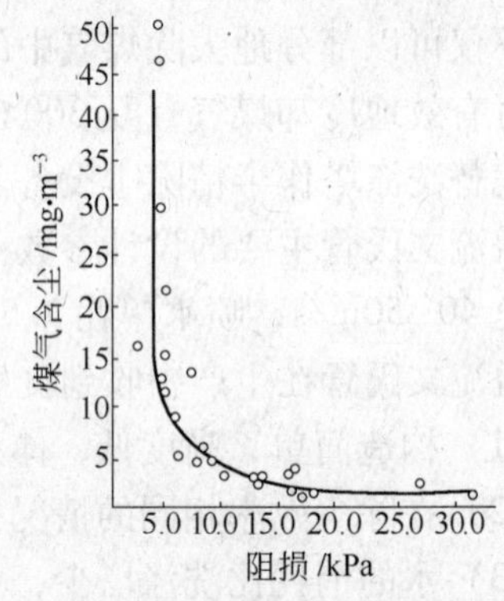

图 14-15 每立方米煤气的水耗量为 0.75~$1.0m^3$ 时阻损与煤气含尘量的关系

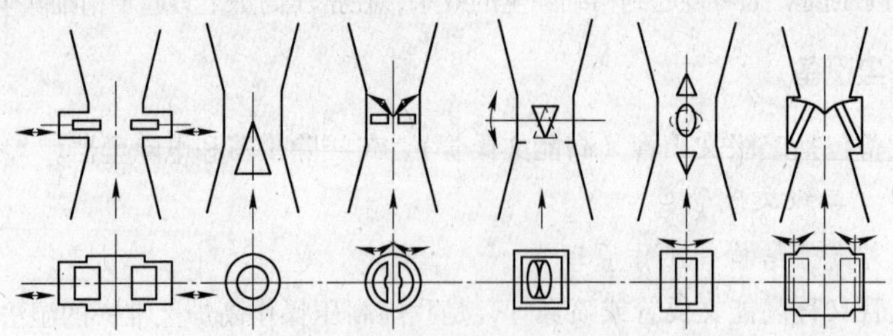
图 14-16 各种改变喉口断面的机构示意图

B　文氏管维护检查

文氏管维护检查内容如下：

（1）防爆膜。有无破损裂纹和泄漏现象，有无堵塞现象；配重和销轴无缺陷转动灵活。

（2）一、二级文氏管结构。有无过热现象；有无裂纹和漏水现象。

（3）一级文氏管喷头。压力流量是否正常；溢流水量是否充足。

（4）二级文氏管插针。有无不动作现象。有无弯曲、缺陷现象；气压是否不低于规定值，气动系统动作是否灵活，气柜及管路有无漏气。

（5）二级文氏管翻板。连杆长度调节胀套有无松动现象；润滑油是否充足、是否变质；轴承座是否紧固，有无松动现象；轴承润滑是否良好，有无破裂，密封是否良好。

C　文氏管常见故障及处理方法

文氏管常见故障、产生原因及处理方法见表14-2。

**表14-2　文氏管常见故障、产生原因及处理方法**

| 故　障 | 产 生 原 因 | 处 理 方 法 |
|---|---|---|
| 供水水压低 | 水管泄漏或喷头掉 | 检修 |
|  | 水泵泄漏 | 检修或启用备用泵 |
|  | 仪表误差大 | 检修 |
| 供水流量低 | 喷头堵塞 | 清理疏通 |
|  | 仪表误差大 | 检修 |
| 二级文氏管插针不动作 | 供气压力低 | 调整 |
|  | 气管堵塞 | 更换 |
|  | 插针弯 | 更换 |
|  | 活塞杆结垢 | 清理干净 |
| 翻板液压站电机不转 | 电源缺陷 | 检查处理 |
|  | 电机损坏 | 更换电机 |
|  | 液压泵故障，电机堵塞 | 处理泵故障 |
| 翻板不能正常动作 | 翻板结垢卡阻 | 清理干净后拉动 |
|  | 连杆胀套螺钉松动 | 拧紧螺钉 |
|  | 连杆开裂 | 修复 |
|  | 伺服液压站故障 | 修复液压站 |
|  | 计控掉电 | 计控处理 |

### 14.2.6.2　布袋除尘器

A　结构和工作原理

布袋除尘器的结构如图14-17所示。

布袋除尘器是一种干式除尘器。含尘煤气通过滤袋，煤气中的尘粒附着在织孔和袋壁上，并逐渐形成灰膜，当煤气通过布袋和灰膜时得到净化。随着过滤的不断进行，灰膜增厚，阻力增加，达到一定数值时要进行反吹，抖落大部分灰膜使阻力降低，恢复正常的过滤。反吹是利用自身的净煤气进行的。为保持煤气净化过程的连续性和满足工艺上的要求，一个除尘系统要设置多个（4~10个）箱体，反吹时分箱体轮流进行。反吹后的灰尘落到箱体下部的灰斗中，经卸、输灰装置排出外运。

含尘气体由进口进入中箱体，其中装有若干排滤袋。含尘气体由袋外进入袋内，粉尘被阻留在滤袋外表面。已净化的气体经过管进入上箱体，最后由排气管排出。滤袋通过钢丝框架固定在文氏管上。

每排滤袋上部均装有一根喷吹管，喷吹管上有6.4mm的喷射孔与每条滤袋相对应。喷吹管前装有与压缩空气包相连的脉冲阀，控制仪不停地发出短促的脉冲信号，通过控制仪有序地控制各脉冲阀使之开启。当脉冲阀开启（只需0.1~0.12s）时，与该脉冲阀相连的喷吹管与气包相通，高压空气从喷射孔以极高的速度喷出。在高速气流周围形成一个比自身的体积大5~7倍的诱导气流，一起经管进入滤袋，使滤袋急剧膨胀引起冲击振动。同时在瞬间产生由内向外的逆向气流，使黏在袋外及吸入滤袋内的粉尘被吹扫下来。吹扫下来的粉尘落入下箱体及灰斗，最后经卸灰阀排出。

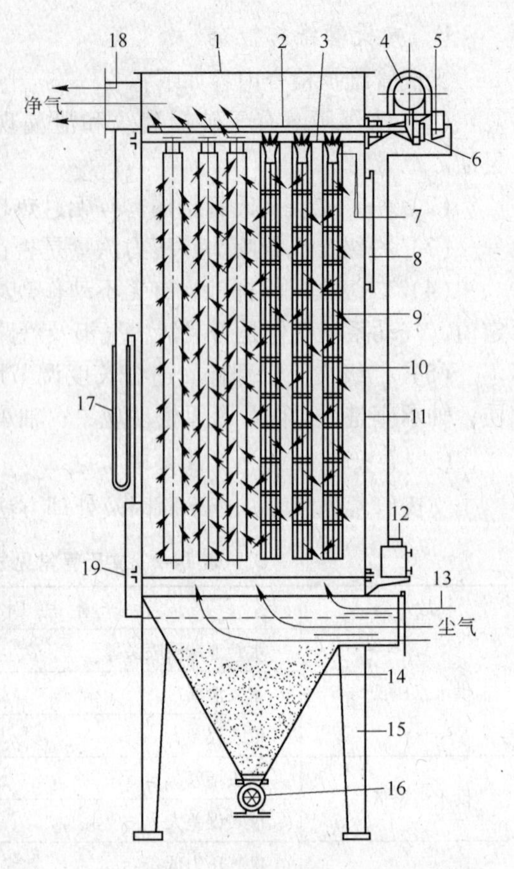


图14-17 脉冲袋式除尘器

1—上箱；2—喷吹管；3—花板；4—气包；5—排气阀；6—脉冲阀；7—管；8—检修孔；9—框架；10—滤袋；11—中箱；12—控制仪；13—进口管；14—灰斗；15—支架；16—卸灰阀；17—压力计；18—排气管；19—下箱体

布袋材质有两种，一种是我国自行研制的无碱玻璃纤维滤袋，广泛应用于中小型高炉（目前规格有$\phi$230mm，$\phi$250mm，$\phi$300mm三种），另一种是合成纤维滤袋（太钢3号炉采用，又称尼龙针刺毡，简称BDC）。玻璃纤维滤料可耐高温（280~300℃），使用寿命一般在1.5年以上，价格便宜，其缺点是抗折性较差。合成纤维滤料的特点是过滤风速高，是玻璃纤维的2倍左右，抗折性好，但耐温低，一般为204℃，短时间可承受270℃，而且价格较高，是玻璃纤维滤袋的3~4倍，所以目前仅在大型高炉中使用。

除尘效率高煤气质量好是布袋除尘的特点之一。据测定，正常运行时除尘效率均在99.8%以上，净煤气含尘在10mg/m$^3$以下（通常可达6mg/m$^3$以下），而且比较稳定。

关于反吹压差值是根据滤材和反吹技术确定的，目前中小高炉在采用玻璃纤维滤袋间歇反吹的条件下，一般为5~7kPa。大型高炉在采用合成纤维滤袋连续反吹的条件下，一般为2.5kPa。当然，反吹压差值也可根据生产运行实践调整。

过滤负荷表示每平方米滤袋的有效面积每小时通过的煤气量（一般指标态下），是设计中的主要参数之一。

B 布袋除尘器检修

a 准备工作

检修布袋除尘器的准备工作包括：

（1）熟悉布袋除尘器的构造和工作原理。

（2）安排检修进度，确定责任人。

（3）制定换、修零件明细表。

（4）准备需更换的备件和检修工具。

（5）关闭煤气公管或打开高炉放散阀，开启该箱体的放散阀。

（6）关闭净煤气支管上的蝶阀、眼镜阀。

（7）用氮气赶尽煤气，

（8）压缩空气赶尽氮气并对系统内气体进行分析，在确认对人体无影响的情况下，操作人员戴好个人防护用具后，方能操作检修。

b 检修内容

检修的内容包括：

（1）检查各阀门开关是否灵活可靠，是否漏煤气。

（2）各管道是否漏气，特别是煤气管道是否跑煤气。

（3）各布袋是否有损坏，布袋绑扎是否牢固可靠。

（4）箱体格板是否变形，是否有漏洞。

（5）人孔、防煤孔是否跑煤气。

c 更换布袋

更换布袋的步骤为：

（1）按“停用箱体操作”程序，停用相应箱体。

（2）当停用箱体温度不超过50℃后，打开箱体上下人孔以及中间灰斗放散阀。

（3）关闭该箱体所有氮气阀门，并断开氮气连接管。

（4）切断该箱体所有设备的电源。

（5）在箱体下人孔处装抽风机，使上箱体保持负压。

（6）经CO、$CO_2$测定合格后，人员方可进入该箱体。

（7）卸反吹管，分段抽出袋笼及破损布袋。

（8）清理上箱体内积灰。

（9）装新布袋、袋笼、装反吹管。

（10）检查箱体内是否有人和异物，确认无误后封人孔。

（11）打开该箱体所有氮气包阀，该箱体所有设备送上电源。

C 布袋除尘器维护

布袋除尘器的维护内容有：

（1）定期巡查上下球阀的工作情况，检查上下球阀及各设备的工作是否正常，下灰是否畅通，如球阀开启不到位，应及时处理，保证收下的粉尘及时排出。

（2）定期巡查上下球阀、煤气清灰系统及周围环境空气中CO的含量，如果发现超标，应及时处理，防止煤气中毒。

（3）严格控制进入除尘器的煤气温度，除尘器正常使用温度180~200℃，最高温度小于280℃，到达最高温度时，应通知高炉系统采取降温措施，使煤气温度控制在正常温度范围内，确保过滤材料的正常使用。

（4）除尘器进入正常运行中，应注意除尘器的设备阻力，该设备的阻力（包括进出管道）应保持在2~3kPa正常范围内。如低于正常范围，可延长清灰周期，以防止过度清灰而影响除尘效率；当高于正常范围时，应检查煤气总量是否增加、清灰压力是否正常，脉冲阀是否失灵，如上述工况正常，仍超高时，可缩短清灰周期，调高喷吹压力（最高不超过0.4MPa）把滤袋表面的粉尘清扫下来，保持设备阻力在正常范围之内。

（5）需对除尘器箱体内滤袋调换时，应把该箱体内的粉尘排干净，并按除尘器的维护管理的操作顺序操作后，才能打开除尘器检修孔。调换滤袋时，先确定破损滤袋，取出框架和破损滤袋，清理干净孔板上的积灰，再细心将新滤袋慢慢放入孔内，将袋口涨圈折成月牙形放入孔板口，然后松开，袋空口凹槽涨圈就镶在孔板上，使滤袋与孔板严密涨紧后再把框架插入滤袋。滤袋调换过程中，严禁杂物掉入筒内损坏上下球阀。滤袋调换结束要检查检修孔的密封条是否完好，如有损坏应及时更换，然后扭紧检修孔上的螺栓，且做好气密性试验，确定无泄漏才能投入使用。

（6）应定期校验温控、压力显示的一次仪表。

（7）要定期打开储气罐下的排污阀，清除罐内的油水、污泥，保障脉冲喷吹系统的正常工作。

（8）每年对系统外露部分（结构件）进行油漆，防止大气腐蚀。对保温部分的箱体管道，应根据使用情况确定除锈油漆，确保设备的长期安全使用。

（9）除尘器顶部的泄爆膜损坏时，应按泄爆压力0.145MPa配置，才能正常使用。

（10）操作人员应定期检查煤气管道的严密性，防止在使用过程中局部泄漏有害气体，引起人身、设备事故。

D　布袋除尘器常见故障及处理方法

布袋除尘器常见故障、原因及处理方法见表14-3。

**表14-3　布袋除尘器常见故障、原因及处理方法**

| 故　障 | 故障原因 | 处理方法 |
|---|---|---|
| 除尘器阻力过高 | 喷吹气体的压力过低 | 提高喷吹气体的压力，并保持稳定 |
| | 清灰周期过长 | 调整清灰程序控制器，使周期缩短 |
| | 清灰装置和控制仪故障 | 找出故障原因及时排除 |
| | 灰斗积存大量粉尘 | 查明原因，及时排除 |
| 除尘器阻力过低 | 喷吹过于频繁 | 调整清灰程序控制器，延长清灰周期 |
| | 滤袋严重破损 | 更换破损滤袋 |
| 排放浓度高于正常值 | 滤袋破损 | 检查并更换破损滤袋 |
| | 滤袋脱落或未装好 | 检查并重新装好滤袋 |
| | 设备阻力过高，形成针状穿透 | 找出原因及时更换 |
| | 滤袋材质较差 | 更换滤袋材质 |
| 脉冲阀常开 | 电磁阀不能关闭 | 检查或更换电磁阀 |
| | 小阀盖的节流孔完全堵塞 | 清除节流孔中的杂物 |

续表 14-3

| 故 障 | 故 障 原 因 | 处 理 方 法 |
|---|---|---|
| 脉冲阀常闭 | 控制仪无信号，输出或输入线中断 | 检修控制仪，接通输出或输入线 |
| | 电磁阀失效或排气孔堵塞 | 检修或更换电磁阀 |
| | 膜片上有砂眼或破口 | 更换膜片 |
| 脉冲阀喷吹无力或不能常开 | 膜片上节流孔过大或膜片上有砂眼 | 更换膜片 |
| | 电磁阀排气孔或小阀盖节流孔部分堵塞 | 疏通排气孔或节流孔 |
| 电磁阀不动作或漏气 | 接触不良或线圈断路 | 调整线圈 |
| | 阀内有脏物 | 清洗铁芯 |
| | 弹簧或橡胶件失去作用或损坏 | 调整弹簧或橡胶件 |

#### 14.2.6.3 电除尘器

##### A 电除尘器工作原理

电除尘器是利用电晕放电，使含尘气体中的粉尘带电而通过静电作用进行分离的装置。常见电除尘器有三种形式：管式电除尘、套管式电除尘及板式电除尘。

图 14-18 是平板式静电除尘的原理，中间为高压放电极，这个放电极上受到数万伏电压时，放电极与集尘极之间达到火花放电前引起电晕放电，空气绝缘被破坏，使电极间通过的气体发生电离。电晕放电发生后，正负离子中与放电极符号相反的正离子在放电极失去电荷，负离子则黏附于气体分子或粉尘上，由于静电场的作用，被捕集至集尘极板上。干式电除尘器电极板上的粉尘到达适当厚度时，捶击极板使尘粒落下而捕集到灰斗里。湿式电除尘器是让水膜沿集尘极流下，去除到达电极上的粉尘。归纳起来，电除尘的工作过程为：

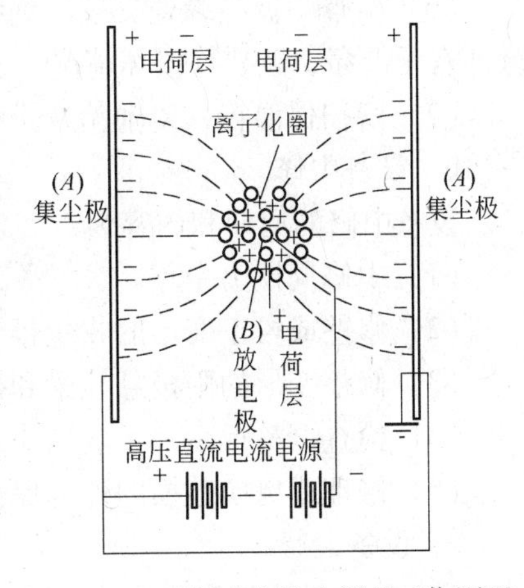

图 14-18 平板式电除尘器的工作原理

（1）粉尘被气态的离子或电子加以电荷。

（2）带电的粉尘在电场的作用下移向集尘电极。

（3）带电灰尘颗粒的放电。

（4）灰尘颗粒从电极上除去。

##### B 电除尘器维护

电除尘器应进行日常维护、定期维护和停机维护。

（1）日常维护。润滑振打电机，卸灰、输灰装置；润滑除尘风机轴承；及时处理灰斗积灰、棚灰；保持各入孔门、卸灰系统严密不漏风，每班对设备巡视 1~2 次，每小时记录一次各电场二次电压、电流和风机电机电流、轴承温度。

（2）定期维护（每周或半月）。检查设备箱体是否漏风，如有漏风，及时堵漏；检查设备各部位灰斗仓壁振动器是否完好；检查设备所有传动及减速器、润滑部位有无不正常的声响或气味，如有及时处理。

（3）停机维护。擦净设备各绝缘瓷支柱、绝缘套管、电瓷转轴、聚四氟乙烯板、保温箱、瓷轴箱积灰；清理干净电场内气流分布板、极板、极线上的积灰；检查极板下撞击杆是否灵活、极板是否松动，如有问题，及时处理；检查电场内各振打锤头是否对准，中心轴承是否有明显的磨损和变形，如有问题，及时处理。

C　电除尘器检修

a　设备小修（进入电除尘器检修必须通知电工）

设备小修的周期和内容为：

（1）每3~4个月进行一次。

（2）检查极板、极线、分布板积灰情况。如果积灰厚度为1mm以上，则需要进行人工清理，同时找出原因，排除故障。如果振打正常而积灰较厚，则需延长振打时间或缩短振打时间周期。

（3）检查整理连接不好的极线、极板、剪掉断线。

（4）检查电场内阴极、阳极、分布板、槽形板及各振打系统的紧固螺栓有无松动之处。

（5）检查各密封处的密封材料，损坏更换。

（6）检查阴极绝缘瓷支柱、绝缘套管、电瓷转轴、聚四氟乙烯板、电缆终端盒等绝缘件有无击穿、破裂等损坏情况，发现及时更换。

（7）清扫保温箱、瓷轴箱及进线箱内的积灰。

b　设备中修

设备中修的周期和内容为：

（1）中修周期为一年。

（2）修整或校正变形的收尘板。

（3）修整变形的阳极悬挂梁和撞击杆。

（4）检查调整板距。

（5）修理或更换破损的外部保温层。

c　设备大修

设备大修的周期和内容为：

（1）大修周期为三年。

（2）更换损坏严重的振打轴、振打锤等部件。

（3）全面检查和调整同极间距和异极间距。

（4）更换损坏或性能明显变劣的零部件。

## 14.3　煤气除尘附属设备

### 14.3.1　煤气输送管道

高炉煤气由炉顶引出，经导出管、上水管、下降管进入除尘器。如图14-19所示。

导出管的数目由高炉容积而定。大、中型高炉均用4根沿炉顶封板四周对称布置的导出管，出口处的总截面积不小于炉喉截面积的40%，导出管与水平面的倾斜角大于50°，一般大、中型高炉为53°，以保证灰尘不至于沉积堵塞而返回炉内。为减少灰尘带出量，导出管口煤气流速不宜过大，通常为3~4m/s。

导出管上部（成对地合并在一起）垂直部分的管道称为上升管。其管内煤气流速为6~8m/s，总截面积为炉喉截面积的25%~35%，上升管垂直高度的设计，以保证下降管具有一定的坡度为准则。

由上升管通往除尘器的一段为下降管，为避免煤气中的灰尘在下降管沉积堵塞，下降管总截面积为上升管总截面积的80%，同时保证下降管倾角大于40°。下降管和下降总管的煤气流速分别为6~10m/s和7~11m/s。

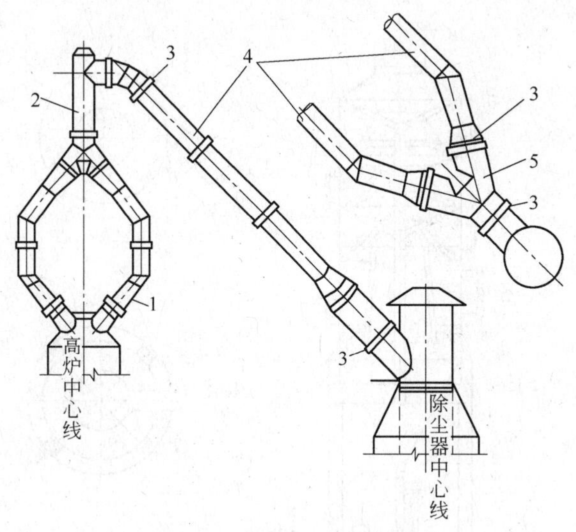


图14-19 高炉炉顶煤气管道

1—导出管；2—煤气上升管；3—安装接头；4—煤气下降管；5—裤衩管

煤气导出管、上升管、下降管用壁厚为8~14mm的Q235钢板焊成，内砌一层113mm厚的黏土砖。每隔1.5~2.0m焊有托板，以保护砌体牢固。管道拐弯、岔口和接头处常衬以锰钢板加以保护。

重力除尘器以后的管道，用普通钢板焊制。要求管内流速高（12~15m/s），以免管内积灰尘。管内衬以耐火砖或铸钢板，在弯头、岔头、接头处应避免急剧变化，管外应涂以防腐的耐热漆。为了煤气系统的安全，应设有通入蒸汽的管道阀门和煤气管道上的放散阀。

## 14.3.2 脱水器

高炉煤气经洗涤塔、文氏管等除尘设备湿法清洗后，带有一定的水分。水分不仅会降低煤气发热值，而且水滴所带的灰尘又会影响煤气的实际除尘效果。所以，必须用脱水器把水除去。

常用的脱水器有挡板式、重力式、填料式及旋风式等几种。其工作原理是使水滴受离心力或本身的重力作用，也可直接碰撞，水滴失去动能而凝集，然后与煤气分离。

### 14.3.2.1 挡板式脱水器

挡板式脱水器结构如图14-20所示。它是通过改变煤气流方向，使水滴撞于挡板上面与气体分离的脱水设备来实现脱水的。煤气入口为切线式。气流在脱水器内一面旋转一面沿伞形挡板曲折上升，靠离心力、重力和直接碰撞而脱水，脱水效率约为80%，入口煤气流速不小于12m/s，筒体内流速为4~5m/s，产生的压力降为490~980Pa。这种脱水器应用于高压操作的高炉煤气系统中，一般要设在高压调节阀组之后。

### 14.3.2.2 重力式脱水器

重力式脱水器结构如图14-21所示。它是利用煤气流速度降低和方向改变，使雾状水在重力和惯性力作用下与煤气分离。煤气在重力脱水器内运动速度为4~6m/s。

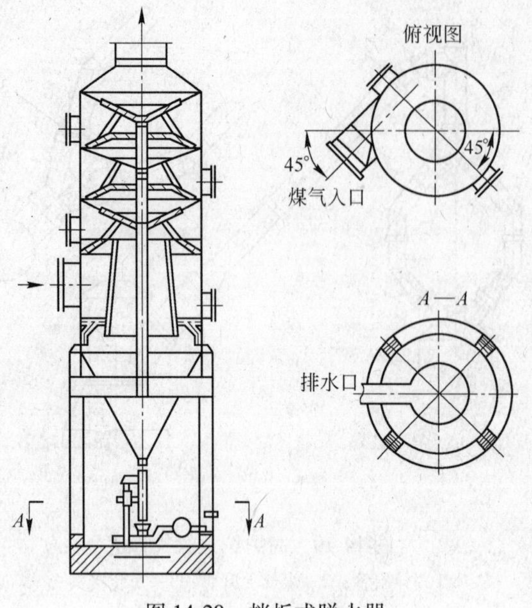


图 14-20 挡板式脱水器

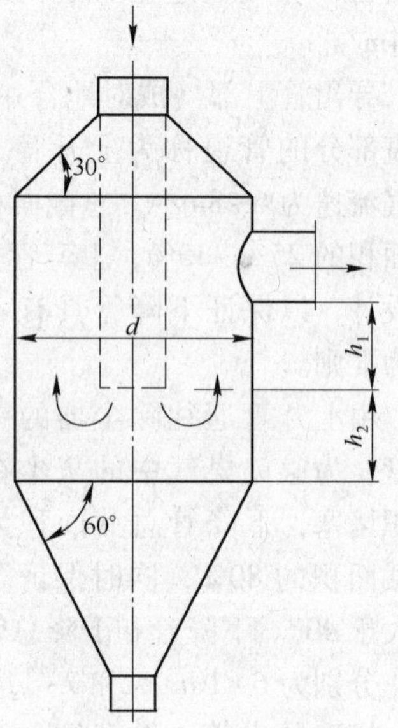

图 14-21 重力式脱水器

#### 14.3.2.3 填料式脱水器

填料式脱水器如图 14-22 所示。它作为最后一级的脱水设备，筒体高度约为筒体直径的 2 倍，填料多用角钢代替木材。煤气流中的水滴与填料相撞失去动能，水滴和气流分离。脱水煤气压力降为 500~1000Pa，脱水效率为 85%。

#### 14.3.2.4 旋风式脱水器

旋风式脱水器如图 14-23 所示。这种脱水器多用于中小型高炉。安装在文氏管后，煤气进入脱水器后，雾状水在离心力作用下与脱水器壁发生碰撞，水失去动能与煤气分离。

现在多把脱水器和文氏管组合在一起。本章图 14-2 和图 14-3 中的文氏管洗涤器指的就是这种组合装置。如图 14-24 所示为某厂文氏管和填料式脱水器组合在一起的文氏管脱水器。

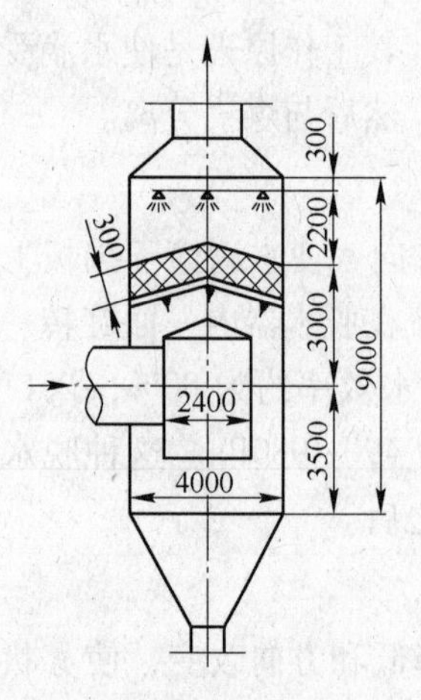


图 14-22 填料式脱水器

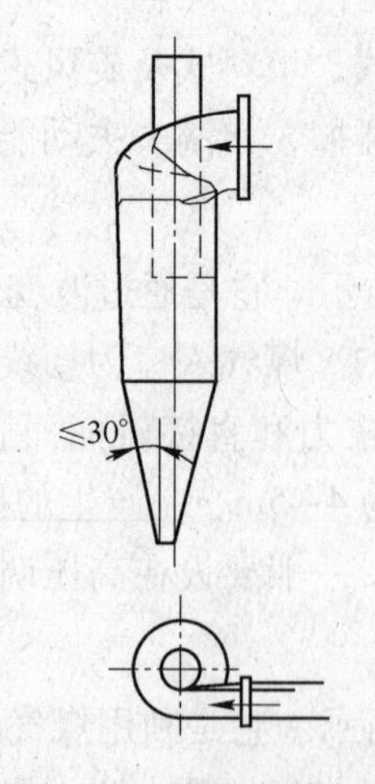


图 14-23 旋风式脱水器

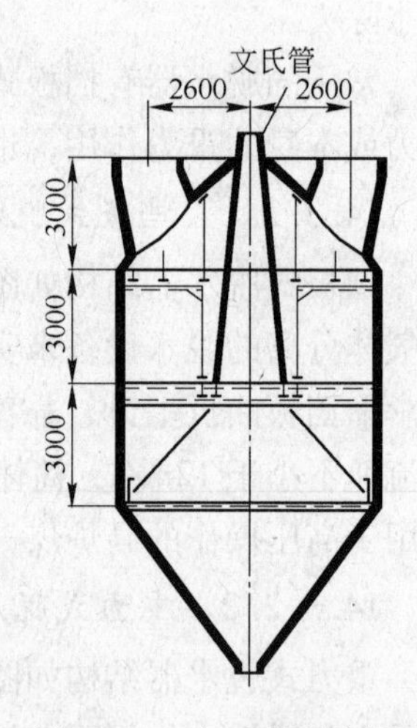


图 14-24 文氏管脱水器

### 14.3.3 喷水嘴

常用的喷水嘴可分渐开线形、碗形和辐射形等。

14.3.3.1 渐开线形喷水嘴

渐开线形喷水嘴如图 14-25 所示。渐开线形喷水嘴又名蜗形喷水嘴或螺旋形喷水嘴，其特点是结构简单，不易堵塞，但喷淋中心密度小，周围密度大，不均匀，供水压力愈高该现象愈明显，流量系数小，喷射角 68°，适用于洗涤塔。

14.3.3.2 碗形喷水嘴

碗形喷水嘴如图 14-26 所示。碗形喷水嘴的特点是雾化性能好，水滴细，喷射角大（67°~97°），但结构复杂，易堵塞，对水质要求高，喷淋密度不均。常用于电除尘器和文氏管。

14.3.3.3 辐射形喷水嘴

辐射形喷水嘴如图 14-27 所示。辐射形喷水嘴特点是结构简单，其中心圆柱体是空心的，沿周边钻有 $\phi$6mm 的 1~2 个排水孔。在前端圆头部分沿中心线钻一个 $\phi$6mm 的小孔或三个 $\phi$6mm 的斜孔，以减少堵塞。它适用于文氏管喉口处。

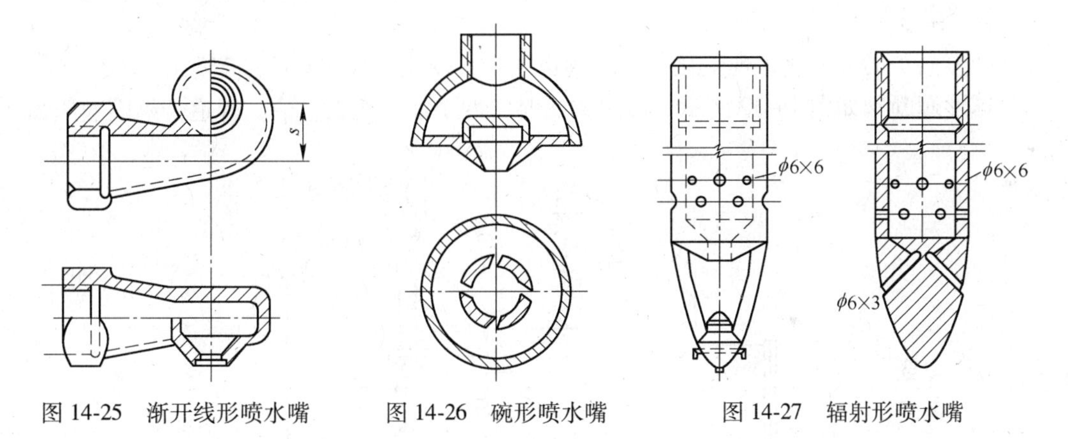


图 14-25 渐开线形喷水嘴　　图 14-26 碗形喷水嘴　　图 14-27 辐射形喷水嘴

### 14.3.4 煤气除尘系统阀门

高炉煤气除尘系统各阀门的位置如图 14-28 所示。

大小料钟均压阀、放散阀、调压阀组的内容见本书 12.4.5 节。

14.3.4.1 煤气遮断阀

煤气遮断阀安装在重力除尘器喇叭管的顶部，它的作用是在高炉休风时，迅速将高炉和煤气管道系统隔开，要求密封性良好。

A 锥形盘式遮断阀

锥形盘式遮断阀如图 14-29 所示。高炉正常生产时阀体提到双点划线位置，其开闭方向与气流方向一致，煤气入口与重力除尘器的中心导管相通，落下时遮断。操作煤气遮断阀的装置可手动或电动，通过卷扬钢绳进行开关。开关灵活，不怕积灰。阀的运动速度控制在 0.1~0.2m/s。

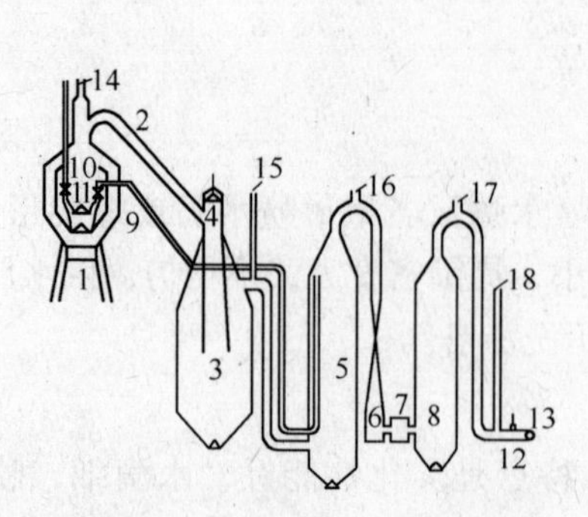


图 14-28 高炉煤气处理系统的各阀门的位置示意图

1—高炉；2—荒煤气管；3—重力除尘器；4—煤气遮断阀；5—洗涤塔；6—文氏管；7—调压阀组；8—脱水器；9—均压管；10—小钟均压阀；11—大钟均压阀；12—叶形插板；13—煤气总管；14~18—各放散阀

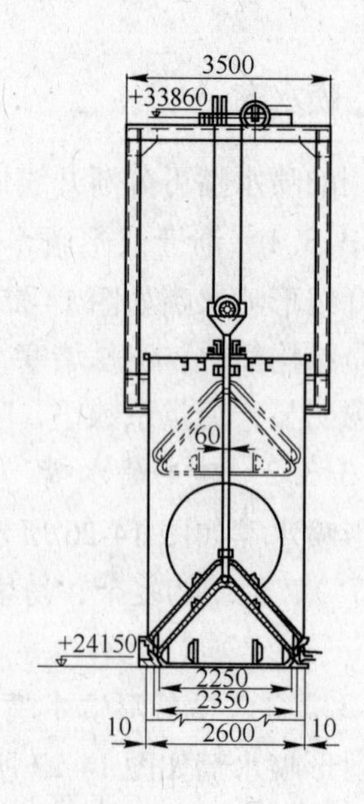


图 14-29 煤气遮断阀

B 球形遮断阀

随着高炉的大型化、现代化，遮断阀也发生了变化，现在有的厂家采用球阀。

球形遮断阀如图 14-30 所示。需要关闭时，四个油缸充压力油，管道伸缩圈被压缩，

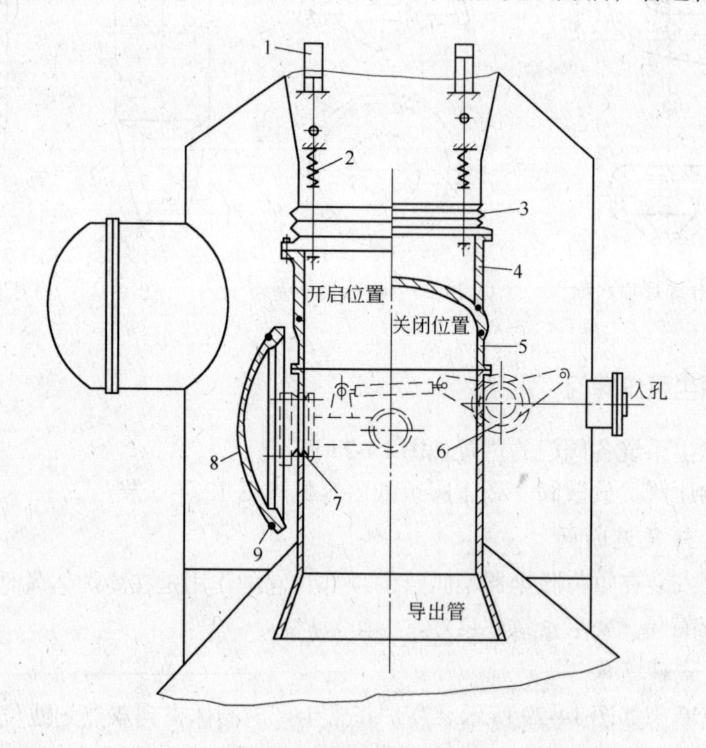


图 14-30 $\phi$3000 球形遮断阀

1—油缸；2—弹簧；3—伸缩圈；4—可移动上挂座；5—下支承座；6—连杆机构；7—压缩弹簧；8—球阀芯；9—密封胶圈

上挂座被提起，形成130mm左右间隙。通过液压传动装置，连杆带动球阀芯转动，直到球面对准煤气下降管道。极限到位后，四个液压缸泄油，依靠上挂座的质量和压缩弹簧，使得上挂座紧紧压在装有密封胶圈球面环上，力通过球环再传给与之相连的压缩弹簧上，这样上挂座、球阀芯、下支撑座彼此压紧，接触面软硬密封。当需要打开球阀时，只需要给四个油缸充压力油，使活塞上移，迫使上挂座提起，形成间隙，并且阀芯在弹簧的作用下，与下支撑座脱开，产生5mm左右的间隙。此时，阀芯就可自由移动。

14.3.4.2 叶形插板

为了把高炉煤气除尘系统与煤气管网隔开，在精除尘设备后的净煤气管道上设置叶形煤气切断阀，即叶形插板。叶形插板一端为通孔板，另一端为无孔板，开通时用通孔板将两侧煤气管道接通，煤气顺利通过，需要切断煤气时，则用无孔板将两侧煤气管道切断。插板处于切断状态时，煤气只能漏入大气而不能进入对面管道内。叶形插板的夹紧机构形式，有机械夹紧式和热力夹紧式，国内高炉的叶形插板一般采用前者。机械夹紧式叶形插板是依靠人力经机械传动，将插板的两个法兰分开或压紧；热力夹紧式叶形插板则是借助蒸汽管道的热膨胀，将插板的两个法兰分开，依靠管内通水冷却，使管道产生收缩将两个法兰压紧。在煤气管道切断处，均需安装叶形插板。

# 送风系统设备

## 15.1 热风炉设备

现代高炉采用蓄热式热风炉对冷空气加热，加热后的热风被送到高炉热风围管，通过风口鼓入高炉进行冶炼。提高送入高炉的热风温度是降低焦比，提高产量的有效措施之一。

### 15.1.1 热风炉工作原理

蓄热式热风炉的工作原理是先使煤气和助燃空气在燃烧室燃烧，燃烧生成的高温烟气进入蓄热室，将格子砖加热，然后停止燃烧（燃烧期），再使风机送来的冷风通过蓄热室，将格子砖的热量带走，冷风被加热，通过热风围管送入高炉内（送风期）。由于热风炉是燃烧和送风交替工作的，为了保证向高炉内连续不断地供给热风，每一座高炉至少配置两座热风炉，现在高炉基本上有三座热风炉。对于 2000m$^3$ 以上的高炉，为使设备不过于庞大，可设四座热风炉，其中一座依靠高炉回收的煤气对蓄热室加热，一至两座处于保温阶段，一座向高炉送风。四台设备轮流交替上述过程进行作业。

在正常生产情况下，热风炉经常处于燃烧期、送风期和焖炉期三种工作状态。前两种工作状态是基本状态，当热风炉从燃烧期转换为送风期或从送风期转换为燃烧期时均应经过焖炉过程。

热风炉的燃烧期和送风期的正常工作和转换，是靠阀门的开闭来实现的。这些阀门主要有：

（1）煤气管路和煤气燃烧系统的煤气切断阀、煤气调节阀、煤气隔离阀，助燃空气调节阀。

（2）烟道系统的烟道阀、废气阀。

（3）冷风管路中的冷风阀、放风阀。

（4）热风管路中的热风阀。

（5）混风管路中的混风调节阀、混风隔离阀。

热风炉在不同工作状态时，各种阀门所处的开闭状态如图 15-1 所示。

热风炉在燃烧期时，和空气混合好的煤气事先在燃烧室内燃烧，燃烧的气体上升到热风炉拱顶下面的空间，再沿蓄热室的格子砖通道下降，将格子砖加热，最后进入烟道。

燃烧期打开的阀门有：煤气切断阀、煤气调节阀、燃烧器隔离阀。打开上述三个阀，煤气便可进入燃烧室燃烧。此时废气要排入烟道，因此还要打开烟道阀。由于热风炉内废气压力较高，烟道阀不易打开，为此在打开烟道阀之前先打开废气阀（又称旁通阀），降低炉内压力后再打开烟道阀。

格子砖加热结束后，热风炉转入送风期，上述燃烧期打开的阀门都关闭，燃烧器停止工作，此时打开的阀门有：冷风阀、热风阀。冷风进入热风炉后，自下而上通过蓄热室格子砖通道而被加热，然后沿热风管道进入高炉。为了使热风保持一定温度，在热风炉开始送风时，若风温较高要兑入适量的冷风，所以送风期还要打开混风阀。另外，在冷风管道中还有放风阀，把用不了的冷空气放入大气中。

燃烧期和送风期转换期间焖炉时，热风炉的所有阀门都关闭。

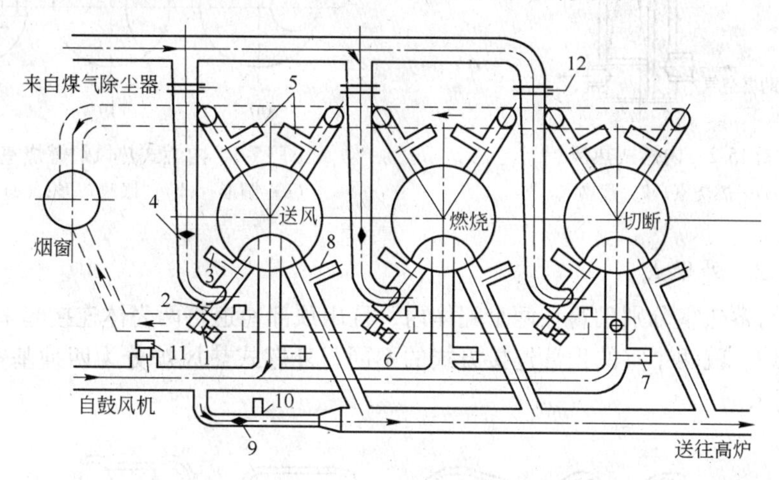


图 15-1　热风炉不同工作状态时各阀所处位置示意图

1—助燃空气送风机；2—燃烧器；3—燃烧器隔离阀；4—煤气调节阀；5—烟道阀；6—废气阀；7—冷风阀；8—热风阀；9—混风管道上的混风调节阀；10—混风隔离阀；11—放风阀；12—煤气切断阀

## 15. 1. 2　热风炉的形式

根据燃烧室和蓄热室布置方式不同，热风炉可分为内燃式、外燃式和顶燃式三类。

### 15. 1. 2. 1　内燃式

内燃式热风炉是把燃烧室和蓄热室砌在同一个炉体内，燃烧室是煤气燃烧的空间，而蓄热室是由格子砖砌成用来进行热交换的场所。

图 15-2 是这种炉子的结构形式。

内燃式热风炉的燃烧室根据断面形状不同，可分为圆形、“眼睛”形和复合形（靠蓄热室部分为圆形，而靠炉壳部分为椭圆形）三种，如图 15-3 所示。其中复合形蓄热室的有效面积利用较好，气流分布均匀，多被大型高炉采用。

内燃式热风炉占地少、投资较低，热效率高，过去很长一段时间里得到了广泛应用。但这种热风炉的燃烧室和蓄热室之间存在温差和压差，燃烧室的最热部分和蓄热室的最冷部分紧贴，引起两侧砌体的不同膨胀，产生很大的热应力，使隔墙发生破坏，造成燃烧室和蓄热室间烟气短路（燃烧期）和冷风短路（送风期），不能适应高风温操作。另外，由于炉墙四周受热不同，垂直膨胀时，燃烧室侧比蓄热室侧膨胀剧烈，使拱顶受力不均，造成拱顶裂缝和掉砖。

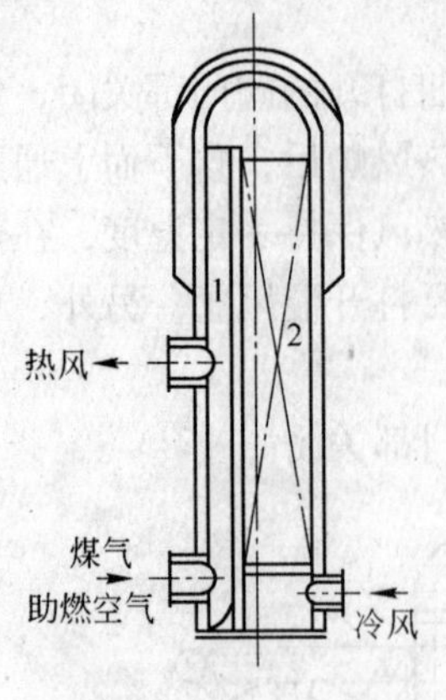


图 15-2　内燃式热风炉
1—燃烧室；2—蓄热室

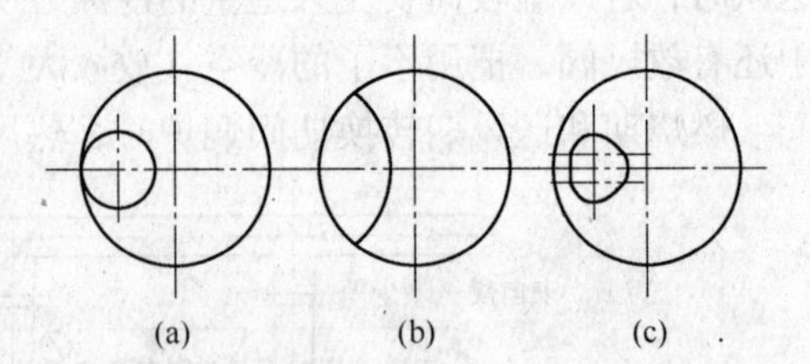


图 15-3　内燃式热风炉燃烧室的形状
（a）圆形；（b）“眼睛”形；（c）复合形

15.1.2.2　外燃式

燃烧室与蓄热室分别砌筑在两个壳体内，且用顶部通道将两壳体连接起来的热风炉称外燃式热风炉。就两个室的顶部连接方式的不同，外燃式热风炉分为四种基本结构形式，如图 15-4 所示。

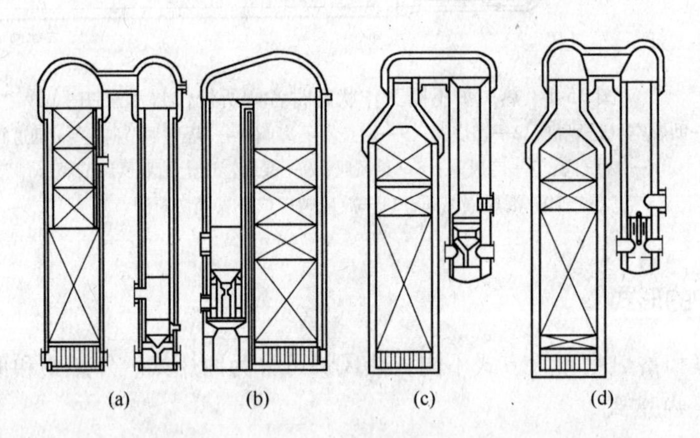


图 15-4　外燃式热风炉结构示意图
（a）拷贝式；（b）地得式；（c）马琴式；（d）新日铁式

地得式外燃热风炉拱顶由两个直径不等的球形拱构成，并用锥形结构相互连通。拷贝式外燃热风炉的拱顶由圆柱形通道连成一体。马琴式外燃热风炉蓄热室的上端有一段倒锥形，锥体上部接一段直筒部分，直径与燃烧室直径相同，两室用水平通道连接起来。

地得式外燃热风炉拱顶造价高，砌筑施工复杂，而且需用多种形式的耐火砖，所以新建的外燃式热风炉多采用拷贝式和马琴式。

地得式、拷贝式和马琴式这三种外燃式热风炉的比较情况如下：

（1）从气流在蓄热室中分布的均匀情况来看，马琴式较好，地得式次之，拷贝式稍差。

（2）从结构看，地得式炉顶结构不稳定，为克服不均匀膨胀，主要采用高架燃烧室，设有金属膨胀圈，吸收部分不均匀膨胀；马琴式基本消除了由于送风压力造成的炉顶不均匀膨胀。

新日铁式外燃热风炉是在拷贝式和马琴式外燃热风炉的基础上发展而成的，其主要特点是蓄热室上部有一个锥体段，使蓄热室拱顶直径缩小到和燃烧室直径相同，拱顶下部耐火砖承受的荷重减小，提高了结构的稳定性。而且对称的拱顶结构有利于烟气在蓄热室中的均匀分布，提高传热效率。

外燃式热风炉的优点是：

（1）由于燃烧室单独存在于蓄热室之外，消除了隔墙，不存在隔墙受热不均而造成的砌体裂缝和倒塌，有利于强化燃烧，提高热风温度。

（2）燃烧室、蓄热室、拱顶等部位砖衬可以单独膨胀和收缩，结构稳定性较内燃式热风炉好，可以承受高温作用。

（3）燃烧室断面为圆形，当量直径大，有利于煤气燃烧。气流在蓄热室格子砖内分布均匀，提高了格子砖的有效利用率和热效率。送风温度较高，可长时间保持1300℃风温。

外燃式热风炉的缺点是：结构复杂，占地面积大，钢材和耐火材料消耗多，基建投资比同等风温水平的内燃式热风炉高15%~35%，一般应用于新建的大型高炉。

15.1.2.3　顶燃式

顶燃式热风炉结构如图15-5所示。它不设专门的燃烧室，而是将煤气直接引入拱顶空间燃烧，不会产生燃烧室隔墙倾斜倒塌或开裂问题。为了在短暂的时间和有限的空间里保证煤气和空气很好混合和完全燃烧，采用四个短焰燃烧器，直接在热风炉拱顶下燃烧，火焰成涡流状流动。

顶燃式与外燃式热风炉相比，具有投资费用和维护费用较低，能更有效地利用热风炉空间的优点，而且热风炉构造简单、结构稳定，蓄热室内气流分布均匀，可满足大型化、高风温、高风压的要求，具有很好发展前景。

顶燃式热风炉的燃烧器、燃烧阀、热风阀等都设在炉顶平台上，因而操作、维修要求实现机械化、自动化。水冷阀门位置高，相应冷却水供水压力也要提高。

图15-6为顶燃式热风炉的布置图。四座顶燃热风炉采用矩形平面布置，结构稳定性和抗震性能都较好，四座热风炉热风出口到热风总管距离一样，热风总管比一列式布置的管道要短，相应可提高热风温度20~30℃。

### 15.1.3　热风炉检修和维护

15.1.3.1　检修

热风炉本体设备比较简单，也不易损坏，日常检修也较简单，主要是考虑对热风炉的大修。

（1）大修周期。热风炉大修周期在20年以上，大修间隔期间内可根据热风炉的具体情况进行一两次中修。

（2）大中修依据。热风炉燃烧率降低25%以上，严重影响热风的温度、进风量，热风炉各部位耐火衬砖、炉子、支柱等严重损坏，炉壳裂缝漏风等使生产不能安全进行，此时要大中修；蓄热室格孔局部老化、堵塞、拱顶局部损坏，燃烧室烧损严重，或热风炉燃烧率显著降低进行中修。

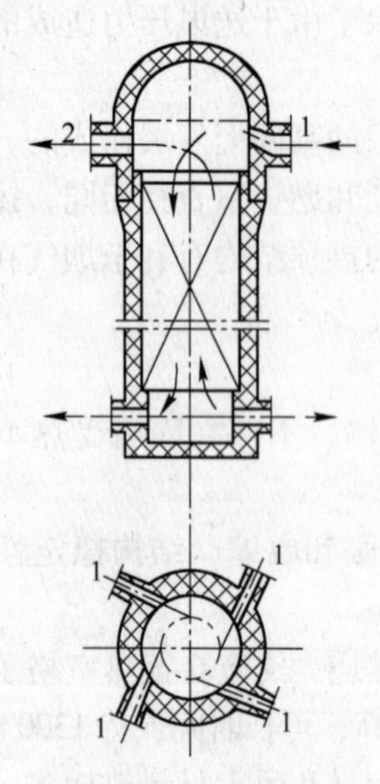


图 15-5 顶燃式热风炉的结构形式
1—燃烧口；2—热风出口

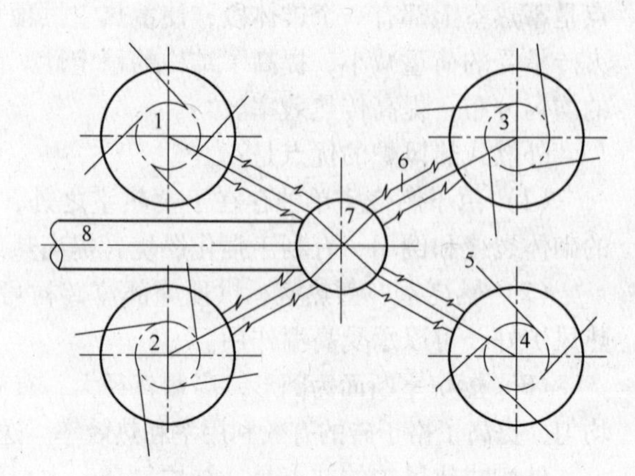


图 15-6 顶燃式热风炉布置图
1~4—顶燃式热风炉；5—燃烧口；
6—热风出口管；7—热风总管；8—热风输出口

(3) 热风炉大修范围。大修主要是更换全部格子砖、燃烧室拱顶、炉箅子及支柱和部分大墙。若整个大墙不能继续使用时，可结合大修更换全部砖衬。更换全部阀门。

(4) 中修范围。主要是更换蓄热室三分之一的格子砖、燃烧室拱顶和部分大墙。

(5) 更换损坏的阀门，处理法兰处跑风；风机换油及零部件更换；液压站换油，清理油箱，更换液压系统零部件。

15.1.3.2 维护

热风炉维护的内容包括：

(1) 点检路线为液压站→助燃风机→各种阀门→热风炉本体→其他设备

(2) 每班定期检查液压站有无漏油，备用系统是否正常，油泵运转是否正常，油箱油质、油温、油位是否在规定范围内。

(3) 每班定期检查风机运转是否良好，有无剧烈震动，轴承温度是否正常，并做好记录。

(4) 进出口管道法兰连接螺栓紧固，防止产生震动。

(5) 每班定期检查各种阀门使用情况：

1) 热风阀行程是否正常，水温有无变化，阀杆有无跑风现象，卷扬机运转是否正常，润滑是否良好；

2) 冷风阀开关是否灵活，有无跑风现象，是否内漏；

3) 燃烧阀开关是否灵活，有无回风现象；

4) 其他阀门开关是否灵活，有无跑风现象，润滑是否灵活。

(6) 每班定期检查热风炉本体有无泄漏烧红现象。

(7) 在风机启动时，必须检查吸风口和风机部分有无障碍物，油位是否正常。

（8）换炉操作时，需先开风机放散，避免风量变化而缩短风机叶轮寿命。

（9）对所有设备，平台要定期清扫，确保设备清洁，同时对各润滑点也要定期加油。

（10）煤气系统发现问题及时联系处理。

### 15.1.4 燃烧器

燃烧器是用来将煤气和空气混合，并送入燃烧室内燃烧的设备。它应有足够的燃烧能力，即单位时间能送进并混合燃烧所需要的煤气量和助燃空气量，及排出生成的烟气量，不致造成过大的压头损失（即能量消耗）。其次还应有足够的调节范围，空气过剩系数可在1.05~1.50范围内调节。应避免煤气和空气在燃烧器内燃烧、回火，保证在燃烧器外迅速混合完全而稳定地燃烧。燃烧器种类很多，我国常见的有套筒式金属燃烧器和陶瓷燃烧器。

#### 15.1.4.1 套筒式金属燃烧器

套筒式金属燃烧器的构造如图15-7所示。

煤气道与空气道为套筒结构，煤气和空气进入燃烧室后相互混合并燃烧。这种燃烧器的优点是结构简单，阻损小，调节范围大，不易发生回火现象。因此，过去国内热风炉广泛采用这种燃烧器。其主要缺点是煤气和助燃空气混合不均匀，需要较大体积的燃烧室；燃烧不稳定，火焰跳动；火焰直接冲击燃烧室的隔墙，隔墙容易被火焰烧穿而产生短路。目前国内外高风温热风炉均采用陶瓷燃烧器代替套筒式金属燃烧器。

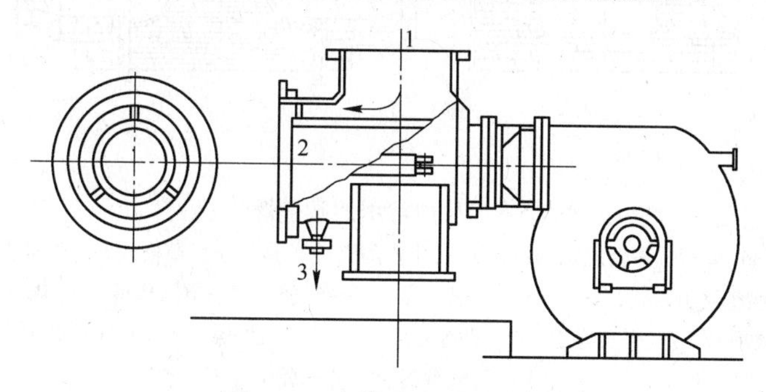


图15-7 套筒式金属燃烧器

1—煤气；2—空气；3—冷凝水

#### 15.1.4.2 陶瓷燃烧器

陶瓷燃烧器是用耐火材料砌成的，安装在热风炉燃烧室内部。一般是采用磷酸盐耐火混凝土或矾土水泥耐火混凝土预制而成，也有采用耐火砖砌筑成的，图15-8为几种常用的陶瓷燃烧器结构示意图。

陶瓷燃烧器有如下优点：

（1）助燃空气与煤气流有一定交角，并将空气或煤气分割成许多细小流股，因此混合好，燃烧完全而稳定，无燃烧振动现象。

（2）气体混合均匀，空气过剩系数小，可提高燃烧温度。

（3）燃烧器置于燃烧室内，气流直接向上运动，无火焰冲击隔墙现象，减小了隔墙被烧穿的可能性。

（4）燃烧能力大，为进一步强化热风炉燃烧和热风炉大型化提供了条件。

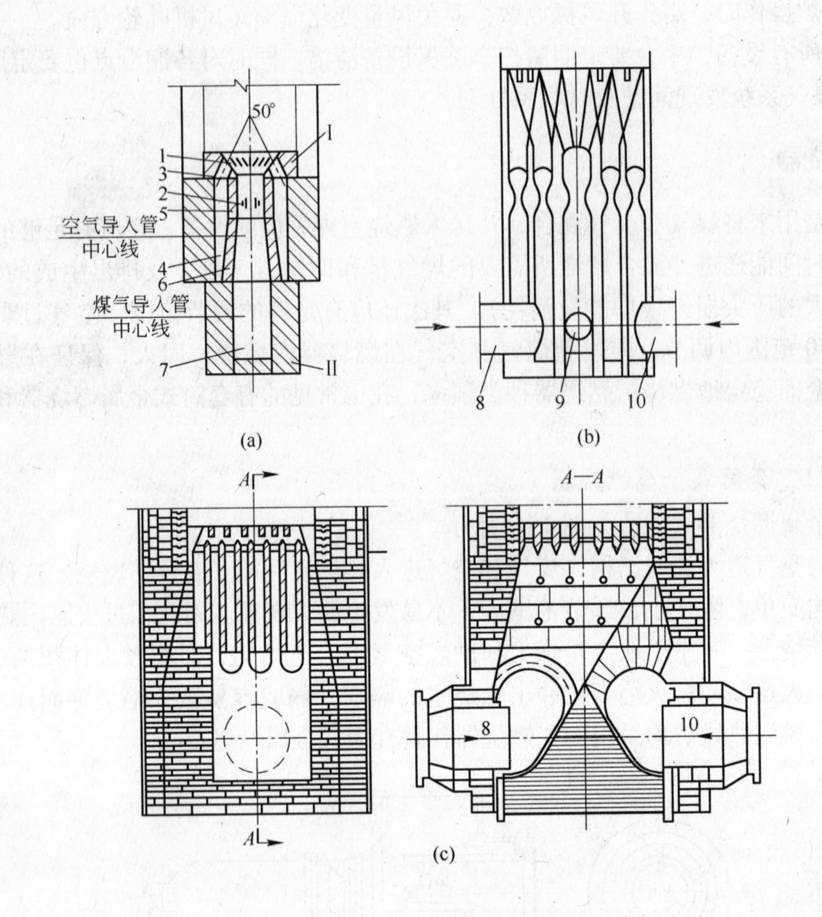


图 15-8 几种常用的陶瓷燃烧器

（a）套筒式陶瓷燃烧器；（b）三孔式陶瓷燃烧器；（c）栅格式陶瓷燃烧器

1—二次空气引入孔；2—一次空气引入孔；3—空气帽；4—空气环道；5—煤气直管；6—煤气收缩管；7—煤气通道：8—助燃空气入口；9—焦炉煤气入口；10—高炉煤气入口；Ⅰ—磷酸混凝土；Ⅱ—黏土砖

套筒式陶瓷燃烧器的主要特点是：结构简单，构件较少，加工制造方便，但燃烧能力较小，一般适合于中、小型高炉的热风炉。栅格式陶瓷燃烧器和三孔式陶瓷燃烧器的特点是：空气与煤气混合更均匀，燃烧火焰短，燃烧能力大，耐火砖脱落现象少，但其结构复杂，砖形制造困难多，并要求加工质量高，一般大型高炉的外燃式热风炉多采用栅格式和三孔式陶瓷燃烧器。

## 15.1.5 热风炉阀门

根据热风炉周期性工作的特点，可将热风炉阀门分为控制燃烧系统的阀门以及控制鼓风系统的阀门两类。

控制燃烧系统的阀门及其装置的作用是把助燃空气及煤气送入热风炉燃烧，并把废气排出热风炉。它们还起着调节煤气和助燃空气的流量，以及调节燃烧温度的作用。当热风炉送风时，燃烧系统的阀门又把煤气管道、助燃空气风机及烟道与热风炉隔开，以保证设备的安全。

鼓风系统的阀门将冷风送入热风炉，并把热风送到高炉。其中一些阀门还起着调节热风温度的作用。送风系统的阀门有：热风阀、冷风阀、混风阀、混风流量调节阀、废气阀及冷风流量调节阀等。除充风阀废气阀外，其余阀门在送风期均处于开启状态，在燃烧期均处于关闭状态。

15.1.5.1　热风阀

热风阀安装在热风出口和热风主管之间的热风短管上。热风阀在燃烧期关闭，隔断热风炉与热风管道之间的联系。

热风阀在900~1300℃和0.5MPa左右的条件下工作，是阀门系统中工作条件最恶劣的设备。常用的热风阀是闸板阀，如图15-9所示。

热风阀一般采用铸钢和锻钢、钢板焊接结构。它由阀板（闸板）、阀座圈、阀外壳、冷却进出水管组成。阀板（闸板）、阀座圈、阀壳体都有水冷。为了防止阀体与阀板的金属表面被侵蚀，在非工作表面喷涂不定形耐火材料，这样也可降低热损失。

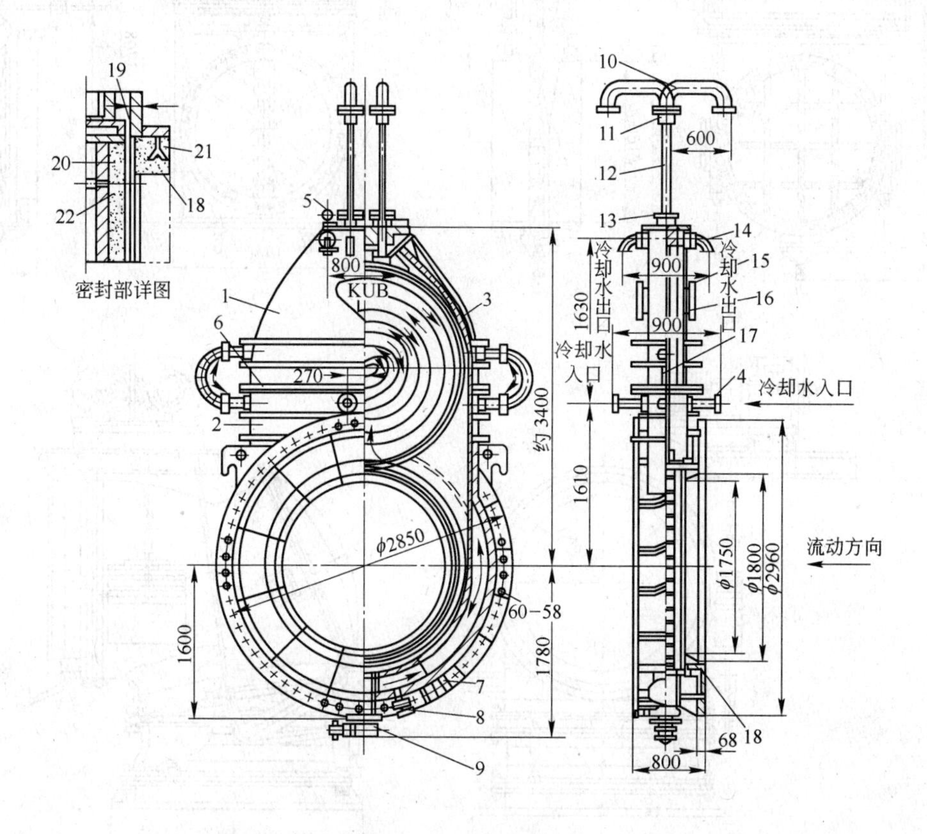


图15-9　$\phi$1800热风阀

1—上盖；2—阀箱；3—阀板；4—短管；5—吊环螺钉；6—密封填片；7—防蚀镀锌片；8—排水阀；9—测水阀；10—弯管；11—连接管；12—阀杆；13—金属密封填料；14—弯头；15—标牌；16—防蚀镀锌片；17—连接软管；18—阀箱用不定形耐火料；19—密封用堆焊合金；20—阀体用不定形耐火料；21—阀箱用挂桩；22—阀体用挂桩

15.1.5.2 切断阀

切断阀用来切断煤气、助燃空气、冷风及烟气。切断阀结构有多种，如闸板阀、曲柄盘式阀、盘式烟道阀等，如图15-10所示。

闸板阀如图15-10（a）所示。闸板阀起快速切断管道的作用，要求闸板与阀座贴合严密，不泄漏气体，关闭时一侧接触受压，装置有方向性，可在不超过250℃温度下工作。

曲柄盘式阀亦称大头阀，也起快速切断管路作用，其结构如图15-10（b）所示。该种阀门常作为冷风阀、混风阀、煤气切断阀、烟道阀等。它的特点是结构比较笨重，用作燃烧阀时因一侧受热，可能发生变形而降低密封性。

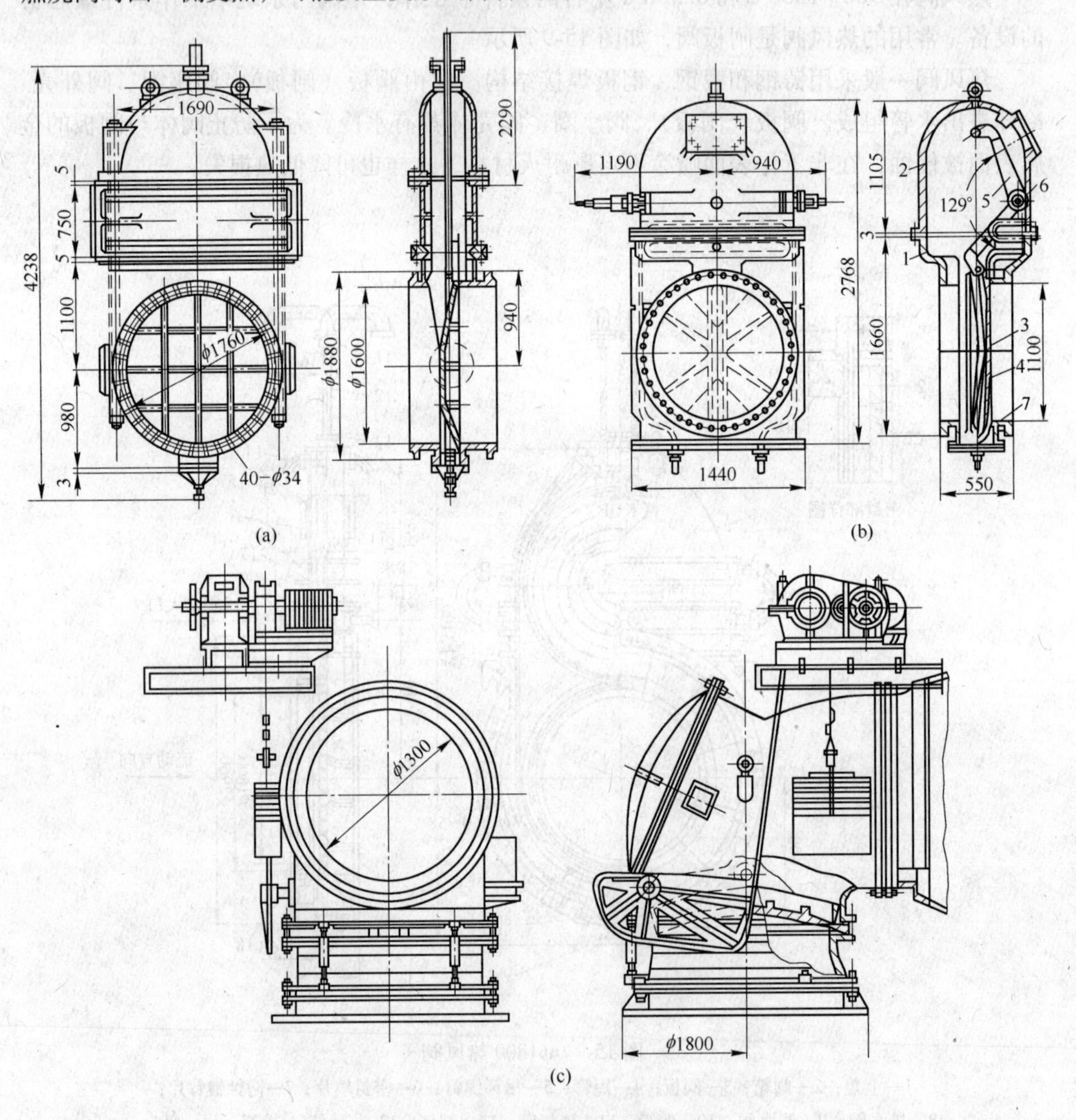


图15-10 切断阀

（a）闸板阀；（b）曲柄盘式阀；（c）盘式烟道阀

1—阀体；2—阀盖；3—阀盘；4—杠杆；5—曲柄；6—轴；7—阀座

盘式烟道阀装在热风炉与烟道之间，曾普遍用于内燃式热风炉。为了使格子砖内烟气分布均匀，每座热风炉装有两个烟道阀。其结构如图15-10（c）所示。

15.1.5.3 调节阀

一般采用蝶形阀作为调节阀，它用来调节煤气流量、助燃空气流量、冷风流量等。

煤气流量调节阀用来调节进入燃烧器的煤气量。混风调节阀用来调节混风的冷风流量，使热风温度稳定。调节阀只起流量调节作用，不起切断作用。蝶形调节阀结构如图15-11所示。

15.1.5.4 充风阀和废风阀

热风炉从燃烧期转换到送风期，当冷风阀上没有设置均压小阀时，在冷风阀打开之前必须使用充风阀提高热风炉内的压力。反之，热风炉从送风期转换到燃烧期时，在烟道阀打开之前需打开废风阀，将热风炉内相当于鼓风压力的压缩空气由废风阀排放掉，以降低炉内压力。

有的热风炉采用闸板阀作为充风阀及废风阀，有的采用角形盘式阀作为废风阀。

热风炉充风阀直径的选择与换炉时间、换炉时风量和风压的波动，以及高炉鼓风机的控制有关。

15.1.5.5 放风阀

放风阀安装在鼓风机与热风炉组之间的冷风管道上，在鼓风机不停止工作的情况下，用放风阀把一部分或全部鼓风排放到大气中，以此来调节入炉风量。

放风阀是由蝶形阀和活塞阀用机械连接形式组合的阀门，如图15-12所示。送入高炉的风量由蝶形阀调节，当通向高炉的通道被蝶形阀隔断时，连杆连接的活塞将阀壳上通往大气的放气孔打开（图中位置），鼓风从放气孔中逸出。放气孔是倾斜的，活塞环受到均匀磨损。

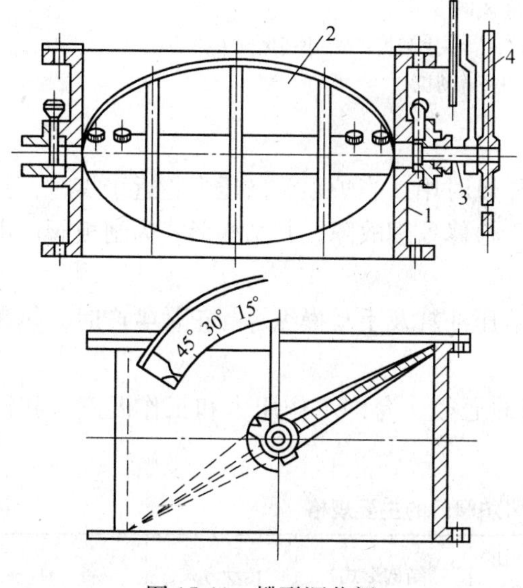


图15-11 蝶形调节阀

1—外壳；2—阀板；3—轴；4—杠杆

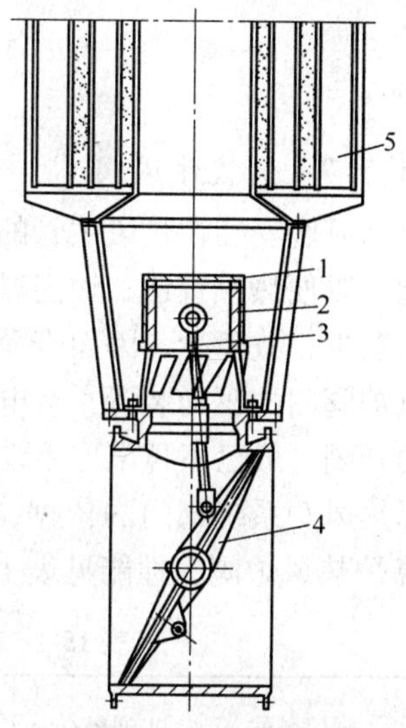


图15-12 放风阀及消音器

1—阀壳；2—活塞；3—连杆；4—蝶形阀板；5—消音器

放风时高能量的鼓风激发出强烈的噪声，影响劳动环境，危害甚大，放风阀上必须设置消音器。

15.1.5.6　冷风阀

冷风阀是设在冷风支管上的切断阀。当热风炉送风时，打开冷风阀可把高炉鼓风机鼓出的冷风送入热风炉。当热风炉燃烧时，关闭冷风阀，切断了冷风管。因此，当冷风阀关闭时，在闸板一侧上会受到很高的风压，使闸板压紧阀座，闸板打开困难，故需设置均压小门或旁通阀。在打开主闸板前，先打开均压小门或旁通阀来均衡主闸板两侧的压力。冷风阀结构如图15-13所示。

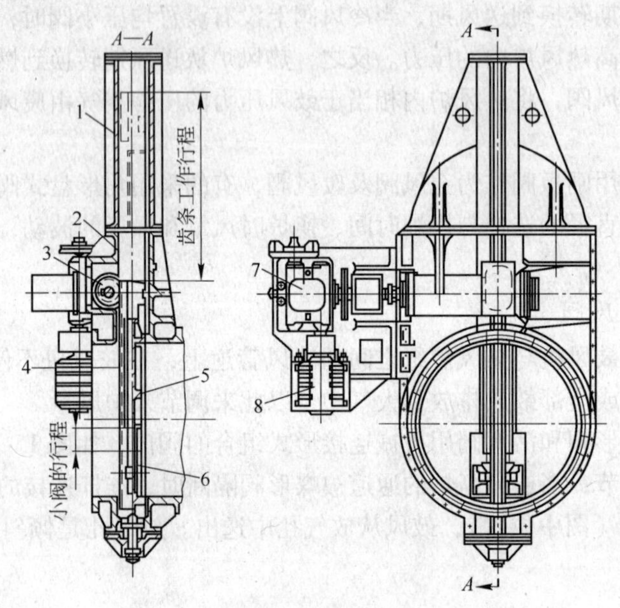


图15-13　冷风阀

1—阀盖；2—阀壳；3—小齿轮；4—齿条；5—主闸板；6—小通风闸板；

7—差动减速器；8—电动机

15.1.5.7　倒流休风阀

倒流休风阀安装在热风主管的终端，高炉休风时用。当炉顶放散压力趋近于零时，打开休风阀，以便热风管道、炉内煤气散发，便于检修处理故障，其结构形式为闸板阀。由于开关次数少，故障少，因而寿命较长。

热风炉阀门的驱动装置，有电动卷扬式、液压油缸及手动操纵等。正常生产时，热风炉阀门的开闭一般已不再采取手动操作。

选择热风炉系统阀门的依据，主要是阀门的通径、允许工作压力和工作温度。我国1200m$^3$高炉热风炉阀门性能见表15-1。

**表15-1　1200m$^3$高炉热风炉阀门的主要规格**

| 序号 | 阀门名称 | 通径/mm | 工作压力/MPa | 工作温度/℃ | 结构形式 | 传动方式 | 备　注 |
|---|---|---|---|---|---|---|---|
| 1 | 热风阀 | 1300 | 0.35 | 1300 | 水冷垂直闸板阀 | 电动或液压 | |
| 2 | 倒流休风阀 | 1300 | 0.35 | 1300 | 水冷垂直闸板阀 | 电动或液压 | 1个/座高炉 |

续表 15-1

| 序号 | 阀门名称 | 通径/mm | 工作压力/MPa | 工作温度/℃ | 结构形式 | 传动方式 | 备 注 |
|---|---|---|---|---|---|---|---|
| 3 | 冷风阀 | 1200 | 0.35 | 300 | 垂直闸板阀 | 电动或液压 | |
| 4 | 冷风流量调节阀 | 1200 | 0.35 | 300 | 蝶阀 | 自动调节 | |
| 5 | 冷风旁通阀 | 150 | 0.35 | 300 | 闸板阀或球阀 | 电动或液压 | |
| 6 | 放风阀 | 1400 | 0.35 | 300 | 活塞或盘式蝶阀 | 电动卷扬 | 1个/座高炉 |
| 7 | 废气阀 | 400 | 0.35 | 500 | 盘式阀 | 电动或液压 | |
| 8 | 煤气切断阀 | 1000 | 0.1 | 60 | 杠杆阀 | 电动或液压 | |
| 9 | 煤气流量调节阀 | 1000 | 0.1 | 60 | 蝶阀 | 自动调节 | |
| 10 | 燃烧煤气放散阀 | 150 | 0.1 | 60 | 闸板阀 | 电动或液压 | |
| 11 | 助燃空气流量调节阀 | 1000 | 0.1 | 60 | 蝶阀 | 自动调节 | |
| 12 | 燃烧阀 | 1200 | 0.35 | 250 | 垂直闸板阀 | 电动或液压 | 2个/座热风炉 |
| 13 | 烟道阀 | 1300 | 0.35 | 250 | 垂直闸板阀 | 电动或液压 | 1个/座热风炉 |
| 14 | 混风切断阀 | 700 | 0.35 | 250 | 垂直闸板阀 | 电动或液压 | 1个/座高炉 |
| 15 | 混风调节阀 | 700 | 0.35 | 250 | 蝶阀 | 自动调节 | 1个/座高炉 |

## 15.2 高炉鼓风机

### 15.2.1 高炉鼓风机的要求

高炉鼓风机是高炉冶炼最重要的动力设备。它不仅直接为高炉冶炼提供所需要的氧气，而且还要为炉内煤气流克服料柱阻力运动提供必需的动力。

高炉鼓风机不是一般的通风机，它必须满足下列要求：

（1）有足够的送风能力，即不仅能提供高炉冶炼所需要的风量，而且鼓风机的出口压力要能够足以克服送风系统的阻力损失、高炉料柱阻力损失以及保证有足够高的炉顶煤气压力。

（2）风机的风量及风压要有较宽的调节范围，即风机的风量和风压均应适应于炉料的顺行与逆行、冶炼强度的提高与降低、喷吹燃料与富氧操作以及其他多种因素变化的影响。

（3）送风均匀而稳定，即风压变动时，风量不得自动产生大幅度变化。

（4）能保证长时间连续、安全及高效率地运行。

### 15.2.2 高炉鼓风机类型

常用的高炉鼓风机类型有离心式、轴流式两种。

#### 15.2.2.1 离心式鼓风机

离心式鼓风机的工作原理，是靠装有许多叶片的工作叶轮旋转所产生的离心力，使空气达到一定的风量和风压，离心式鼓风机的叶轮结构如图 15-14 所示。

高炉用的离心式鼓风机一般都是多级的，级数越多，风机的出口风压也越高。风的出口压力为 0.015~0.35MPa 的，一般称为鼓风机，风的出口压力大于 0.35MPa 的，一般称为压缩机。

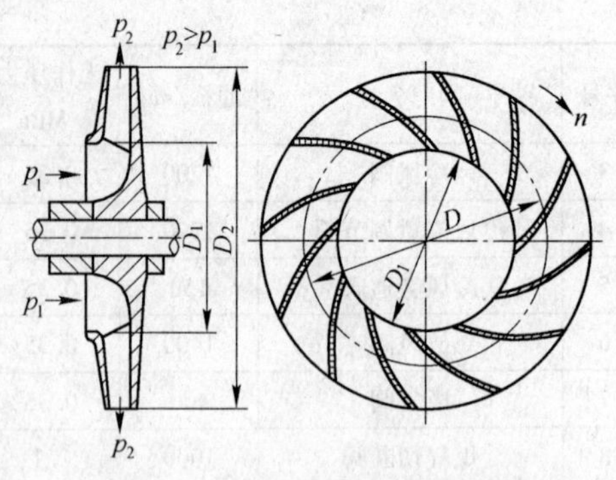

图 15-14 离心式鼓风机叶轮结构

我国生产的 D400-41 型离心式鼓风机的结构如图 15-15 所示。

这种鼓风机为四级，它主要由叶轮、主轴、机壳、密封、吸气室及排气室等部分组成。鼓风机工作时，气体由吸气室吸入，首先通过叶轮第一级压缩，提高其风的压力、速度及温度，然后进入扩压器，流速降低，压力提高，同时进入到下一级叶轮继续压缩。经过逐级压缩后的高压气体，最后经过排气管进入输气管道送出。

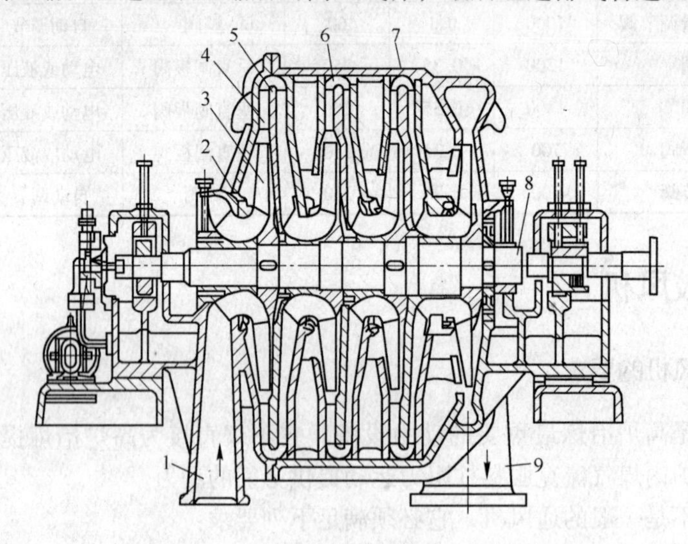

图 15-15 D400-41 型离心式鼓风机结构图

1—吸气室；2—密封；3—叶轮；4—扩压器；5—隔板；6—弯道；7—机壳；8—主轴；9—排气管

鼓风机的性能，一般用特性曲线表示。该曲线能表示出在一定条件下鼓风机的风量、风压（或压缩比）、效率（或功率）及转速之间的变化关系。鼓风机的特性曲线，一般都是在一定试验条件下通过对鼓风机做试验运行实测得到的。测定特性曲线的吸气条件是：吸气口压力为 0.1MPa，吸气温度为 20℃，相对湿度为 50%。每种型号的鼓风机都有它自己的特性曲线。鼓风机的特性曲线是选择鼓风机的主要依据。

图 15-16 所示的是 D400-41 型离心式高炉鼓风机的特性曲线，由于其转速不可调，风量与风压之间的变化关系曲线只有一条。图 15-17 所示的是 K-4250-41-1 型离心式高炉鼓风机特性曲线，由于其转速可调节，所以能获得不同转速下的多条特性曲线。

离心式鼓风机的特性曲线具有下列特点：

（1）在一定转速下，风量增加，风压降低；反之，风量减少，则风压增加。风量为某一值，若其风机效率为最高，则此点流量为风机设计的工况点。

（2）可以通过调节风机转速的方法来调节风机的风量和风压。

（3）风机转速越高，风量与风压变化特性曲线的曲率越大，并且末尾段曲线变得越来

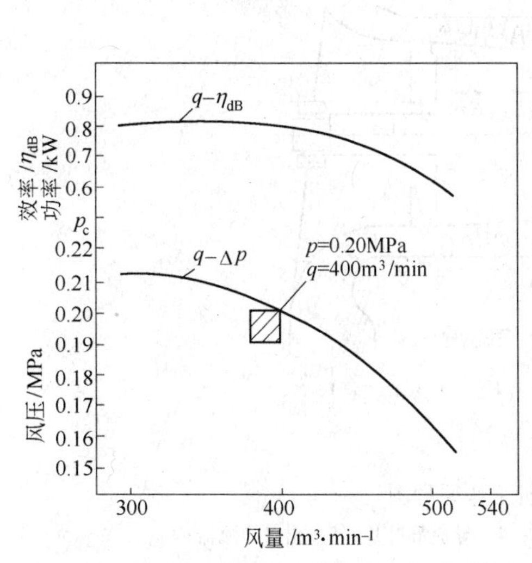


图 15-16 D400-41 型离心式鼓风机性能曲线

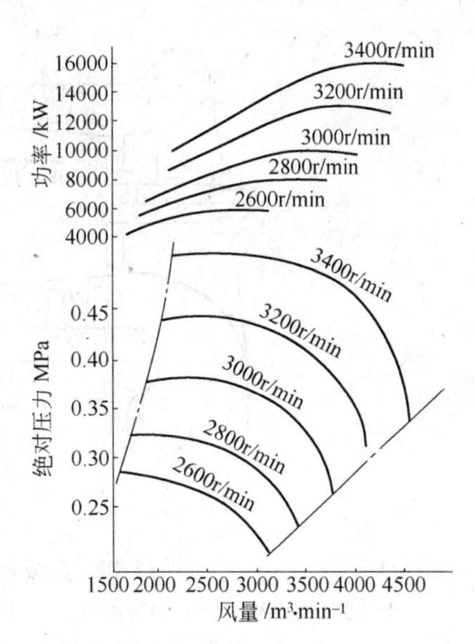


图 15-17 K-4250-41-1 型离心式高炉鼓风机特性曲线

越陡。即风量过大时，风压降低得很多，中等风量时，曲线比较平坦。中等风量区域，风机的效率较高，这个较宽的高效率风量区称为风机的经济运行区，风机的工况区应在经济运行区内。风机转速越高，稳定工况区越窄，特性曲线向右移动。

（4）每条风量与风压曲线的左边都有一个喘振工况点，风机在喘振工况点以左运行时，由于产生周期性的气流振荡现象而不能使用。将各条曲线上的喘振工况点连接成一条喘振曲线，可看出，风机不能在喘振曲线以左的区域运行。

（5）每条风量与风压曲线的右边有一个堵塞工况点，此点即为风量增加到最大值的工况点。风机在堵塞工况点以右运行，风压很低，不仅不能满足高炉的要求，而且风机的功率增加很多。将各条曲线上的堵塞工况点连接成一条堵塞曲线，风机一般只在堵塞曲线以左区域运行。如果风机放风启动或大量放风操作，将会导致风机驱动电动机过载。喘振曲线与堵塞曲线之间的运行区域，称为风机的稳定工况区。风机的级数越多，出口风压越大，特性曲线越陡，稳定工况区也越狭窄。

（6）风机的特性曲线随吸气条件的改变而变化。

#### 15.2.2.2 轴流式鼓风机

轴流式鼓风机，当出口压力较高时也称轴流式压缩机。大型高炉一般采用轴流式压缩机鼓风。轴流式鼓风机的工作原理，是在转子上装有扭转一定角度的工作叶片随转子一起高速旋转，叶片对气流做功，获得能量的气体沿着轴向方向流动，达到一定的风量和风压。转子上的一列工作叶片与机壳上的一列导流叶片构成轴流式鼓风机的一个级。级数越多，空气的压缩比越大，出口风压也越高。多级轴流式风机的工作原理如图 15-18 所示。

我国生产的 Z3250-46 型轴流式压缩机构造如图 15-19 所示。

这种轴流式压缩机为九级，其中的进气管、收敛器、进气导流器、级组（动叶和导流器）、出口导流器、扩压器以及出气管等均称通流部件，总称通流部分，各通流部件都有它各自的功用。压缩机工作时，从进气管吸入的大气均匀地进入环形收敛器，收敛器使

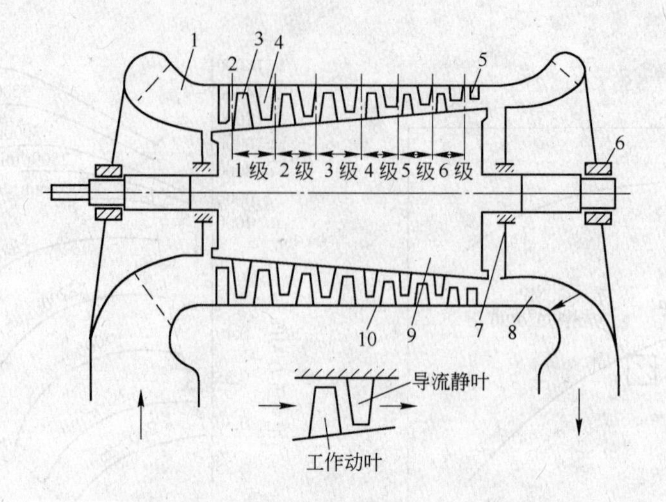


图 15-18 多级轴流式风机工作原理图

1—进气收敛器；2—进口导流器；3—工作动叶片；4—导流静叶片；5—出口导流器；6—轴承；7—密封装置；8—出口扩压器；9—转子；10—机壳

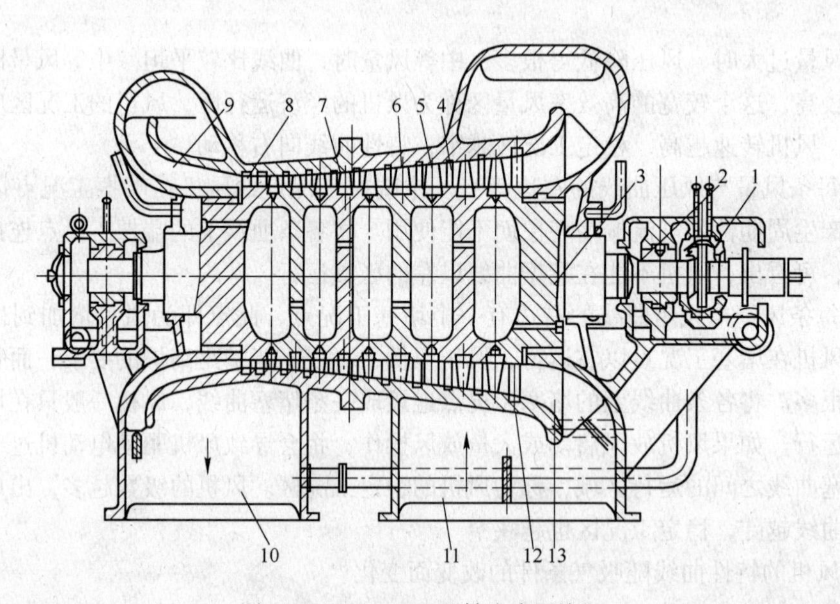


图 15-19 Z3250-46 型轴流式压缩机

1—止推轴承；2—径向轴承；3—转子；4—导流器（静叶）；5—动叶；6—前汽缸；7—后汽缸；8—出口导流器；9—扩压器；10—出气管；11—进气管；12—进气导流器；13—收敛器

气流适当加速，使气流在进入进气导流器之前具有均匀的速度场和压力场。进气导流器由均匀分布于汽缸上的叶片组成，它的功用是使气流能沿着叶片的高度，以一定的速度和方向进入第一级工作叶轮。工作叶轮是由装在转盘上的均匀分布的动叶片组成。动叶片的旋转将其机械功传递给气体，使气体获得压力能和动能，并通过导流器进入下一级动叶片继续压缩。导流器由位于动叶片后均匀固定在汽缸上的一列叶片组成，导流器的功用是将从动叶片中出来的气体的动能转化为压力能，并使气流在进入下一级动叶片之前具有一定的方向和速度。经过串联的多级工作叶轮逐级压缩后的气体，最后通过出口导流器、扩压器和出气管进入输气管道送走。出口导流器是在最后一级导流器的后面，装在汽缸上的一列叶片，其功能是使从末级导流器出来的气流能沿叶片的高度方向转变成轴向流动，以避免气流在扩压器中由于产生旋绕而增加压力损失，而且还能使后面的扩压器中的气流流动更加稳定，以提高压缩机的工作效率。扩压器的功能是使从出口导流器中流出来的气流能均匀地减速，将余下的部分动能转化为压力能。出气管将气流沿径向收集起来，输送到高炉。

作为高炉鼓风用的轴流式压缩机，可以由汽轮机驱动，也可以由电动机驱动。

Z3250-46 型轴流式压缩机的特性曲线如图 15-20 所示。

轴流式压缩机（或轴流式鼓风机）的特性曲线，除了有与离心式鼓风机特性曲线相同的特点外，其不同之处是：

（1）特性曲线较陡，允许风量变化的范围更窄，增加风量会使出口风压（或压缩比）及效率很快下降。

（2）飞动线（喘振线）的倾斜度很小，容易产生飞动现象。因此，高炉使用轴流式鼓风机鼓风时，操作要更加稳定。在生产中，轴流式鼓风机一般是通过电气自动控制来实现其在稳定区域运行的。

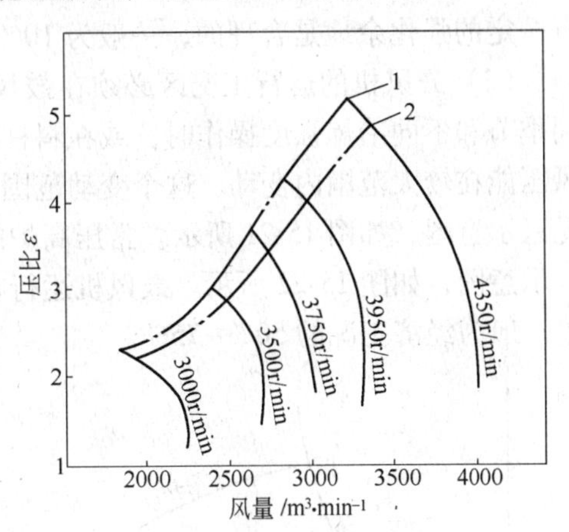


图 15-20 Z3250-46 型轴流式压缩机特性曲线
1—飞动曲线；2—反飞动曲线

高炉鼓风机的风量、风压允许变化的范围越大，对高炉的适应性也越大。

高炉鼓风采用轴流式压缩机的优点是风量大、风压高、效率高、风机质量轻及结构紧凑。因此，轴流式压缩机很适合于大型高炉采用，并有取代离心式鼓风机的趋势。所以我国新建 $1000m^3$ 以上的高炉，均采用轴流式鼓风机。同时，采用同步电动机来驱动全静叶可调轴流式压缩机的高炉比例也越来越大。需要特别注意的是，轴流式压缩机对灰尘的磨损很敏感，要求吸入的空气要经过很好的过滤。国内不同容积高炉的风机配置情况见表 15-2。

**表 15-2 高炉容积与鼓风机配置**

| 炉容 /$m^3$ | 鼓风机型号 | 风量 /$m^3 \cdot min^{-1}$ | 风压/MPa | 转速/$r \cdot min^{-1}$ | 功率/kW | 传动方式 |
|---|---|---|---|---|---|---|
| 310 | D900-2.5/0.9 离心式 | 900 | 0.15 | 5534 | 2500 | 电动 |
| 620 | AK-1300 离心式 | 1500 | 0.18 | 2200~3000 | 4500 | 气动 |
|  | AKh300 轴流式 | 2000 | 压缩比 3.5 | 调速汽轮机直接传动 | 6000 | 气动 |
| 1000 | Z-3250-46 轴流式 | 3250 | 压缩比 4.2 | 4400 | 12000 | 电动 |
| 1000 | K-3250-41-1 离心式 | 3250 | 0.28 | 2500~3400 | 12000 | 气动 |
| 1500 | 静叶可调轴流式 | 4500 | 压缩比 4.0 | 调速汽轮机直接传动 |  | 气动 |
| 1500 | K-4250-41 离心式 | 4250 | 0.3 | 2500~3250 | 17300 | 气动 |
| 2000 | 静叶可调轴流式 | 6000 | 压缩比 4.0~5.0 | 调速汽轮机直接传动 |  | 气动 |
| 2500 | 静叶可调轴流式 | 6000 | 0.45 |  | 32000 | 同步电动 |
| 3200 | AG120/16RL6 轴流式 | 7710 | 0.48 | 3000 | 39460 | 同步电动 |
| 4063 | 全静叶可调轴流式 | 8800 | 0.51 |  | 48000 | 同步电动 |

### 15.2.3 高炉鼓风机的选择

高炉和鼓风机配合原则是：

（1）在一定的冶炼条件下，高炉和鼓风机选配得当，要使二者的生产能力都能得到充分的发挥。既不会因为炉容扩大受制于风机能力不足而影响生产，也不会因风机能力过大而让风机经常处在不经济运行区运行或放风操作，浪费大量能源。选择风机时给高炉留有一定的强化余地是合理的，一般为10%～20%。

（2）鼓风机的运行工况区必须在鼓风机的有效使用区内。运行工况区是指高炉在不同季节和不同冶炼强度操作时，或在料柱阻力发生变化的条件下，鼓风机的实际出风量和风压能在较大范围内变动。这个变动范围，一般称之为运行工况区。高压高炉鼓风机的工况区示意图，如图15-21所示。常压高炉的只有一条特性曲线的电动离心式鼓风机的工况区示意图，如图15-22所示。鼓风机运行在安全线上的风量称为临界工况，临界工况的风量一般为经济工况的50%～75%。

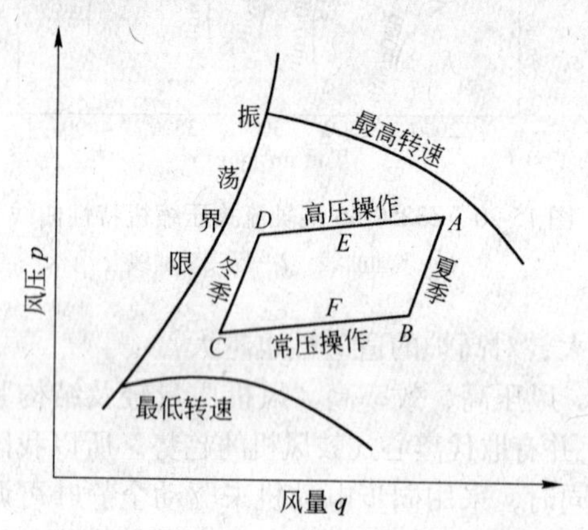

图15-21 高压高炉鼓风机的工况示意图

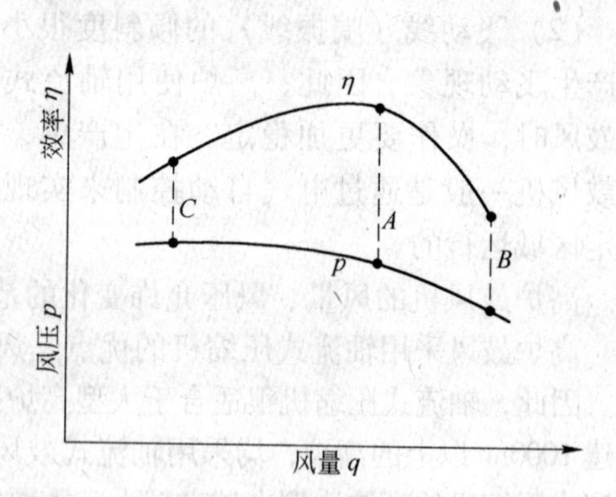

图15-22 电动离心式鼓风机的工况示意图

为了确保高炉正常生产，选择出来的高炉鼓风机的运行工况区应当满足下列要求：

（1）在夏季最热月份平均温度最高的条件下，高压操作高炉在最高冶炼强度时的运行工况点为$A$点，常压操作高炉在最高冶炼强度时的运行工况点为$B$点，如图15-21所示。

（2）在冬季最冷月份平均温度最低的条件下，高压操作高炉在最低冶炼强度时的运行工况点为$D$点，常压操作高炉在最低冶炼强度时的运行工况点为$C$点。

（3）在年平均气象条件下，高压操作高炉年平均冶炼强度时的运行工况点为$E$点，常压操作高炉年平均冶炼强度时的运行工况点为$F$点。

（4）鼓风机的送风能力工况点$A$、$B$、$C$、$D$点必须在鼓风机的安全范围以内，$E$、$F$点应在鼓风机的经济（高效率）运行区内。

（5）对于常压操作的中小型高炉，一般采用电动离心式鼓风机，只有一条特性曲线，如图15-22所示。在夏季最热月份平均温度最高的气象条件下，高炉在最高冶炼强度时的运行工况点为$B$点，$B$点的传动功率应小于鼓风机电动机功率，在冬季最冷月份平均温度最低的气象条件下，高炉在最低冶炼强度和最高阻力损失时的运行工况点 $C$ 必须在鼓风机的安全运行范围内。在年平均气象条件下，高炉在年平均冶炼强度时的运行工况点 $A$ 应与最高效率点对应。

在选择高炉鼓风机时应当考虑使高炉容积和鼓风机的能力能同时被充分利用。为了确保高炉安全生产，应设置备用鼓风机，其台数与炉容大小和高炉座数有关。一般相同炉容的 2~3 座高炉设一台备用鼓风机。

### 15.2.4 提高风机出力措施

#### 15.2.4.1 风机串联

高炉鼓风机串联的主要目的是提高主机的出口风压。风机的串联是在主机的吸风口处增设一台加压风机，使主机吸入气体的压力和密度提高，在主机的容积风量不变的情况下，风机出口的质量、风量和风压均增加，从而提高了风机的出力。风机串联时，一般要求加压风机的风量比主机的风量要稍大些，而风压比主机的风压要小些。两机之间的管道上应设置阀门，以调节管道阻力损失和供停车时使用。

#### 15.2.4.2 风机并联

风机并联是把两台鼓风机的出口管道沿风的流动方向合并成一条管道向高炉送风。风机并联的主要目的是增加风量。为了增强风机并联的效果，要求并联的两台风机的型号相同或性能非常接近。每台风机的出口管道上均应设置逆止阀和调节阀，以防止风的倒流和调节两风机的出口风压。同时，为了降低管道气流阻力损失，应适当扩大送风总管直径和尽可能地减小支管之间的夹角。

### 15.2.5 富氧和脱湿鼓风

#### 15.2.5.1 富氧鼓风

富氧鼓风不仅能增强冶炼强度，而且富氧鼓风与喷吹燃料相结合，已成为当今高炉强化冶炼的重要途径。

富氧鼓风是将纯氧气加入到冷风中，与冷风混合后送往高炉。富氧鼓风流程按氧气加入位置分为机前富氧和机后富氧两种。

机前富氧是将从氧气站来的低压氧气，直接送入高炉鼓风机吸风口管道上的混合器与空气充分混合，经过高炉鼓风机加压后送往高炉。当高炉鼓风机站距离制氧站较近时，一般采取机前富氧。机前富氧的优点是减少了氧气加压机的台数，节省能耗。

机后富氧是将从氧气站来的低压氧气先经过氧气加压机加压，然后再将高压氧气通入高炉鼓风机出风口后的冷风管与冷风混合后送往高炉。

我国高炉富氧，一般都是采取机后富氧方式。我国某厂高炉机后富氧鼓风管道系统示意图如图 15-23 所示。

为了保证高炉供氧安全，在送氧管道上设置有截止阀及电磁快速切断阀，以便在突然断氧气时能迅速切断供氧系统。在输送氧气的管路上还应设置通氧气的副管，以便于阀门检修。高炉富氧量的控制方法一般有两种，一种是固定氧气流量不变，即加入的氧气量与风量无关。另一种是保持风中的含氧率不变，即加入的氧气流量与风量成比例增减。调节

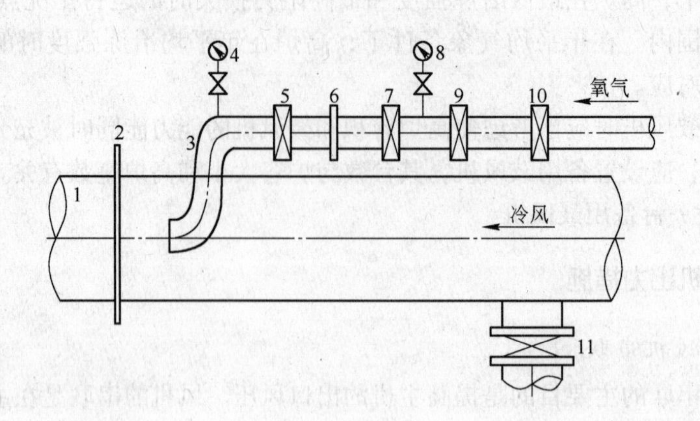


图 15-23 某厂高炉机后富氧鼓风管道系统示意图

1—冷风管；2—冷风流量孔板；3—S 形氧气插入管；4，8—压力表；5—P25Dg150 截止阀；6—氧气流量孔板；7—电磁快速切断阀；9—P40Dg125 电动流量调节阀；10—P16Dg100 截止阀；11—放风阀

氧气流量一般采用电动流量调节阀。

15.2.5.2 脱湿鼓风

高炉进行脱湿鼓风是人为地减少鼓风中的水分绝对含量，使水分含量稳定在一个较低的数值范围内。其目的是减少炉缸热量消耗和稳定鼓风湿度，促进炉况稳定和降低焦比。

脱湿鼓风装置按脱湿原理分为以下几种：

(1) 氯化锂脱湿法。用氯化锂（LiCl）作脱湿剂吸收空气水分，吸水后的氯化锂可以加热再生，循环使用。但再生需要消耗许多热量，而且吸附脱湿过程会使湿风潜热变为显热，使鼓风机吸入空气温度升高，导致其功率消耗增加。这种方法又有干式、湿式之分。湿式氯化锂脱湿对鼓风机叶片还有腐蚀作用；干式氯化锂脱湿装置的管理比较复杂。

(2) 冷却脱湿法。特点是不需脱湿剂，技术比较成熟，但电耗较大。此法又有鼓风机吸入侧冷却法和出口侧冷却法之分。前者需要大型冷冻机，但只需在吸风管道上设置，易于安装、调节，尤以节能和增加鼓风机风量为最大优点。后者不需要冷冻机，但是会导致冷风的热量损失以及鼓风机出口压力的损失。

(3) 冷却加氯化锂联合脱湿法。这种方法可将鼓风湿度降到很低的程度，但能耗大，运行维护管理均较复杂。

我国某钢 1 号高炉采用鼓风机吸入侧冷却脱湿鼓风工艺流程如图 15-24 所示。其脱湿效果为入口风含水量 32.5g/m$^3$，出口风含水量 9g/m$^3$，脱水率 72%。

机前冷却脱湿法的优点是不仅增加了风量，而且不会降低出风口风温和风压。冷却法脱湿鼓风，一般只适合于气温较高、空气绝对含湿量较大的地区和季节采用，脱湿装置在冬季一般是不运行的。

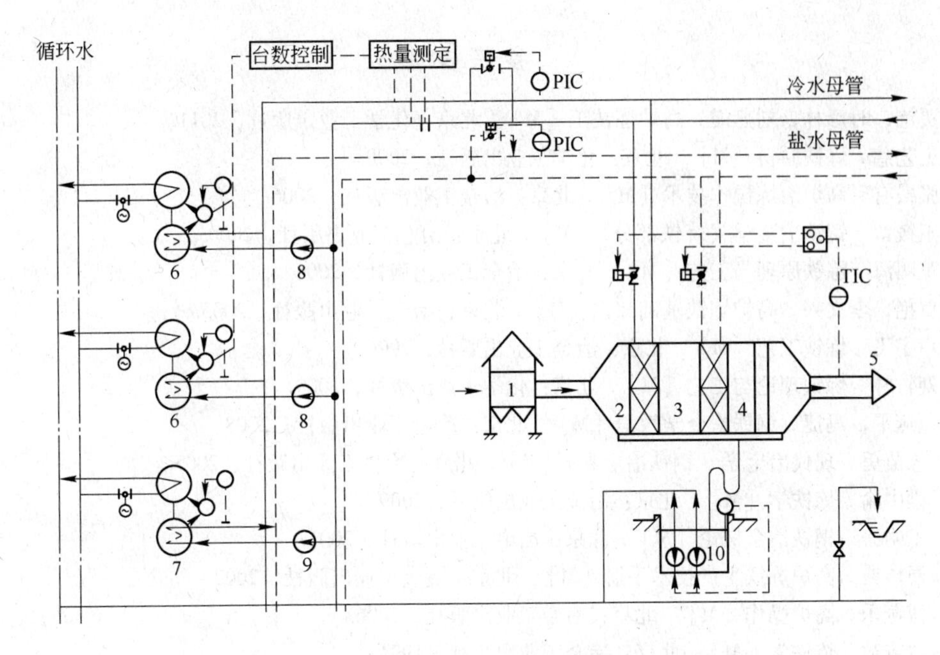


图 15-24 某钢 1 号高炉机前冷却脱湿鼓风工艺流程图

1—布袋式空气过滤器；2—冷水冷却器；3—水冷却器；4—除雾器；5—鼓风机；
6—冷水冷冻机；7—盐水冷冻机；8—冷水泵；9—盐水泵；10—排水池与排水泵

# 参考文献


[1] 贾艳，时彦林，刘燕霞. 高炉炼铁工 [M]. 北京：化学工业出版社，2011.
[2] 王艺慈. 炼铁原料 [M]. 北京：化学工业出版社，2008.
[3] 张殿有. 高炉冶炼操作技术 [M]. 北京：冶金工业出版社，2006.
[4] 王筱留. 钢铁冶金学（炼铁部分）[M]. 北京：冶金工业出版社，2000.
[5] 王明海. 炼铁原理与工艺 [M]. 北京：冶金工业出版社，2006.
[6] 贾艳，李文兴. 高炉炼铁基础知识 [M]. 北京：冶金工业出版社，2005.
[7] 卢宇飞. 炼铁工艺 [M]. 北京：冶金工业出版社，2006.
[8] 刘竹林. 炼铁理论与工艺 [M]. 北京：化学工业出版社，2009.
[9] 包燕平，冯捷. 钢铁冶金学教程 [M]. 北京：冶金工业出版社，2008.
[10] 朱苗勇. 现代冶金学（钢铁冶金卷）[M]. 北京：冶金工业出版社，2005.
[11] 梁中渝. 炼铁学 [M]. 北京：冶金工业出版社，2009.
[12] 王明海. 钢铁冶金概论 [M]. 北京：冶金工业出版社，2001.
[13] 周传典. 高炉炼铁生产技术手册 [M]. 北京：冶金工业出版社，2002.
[14] 傅燕乐. 高炉操作 [M]. 北京：冶金工业出版社，2006.
[15] 罗吉敖. 炼铁学 [M]. 北京：冶金工业出版社，1994.
[16] 范广权. 高炉炼铁操作 [M]. 北京：冶金工业出版社，2008.
[17] 徐矩良. 高炉事故处理一百例 [M]. 北京：冶金工业出版社，1986.
[18] 宋建成. 高炉炼铁理论与操作 [M]. 北京：冶金工业出版社，2005.
[19] 张寿荣. 高炉失常与事故处理 [M]. 北京：冶金工业出版社，2012.
[20] 成兰伯. 高炉炼铁工艺及计算 [M]. 北京：冶金工业出版社，1991.
[21] 由文泉. 实用高炉炼铁技术 [M]. 北京：冶金工业出版社，2002.
[22] 刘全兴. 高炉热风炉操作与煤气知识问答 [M]. 北京：冶金工业出版社，2005.
[23] 胡燮泉. 中小高炉实用操作技术——从马钢实践谈高炉操作 [M]. 北京：冶金工业出版社，1993.
[24] 郝素菊. 高炉炼铁500问 [M]. 北京：化学工业出版社，2008.
[25] 刘敏丽. 高炉炼铁操作 [M]. 北京：化学工业出版社，2010.
[26] 时彦林，包燕平，刘杰. 炼铁设备维护 [M]. 北京：冶金工业出版社，2013.